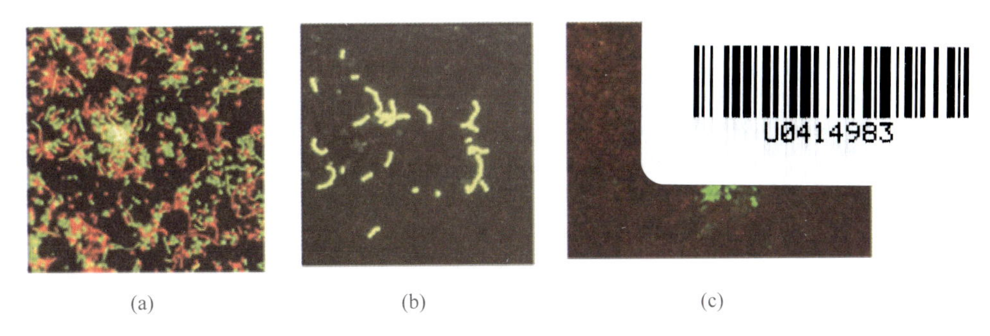

(a) (b) (c)

图 1-11 荧光显微镜下的微生物

引自：Joanne M W，et al. Prescott's Microbiology，8th ed. McGraw-Hill，2010.

(a) 绿色荧光为活细胞，红色荧光为死细胞；(b) 荧光染色后的链球菌；(c) 荧光标记的猪瘟病毒感染猪肾细胞图

链球菌
(*Streptococcus agalactiae*)

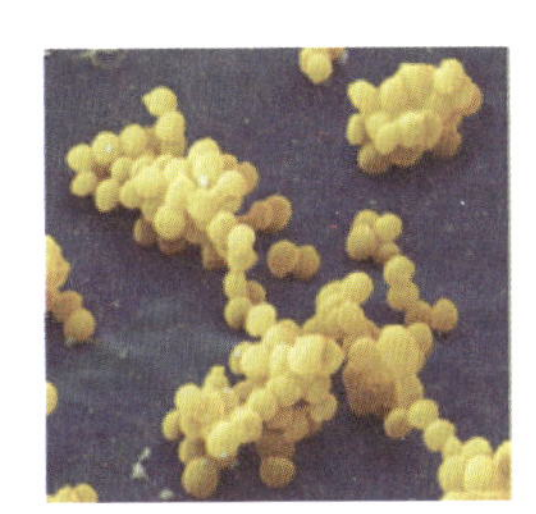

金黄色葡萄菌
(*Staphylococcus aureus*)

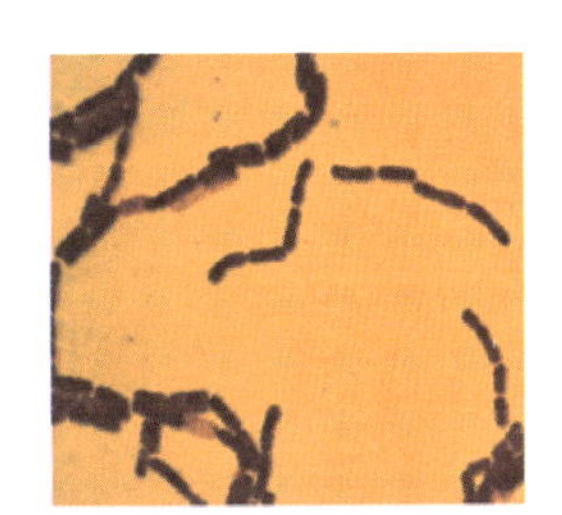

巨大芽孢杆菌
(*Bacillus megaterium*)

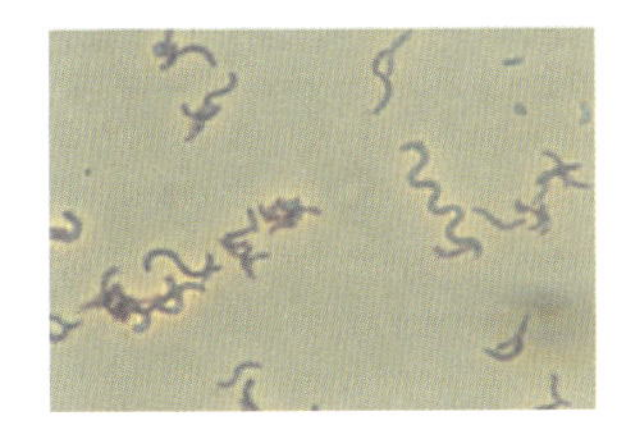

红螺菌
(*Rhodospirillum rubrum*)

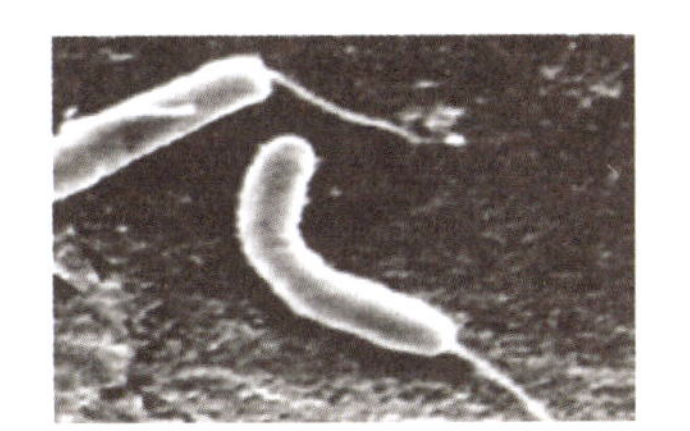

霍乱弧菌
(*Vibrio cholerae*)

图 3-1 细菌形态示意图

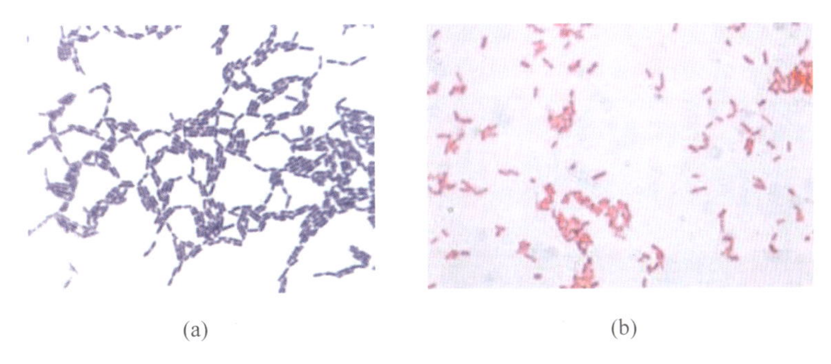

(a) (b)

图 3-5 革兰氏染色结果

(a) 枯草杆菌，革兰氏阳性；(b) 大肠杆菌，革兰氏阴性

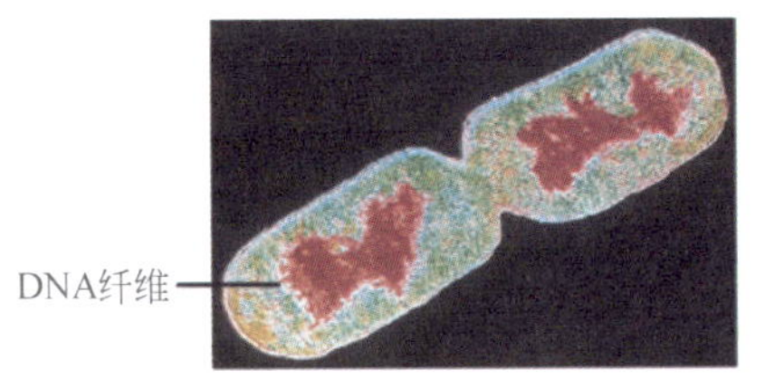

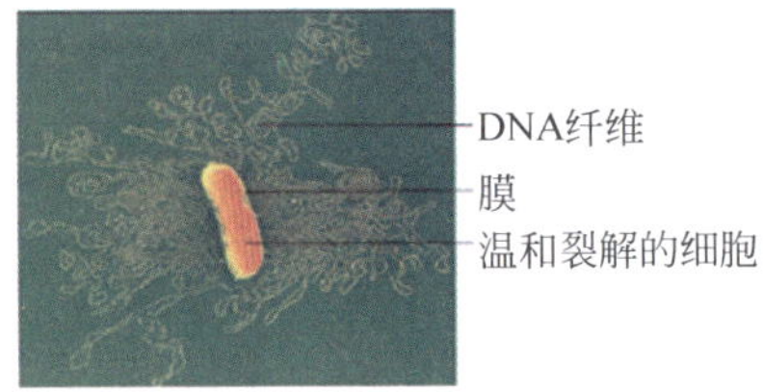

图 3-10　大肠杆菌的拟核

引自：Joanne M W, et al. Prescott's Microbiology, 8th ed. McGraw-Hill, 2010.

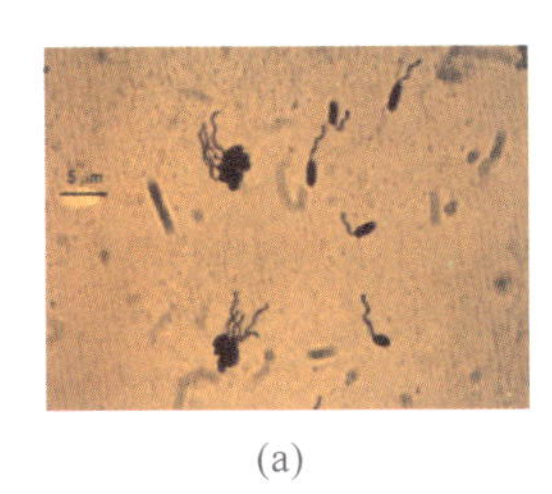

(a)

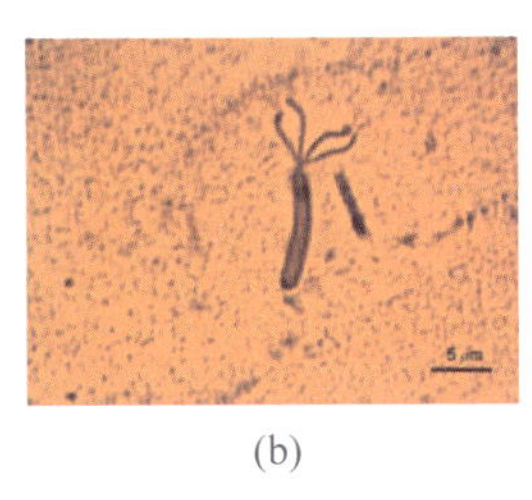

(b)

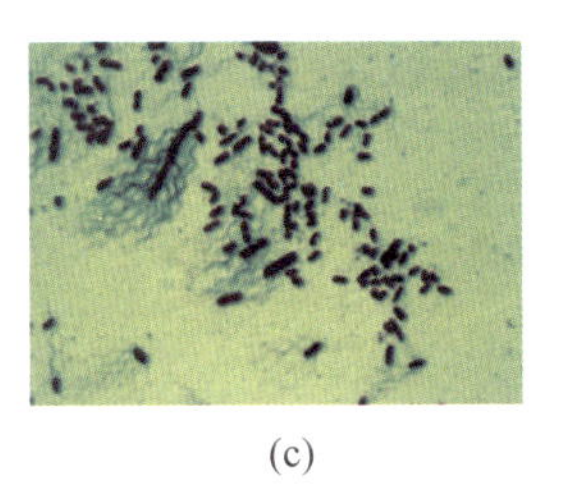

(c)

图 3-13　鞭毛分布

引自：Joanne M W, et al. Prescott's Microbiology, 8th ed. McGraw-Hill, 2010.

(a) 极端单鞭毛；(b) 丛鞭毛；(c) 周生鞭毛

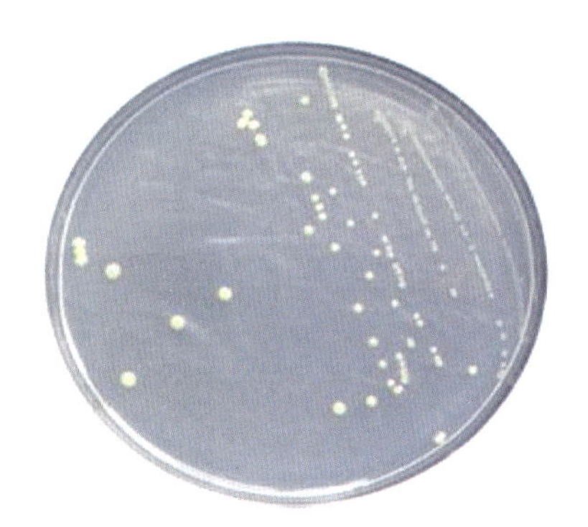

图 3-21　菌落形态示意图

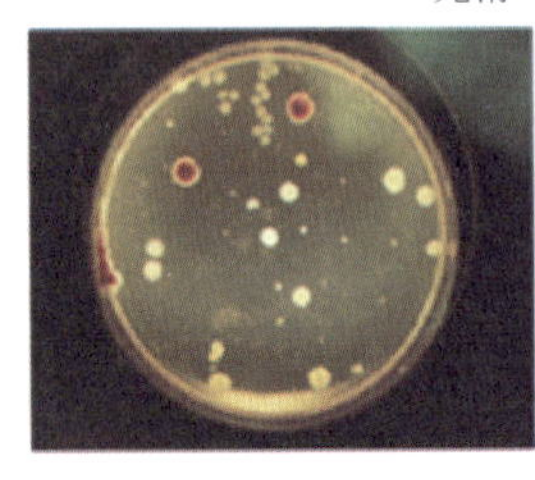

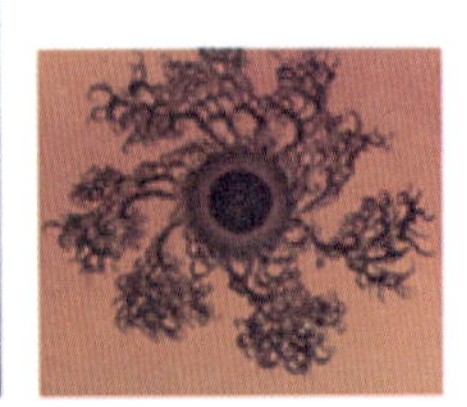

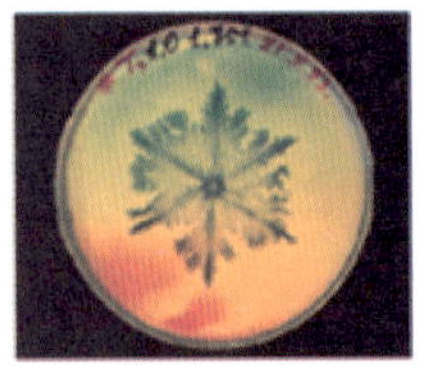

图 3-22　菌落形态描述

引自：Joanne M W, et al. Prescott's Microbiology, 8th ed. McGraw-Hill, 2010.

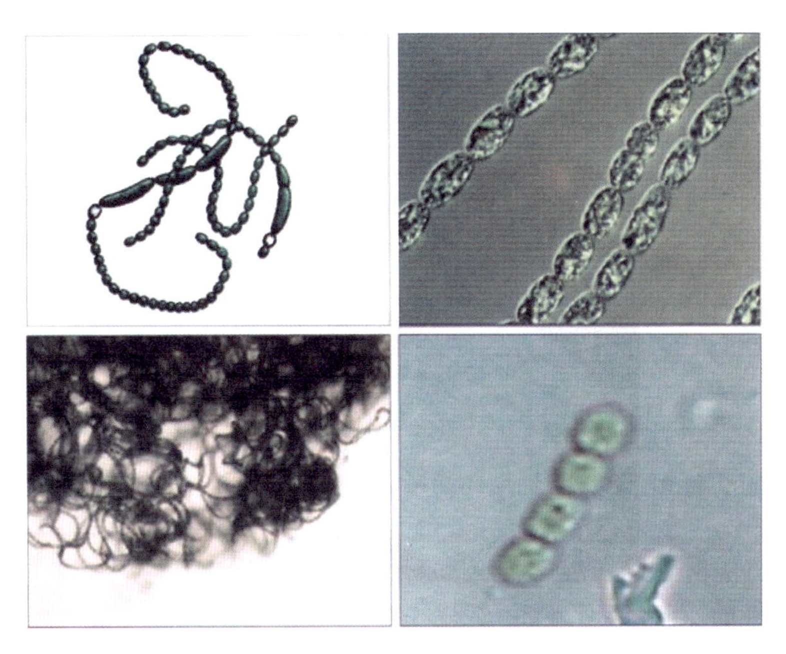

图 3-25 鱼腥藻

引自：马放，等．环境微生物图谱，科学出版社，2013．

(a) (b)

图 5-1 嗜热古生菌的栖息地

引自：Joanne M W，et al．Prescott's Microbiology，8th ed．McGraw-Hill，2010．

(a) 美国黄石国家公园的温泉，其中黄色物质为嗜热古生菌产生的胡萝卜色素；(b) 美国黄石国家公园的硫泉，泉水含大量的硫且几乎是沸腾状态，硫化裂片菌(*Sulfolobus*)在此生长良好

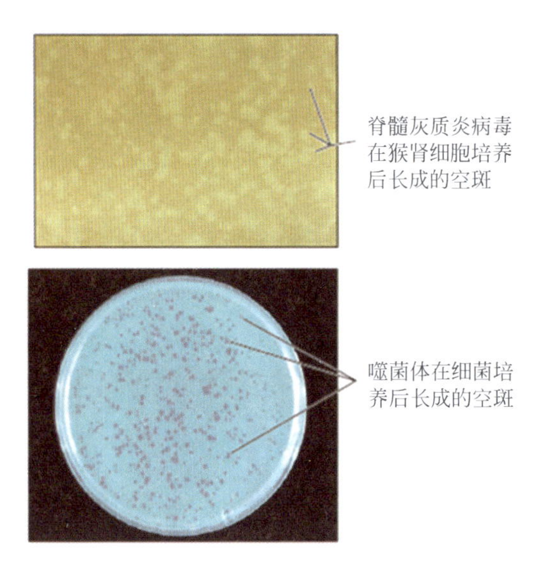

图 5-12 病毒空斑

引自：Joanne M W, et al. Prescott's Microbiology, 8th ed. McGraw-Hill, 2010.

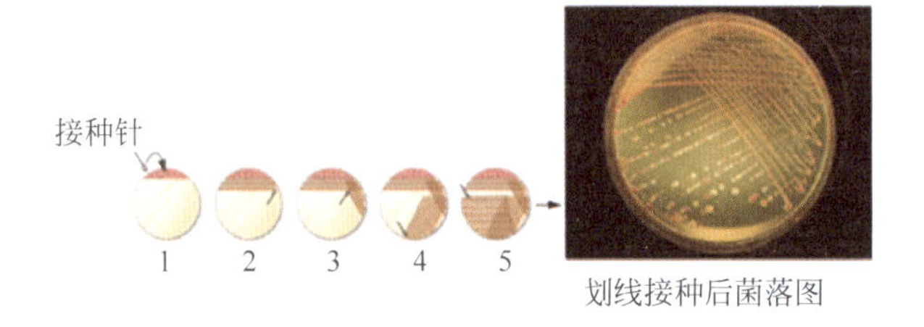

图 10-7 划线分离法

引自：Joanne M W, et al. Prescott's Microbiology, 8th ed. McGraw-Hill, 2010.

高等学校环境类教材

环境微生物学

Environmental Microbiology

任何军　张婷娣　编著

清华大学出版社
北京

内 容 简 介

本书在参考国内外众多优秀教材、文献资料的基础上，系统地介绍了当前环境工程微生物学涉及的基本原理和前沿方法理论。全书分 12 章，涵盖了环境微生物的分类、进化、生长繁殖、生态学及分子生物学等内容。本书内容简明，可帮助读者有效地掌握环境微生物学这一快速发展学科的基本知识及研究思路与方法。

本书可作为高等院校环境工程、环境科学、给水与排水、资源与环境等专业的教材，也可供相关专业研究人员及工程技术人员参考。

图书在版编目(CIP)数据

环境微生物学/任何军，张婷娣编著. —北京：清华大学出版社，2015(2024.1重印)
高等学校环境类教材
ISBN 978-7-302-42064-4

Ⅰ. ①环… Ⅱ. ①任… ②张… Ⅲ. ①环境微生物学－高等学校－教材 Ⅳ. ①X172

中国版本图书馆 CIP 数据核字(2015)第 263480 号

责任编辑：柳　萍
封面设计：傅瑞学
责任校对：刘玉霞
责任印制：宋　林

出版发行：清华大学出版社
网　　址：https://www.tup.com.cn，https://www.wqxuetang.com
地　　址：北京清华大学学研大厦 A 座　　**邮　　编**：100084
社 总 机：010-83470000　　**邮　　购**：010-62786544
投稿与读者服务：010-62776969，c-service@tup.tsinghua.edu.cn
质量反馈：010-62772015，zhiliang@tup.tsinghua.edu.cn
印 装 者：三河市龙大印装有限公司
经　　销：全国新华书店
开　　本：185mm×260mm　　**印　　张**：14.75　　**插　　页**：2　　**字　　数**：359 千字
版　　次：2015 年 11 月第 1 版　　**印　　次**：2024 年 1 月第10次印刷
定　　价：49.00 元

产品编号：067007-02

前言

环境微生物学作为一门横跨现代微生物学与技术、环境科学、环境工程等众多学科的新兴综合学科，具有知识更新速度快、交叉性强的显著特点，正处于蓬勃发展的阶段。继2005年的《现代环境微生物技术》和2012年的《环境生物技术实验》(清华大学出版社)出版之后，编写一本内容集中、精练且充分反映现代环境微生物学的总体面貌、最新发展的配套教材，成为本科教学与改革实践中的迫切需要。

由于环境微生物学层次多，涉及的学科范围广，并具有交叉渗透、综合性强的特点，难以对各方面涉及的知识进行准确阐述和介绍。鉴于此，本书的编写思路基于体现前沿性、强调可读性、尊重原创性的原则。在广泛收集资料、努力汲取国内外信息的基础上，力求内容新颖、深入浅出，既注重基础知识，同时又强调新理论和新技术。目的是促进学生对环境工程微生物学的内容的深入理解与吸收。

本书作为"吉林大学十二五规划立项教材"之一，共12章，涵盖了环境微生物的分类、进化、生长繁殖、生态学及分子生物学等领域的基础理论与方法。本书的出版得到了清华大学出版社柳萍老师及其同事们的热情支持和细心指导，借此机会，向他们致以衷心和诚挚的谢意。

由于编者水平有限，错误、疏漏之处在所难免，敬请使用本教材的师生、有关专家和同行给予批评指正，以便本书再版时补充、修正和完善。

作　者

2015年9月

目　录

第 1 章

微生物与环境

1.1 微生物的研究与显微镜之间的关系

微生物(microorganism)是一切肉眼看不见或看不清的微小生物的总称。它们都是一些个体微小(一般<0.1mm)、结构简单的低等生物,其成员包括：属于原核类的真细菌、放线菌、蓝细菌、支原体、衣原体和立克次氏体；属于真核类的真菌(酵母菌、霉菌和蕈菌)、原生动物和显微藻类；介于原核和真核之间的古生菌,以及属于非细胞类的病毒和亚病毒因子(类病毒、拟病毒和朊病毒等)。

1. 微生物学发展史上的五位先驱

微生物在我们身边无处不在。人体内外以及包围着整个地球表层的土壤圈、水圈和大气圈都分布着难以计数的微生物,它们与人类的食物、药品以及疾病密切相关。现在我们已经知道人类早在几千年前就会利用微生物进行酿酒、酿醋、发面、治病等,但由于微生物个体微小,无法用肉眼直接观察到,直到 1676 年,荷兰人列文·虎克自己制作了一个透镜装在金属附件中组成的一架单式显微镜(图 1-1),其放大率约 200 倍。他用该简易显微镜观察到了形态微小、用肉眼无法观察到的细菌,并作图描绘出了这些细菌的形态和大小(图 1-2)。由于列文·虎克首次克服了人类认识微生物世界的第一个难关——"个体微小",使人类初步踏进了微生物世界的大门,所以我们称他为"微生物学的先驱者"。

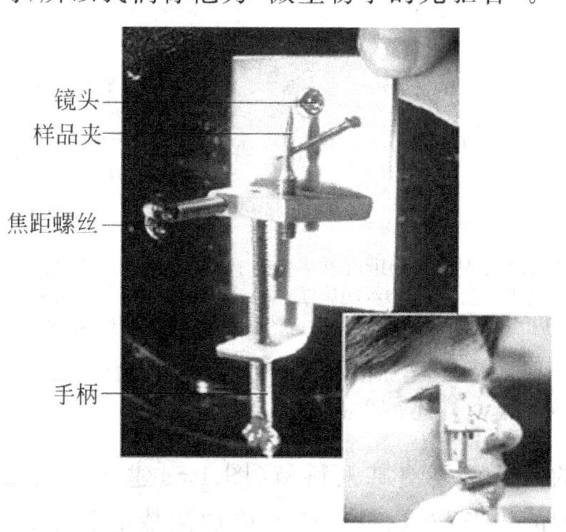

图 1-1　列文·虎克的单式显微镜

引自：Joanne M W,et al. Prescott's Microbiology,8th ed. McGraw-Hill,2010.

列文·虎克这一时期主要集中在对微生物的形态进行描述，而对微生物与人类之间的关系并不十分清楚。到19世纪中叶，巴斯德设计了一个既可允许空气自由进入容器又可阻止容器内无菌肉汤不能“自然发生”腐败的简便、巧妙的曲颈瓶试验，令人信服地证实了肉汤腐败产生大量细菌的原因是接种了来自空气中的微生物，从而建立了微生物学这一新的学科，故巴斯德被称为“微生物学的奠基人”(图1-3，图1-4)。

图1-2 列文·虎克像及其观察到的口腔微生物
引自：Joanne M W, et al. Prescott's Microbiology, 8th ed. McGraw-Hill, 2010.

图1-3 微生物学的奠基人——巴斯德
引自：Joanne M W, et al. Prescott's Microbiology, 8th ed. McGraw-Hill, 2010.

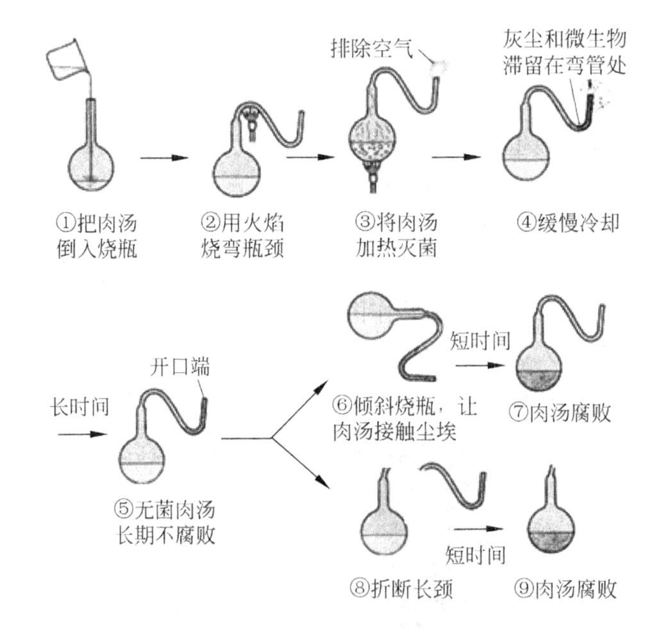

图1-4 奠定微生物学基础的巴斯德曲颈瓶试验
引自：Joanne M W, et al. Prescott's Microbiology, 8th ed. McGraw-Hill, 2010.

与此同期，微生物的另一重要奠基人科赫(图1-5)建立了细菌的纯种分离培养与灭菌方法，并发明了细菌细胞的染色技术，从而能够更加清楚地利用显微镜观察微生物，为微生物学的发展立下了汗马功劳，因此，科赫被称为“细菌学奠基人”。这一时期的微生物学家主要系统研究微生物的生长、繁殖以及代谢等。

到了 1953 年，沃森和克里克发现了 DNA 的双螺旋结构（图 1-6），从此微生物学进入了分子微生物学时代。它为广泛运用分子生物学理论和现代研究方法来揭示微生物的各种生命活动规律打下了基础，并直接促进了基因工程、生物信息学和合成生物学等学科的发展。

图 1-5 细菌学的奠基人——科赫

引自：Joanne M W, et al. Prescott's Microbiology, 8th ed. McGraw-Hill, 2010.

图 1-6 DNA 双螺旋的发现者——沃森和克里克

2. 现代显微镜的种类及在微生物学中的应用

微生物学中常用的显微镜根据显微原理可以分为光学显微镜和电子显微镜。通常皆由光学部分、照明部分和机械部分组成，二者之间最主要的区别是光源。

恩斯特·鲁斯卡于 1931 年成功研制出电子显微镜，这使得科学家能观察到百万分之一毫米那么小的物体，使生物学发生了一场革命。

随着摄影技术的快速发展，目前大部分显微镜都实现了与摄像系统以及计算机相结合，达到快速、清晰并且大量储存信息的目的。

1）光学显微镜

光学显微镜的种类很多，主要有普通光学显微镜（明视野显微镜）、暗视野显微镜、荧光显微镜、相差显微镜、激光扫描共聚焦显微镜、偏光显微镜、微分干涉差显微镜、倒置显微镜。一般结构包括目镜、镜筒、转换器、物镜、载物台、通光孔、遮光器、压片夹、镜座、粗准焦螺旋、细准焦螺旋、镜臂、镜柱。普通光学显微镜的构造如图 1-7 所示。

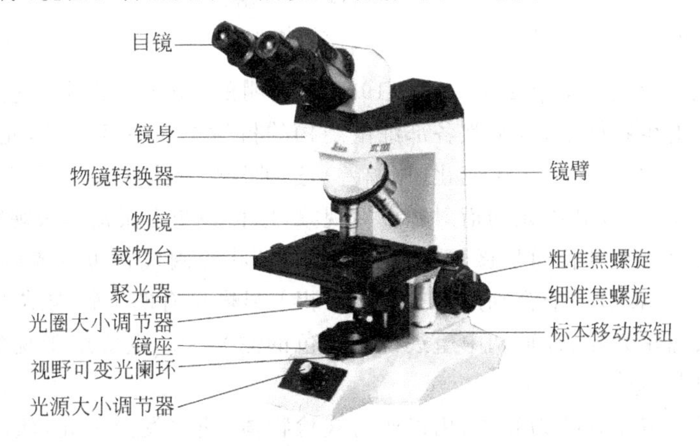

图 1-7 普通光学显微镜的构造

引自：Joanne M W, et al. Prescott's Microbiology, 8th ed. McGraw-Hill, 2010.

普通光学显微镜的分辨率为 0.2μm 左右，最大放大倍数约为 1000 倍，主要用于观察微生物的简单形态、大小等，如图 1-8 所示。

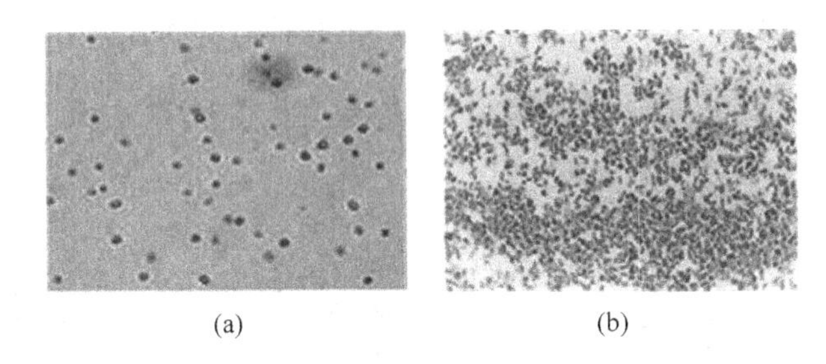

(a) (b)

图 1-8 普通光学显微镜下的微生物

(a) 酵母菌；(b) 革兰氏染色后的大肠杆菌

引自：Joanne M W, et al. Prescott's Microbiology, 8th ed. McGraw-Hill, 2010.

暗视野显微镜(dark field microscope)是利用丁铎尔(Tyndall)光学效应的原理，在普通光学显微镜的结构基础上改造而成的。暗视野显微镜的聚光镜中央有挡光片，使照明光线不直接进入物镜，只允许被标本反射和衍射的光线进入物镜，因而视野的背景是黑的，物体的边缘是亮的。暗视野显微镜常用来观察未染色的透明样品。这些样品因为具有和周围环境相似的折射率，不易在一般明视野之下看得清楚，于是利用暗视野提高样品本身与背景之间的对比。这种显微镜的分辨率可比普通显微镜高 50 倍，能看到物体的存在、运动和表面特征，但不能辨清物体的细微结构，如图 1-9。

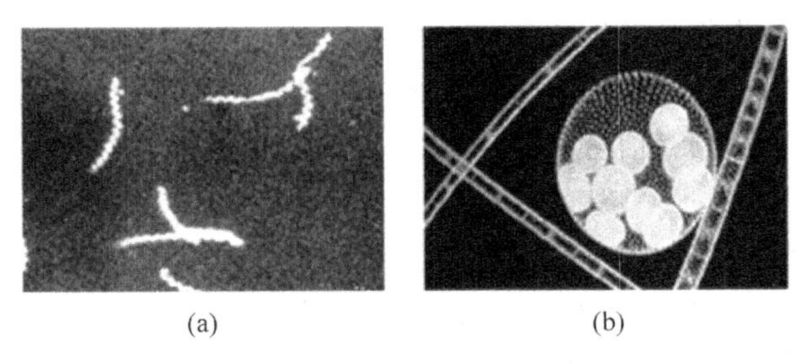

(a) (b)

图 1-9 暗视野显微镜下的微生物

(a) 苍白密螺旋体；(b) 团藻虫

引自：Joanne M W, et al. Prescott's Microbiology, 8th ed. McGraw-Hill, 2010.

相差显微镜是荷兰科学家 Zernike 于 1935 年发明的，用于观察未染色标本的显微镜。活细胞和未染色的生物标本，因细胞各部细微结构的折射率和厚度不同，光波通过时，波长和振幅并不发生变化，仅相位发生变化(振幅差)，这种振幅差人眼无法观察。而相差显微镜通过改变这种相位差，并利用光的衍射和干涉现象，把相差变为振幅差来观察活细胞和未染色的标本。相差显微镜和普通显微镜的区别是：用环状光阑代替可变光阑，用带相板的物镜代替普通物镜，并带有一个合轴用的望远镜。相差显微镜有四个特殊结构：相差物镜、具有环状光阑的转盘聚光器、合轴调中望远镜和绿色的滤光片。主要用于观察未经染色的标本和活细胞，如图 1-10。

荧光显微镜是以紫外线为光源，用以照射被检物体，使之发出荧光，然后在显微镜下观察物体的形状及其所在位置的一种显微装置。荧光显微镜因其能使观察者直观形象地看到

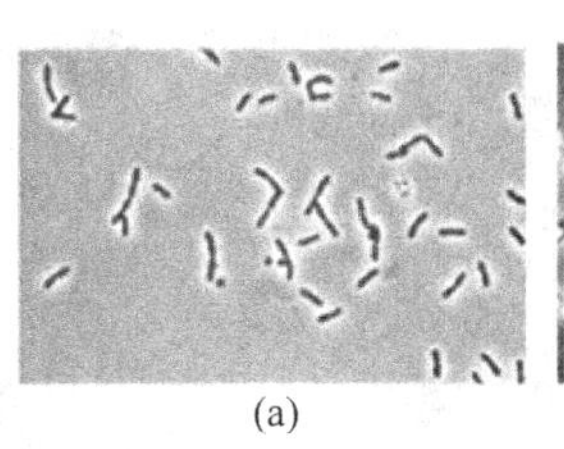

(a)

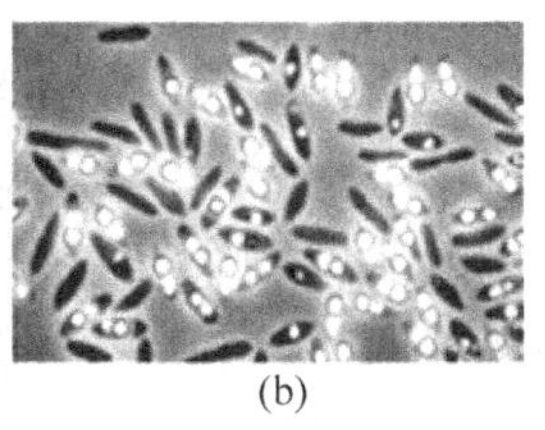

(b)

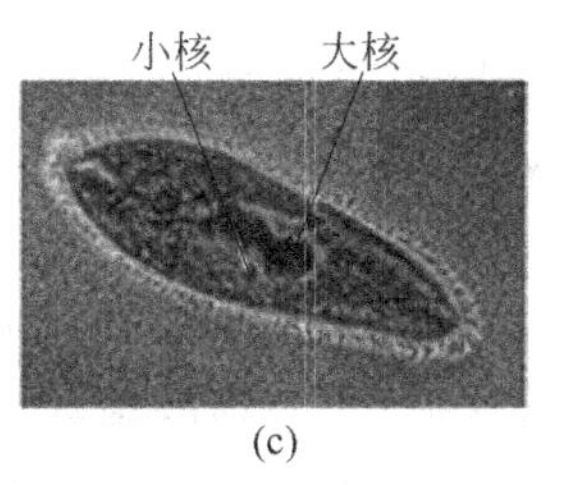

(c)

图 1-10 相差显微镜下的微生物

(a) 假单胞菌；(b) 变形虫；(c) 草履虫

引自：Joanne M W, et al. Prescott's Microbiology, 8th ed. McGraw-Hill, 2010.

目的物而被广泛使用，主要用于研究微生物体内物质的吸收、运输、化学物质的分布及定位等，如图 1-11。

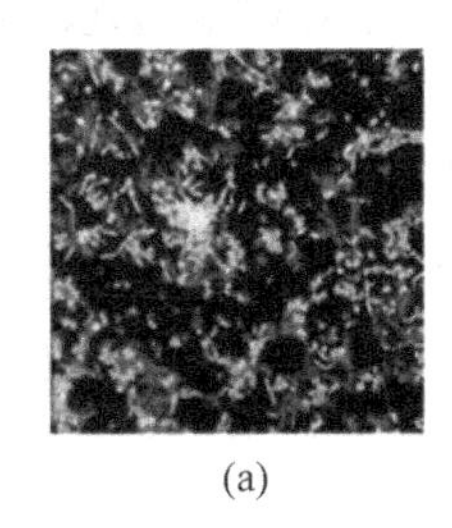

(a)

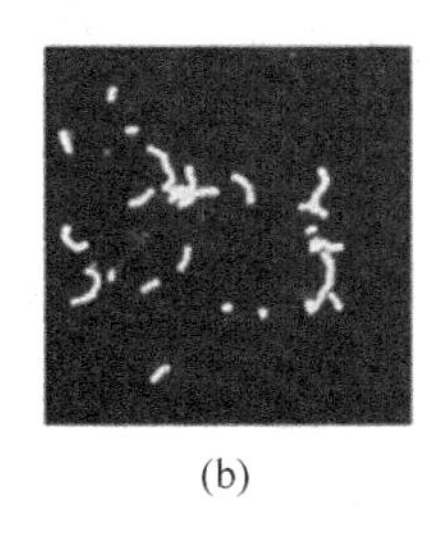

(b)

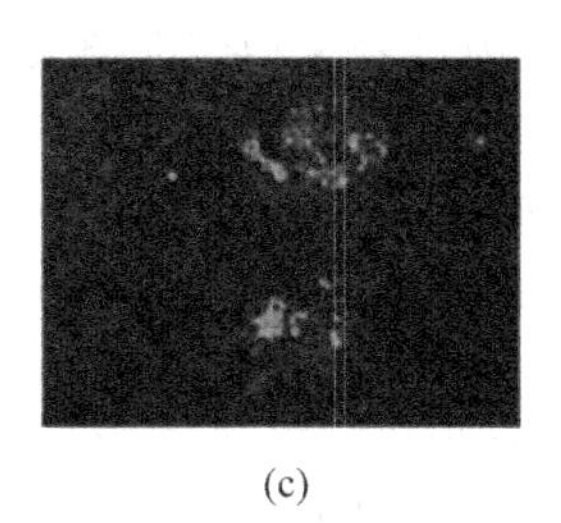

(c)

图 1-11 荧光显微镜下的微生物

(a) 绿色荧光为活细胞，红色荧光为死细胞；(b) 荧光染色后的链球菌；(c) 荧光标记的猪瘟病毒感染猪肾细胞图

引自：Joanne M W, et al. Prescott's Microbiology, 8th ed. McGraw-Hill, 2010.

2) 电子显微镜(electron microscope)

由于光学显微镜放大倍数有限，很难直接对病毒以及一些非常微小的亚细胞结构进行观察，从而限制了微生物学的发展，因此，在 20 世纪中期迫切需要一种能够显示在光学显微镜中无法分辨的病原体如病毒等的更为先进的显微镜。电子显微镜(图 1-12)是以电子束为照明源，通过电子流对样品的透射或反射及电磁透镜的多级放大后在荧光屏上成像的大型仪器。与普通光学显微镜采用可见光为照明源，并以玻璃透镜为光镜不同的是，电子显微镜的照明源是电子束，电镜为电磁透镜，从而大大提高了电子显微镜的分辨率，使其可观察小至 0.2nm 的物体，其放大倍数约 10^6 倍，能够清晰地观察病毒以及微生物内部的一些更为微细的结构。随着显微镜技术的不断发展，现代电子显微镜的最大放大倍率已超过 300 万倍，能直接观察到某些重金属的原子和晶体中排列整齐的原子点阵。这些极高分辨率的电子显微镜为分子微生物学的发展提供了极其重要的工具。

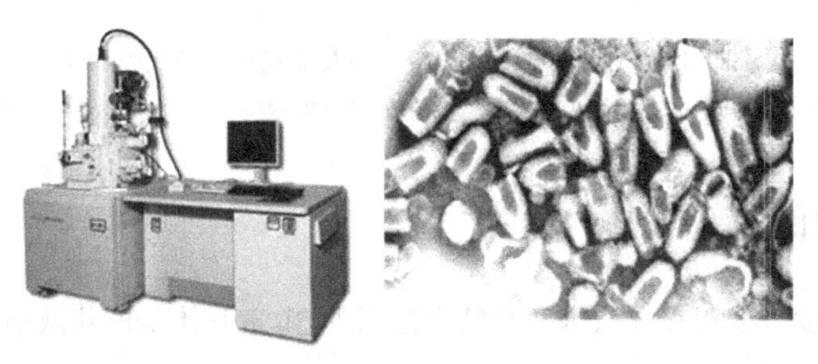

图 1-12 电子显微镜及观察到的狂犬病病毒

3）扫描隧道显微镜（scanning tunnel microscope，STM）

1981年格尔德·宾宁及海因里希·罗雷尔发明了一种利用量子理论中的隧道效应探测物质表面结构的仪器，叫扫描隧道显微镜（也称为“扫描穿隧显微镜”、“隧道扫描显微镜”）。该显微镜可以让科学家观察和定位单个原子，它具有比同类原子力显微镜更高的分辨率（图1-13）。此外，扫描隧道显微镜在低温（4K）下可以利用探针尖端精确操纵原子，因此能够更加准确地从原子而不仅仅是从分子水平了解生命的本质构造。格尔德·宾宁、海因里希·罗雷尔和恩斯特·鲁斯卡因为在显微镜发明中的杰出贡献而获得了1986年的诺贝尔物理学奖。

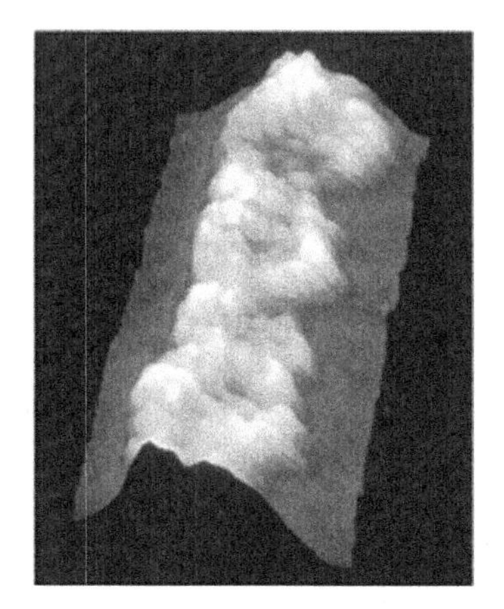

图1-13 扫描隧道显微镜观察到的DNA

引自：Joanne M W，et al. Prescott's Microbiology，8th ed. McGraw-Hill，2010.

这三类显微镜的测量范围及可能观察到的微生物代表种类，见图1-14。

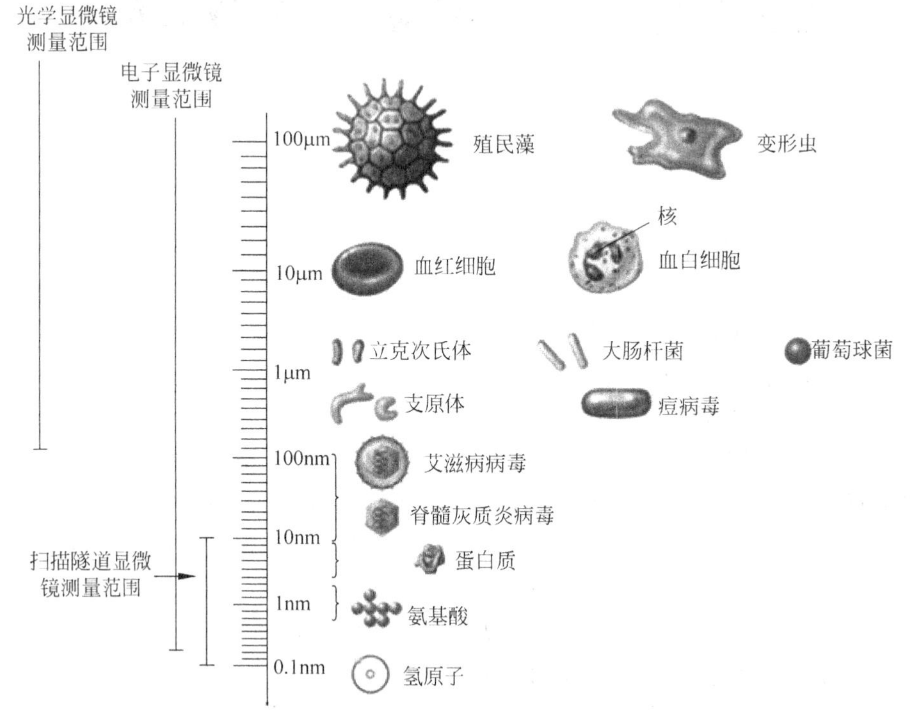

图1-14 三类显微镜的测量范围及能观察到的代表物质

引自：Joanne M W，et al. Prescott's Microbiology，8th ed. McGraw-Hill，2010.

1.2 微生物的特点

微生物的长度一般都在数微米甚至纳米范围内，由于其体型极其微小，因而具有如下重要的共性：

(1) 个体微小,结构简单,表面积大。微生物大多是单细胞生物,有些复杂点的多细胞微生物也仅仅是由细胞简单排列构成,很少有组织器官的分化。因其小,所以有一个巨大的营养物质吸收面、代谢废物的排泄面和环境信息的交换面。

(2) 吸收多,转化快。有资料表明,大肠杆菌在 1 小时内可分解其自重 1000～10000 倍的乳糖;产朊假丝酵母合成蛋白质的能力比大豆强 100 倍,比食用牛强 10 万倍;一些微生物的呼吸速率也比高等动、植物的组织强数十至数百倍。这个特性为微生物的生长繁殖和合成大量代谢产物提供了充分的物质基础,从而使微生物能在自然界和人类实践中更好地发挥其超小型"活的化工厂"的作用。

(3) 生长旺,繁殖快。微生物具有极高的生长和繁殖速率。大肠杆菌在合适的生长条件下,细胞分裂 1 次仅需 12.5～20min。若按平均 20min 分裂 1 次计,则 1h 可分裂 3 次,每昼夜可分裂 72 次,这时,最开始的一个细菌已产生了 4722366500×10^{12} 个后代,总重约 4722t。据报道,当前全球的细菌总数约为 5×10^{30} 个。事实上,由于营养、空间和代谢产物等条件的限制,微生物的几何级数分裂速率充其量只能维持数小时而已。因而在液体培养过程中,细菌细胞的浓度一般仅达 10^8～10^9 个/mL。微生物的这一特点使得其在物种竞争上取得优势,这是生存竞争的保证。

(4) 适应强,易变异。微生物结构简单,整个细胞直接与环境接触,易受环境因素影响,使得其具有极其灵活的适应性或代谢调节机制,这是任何高等动、植物所无法比拟的。它们对环境条件尤其是地球上那些恶劣的"极端环境",例如对高温、高酸、高盐、高辐射、高压、低温、高碱或高毒等的惊人适应力,堪称生物界之最。

(5) 分布广,种类多。因微生物极小,很轻,附着于尘土随风飞扬,漂洋过海,栖息在世界各处,分布极广。微生物在地球上"无孔不入",只要条件合适,它们就可"随遇而安"。地球上除了火山的中心区域等少数地方外,从土壤圈、水圈、大气圈到岩石圈,到处都有它们的踪迹。例如,2006 年《科学》杂志就报道了在南非一座金矿的 2.8km 深水层中分离到一种以硫酸盐为主要营养物质的硫细菌。可以认为,微生物将永远是生物圈上下限的开拓者和各项生存纪录的保持者。不论在动、植物体内外,还是在土壤、河流、空气,平原、高山、深海,污水、垃圾、海底淤泥,冰川、盐湖和沙漠,甚至油井、酸性矿水和岩层下,都有大量与其相适应的各类微生物在活动着。

(6) 杂居混生,因果难联。在自然条件下,微生物一般都是许多种相互杂居混生在一起的,如果对这些混合在一起的群落不进行纯种分离,人们就无法了解某一微生物的具体生命活动及其对人类和环境的影响(如引起人类或动、植物疾病,降解环境中的某些污染物等)。因此,如何从环境中分离纯化出目标微生物仍旧是环境微生物领域科研工作者最基础、最重要的工作之一。

1.3　环境微生物学的定义、研究内容

1. 环境微生物学的定义

微生物学(microbiology)是一门在分子、细胞或群体水平上研究微生物的形态结构、生

理代谢、遗传变异、生态分布和分类进化等生命活动基本规律，并将其应用于工业发酵、农业生产、医疗卫生、生物工程和环境保护等领域的学科。微生物学与环境科学相互渗透产生了一门新型交叉学科——环境微生物学(environmental microbiology)，它是研究微生物与环境之间的相互关系和作用规律，并将其应用于污染防治的学科。通俗地说，环境微生物学就是利用微生物学的理论、方法和技术来探讨环境现象，解决环境问题的科学。

2. 环境微生物学的研究内容

1) 环境中微生物的分离、鉴定、培养及生理生化研究

要想利用微生物解决目前面临的诸多环境问题，良好的微生物种源非常重要，因此，环境微生物领域的科研工作者需要根据自己的目的从环境中筛选微生物，并对其进行培养，以达到充分利用微生物的目的。据报道，目前已能培养的微生物还不到自然界存在微生物的十分之一，因此，此项工作任重道远。

2) 微生物与自然环境之间的关系

早在地球诞生之初，整个世界处于一片混沌状态，那时地球的大气中并没有氧气或者氧气含量很低，正是由于蓝细菌以及其他微生物的光合作用产生氧气，才逐渐地、一步一步地形成了今天的地球。微生物在地球上已经有约35亿年的历史，它们在自然环境中广泛居住，既是生产者又是消费者，对今后地球的发展仍然起着非常重要的作用。这部分内容主要研究微生物与自然环境的相互关系及其在生物地球化学循环中的各种作用。

3) 微生物对环境的污染和危害

由于微生物无处不在，以至在许多不需要它出现的地方也大量出现，从而影响我们的工农业生产和生活。微生物污染是指对人类和生物有害的微生物污染水体、大气、土壤和食品，影响生物产量和质量，危害人类健康的现象。具体体现为：①病原菌所致的生物安全问题，比如微生物直接导致疾病；②菌体生长所致的生物安全问题，比如水体富营养化问题；③代谢活动所致的生物安全问题，比如黄曲霉污染饲料，产生黄曲霉素，会导致鱼和哺乳动物患原发性肝癌。

因此，研究有害微生物在环境中的生活方式和危害途径，并提出有效的防控措施是环境微生物学的重要内容。

4) 微生物对受污染环境的净化和修复

受污染环境是指因人类排放废水、废气和废渣("三废")而受污染的环境。据统计，全球已生产和应用的多氯联苯(PCB)超过100万t，其中1/4至1/3进入环境。所有这些环境污染问题都迫切需要环境微生物研究者加倍努力：针对特定污染物，探寻高效菌群，采用现代基因工程技术，构建多功能"高效菌株"；探明微生物的生长条件、代谢条件和污染物降解规律，不断推出新型、高效、安全的生物处理技术。

生物净化(biological purification)是指通过生物代谢(异化作用和同化作用)，使环境中的污染物数量减少、浓度下降、毒性减弱甚至消失的过程。其中，微生物起着重要而独特的作用。随着生产水平的提高和科学技术的进步，生物净化将在更大规模上得到应用，并将成为环境生物技术的重要组成部分。生物修复是指人为强化下的生物净化作用。在陆地和海洋环境中，生物净化现象普遍存在，但净化能力各不相同。研究自然生物净化的基本规律并

提出有效的强化措施，也是环境微生物学的重要内容。

5）微生物在环境检测中的应用

微生物检测是通过微生物个体、种群或群落对环境污染或环境变化所产生的反应，阐明环境污染状况，从微生物学角度为环境质量的检测和评价提供依据的过程。每种微生物对环境因素的变化都有一定的适应范围和反应特点。微生物的适应范围越小，反应特点越显著，对环境因素变化的指示意义越大。

6）微生物产品

利用微生物生产抗生素、疫苗、类固醇、醇、维生素、氨基酸等产品。

复习思考题

1-1　何谓微生物？它主要包括哪些类群？

1-2　微生物有哪些特点？

1-3　环境微生物学的主要研究内容有哪些？

1-4　试述显微镜的种类及与微生物学之间的关系。

第2章

微生物的进化、系统发育及分类鉴定

2.1 微生物的起源与进化

生命的起源是一个古老而神秘的问题，自从人类诞生就一直没有停止过对这一问题的思考与探索，直到今天，也没有一个完全的定论。图 2-1 是科学家根据现有知识推测出的一个生物进化时间表，进化过程中的关键事件用箭头标出，从中可以看出，地球上生命最早出现在大概 35 亿年以前，而人类则是最近才出现在地球上的。本节主要从原核微生物细胞的起源与进化、真核微生物的进化两个方面进行简单介绍。

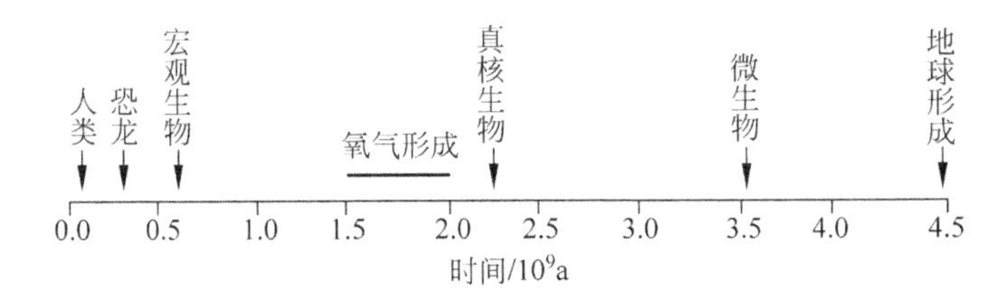

图 2-1 推测的生物进化时间表

引自：Joanne M W，et al. Prescott's Microbiology，8th ed. McGraw-Hill，2010.

2.1.1 原核微生物细胞的起源与进化

在 20 世纪 50 年代，Miller 和 Urey 等模拟早期地球环境无氧、含大量甲烷和二氧化碳、紫外辐射强、温度高等特点，采用装有水和还原性混合气体的简单装置，通过加热、放电或紫外线照射，合成了许多有机物，其中包括组成生物所必需的氨基酸和碱基。然后将氨基酸混合物倒在 160～200℃热砂土上，水分蒸发后，氨基酸之间发生聚合生成蛋白质样大分子，这类蛋白质被称为"嗜热类蛋白"（thermal proteinoid）。它们能自发聚集成微球体（microsphere）。研究表明，一些非生物来源的类蛋白具有原始催化活性（酶的功能）。另外试验发现，一些核酸除了具有复制能力外，也具有催化活性。核酶（ribozyme）便是一类具有催化活性的 RNA 分子。由于代谢和繁殖是生命的本质属性，蛋白质和核酸具有催化（代谢）和复制（繁殖）能力，因此，也就拥有了生命的基本特征。

Oparin 等发现，在含有两种聚合物（如阿拉伯树胶和组蛋白）的胶体溶液中，可自发形成微球体。他们将这些微球体称为团聚体（coacervate）。将磷脂放入水中，也可自发形成团聚体（脂质体），呈双分子层，类似细胞膜。这种脂质体能够吸收体外磷脂而生长，并能凸出而形成新的团聚体，后者很像酵母菌的芽殖。在脂质体围成的内穴中可进行化学反应。若把酶、电子载体或叶绿体嵌入这些团聚体内，甚至可模拟一些细胞的代谢过程、电子传递过程或光合作用过程。Fox 认为，嗜热类蛋白所形成的微球体及其有限的催化能力，是化学进化产生细胞的中间样式。在没有核酸的情况下，这种蛋白质微球体可以看成是最原始的生命形态(朊病毒就只有蛋白质一种组成成分)。这些最原始的生命形态称为始祖生物(progenote)。

也有人认为，在生命进化过程中，存在一个 RNA 世界，如图 2-2。RNA 能自我复制并能催化少数反应。当 RNA 被包裹至脂蛋白囊泡内时，RNA 生命形态就进化成了最早的细胞生命形态。由于生命活性需要高效且精确的催化剂，在进化过程中，蛋白质(酶)逐渐取代了 RNA 的催化功能，RNA 从行使编码和催化双重功能简化为只行使编码功能。由于生命活动需要稳定的遗传信息，在进化过程中，DNA 又逐渐取代了 RNA 的编码功能，最后 RNA 只起 DNA 与蛋白质之间的桥梁作用。细胞膜、蛋白质(酶)和核酸有机组合，就产生了原始原核生物(eugenote)。在距今大约 35 亿年的沉积岩中，已发现原始原核生物的化石证据。

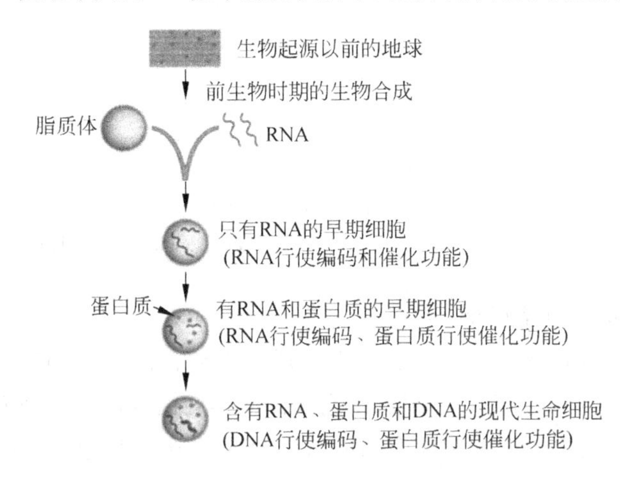

图 2-2 RNA 生命起源假说

引自：Joanne M W, et al. Prescott's Microbiology, 8th ed. McGraw-Hill, 2010.

2.1.2 真核微生物的进化

与原核微生物相比，真核微生物的细胞具有多个特殊结构，其功能类似于高等生物的器官。这些具有特定结构和功能的亚细胞结构称为细胞器(organelles)。

1. 线粒体(mitochondria)和叶绿体(chloroplast)的出现

线粒体和叶绿体是存在于真核细胞细胞质中的细胞器。两者都存在于细胞质中，但与细胞质有明显的分界。这两种细胞器都有自己的核酸，且不同于细胞核内的核酸；都有自己的核糖体，且不同于细胞质中的核糖体；它们不能在细胞质内“从无到有”的合成，只能通过现有线粒体和叶绿体分裂传递给后代。因此，科学家认为两种细胞器来源于原核微生物，供体微生物永久共生在受体微生物的细胞内就形成了细胞器，如图 2-3，主要有共生学说和内共生学说两种。其实两者之间的主要区别在于供体菌最初进入受体菌时，是只有遗传物质进入还是连同细胞膜结构整体进入。一般认为，在与真核生物共生的过程中，线粒体和叶绿体会丧失一些但不是所有遗传物质，会丧失部分但不是全部生物合成能力。

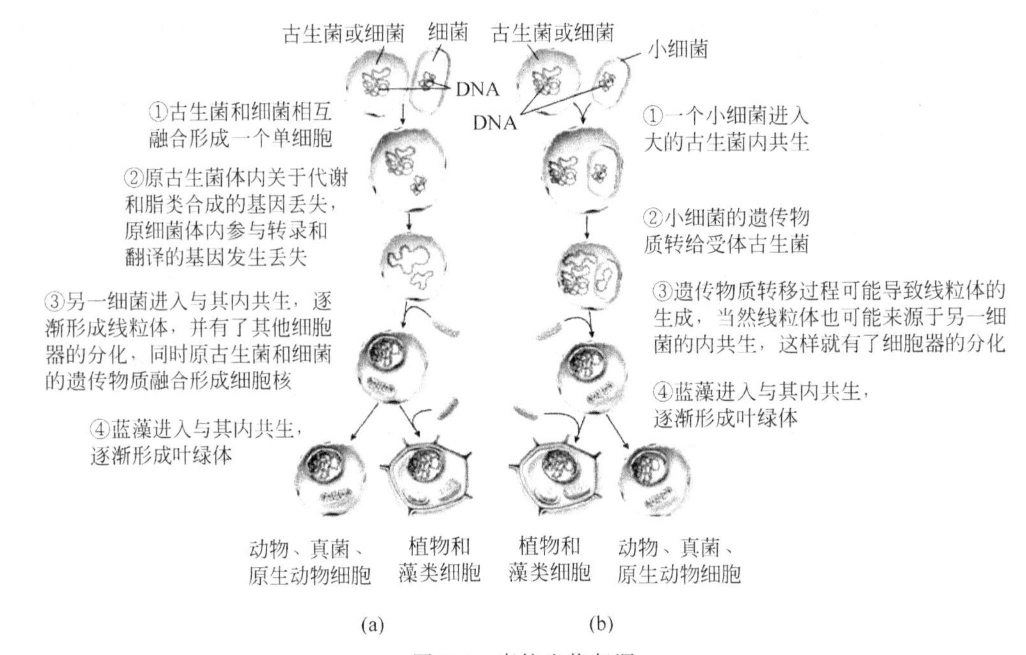

图 2-3 真核生物起源

(a) 共生学说；(b) 内共生学说

引自：Joanne M W, et al. Prescott's Microbiology, 8th ed. McGraw-Hill, 2010.

2. 鞭毛(flagella)和纤毛(fimbriae)

一些真核微生物具有鞭毛和纤毛。有人发现原生动物混毛虫(*Mixotricha paradoxa*)的鞭毛不能运动，但它可以借助一些附着于它表面的螺旋菌的协同运动而运动，因而认为这些附着的螺旋状细菌会失去遗传和代谢功能而成为鞭毛或纤毛，由此推测真核生物的鞭毛和纤毛也来自原核微生物的共生。但由于真核微生物的鞭毛显著不同于原核微生物，且缺乏有力的实验证据，所以并不像线粒体和叶绿体那样被人们普遍接受。

3. 细胞核

关于真核生物细胞核的起源，目前主要有细胞膜内陷学说和内共生学说两种。细胞膜内陷学说认为，随着原核细胞的分化以及形态和生化功能的增加，需要新的基因来编码这些性状和功能。在细胞分裂时，这些基因组的复制也更加复杂，因此产生核膜将基因组与细胞质隔开，形成了真核细胞的核。内共生学说则认为，原核生物共生于真核生物内，两者的基因组相互结合，原核生物丧失细胞质和营养功能，成为原始真核细胞的核，核膜来自细胞膜和液泡膜。

2.2 微生物的命名

微生物名称分两类。一是地区性的俗名(common name, vernacular name)，具有大众化和简明等优点，但往往含义不够确切，易于重复，尤其不便于国际间的学术交流，如"结核杆菌"(tubecle bacillus)是 *Mycobacterium tuberculosis*(结核分枝杆菌)的俗名，"红色面包霉”是 *Neurospora crassa*(粗糙脉孢菌)的俗名等。二是学名(scientific name),它是某一菌种的科学名称,是按“国际命名法规”进行命名并受国际学术界公认的通用正式名称。一个微生物学或生物学工作者,必须牢记一批常用、常见的微生物学名,这不仅因为它们是国际上通用的微生物名称,而且可以在阅读文献和听取各种学术报告时,通过自己熟悉的学名的启示,立即可联想起有关该菌的一系列生物学知识和实践应用等知识,从而提高自己的接受能力和业务水平。

物种的学名是用拉丁词或拉丁化的词组成的。在一般的出版物中,学名应排斜体字,在书写材料中,应在学名之下画一横线,以表示它应是斜体字母。学名的表示方法分双名法与三名法两种。

1. 双名法

双名法是指一个物种的学名由前面一个属名(generic name)和后面一个种名加词(specific epithet)两部分组成。属名的词首须大写,种名加词的字首须小写(包括由人名或地名等专用名词衍生的)。出现在分类学文献中的学名,在上述两部分之后还应加写3项内容,即首次定名人(正体字,用括号括住)、现名定名人(正体字)和现名的定名年份。如在一般书刊中出现学名时,则不必写上后3项内容。双名法的简明含义及实例为:

$$\text{学名}=\underbrace{\text{属名}+\text{种名加词}}_{\text{斜体字}}+\underbrace{(\text{首次定名人})+\text{现名定名人}+\text{现名定名年份}}_{\text{正体字(一般省略)}}$$

例1 大肠埃希氏菌(简称“大肠杆菌”)

Escherichia coli(Migula)Castellani *et* Chalmers 1919

例2 枯草芽孢杆菌(简称“枯草杆菌”)

Bacillus subtilis(Ehrenberg)Cohn 1872

例3 结核分枝杆菌

Mycobacterium tuberculosis(Zopf)Lehmann *et* Newmann 1896

例4 丙酮丁醇梭菌

Clostridium acetobutylicum McCoy,Fred,Peterson *et* Hastings 1926

例5 两歧双歧杆菌

Bifidobacterium bifidum(Tissier)Orla-Jensen 1924

2. 三名法

当某种微生物是一个亚种(subspecies,简称“subsp”)或变种(variety,简称“var”,是亚种的同义词)时,学名就应按三名法拼写,即:

$$\text{学名}=\underbrace{\text{属名}+\text{种名加词}}_{\text{斜体字}}+\underbrace{\text{符号 subsp 或 var}}_{\text{正体字(可省略)}}+\underbrace{\text{亚种或变种名的加词}}_{\text{斜体(不可省略)}}$$

例1 苏云金芽孢杆菌蜡螟亚种(或称蜡螟苏云金芽孢杆菌)

Bacillus thuringiensis(subsp)*galleria*

例2 酿酒酵母椭圆变种(椭圆酿酒酵母)

Saccharomyces cerevisiae(var)*ellipsoideus*

例3 脆弱拟杆菌卵形亚种(卵形脆弱拟杆菌)

Bacteroides fragilis(subsp)*ovatus*

3. 有关学名的其他知识

1) 属名

属名是一个表示该微生物主要特征的名词或用作名词的形容词，单数，第一个字母应大写。其词源可来自拉丁词、希腊词或其他拉丁化的外来词，也有以组合方式拼成的。例如 *Lactobacillus*（乳酸杆菌属）就是由两个拉丁词的词干组成，*Flavobacterium*（黄杆菌属）是由拉丁词和希腊词的词干混合组成，而 *Shigella*（志贺氏菌属）则由拉丁化的日本姓氏组成。

当前后有两个或更多的学名连排在一起时，若它们的属名相同，则后面的一个或几个属名可缩写成一个、两个或三个字母，在其后加上一个点。例如 *Bacillus*（芽孢杆菌属）可缩写成"*B.*"或"*Bac*"，*Pseudomonas* 可缩写成"*P.*"或"*Ps.*"，*Aspergillus*（曲霉属）可缩写成"*A.*"或"*Asp.*"等。

2) 种名加词

种名加词又称种加词，它代表一个物种的次要特征。与属名一样，种名加词也由拉丁词、希腊词或拉丁化的外来词组成。字首一律小写。可由形容词或名词组成，如果是形容词，要求其性与属名一致，如 *Staphylococcus aureus*（金黄色葡萄球菌）中，属名与种的加词均为阳性词。

在实际工作中，经常遇到自己已经筛选到一株或一批有用菌种，它的属名虽很容易确定，但菌种的最后鉴定还未结束，在这时若要进行学术交流或发表论文，其学名中的种的加词可以暂时先用"sp."（正体，species 单数的缩写）或"spp."（正体，species 复数的缩写）来代替，例如，"*Bacillus sp.*"可译为"一种芽孢杆菌"，而"*Bacillus spp.*"则可译为"若干种芽孢杆菌"或"一批芽孢杆菌"等。

3) 学名的发音

按规定，学名均应按拉丁字母发音规则发音。但事实上，英、美等国的学者经常按自己的语种来发音，且影响颇大，具体参见周德庆编著的《微生物学教程》第 2 版（高等教育出版社，2006 年）。

4) 亚种以下的几个分类名词

亚种以下的分类单元（intrasubspecific taxa）很多，它们的提出和使用均不受"国际命名法规"的限制。

(1) 亚种（subspecies，subsp.，ssp.）

亚种是进一步细分种时所用的单元，一般是指除某一明显而稳定的特征外，其余鉴定特征都与模式种相同的种。其命名方法按上述"三名法"处理。

(2) 变种（variety，var.）

变种是亚种的同义词，故在《国际细菌命名法规》中已不主张再用这一名词。

(3) 型（form）

曾用作菌株的同义词，现已废除，仅作若干变异型的后缀，如生物变异型（biovar）、形态变异型（morphovar）、致病变异型（pathovar）、噬菌变异型（phagovar）和血清变异型（serovar）等。

(4) 菌株（strain）

菌株又称品系（在非细胞型的病毒中则称毒株或株），它表示任何一个独立分离的单细胞(或单个病毒粒)繁殖而成的纯遗传型群体及其一切后代。因此,一种微生物的每一不同来源的纯培养物或纯分离物均可称为某菌种的一个菌株。由此可知:①菌株实为一个物种内遗传多态性的客观反映,其数目几乎是无数的;②菌株这一名词所强调的是遗传型纯的谱系;③菌株与克隆(即无性繁殖系)的概念相同;④在同一菌种的不同菌株间,作为鉴定用的一些主要性状上虽个个相同,但不作为鉴定用的一些“小”性状却可有很大差异,尤其是一些生化性状、代谢产物(抗生素、酶等)的产量性状等;⑤菌株实际上是某一微生物达到遗传型纯的标志,因此,一旦某菌发生自发或人工变异后,均应标以新的菌株名称;⑥当我们在进行菌种保藏、筛选或科学研究时,在进行学术交流或发表学术论文时,在利用菌种进行生产时,以及在索取或寄送菌种时,都必须在菌种后标出该菌株的名称;⑦菌株的名称可随意确定,一般可用字母加编号表示(字母多表示实验室、产地或特征等的名称,编号则表示序号等数字)。例如:

例 1 大肠埃希氏菌的两个菌株

Escherichia coli K12(最常用的 *E. coli* 菌株,1921 年分离自美国加利福尼亚州一白喉恢复病人的粪便;基因组已于 1997 年发表)

E. coli O-157:H7(致病性 *E. coli*,O 与 H 代表其抗原特征;基因组已于 2001 年发表)

例 2 枯草芽孢杆菌的两个菌株

Bacillus subtilis AS 1.398(蛋白酶生产菌,“AS”为中国科学院“Academia Sinica”的拉丁文缩写)

B. subtilis BF7658(α 淀粉酶生产菌种;“BF”代表“北纺”,即“北京纺织工业局科学研究所”的缩写)

例 3 产黄青霉的一个菌株

Penicillium chrysogenum NRRL-Q176(早年青霉素生产菌株,后因会产黄色素而被淘汰;“NRRL”为“美国农业部北方研究利用发展部实验室”的缩写)

例 4 两歧双歧杆菌一个模式菌株

Bifidobacterium bifidum ATCC 29521(“ATCC”为美国典型菌种保藏中心“American Type Culture Collection”的缩写)

前已述及,模式菌株是一个种的具体活标本,故极其重要。它必须是该菌种的活培养物,是由一个被指定命名的模式菌株传代而来,理应是与原初的描述完全一致的纯培养物。当原初菌株已丧失时,也可选用一个新的模式菌株。最后,还得提示一下,初学者应了解菌株、菌落(colony)、菌苔(microbial lawn)、斜面(slunt)、菌种(culture,培养物)、克隆(clone)、分离物(isolate)或纯培养物(pure culture)等各名词之间的联系及其区分。

2.3 微生物的分类

微生物是所有形体微小生物的总称,它们的大小、形态、生理以及生活方式多种多样,对它们进行准确的分类非常重要,有助于微生物科研工作者、学习者以及使用者对微生物的准确把握。

2.3.1 微生物在生物界的地位

1. 生物的界限分类学说

对生物究竟应分几界的问题，在人类发展的历史上存在着一个由浅入深、由简至繁、有低级至高级、由个体至分子水平的认识过程。总的说来，在人类发现微生物并对它们进行较深入的研究之前，只能把一切生物简单地分成似乎截然不同的两大界——动物界和植物界；从19世纪中期起，随着人们对微生物认识的逐步深化，生物的分界就历经三界、四界、五界甚至六界等过程，最后又提出了一个崭新的"三域"学说。

1）两界系统

真正科学地叙述两界系统的学者是瑞典博物学家林奈（Carl von Linne，拉丁名为Carrolus Linnaeus，1707—1778），他在其名著《植物种志》（1753年）中首先提出了动物界和植物界的两界系统。此时，人类对微生物的认识还不足。

2）三界系统

随着人类对微生物知识的日益丰富，德国著名动物学家、进化论学者E. H. Haechel（1834—1919）于1866年建议在动物界和植物界之外，应加上一个由低等生物组成的第三界——原生生物界（Protista），它主要由一些单细胞生物及无核类（Monera）组成。在此之前，Hogg（1860年）也提出过设立一个原始生物界（Protoctista）的建议。在20世纪早期，也有几个学者支持三界系统，但内容不尽相同，例如Conard（1939年）提议第三界称为菌物界（Mycetalia，包括真菌和细菌），Dodson（1971年）则建议称菌界（Mychota，包括病毒、细菌和蓝细菌）等。

3）四界系统

Copeland在1938年时就提出过生物可分四界即四界系统的设想，至1956年时更臻成熟。这四界为：植物界、动物界（除原生动物外）、原始生物界（原生动物、真菌、部分藻类）和菌界（细菌、蓝细菌）。此后，Whittaker（1959年）和Leedale（1974年）等人又提出了改进意见，前者把动物界和植物界以外的两界称为菌物界和原生生物界，后者则把动物界、植物界、真菌界以外的生物称为原核生物界（Monera）。

4）五界系统

1969年，R. H. Whittaker在*Science*杂志上发表了一篇《生物界级分类的新观点》的著名论文，影响很大。他的五界学说可用图表示（见图2-4）：纵向显示从原核生物到真核单细胞生物再到真核多细胞生物的三个进化阶段，横向则显示光合式营养（photosynthesis）、吸收式营养（absorption）和摄食式营养（ingestion）三大进化方向。五界系统包括动物界（Animalia）、植物界（Plantae）、原生生物界（Protista，包括原生动物、单细胞藻类和黏菌等）、真菌界（Fungi）和原核生物界（Monera，包括细菌、蓝细菌等）。

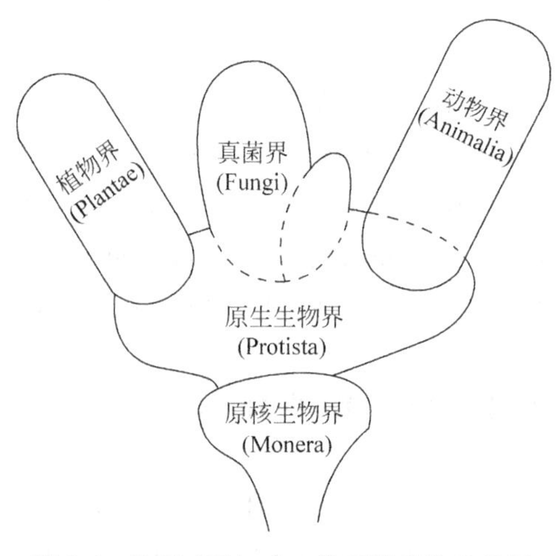

图2-4 R. H. Whittaker的五界系统示意图

5）六界系统

Jahn 等于1949年曾提出六界系统，包括后生动物界(Metazoa)、后生植物界(Metaphyta)、真菌界、原生生物界、原核生物界和病毒界(Vira)；1996年，美国的 P. H. Raven 等则提出包括动物界、植物界、原生生物界、真菌界、真细菌界和古细菌界的六界系统。

6）三总界五界系统

我国学者陈世骧等(1979年)曾建议生物应分为三总界和五界，即按生物历史发展的3个不同阶段分总界，再按生理、生态特性的差别来分界，具体如下。

Ⅰ. 非细胞总界(Superkingdom Acytonia)

Ⅱ. 原核总界(Superkingdom Procaryota)

  1. 细菌界(Kingdom Mycomonera)
  2. 蓝细菌界(Kingdom Phycomonera)

Ⅲ. 真核总界(Superkingdom Eucaryota)

  1. 植物界(Kingdom Plantae)
  2. 真菌界(Kingdom Fungi)
  3. 动物界(Kingdom Animalia)

此系统中，把非细胞的病毒也作为一个总界，并认为它比原核生物更原始，这种看法似乎不尽合理。至今各种界级分类学说中多数都未明确病毒的地位，说明这还是一个使学术界感到十分困惑的难题。

2. 三域学说及其发展

20世纪70年代末美国伊利诺伊大学的 C. R. Woose 等人对大量微生物和其他生物进行16S和18S rRNA的寡核苷酸测序，并比较其同源性水平后，提出了一个与以往各种界级分类不同的新系统，称为三域学说。“域”是一个比界(Kingdom)更高的界级分类单元，过去曾称原界(Urkingdom)。三个域指的是细菌域(Bacteria，以前称“真细菌域”Eubacteria)、古生菌域(Archaea，以前称“古细菌域”Archaebacteria)和真核生物域(Eukarya)。由此可见，它与以往其他系统的最大差别是把原核生物分成了两个有明显区别的域，并与真核生物一起构成整个生命世界的三个域，如图2-5。

目前三域学说已获得国际学术界的基本肯定，它综合了 L. Margulis 提出的真核生物起源的内共生假说(endosymbiotic hypothesis)的精髓，认为现今一切生物都由一种共同远祖(universal ancestor)进化而来，它原是一种小细胞，先分化出细菌和古生菌这两类原核生物，后来在古生菌分支上的细胞在丧失了细胞壁后，发展成以变形虫状较大型、有真核的细胞形式出现，它先后吞噬了 α 变形细菌(α-Proteobacteria，相当于 G^- 细菌)和蓝细菌，并进一步发生了内共生(endosymbiosis)，从而两者进化成与宿主细胞难分难解的细胞器——线粒体和叶绿体，于是，宿主最终也就发展成了各类真核生物。

在三域学说中，古生菌域是新建立的一个大类，曾被称做“第三生物”。近年来，因古生菌在进化理论、分子生物学、生理特性和实践上的重要性，所以受到学术界的极大关注，至今已记载的种类就有289种(2006年)，它们都是一些能在与地球早期严酷自然环境相似的极端条件下生存的微生物——嗜极菌(extremophiles)，包括嗜热菌、嗜酸嗜热菌、嗜压菌、产甲烷菌和嗜盐菌等。

三域生物主要特点的比较列在表2-1中。

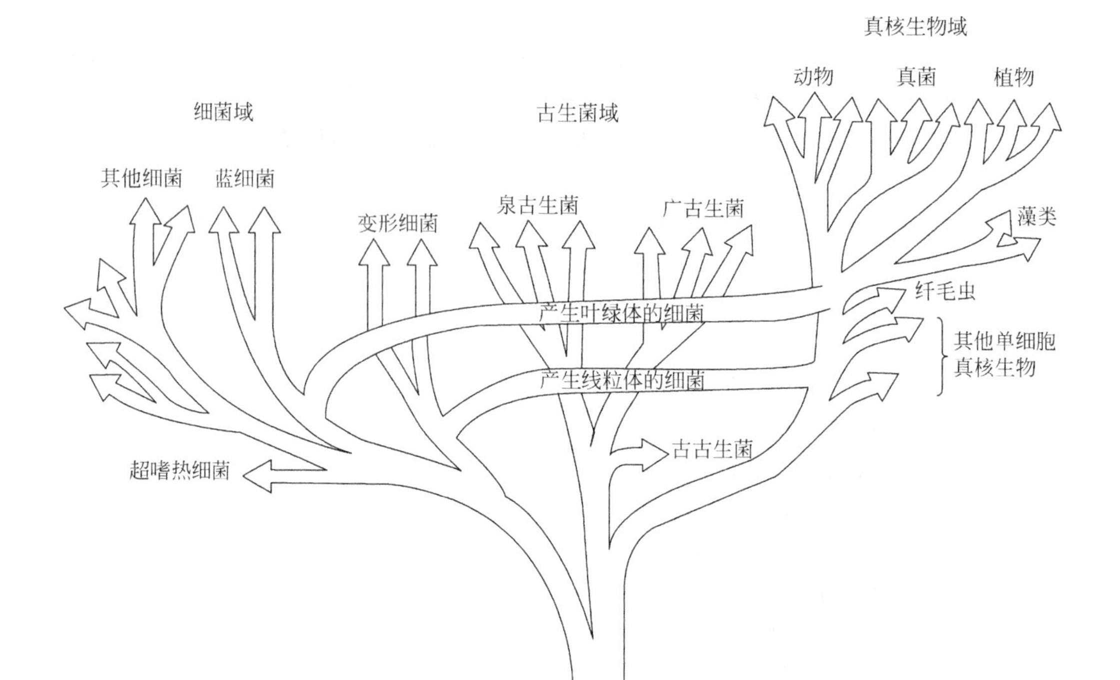

图 2-5　三域学说及其生物进化谱系树

引自：周德庆.微生物学教程,第3版.高等教育出版社,2011.

表 2-1　细菌、古生菌域和真核生物若干重要特性的比较

特征		细菌	古生菌	真核生物
遗传物质	核膜	无	无	有
	核区含有组蛋白	无	一些	有
	染色体	一条环状	一条环状	多条线性
	质粒	常见	常见	少见
	核仁	无	无	有
细胞内部结构	细胞骨架	退化	退化	完整
	线粒体	无	无	有
	内含子	少	少	多
	叶绿体	无	无	有
	内质网	无	无	有
	高尔基体	无	无	有
	溶酶体	无	无	有
	核糖体	70S	70S	80S
	气泡	有	有	无
细胞壁和细胞膜结构	细胞膜磷脂	酯键相连的磷脂、藿烷和一些固醇	醚键相连的磷脂、藿烷	酯键相连的磷脂、固醇
	细胞壁中肽聚糖	有	无	无
80℃以上生活		少数能	较多能	不能

从以上介绍的各种生物界级分类学说发展的历史来看，不论哪个系统，除早已确立的动物界和植物界之外，其余各界都是随着人类对微生物的深入研究和获得新的发现后才提出来的。这就充分说明，人类对微生物的认识水平是生物界级分类的核心，微生物在所有界级中，具有最宽的领域。若按由 L. Margulis 提出的真核生物进化的内共生假说(endosymbiosis hypothesis)来看，即使是表面上与微生物无直接关系的动物界和植物界，实质上在其每一细胞中都始终携带着远古微生物的“影子”——线粒体和(或)叶绿体。

2.3.2 各大类微生物的分类系统纲要

1. Bergey 氏原核生物分类系统纲要

1)《伯杰氏手册》简介

原核生物包括古生菌与细菌两个域，其中古生菌域至今已记载过 289 种，细菌域为 6740 种(2001 年)。要编制一部原核生物的分类手册，是一件学术意义十分重大，同时又是一件艰难且工作量极其浩大的基础性工作。在整个 20 世纪中，能全面概况原核生物分类体系的权威著作比较稀少，如 19 世纪末德国 Lehmann 和 Neumann 的《细菌分类图说》，美国的《伯杰氏鉴定细菌学手册》(第 1 版为 1923 年，后一直再版至今)，苏联的克拉希尔尼可夫的《细菌与放线菌的鉴定》(1949 年，中文版为 1957 年)，由 M. P. Starr 等编写的详尽介绍原核生物的生境、分离和鉴定等内容的大型手册《原核生物》(The Prokaryotes，1981 年第 1 版，分 2 卷出版；1992 年第 2 版，分 4 卷出版)，等等。由于原核生物分类研究的快速发展、分子遗传学等新技术的普遍应用和文献信息量的剧增，上述各著作中，只有《伯杰氏手册》已先后修订了 11 个版本，客观上成为各国微生物分类学界公认的一部经典佳作，甚至有人称它为细菌分类学的“圣经”。该手册最早成书于 1923 年，第 1 版名为《伯杰氏鉴定细菌学手册》(*Bergey's Manual of Determinative Bacteriology*)，主要编者为美国学者 D. H. Bergey 等人。此后，由其他学者不断修订，从 1974 年的第 8 版起，编写队伍进一步国际化和扩大化，至 1994 年已出至第 9 版。另外，由于 G+C 含量测定、核酸杂交和 16S rRNA 寡核苷酸序列测定等新技术和新指标的引入，使原核生物分类从以往以表型、实用性鉴定指标为主的旧体系向鉴定遗传型的系统进化分类新体系逐渐转变，于是，从 20 世纪 80 年代初起，该手册组织了国际上 20 余国的 300 多位专家，合作编写了 4 卷本的新手册，书名改为《伯杰氏系统细菌学手册》(简称《伯杰氏手册》)，并于 1984 年至 1989 年间分 4 卷陆续出版。此书是目前国际上最为流行的实用版本。据知，《伯杰氏手册》的第 2 版已从 2001 年起分成 5 卷陆续出版发行(2001 年出版第 1 卷，2005 年第 2 卷，2007 年第 3～5 卷)，现把该版本的最新分类体系简介如下。

2)《伯杰氏手册》提要

《伯杰氏手册》分为 5 卷出版，内容极其丰富。手册把原核生物分为古生菌域(Archaeota)和细菌域(Bacteria，过去曾称“真细菌界”Eubacteria)两域，它们分属于 C. R. Woese 三域学说中的两个域。古生菌域共包括 2 门、9 纲、13 目、23 科和 79 属，共有 289 个种；而细菌域则包括 25 门、34 纲、78 目、230 科和 1227 属，共有 6740 个种。因此，至今所记载过的整个原核生物共有 7029 种。

2. Ainsworth 等人的菌物分类系统纲要

目前认为，菌物与真菌两者间的关系是：菌物界(Mycetalia，即广义的 Fungi)，包括黏菌门（Myxomycota）、假菌门（Chromista，指卵菌类）、真菌门（Eumycota; True Fungi，即狭义的 Fungi）。

据 A. T. Bull 等（1992 年）的估计，在地球上生存的菌物约有 150 万种之多，而目前已记载的只有 7 万～9 万种，其中约有 17 种（株）完成了基因组测序和组装，另有 127 种（株）还在组装以及 149 种（株）正在进行基因组测序中（2010 年）。至今全球每年仍以发现约 1500 个新种的速度在递增着。面对如此众多的菌物，自 1729 年 Micheli 首次对它们进行分类以来，有代表性的菌物分类系统不下 10 余个，目前得到学术界较广泛采用的是 1973 年正式发表，后载于 Ainsworth《安·贝氏菌物词典》（*Ainsworth and Bisby's Dictionary of Fungi*）第 7 版（1983 年）的分类系统，他把真菌界分成黏菌门和真菌门，后者又分成 5 个亚门。

需要说明的是，即使是 Ainsworth 系统，它的每一个版本也是有变化的，特别是 1995 年出版的第 8 版《安·贝氏菌物词典》中，又把菌物列入真核生物域（Domain Eukaryota）的 3 个界中，其原因主要是当前对真菌的起源、演化等基本理论问题还在不断探索之中。据最新研究（*Nature*，2006），通过跟踪近 200 种真菌的 6 个基因区域，发现真菌早期演化的共同祖先是一种有鞭毛、类似变形虫的寄生生物，与目前寄生在水生真菌和藻类上的 *Rozella allomycis*（异水霉罗兹壶菌）较接近。

2.4 微生物的鉴定方法

鉴定（identification）是借助现有分类系统，通过特征测定，确定某一微生物的归属单位。通常可以把微生物的分类鉴定方法分成如下不同水平：①细胞的形态和习性水平，主要以经典的研究方法，观察微生物的形态特征、运动性、酶反应、营养要求、生长条件、代谢特性、致病性、抗原性和生态学特性等；②细胞组分化学水平，主要以化学分析技术测定微生物的细胞壁、脂质、酶类和光合色素等化学成分，所用的技术除常规技术外，还使用红外光谱、气相色谱、高效液相色谱（HPLC）和质谱分析等新技术；③蛋白质水平，包括氨基酸序列分析、凝胶电泳和各种免疫标记等技术测定蛋白质的特性；④核酸水平，主要采用 G+C 含量的测定、核酸分子杂交、16S 或 18S rRNA 寡核苷酸序列分析、重要基因序列分析和全基因组测序等手段，测定微生物核酸的特性。具体鉴定方法表解如下。

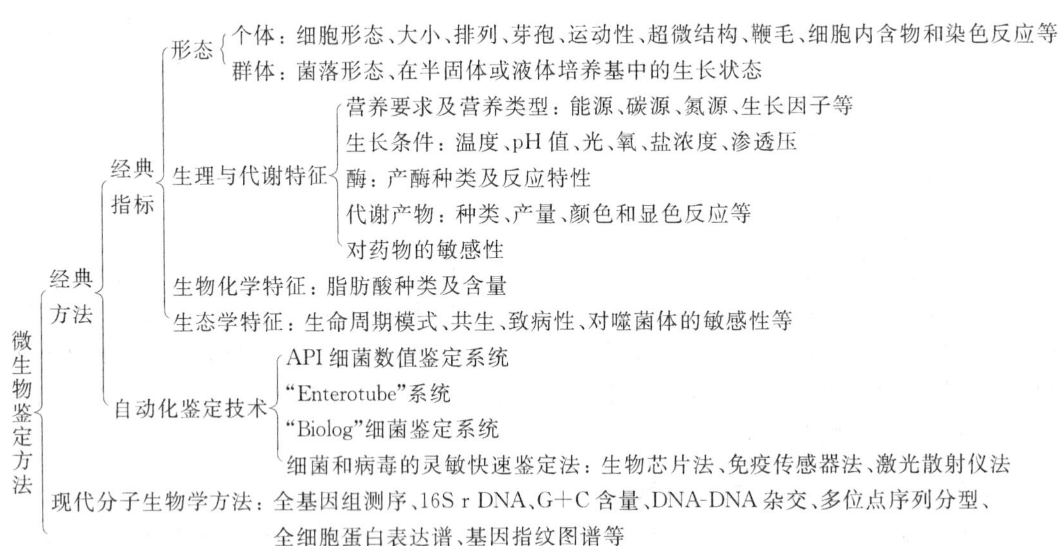

2.4.1　微生物分类鉴定中的经典方法

菌种鉴定工作是任何微生物学实验室经常会遇到的一项基础性工作。不论鉴定哪一类微生物,其工作步骤都离不开以下 3 项:①获得该微生物的纯培养物;②测定一系列必要的鉴定指标;③查找权威的菌种鉴定手册。

不同的微生物往往有自己不同的重点鉴定指标。例如,在鉴定形态特征较丰富、细胞体积较大的真菌等微生物时,常以其形态特征为主要指标;在鉴定放线菌和酵母菌时,往往形态特征与生理特征兼用;而在鉴定形态特征较缺乏的细菌时,则须使用较多的生理、生化和遗传等指标;在鉴定属于非细胞生物类的病毒时,除使用电子显微镜和各种生化、免疫等技术外,还要使用致病性等一些独特的指标和方法。

1. 经典的鉴定指标

在对各种细胞型微生物进行鉴定工作中,经典的表型指标很多,这些指标是微生物鉴定中最常用、最方便和最重要的数据,也是任何现代化的分类鉴定方法的基本依据。对于实验条件不够的实验室可以寻求专门机构对其微生物样品进行鉴定。

2. 微生物的微型、简便、快速或自动化鉴定技术

从以上鉴定方法表解中罗列的微生物经典鉴定指标可知,若应用常规的方法,对某一未知纯培养物进行鉴定,则不仅工作量十分浩大,而且对技术熟练度的要求也很高。为此,一般微生物工作者常视菌种鉴定工作为畏途。这也促进了微生物分类鉴定工作者改革传统鉴定技术的种种尝试,由此出现了多种简便、快速、微量或是自动化的鉴定技术,它们不但有利于普及菌种鉴定技术,还大大提高了工作效率。国内外都有系列化、标准化和商品化的鉴定系统出售。较有代表性的有鉴定各种细菌用的"API"系统、"Enterotube"系统和"Biolog"全自动和手动系统等,现作一简介。

1) API 细菌数值鉴定系统(API system)

这是一种能同时测定 20 项以上生化指标,可用作快速鉴定细菌的长形卡片(API/ATB,24cm×4.5cm,法国生物-梅里埃集团生产),其上整齐地排列着 20 个塑料小管,管内加适量糖类等生化反应底物的干粉(有标签标明)和反应产物的显色剂。每份产品都有薄膜覆盖,保证无杂菌污染。使用时,先打开附有的一小瓶无菌基本培养基(液体),用于稀释待鉴定的纯菌落或菌苔。实验时,先把制成的浓度适中的细菌悬液吸入无菌滴管中,待撕开覆盖膜后,一一加入到每个小管中(每管约加 0.1mL)。一般经 24~48h 保温后,即可看出每个小管是否发生显色反应,并将结果记录在相应的表格中,再加上若干补充指标,包括细胞形态、大小、运动性、产色素、溶血性、过氧化氢酶、芽孢有无和革兰氏染色反应等后,就可按规定对结果进行编码、查检索表,最后获得该菌种的鉴定结果。多年来,此系统已为国际有关实验室普遍选用。适用于 API 系统鉴定的细菌有 700 多种,使用前,可根据自己的鉴定对象去选购相应系列的产品。例如,肠道菌鉴定可用"API-20E"("20"表示试管数,"E"表示肠道细菌);厌氧菌可用"API-20A"("A"表示厌氧菌,故接种后应放入厌氧罐中培养);等等。

2) "Enterotube"系统

又称肠管系统。该系统用一条有 8~12 个分隔小室的划艇形塑料管制成,面上有塑料

薄膜覆盖，可防杂菌污染。每一小室中灌有能鉴别不同生化反应的固体培养基(摆成斜面状)，所有小室间都有一孔，由一条接种用金属丝纵贯其中，接种丝的两端突出在塑料管外，使用前有塑料帽遮盖着。当鉴定一未知菌时，先把两端塑料帽旋下，抽出接种丝，用一端的接种丝蘸取待检菌落，接着在另一端拉出接种丝，然后再回复原位，以使每个小室的培养基都接上菌种。培养后，按与上述"API"系统类似的手续记录、编码和鉴定菌种。

3) "Biolog"全自动和手动细菌鉴定系统

这是一种由美国安普科技中心(ATC US)生产的仪器。此系统的商品化，开创了细菌鉴定史上新的一页。特点是自动化、快速(4～24h)、高效和应用范围广。据介绍，它目前已可鉴定 1140 种常见和不常见的微生物，包括几乎全部人类病原菌，190 种动、植物病原菌以及部分与环境有关的细菌等。在这 1140 种细菌中，计有 G^- 细菌 566 种，G^+ 细菌 250 种，乳酸菌 57 种，另外还有酵母菌等 267 种。此系统适用于动、植物检疫，临床和兽医的检验，食品、饮水卫生的监控，药物生产，环境保护，发酵过程控制，生物工程研究，以及土壤学、生态学和其他研究工作等。"Biolog"鉴定系统中的关键部件是一块有 96 孔的细菌培养板，其中 95 孔中各加有氧化还原指示剂和不同的发酵性碳源的培养基干粉，另一孔为清水对照。鉴定前，先把待检纯种制成适当浓度的悬液，再吸入一个有 8 个头子的接种器中，接着用接种器按 12 下即可接种完成 96 孔菌液。在 37℃下培养 4～24h 后，把此培养板放进检察室用分光光度计检测，再通过计算机自动统计即可鉴定该样品属何种微生物了。

4) 细菌和病毒的灵敏快速鉴定法

传统的细菌和病毒的鉴定，一般都采用直接分离、培养和鉴定步骤，其手续较烦、花费时间过长(1～3d)，这对许多工作带来不利。近年来，一些设计思路新颖、方法巧妙、既灵敏又快速的鉴定方法陆续问世，针对病原菌的工作尤显重要。这对医疗诊断(及时挽救危重病人)、食品检验、作物防病、环境检测以及防止生物恐怖等工作都有极其重要的现实意义。例如：

(1) 生物芯片法。由芬兰学者报道的细菌或病毒的快速鉴定法(2009 年)。可分 3 步操作：①提取样品中的 DNA；②用 PCR 扩增；③用生物芯片快速鉴定菌种。上述操作每步需 20～90min，整个过程不超过 3h。可贵的是，该法还可同时鉴定 64 个试样。

(2) 免疫传感器法。这是一种由美国学者发明的"能像温度计一样容易操作"的灵敏快速鉴定法。其原理是：当溶液中的病原细菌与传感器表面的特异抗体接触后，会通过改变传感器的振动频率而被及时检出，其灵敏度高达 4 个细胞/mL。据知，该传感器是一根 5mm 长、1mm 宽的玻璃丝束，其上涂有病原体特异抗体。束的一端连接压电陶瓷元件(能使机械能与电能互转)，通电后，压电陶瓷会令玻璃束丝发生强烈振动，这时如遇溶液中有相应病原体细胞与之结合，就会改变其振动频率，从而获知某细菌的存在。实验已用 *E. coli* 取得成功，计划还将对 *Bacillus anthracis*(炭疽芽孢杆菌)等病原细菌进行检测。

(3) 激光散射仪法。美国学者用激光散射仪对培养数小时的细菌微小菌落进行鉴定(2006 年)。他们采用激光束轰击菌落，使其散射出类似人体指纹状的图案，再通过成像分析已可快速鉴别食品中 *Listeria*(李斯特氏菌属)的 6 种有害细菌，准确率可达 90%。

2.4.2 微生物分类鉴定中的现代分子生物学方法

1. 通过核酸分析鉴定微生物遗传型

DNA 是除少数 RNA 病毒以外的一切微生物的遗传信息载体。每一种微生物均有其自己特有的、稳定的DNA即基因组的成分和结构，不同种微生物间基因组序列的差异程度代表着它们之间亲缘关系的远近、疏密。因此，测定每种微生物DNA的若干代表性数据，对微生物的分类和鉴定工作至关重要。

1) DNA碱基比例的测定

DNA碱基比例是指DNA分子中鸟嘌呤(G)和胞嘧啶(C)所占的物质的量百分比值，简称"GC"比(GC ratio)或GC值(GC value)。这是目前发表任何微生物新种时所必须具有的重要指标。因为：①亲缘关系相近的种，其基因组的核苷酸序列相近，故两者的GC比也接近，例如*Streptomyces*(链霉菌属)中的500余个种的GC比都在65%～74%的范围；反之，GC比相近的两个种，它们的亲缘关系则不一定都很接近，原因是核苷酸的序列可差别很大，例如，*Saccharomyces cerevisiae*(酿酒酵母)、*Bacillus subtilis*(枯草芽孢杆菌)和*Homo sapien*(人类)的GC比十分接近。②GC比差距很大的两种微生物，它们的亲缘关系必然较远，例如*Actinomyces bovis*(牛型放线菌，63%)、*E. coli*(51%)和*Nocardia farcinica*(鼻疽诺卡氏菌，71%)。③GC比是建立新分类单元时的可靠指标。据测定，GC比相差低于2%时，没有分类学上的意义；种内各菌株间的差别在2.5%～4%间；若相差在5%以上时，就可认为属于不同的种了；假如差距超过10%，一般就可以认为是不同的属了。例如，原来已建立的*Spirillun*(螺菌属)，当后来测定其GC比指标后，发现数值范围过宽(38%～66%)，故在1984年的《系统手册》中，就把此属分成3个属——*Spirillum*(GC比为38%)、*Oceanspirillum*(海洋螺菌属，为42%～51%)和*Aquaspirillum*(水生螺菌属，为49%～66%)。

DNA中GC比的测定方法很多，其中的解链温度(melting temperature，T_m，即熔解温度或热变性温度)法因具有操作简便、重复性好等优点，故最为常用。其原理为：在DNA双链的碱基对组成中，AT间仅形成两个氢键，结合较弱，而GC间可形成3个氢键，结合较牢。天然的双链DNA在一定的离子强度和pH下逐步加热变性时，随着碱基对间氢键的不断打开，天然的互补双螺旋就逐步变为单链状态，从而导致核苷酸中碱基的陆续暴露，于是在260nm处紫外吸收值就明显增高，从而出现了增色反应。一旦双链完全变成单链，紫外吸收就停止增加。这种由增色效应而反映出来的打开氢键的DNA热变性过程，是在一个狭窄的温度范围内完成的。在此过程中，紫外吸收增高的中点值所对应的温度，即为T_m值。由于打开GC对之间3个氢键所需温度较高，故根据某DNA样品的T_m值就可计算出G+C对的绝对含量。GC比高的DNA，其T_m值也高。

2) 核酸分子杂交法(hybridization of nucleic acids)

按碱基的互补配对原理，用人工方法对两条不同来源的单链核酸进行复性(reanealing，即退火)，以重新构建一条新的杂合双链核酸的技术，称为核酸杂交。此法可用于DNA-DNA、DNA-rRNA和rRNA-rRNA分子间的杂交。核酸分子杂交法是测定核酸分子同源程度和不同物种间亲缘关系的有效手段。

某一物种DNA碱基的排列顺序是其长期进化的历史在分子水平上的记录，它是比上述GC比更细致和更精确的遗传形状指标。亲缘关系越近的微生物，其碱基序列也越接近，反之亦然。一般认为，若两菌间GC比相差1%，则碱基序列的共同区域就约减少9%；若GC比相差10%以上，则两者的共同序列就极少了。若有一群GC比范围在5%以内的菌株，要鉴定它们是否都属同一个物种，就必须通过DNA-DNA间的分子杂交。根据双链DNA(dsDNA)分子解链的可逆性和碱基配对的专一性，将不同来源的待测DNA在体外分别加热使其解链成单链DNA(ssDNA),然后在合适条件下再混合,使其复性并形成杂合的dsDNA,最后再测定期间的杂交百分率。

DNA-DNA分子杂交的具体方法很多,常用的固相杂交法(直接法)是把待测菌株的dsDNA先解链ssDNA,把它固定在硝酸纤维素滤膜或琼脂等固相支持物上,然后把它挂到含有经同位素标记、酶切并解链过的参照菌株的ssDNA液中,在适宜的条件下,让它们在膜上复性,重新配对成新的dsDNA。在洗去膜上未结合的标记DNA片段后,最终测定留在膜上杂合DNA的放射性强度。最后,以参照菌株自身复性的dsDNA的放射性强度值为100%,计算出被测菌株与参照菌株杂合DNA的相对放射强度值,此即其间的同源性(homology)或相似性程度。核酸杂交技术对有争议的种的界定和确定新种有着重要的作用,一般认为,DNA-DNA杂交同源性超过60%的菌株可以是同种,同源性超过70%者是同一亚种,而同源性在20%~60%范围内时,则属于同一个属。

3) rRNA寡核苷酸编目(oligonucleotide catalog)分析

这是一种通过测定原核或真核细胞中最稳定的rRNA寡核苷酸序列同源性程度,以确定不同生物间的亲缘关系和进化谱系的方法。rRNA寡核苷酸编目分析自20世纪70年代初起,经美国学者C. R. Woese等的广泛应用,已对数百种原核生物的16S rRNA和真核生物的18S rRNA的核苷酸序列进行了广泛的测定,据此他就提出了著名的“三域学说”。在约38亿年漫长的生物进化历史中,由于rRNA始终执行着相同的生理功能,因此其核苷酸序列的变化要比DNA中的相应变化慢得多和保守得多。例如,各种细菌rRNA中的GC比都在53%左右。因此,rRNA甚至被人称做细胞中的“活化石”。

选用16S rRNA或18S rRNA作生物进化和系统分类研究有以下几个优点:①它们普遍存在于一切细胞内,不论是原核生物还是真核生物,因此可比较它们在进化中的相互关系;②它们的生理功能既重要又恒定;③在细胞中的含量较高,较易提取;④编码rRNA的基因十分稳定;⑤rRNA的某些核苷酸序列非常保守,虽经30余亿年的进化历程仍能保持其原初状态;⑥相对分子质量适中,例如,在原核生物rRNA所含的3种rRNA即23S、16S和5S rRNA中,其核苷酸数分别约为2900、1540和120个,而在真核生物rRNA所含的3种rRNA即28S、18S和5.8S rRNA中,其核苷酸数也分别约为4200、2300和160个。尤其是16S rRNA和18S rRNA,不但核苷酸数适中,而且信息量大,易于分析,故成为理想的研究材料。

操作过程可以简要分为:①细菌基因组提取;②特异引物扩增16S rDNA序列;③纯化PCR产物;④DNA测序获得16SrDNA序列;⑤与数据库中已知细菌比较获得样品种属信息;⑥选取近似菌种序列,构建系统发育树。

该方法的缺点为:①有的菌种由于种间差异小,单独依靠16S rDNA鉴定不能鉴定到种,需要其他鉴定方法补充;②16S rDNA鉴定是基于PCR的鉴定方法,与其他PCR鉴定方法一样存在容易污染问题,导致获得假阳性结果,应注意做好阴性对照。

4) 微生物全基因组序列的测定

对微生物的全基因组进行测序,是当前国际生命科学领域中掌握某微生物全部遗传信息的最佳途径。从1990年起,在人类基因组计划(Human Genome Project,HGP)强有力的推动下,微生物全基因组测序一马当先,自1995年首次报道*Haemophilus influenza* Rd KW20(流感嗜血杆菌)的基因组图谱以来,进展极快,在2000年一年中,几乎每个月都有新的记录出现。据美国 National Center for Biotechnology Information 网站的资料(2010年11月),至今已完成基因组测序和组装的细菌数为1214种(株),组装草图1357种(株);古生菌相应为93种(株),组装草图9种(株);真菌为17种(株),组装草图127种(株),另有149种(株)正在进行中;从应用领域来看,基本上集中在对人类健康关系重大的致病菌方面,同时兼顾进化等基础理论研究中的模式微生物和特殊生理类型并有明显应用前景的嗜热菌等特种微生物,此外,与发酵工业、农业有关的微生物也不少。在我国,已对 *Thermoanaerobacter tengcongensis*(腾冲热厌氧杆菌,分离自云南腾冲热泉)、*Shigella flexneri*(弗氏志贺氏菌)、*Leptospira interrogans*(肾脏钩端螺旋体)、*Staphylococcus epidermidis*(表皮葡萄球菌)、*Penicillium chrysogenum*(产黄青霉)和 *Cordyceps sinensis*(冬虫夏草)等多种微生物进行全基因组测序。当前这种争测微生物基因组的热闹形势,与本书第1章中所描述的19世纪80年代微生物纯培养技术突破后,在全球范围掀起的一场寻找病原菌的"黄金时期",十分相似。

2. 细胞化学成分用作鉴定指标

1) 细胞壁的化学成分

原核生物细胞壁成分的分析,对菌种鉴定有一定的作用。例如,根据不同细菌和放线菌的肽聚糖分子中肽尾第三位氨基酸的种类、肽桥的结构以及与邻近肽尾交联的位置,就可把它们分成5类:①第三位为内消旋二氨基庚二酸(*meso*-DAP),与邻近肽尾以3-4交联者,如 *Nocardia*(诺卡氏菌属)和 *Lactobacillus*(乳酸杆菌属)中的某些种;②第三位为赖氨酸(Lys),与邻近肽尾以3-4交联者,如 *Streptococcus*(链球菌属)、*Staphylococcus*(葡萄球菌属)和 *Bifidobacterium*(双歧杆菌属)中的某些种;③第三位为 L-DAP,与邻近肽尾以3-4交联者,如 *Streptomyces*(链霉菌属)中的某些种;④第三位为 L-鸟氨酸,与邻近肽尾以3-4交联者,如 *Bifidobacterium* 和 *Lactobacillus* 属中的某些种;⑤第三位氨基酸的种类不固定,肽桥由一含两个氨基的碱性氨基酸组成,它位于甲链第二位的 D-Glu 与乙链第四位的 D-Ala 的羧基间者,如 *Arthrobacter*(节杆菌属)和 *Corynebacterium*(棒杆菌属)中的某些种。

2) 全细胞水解液的糖型

放线菌全细胞水解液可分4类主要糖型:①阿拉伯糖、半乳糖,如 *Nocardia*;②马杜拉糖,如 *Actinomadura*(马杜拉放线菌属);③无糖,如 *Thermoactinomyces*(高温放线菌属);④木糖、阿拉伯糖,如 *Micromonospora*(小单胞菌属)。

3) 磷酸类脂成分的分析

位于细菌、放线菌细胞膜上的磷酸类脂成分,在不同属中有所不同,可用于鉴别属的指标。

4) 枝菌酸(mycolic acid)的分析

Nocardia、*Mycobacterium*(分支杆菌属)和 *Corynebacterium* 这3个属称"诺卡氏菌形放线菌",它们在形态、构造和细胞壁成分上难以区分,但三者所含枝酸菌的碳链长度差别明显,分别是80、50和30个碳原子,故可用于分属。

5) 醌类的分析

原核生物有的含甲基萘醌(menaquinone,即维生素K),有的含泛醌(ubiquinone,即辅酶Q),它们在放线菌鉴定上有一定的价值。

6）气相色谱技术用于微生物鉴定

气相色谱技术（gas chromatography，GC）可分析微生物细胞和代谢产物中的脂肪酸和醇类等成分，对厌氧菌等的鉴定十分有用。

每种鉴定方法都有其自身的优缺点，因此对一株新分离的菌株进行鉴定时，往往需要多种方法综合进行才能得到相对准确的结论，目前各种常用分子生物学鉴定方法的应用范围见图 2-6。

图 2-6　分子生物学鉴定方法在菌株鉴定中的应用范围

引自：Joanne M W，et al. Prescott's Microbiology，8th ed. McGraw-Hill，2010.

复习思考题

2-1　简述内共生学说是如何解释线粒体和叶绿体形成的。

2-2　如何命名微生物？种以上的系统分类单元有哪几级？各级的中、英、拉丁词怎么写？

2-3　试比较古生菌、细菌与真核生物间的主要差别。

2-4　用于微生物鉴定的经典指标有哪些？随着新的物理化学和分子生物学技术在微生物鉴定中的应用，经典的分类指标会被淘汰吗？何故？

2-5　试述 16S rRNA 寡核苷酸测序技术的原理、优点和简明操作步骤，并说明它在生物学基础理论研究中的重要意义。

第3章

原核微生物的种类、形态结构及功能

由于微生物是一类形体极其微小、无法用肉眼进行观察的生物的总称，因此所包括的种类繁多，差异很大，需要对不同种类的微生物进行分类学习。本书按照传统习惯分类法分别对原核微生物（包括细菌、放线菌、支原体、衣原体和立克次氏体等）、真核微生物（包括真菌、藻类和微型动物等）、古生菌和非细胞型微生物三大类进行介绍。

原核生物（prokaryote）即广义的细菌，指一大类细胞核无核膜包裹，只存在称做核区（nuclear region）的裸露 DNA 的原始单细胞生物，包括真细菌（eubacteria）和古生菌（archaea）两大类群，但由于古生菌又具有许多真核生物的特征，明显区别于细菌，因此不将古生菌列入本章，而将其拿出来单独描述。具体根据外表特征等方面可以把真细菌分为狭义的细菌（bacteria）、蓝细菌（cyanobacteria）、放线菌（acitomycetes）、支原体（mycoplasma）、衣原体（chlamydia）、螺旋体（spirochaeta）和立克次氏体（rickettsia）七大类。

3.1 细菌

狭义的细菌是指一类细胞细短（直径约为 0.5μm，长度 0.5～5μm）、结构简单、胞壁坚韧、多以二分裂方式繁殖和水生性较强的没有细胞核、只有拟核的微生物；广义的细菌则是指所有没有细胞核、只有拟核的原核微生物。在此所述细菌为狭义的细菌。

3.1.1 细菌细胞的形态、大小、构造及其功能

细菌的形态结构相对简单，但细菌的数目与种类繁多，分布也极为广泛，从人体内外到地球表面几乎都有细菌的存在。但环境中绝大部分的细菌不能被人工培养，我们对环境中的细菌情况了解较少，因此，以下内容我们主要从被成功培养的细菌所获得的信息来进行学习。

1. 细菌细胞的形态及大小

细菌的形态极其简单，基本上只有球状、杆状、螺旋状和丝状四大类，分别称为球菌（cocci）、杆菌（rods）、螺旋菌（spirilla）和丝状菌，仅少数为其他形状，如三角形、方形和圆盘形等。常见的细菌形态如图 3-1。在自然界所存在的细菌中，以杆菌最常见，球菌次之，而螺旋菌以及其他形状的细菌则很少。量度细菌大小的单位是 μm（微米），而亚细胞构造的单位是 nm（纳米）。

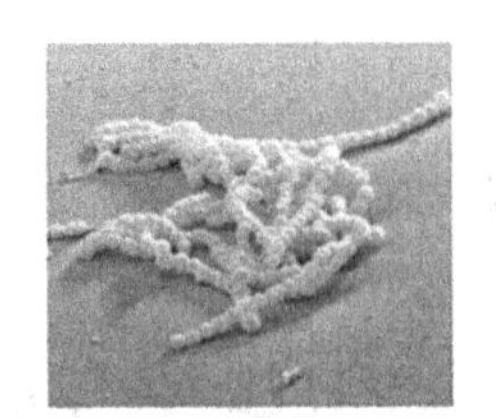
链球菌
(*Streptococcus agalactiae*)

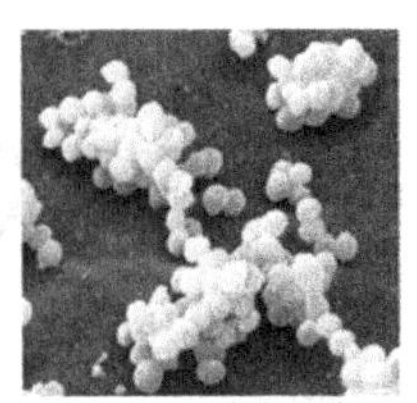
金黄色葡萄球菌
(*Staphylococcus aureus*)

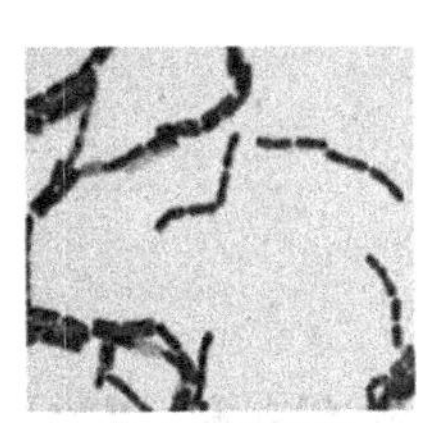
巨大芽孢杆菌
(*Bacillus megaterium*)

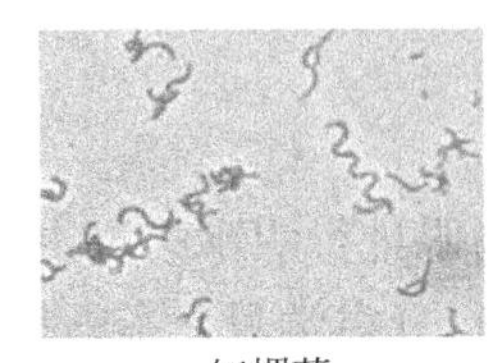
红螺菌
(*Rhodospirillum rubrum*)

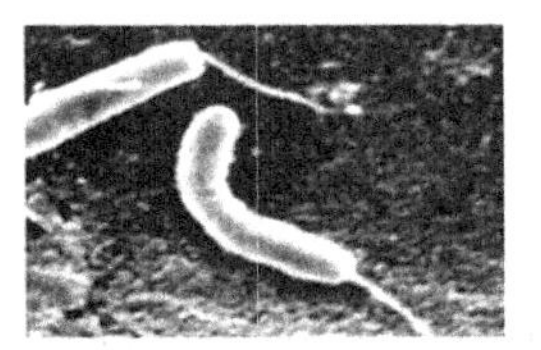
霍乱弧菌
(*Vibrio cholerae*)

图 3-1 细菌形态示意图

引自：Joanne M W，et al. Prescott's Microbiology，8th ed. McGraw-Hill，2010.

球菌的直径一般为 0.5～1.0μm，根据其分裂的方向及随后相互间的连接方式又可分为：单球菌（cocci），其细胞沿一个平面分裂，新个体单独存在，如尿微球菌（*Micrococcus ureae*）；双球菌（diplococci），细胞沿一个平面分裂，新个体保持成对排列，如奈瑟氏球菌属（*Neisseria*）；链球菌（streptococci），细胞沿一个平面分裂，新个体保持成对或成链状排列，如乳酸链球菌（*Streptococcus lactis*）；四联球菌（tetracocci），细胞沿两个互相垂直的平面分裂，4 个新个体保持特征性的"田"字形排列；八叠球菌（sarcina），细胞沿三个互相垂直的平面分裂，8 个新个体保持特征性的立方体排列；葡萄球菌（staphylococci），如金黄色葡萄球菌（*Stephylococcus aureus*）等。球菌形态及排列方式见图 3-2。

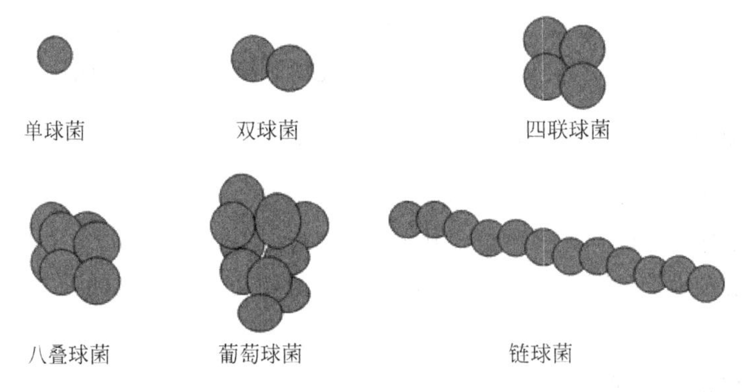

图 3-2 球菌的排列方式

杆菌的长度一般为 1.0～3.0μm，宽度一般为 0.5～1.0μm，各种杆菌的长宽比例差异很大，有的粗短，有的细长。短杆菌近似球状，即球杆菌；长杆菌近似丝状，即丝（杆）菌。对于同一种杆菌，其粗细相对稳定，但长度变化较大。有的杆菌很直，有的杆菌稍微弯曲。有的菌体两端平齐，有的两端钝圆，还有的两端削尖。根据连接方式可分为单杆菌、双杆菌和链杆菌；根据形状有棒杆菌、梭菌等。典型的杆菌有大肠杆菌（*E. coli*）和枯草芽孢杆菌（*Bacillus subtilis*）。杆菌形态及排列方式见图 3-3。

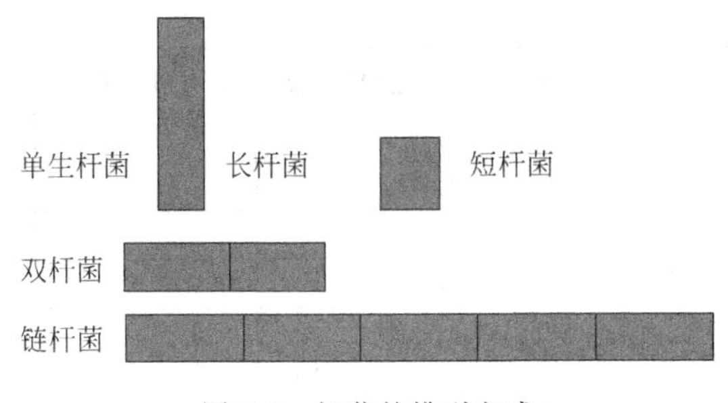

图 3-3　杆菌的排列方式

若螺旋菌的螺旋不足一环则称为弧菌(vibrios),如脱硫弧菌(*Vibrio desulfuricans*)和霍乱弧菌(*Vibrio cholerae*)。弯曲大于一圈的螺旋状细菌可称为螺菌(spirilla)。而旋转周数多(通常超过 6 环)、体长而柔软的螺旋状细菌则专称螺旋体(spirochetes),它们能借轴丝收缩运动。厌氧污泥中有紫硫螺旋菌(*Thiospirillum violaceum*)、红螺菌属(*Rhodospirillum*)和绿菌属(*Chlorobium*)。

丝状菌分布在水生境、潮湿土壤和活性污泥中。有铁细菌,如原铁细菌属即泉发菌属(*Crenothrix*);丝状硫细菌,如发硫菌属(*Thiothrix*)等。

细菌的形态在正常的生长条件下相对稳定,但当外界环境发生改变以及细菌处于周期性生活史的不同阶段时,细菌的形态也会发生改变。

2. 细菌细胞的构造及功能

一个完整的细菌细胞含有蛋白质、脂肪、核酸等多种成分。表 3-1 列举出了一个典型大肠杆菌体内各成分名称及含量。细菌细胞的模式构造见图 3-4。主要分为细胞质、细胞被膜和附属结构三部分。其中细胞质里含有核区、质粒以及核糖体等;细胞被膜是细胞膜与包围在膜外的结构的总称,包括 S 层、磷壁酸、脂多糖、外膜、细胞壁、周质空间、细胞膜等,现分别对它们进行详细的描述。

表 3-1　一个典型大肠杆菌体内的组分表

组分名称	干重百分比	质量/10^{-15}g	相对分子质量	分子数	种类数
蛋白质	55.0	155.0	4.0×10^4	2360000	1050
RNA	20.5	59.0			
23S rRNA		1.0	1.0×10^6	18700	1
16S rRNA		16.0	5.0×10^5	18700	1
5S rRNA		1.0	3.9×10^4	18700	1
转运 RNA		8.6	2.5×10^4	205000	60
信使 RNA		2.4	1.0×10^6	1380	400
DNA	3.1	9.0	2.5×10^9	2.13	1
脂肪	9.1	26.0	705	22000000	4
脂多糖	3.4	10.0	4346	1200000	1
肽聚糖	2.5	7.0	$(904)_n$	1	1
糖原	2.5	7.0	1.0×10^6	4360	1
总大分子数	96.1	273.0			
可溶性物质	2.9	8.0			

续表

组分名称	干重百分比	质量/10^{-15}g	相对分子质量	分子数	种类数
结构物		7.0			
代谢物,维生素		1.0			
无机离子	1.0	3.0			
总干重	100.0	284.0			
总干重/细胞		2.8×10^{-13}g			
水(以每个细胞含70%计)		6.7×10^{-13}g			
一个细胞总重		9.5×10^{-13}g			

引自:Raina M. et al. Environmental Microbiology, Second Edition. 科学出版社,2010.

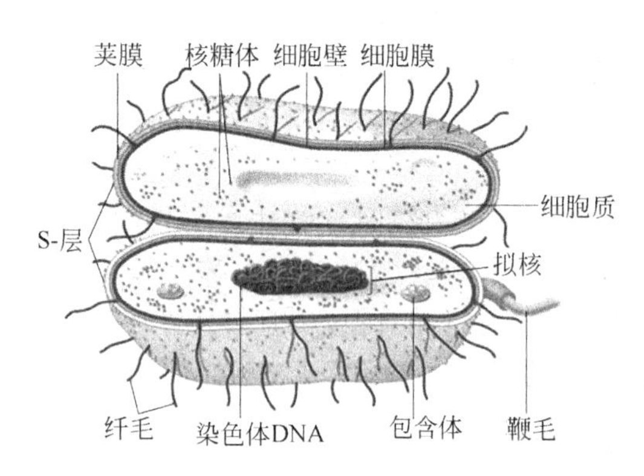

图 3-4 典型细菌形态结构图

引自:Joanne M W, et al. Prescott's Microbiology, 8th ed. McGraw-Hill, 2010.

1) 细胞壁(cell wall)

细胞壁是位于细胞膜外的一层厚实、坚韧的外被。细胞壁约占菌体质量的10%~25%。其主要生理功能有:①固定细胞外形和提高机械强度,使其免受渗透压等外力的损伤;②为细胞的生长、分裂和鞭毛运动所必需;③阻拦大分子有害物质进入细胞;④赋予细菌特定的抗原性以及对抗生素和噬菌体的敏感性;⑤与部分致病菌的致病性有关。

细菌细胞壁的主要成分为肽聚糖(peptidoglycan)。肽聚糖由*N*-乙酰葡萄糖胺(G)、*N*-乙酰胞壁酸(M)以及短肽组成。*N*-乙酰葡萄糖胺和*N*-乙酰胞壁酸相互交替以β-1,4-糖苷键连接成多聚糖。多聚糖中的*N*-乙酰胞壁酸与短肽相连,并通过短肽架桥使肽聚糖织成网状。肽聚糖形成的网状结构是细胞壁能够维持细菌形态和抵御渗透裂解的基础。

早在1884年,丹麦科学家Christian Gram发明了一种根据细菌细胞壁的组成成分不同来鉴定细菌的方法,称为革兰氏染色法。该法能将大部分细菌分为革兰氏阴性菌(G^-)和革兰氏阳性菌(G^+)两大类。革兰氏染色的简单步骤为:①细菌涂片固定;②草酸铵结晶紫初染(菌体呈深紫色);③碘液媒染形成结晶紫碘复合物(使染色剂与菌体牢固结合);④乙醇脱色;⑤番红复染(菌体呈红色为革兰氏阴性菌,菌体呈深紫色为革兰氏阳性菌)。图3-5为革兰氏染色的结果图。显微镜下观察到的革兰氏阴性和革兰氏阳性菌的细胞壁,如图3-6。革兰氏阳性菌细胞壁的特点是厚度大和化学成分简单,一般含60%~95%肽聚糖(20~80nm)和10%~30%磷壁酸。革兰氏阴性菌细胞壁的特点是厚度较革兰氏阳性菌细菌薄,层次较多,成分较复杂,肽聚层很薄(2~7nm)。革兰氏阳性菌因肽聚糖层较厚,因而对外界环境中渗透压的抵抗能力较革兰氏阴性菌强。由于革兰氏阴性菌和阳性菌不但细胞壁的组成成分不一样，而且在致病性和药物选择上也有很明显的差别，比如青霉素可抑制肽聚糖的合成，而已经合成的肽聚糖又可被溶菌酶破坏，因此，G^+ 细菌对青霉素和溶菌酶敏感。G^- 细菌的细胞壁除含有肽聚糖外还含有较多的脂多糖，脂多糖不受溶菌酶和青霉素影响，因此 G^- 细菌对青霉素和溶菌酶不敏感。所以，革兰氏染色是细菌初步鉴定的一种常用方法。

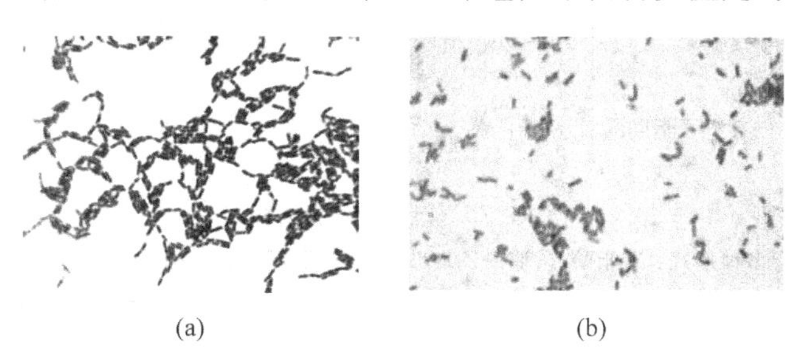

图 3-5　革兰氏染色结果

(a) 枯草杆菌，革兰氏阳性；(b) 大肠杆菌，革兰氏阴性

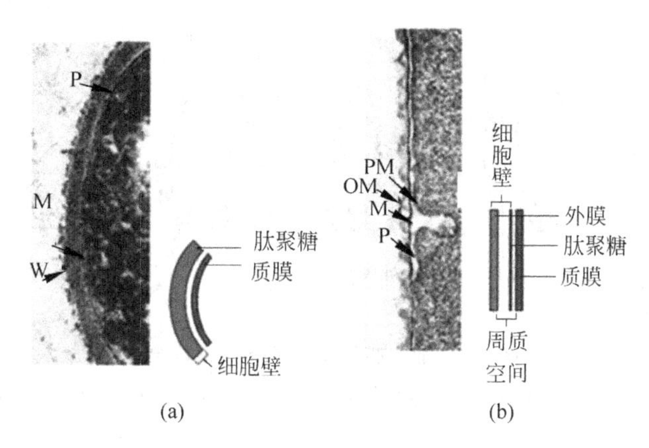

图 3-6　G^+ 和 G^- 细菌的细胞壁结构

(a) 革兰氏阳性菌；(b) 革兰氏阴性菌

W—细胞壁；M—细胞膜；P—周质空间；OM—外膜；PM—质膜

引自：Joanne M W, et al. Prescott's Microbiology, 8th ed. McGraw-Hill, 2010.

2) 细胞膜(cell membrane)

细胞膜是一层紧贴在细胞壁内侧，包围着细胞质的柔软、脆性、富有弹性的半透性薄膜，厚 7～8nm，主要由磷脂(占 20%～30%)和蛋白质(占 50%～70%)组成。如图 3-7 所示，细胞膜是由两层磷脂分子整齐地对称排列而成的，其中每一个磷脂分子由一个带正电荷且能溶于水的极性头(磷酸端)和一个不带电荷、不溶于水的非极性端(烃端)所构成。两个极性头分别朝向内外两表面，呈亲水性，而两个非极性端的疏水尾则埋入膜的内层，于是形成了一个磷脂双分子层，如图 3-8。膜上镶嵌有跨膜蛋白、糖脂、低聚糖以及藿烷类化合物等物质。其中藿烷类化合物是原核生物与真核生物的最大区别，因为真核生物的细胞膜中一般含胆固醇，而不含藿烷类化合物，其化学结构式如图 3-9。

细胞膜具有以下生理功能：①协助细胞壁维持细胞的完整性；②能选择性地控制细胞内、外的营养物质和代谢产物的运送；③是维持细胞内正常渗透液的结构屏障；④是合成

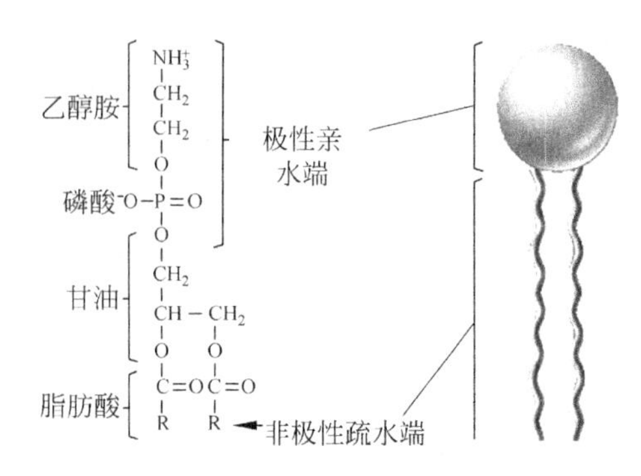

图 3-7 磷脂的分子结构

R 有多种形式：磷脂酸、磷脂酰乙醇胺、磷脂酰胆碱、磷脂酰甘油、磷脂酰肌醇

引自：Joanne M W, et al. Prescott's Microbiology, 8th ed. McGraw-Hill, 2010.

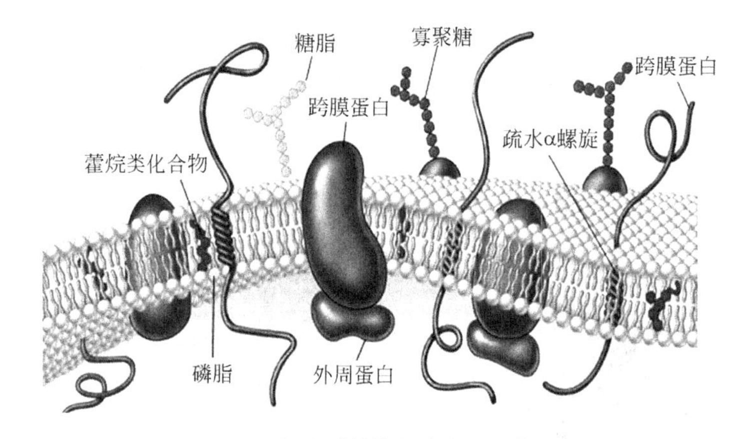

图 3-8 细胞膜结构的液态镶嵌模型

引自：Joanne M W, et al. Prescott's Microbiology, 8th ed. McGraw-Hill, 2010.

HO

OH OH

OH OH

(a) (b)

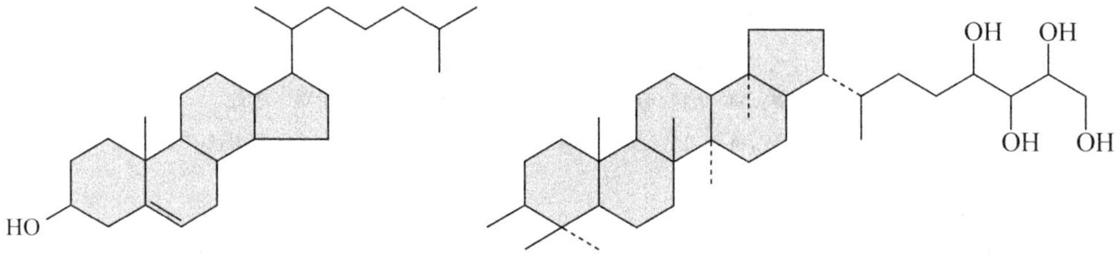

图 3-9 膜成分中固醇和藿烷类物质的化学结构

(a) 真核生物膜上的胆固醇；(b) 细菌细胞膜上的藿烷

引自：Joanne M W, et al. Prescott's Microbiology, 8th ed. McGraw-Hill, 2010.

细胞壁和糖被有关成分(如肽聚糖、磷壁酸、LPS 和荚膜多糖等)的重要场所；⑤膜上含有与氧化磷酸化和光合磷酸化等能量代谢有关的酶系，可使膜的内外两侧间形成一电位差，此即质子动势，故是细胞的产能基地；⑥是鞭毛基体的着生部位，并可提供鞭毛旋转运动所需的能量，质膜还存在着若干特定的受体分子，它们可探测环境中的化学物质，以便作出相应的反应。

3）细胞核（nucleoids）和质粒（plasmids）

又称拟核、核质体、原核、核区或核基因组，指原核生物所特有的无核膜包裹、无固定形态的原始细胞核，如图 3-10。在正常情况下，一个细菌拥有一个核区，核区的化学成分是一个大型的环状双链 DNA 分子，也有少量的 RNA 和蛋白质，但不含真核生物所具有的组蛋白。细菌生长旺盛时一个细菌也会出现 2～4 个核区。核区在电子显微镜下呈现的是一个透明的、不易着色的纤维状区域，用特异性的富尔根染色法着染拟核后，在光学显微镜下看见，呈球状、棒状、哑铃状。拟核是细菌负载遗传信息的主要物质基础，它的功能是决定遗传性状和传递遗传性状。

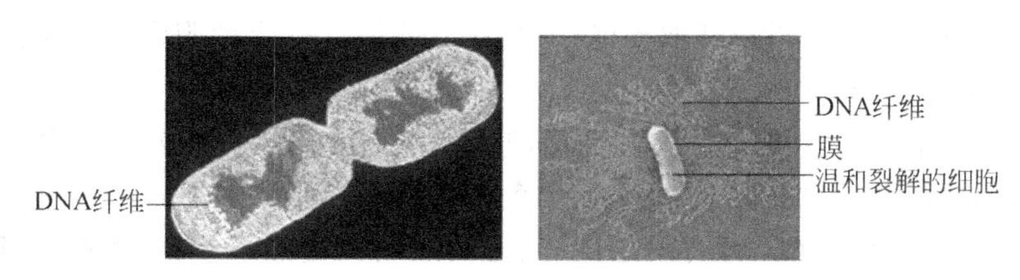

图 3-10　大肠杆菌的拟核

引自：Joanne M W, et al. Prescott's Microbiology, 8th ed. McGraw-Hill, 2010.

在细菌细胞内核区 DNA 外还具有能够自主复制的较小的 DNA 分子，被称为质粒。有些质粒也能够整合到细菌的核区 DNA 中。一般来说，质粒的存在与否对宿主细胞生存没有决定性的作用。有一些质粒携带的基因则可以赋予细胞额外的生理代谢能力，或者参与细菌的致病力以提高细菌自然环境中的生存竞争力。根据质粒的形状可以分为低拷贝质粒（>10kb，一个细胞 1～2 个拷贝）、高拷贝质粒（<10kb，一个细胞 10～100 个拷贝）、松弛型质粒（质粒的复制不依赖于细胞的复制，通常拷贝数较多）、严谨型质粒（质粒的复制依赖于细胞的复制，通常拷贝数较少）等；根据质粒的功能分为耐药性质粒（与细菌的耐药性有关）、降解性质粒（与细菌对环境污染物的降解能力有关）、毒力质粒（与细菌的致病力相关）等。

4）细胞质及内含物

细胞质（cytoplasms）是细胞膜内除核以外的无色透明物质。细胞质的主要成分主要是蛋白质、核酸、脂类、多糖、无机盐和水，其中水占整个细菌质量的 70%。幼龄细菌的细胞质稠密，富含 RNA，易被碱性染料染色且着色均匀；老龄细菌缺乏营养物质，RNA 被用作氮源和磷源，含量降低，染色不均匀。内含物普遍存在于细菌细胞体内，由一些无机或有机物聚集而成，常见的内含物有核糖体、储藏物、羧酶体、气泡、磁小体等。

（1）核糖体：核糖体由核糖核酸和蛋白质组成，是蛋白质合成的场所，大量分散于细胞质内。有一小部分核糖体和细胞膜相连，这部分核糖体主要是合成膜蛋白和外分泌蛋白。细菌的核糖体可分解出三种相对分子质量不同的 RNA：16S rRNA、23S rRNA 和 5S rRNA（S 来源于 Svedberg unit，沉降系数）。23S rRNA 和 5S rRNA 构成了核糖体的大亚基，16S rRNA 则构成了核糖体的小亚基。两亚基结合在一起构成了完整的细菌 70S 核糖体。

（2）储藏物：是一类由不同化学成分累积而成的不溶性颗粒，主要功能是储存营养物，种类很多，可根据其储存的物质种类分为碳源及能源类（比如糖原、聚-β-羟丁酸、硫粒）、氮源类（比如藻青素、藻青蛋白）、磷源类（比如异染粒）。

(3) 羧酶体：又称羧化体，是存在于一些自养细菌细胞内的多角形或六角形内含物，大小与噬菌体相仿(约 10nm)。羧酶体的表面有一层由 6～10 种不同蛋白质组成的蛋白膜，内含 1,5-二磷酸核酮糖羧化酶，在自养细菌的 CO_2 固定以及将 CO_2 转化成糖的过程中起着关键作用。存在于化能自养的 *Thiobacillus*(硫杆菌属)、*Beggiatoa*(贝日阿托氏菌属)和一些光能自养的蓝细菌中。

(4) 气泡(gas vacuoles)：是存在于许多由光能营养型、无鞭毛运动水生细菌中的泡囊状内含物，内中充满气体，大小为 0.2～1.0μm，内有数排柱形小空泡，外由 2nm 厚的单层蛋白质膜包裹。水不能透过该膜，但空气可以自由进出。气泡具有调节细胞相对密度，以使其漂浮在最适水层中的作用，借以获取光能、氧和营养物质。每个细胞含数个至数百个气泡，它主要存在于多种蓝细菌中。

(5) 磁小体：存在于少数革兰氏阴性菌的趋磁细菌中，是一种纳米级、高纯度、高均匀度、有独特结构的链状单磁畴磁晶体，大小均匀，数目不等，形状为平截八面体、平行六面体或六棱柱体等，成分为 Fe_3O_4，外有一层磷脂、蛋白质或糖蛋白膜包裹，无毒，一般沿细胞长轴排列成链，具有导向功能，即借鞭毛引导细菌游向最有利的泥、水界面微氧环境处生活，如图 3-11。趋磁细菌还有一定的使用前景，包括用作磁性定向药物和抗体，以及制造生物传感器等。

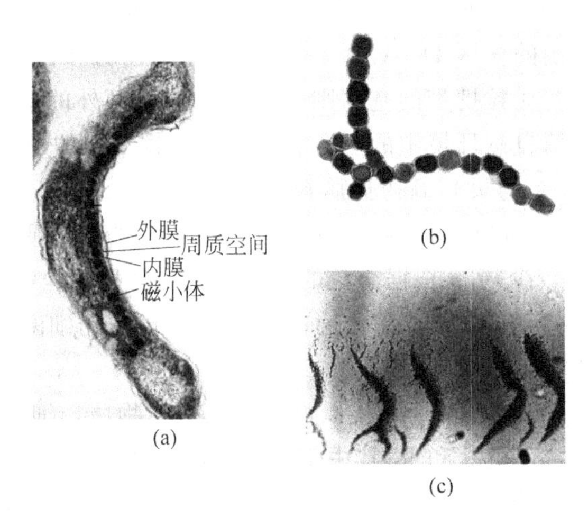

图 3-11　趋磁细菌及磁小体

(a) 趋磁细菌 *Aquaspirillum magnetotacticum*；(b) 从趋磁细菌体内提取到的磁小体；

(c) 磁小体在磁场中做波浪状运动

引自：Joanne M W, et al. Prescott's Microbiology, 8th ed. McGraw-Hill, 2007.

5) 细菌的骨架

细菌的骨架蛋白在生物进化早期就已经出现，与真核生物细胞内的骨架蛋白具有类似的功能，主要参与细胞分化、蛋白定位以及决定细菌的形状等。目前研究较为清楚的细菌骨架蛋白及其功能见表 3-2。研究最多的是 FtsZ、MreB 和 CreS。其中 FtsZ("Filamenting Temperature-Sensitive mutant Z"的简写)是首个发现并广泛存在于细菌体内的骨架蛋白。

表3-2 细菌的骨架蛋白

类　型	功　能	来　源
微管蛋白同系物		
FtsZ	细胞分裂	细菌中广泛分布
BtubA/BtuB	未知	仅在突柄杆菌属中发现，可能来自真核生物的基因水平转移
肌动蛋白同系物		
FtsA	细胞分裂	存在于许多细菌中
MamK	磁小体定位	存在于趋磁细菌中
MreB/Mbl	维持细胞形状、隔离染色质、蛋白定位	存在于大部分杆状细菌中
中间丝同系物		
CreS	负责菌体的弯曲	存在于柄菌属中
细菌特有的骨架蛋白		
MinD	阻止FtsZ在细胞极处聚集	存在于许多杆状细菌中
ParA	隔离染色质	存在于霍乱弧菌和新月柄杆菌中

6）荚膜及黏液层

荚膜(capsules)是某些细菌在细胞壁外包围的一层不容易被洗去的黏液性物质，如图3-12，根据其存在状态，可区分为大荚膜、微荚膜和黏液层。大荚膜(macrocapsules)具有特定的外形，厚度约为200nm；微荚膜(microcapsules)也有特定的外形，但厚度小于200nm；黏液层(slime layers)没有特定的外形，边缘不清晰。若黏液层局限于细胞一端，则称为粘接物。粘接物可使细胞附着至物体表面。有时多个细菌的荚膜相互融合，形成菌胶团(zoogloea)。荚膜一般由多聚糖组成，有时也含有其他物质。例如，炭疽杆菌的荚膜是由聚-D-谷氨酸组成的。荚膜经过负染或者特异性荚膜染色法染色之后在光学显微镜下就清晰可见，也可以通过电镜观察到。荚膜的产生是细菌的遗传特性，也与环境条件有关。例如肠膜状明串珠菌(*Leuconostoc mesenteroides*)只有在糖含量高、氮含量低的培养基中，才能产生荚膜；炭疽芽孢杆菌(*Bacillus anthracis*)只有侵染至动物体内，才能形成荚膜。在实验室培养时荚膜并不是细菌生长繁殖所必需，在普通培养基上或连续传代则易消失。

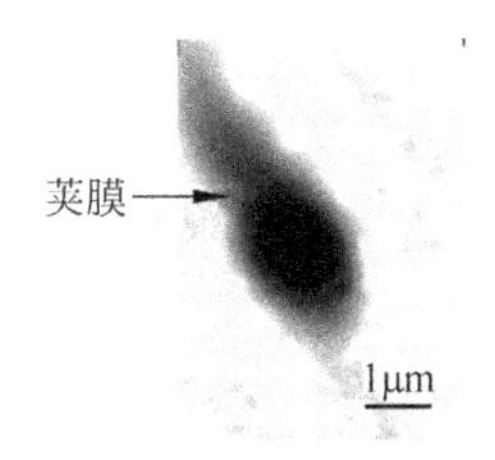

图3-12 电镜下克雷伯氏菌的荚膜

由于荚膜和黏液层均含有多聚糖，有时也采用"糖被"一词来描述。糖被的具体定义是包被于某些细菌细胞壁外的一层厚度不定的透明胶状物质。糖被的有无、厚薄与菌种的遗传性和环境尤其是营养条件密切相关。糖被的功能为：①保护作用，可保护菌体免受干旱损伤、重金属离子的毒害及保护致病菌免受宿主白细胞的吞噬；②储藏养料，以备营养缺乏时重新利用；③表面附着作用；④细菌间的信息识别作用；⑤堆积代谢废物。糖被可用作工业原料，如从野油菜黄单胞菌的糖被提取出来的一种叫黄胶原的糖被，已被用于石油开采中的钻井液添加剂以及印染和食品等工业中。那些能产生糖被形成菌胶团的细菌在污水的生物处理中也有助于污水中有害物质的吸附和沉降。在固体培养基上，产荚膜细菌所形成的菌落表面湿润、光滑，称为光滑型(smooth，S型)菌落。不产荚膜细菌所形成的菌落表面干燥、粗糙，称为粗糙型(rough，R 型)菌落。

7) S层

S层是一层包围在细菌细胞壁外、由大量蛋白质或糖蛋白亚基以方块形或六角形方式排列的连续层，类似于建筑物中的地砖。其中 S 为表面“surface”之意。S 层的功能有：①保护细菌免受环境中的重金属离子、pH 或者渗透压等的影响；②用来维持细菌细胞的形态与完整；③保护细菌免受宿主白细胞的吞噬，与致病菌的致病力有关。但是目前 S 层被广泛研究并不仅仅因为其生物学方面的作用，而是因为 S 层蛋白可以在不需要其他酶或者辅助因子的作用下进行自我组装，因而可以用作给药系统的载体或者有毒化合物的新型监测器，使得在纳米技术领域被广泛应用。

8) 附属物

(1) 鞭毛(flagella)

鞭毛是生长在某些细菌表面的长丝状、波曲的蛋白质附属物。根据鞭毛着生的方式可以分为一端生、两端生、周生和侧生鞭毛。鞭毛坚硬、细长、直径约为 20nm，长度约 15～20μm。鞭毛中蛋白质占 99%以上，碳水化合物、类脂和无机盐的总和不到 1%。鞭毛的分类如下：

鞭毛着生方式
- 一端生：
  - 一根：霍乱弧菌(*Vibrio cholerae*)等
  - 一束：荧光假单胞菌(*Pseudomonas fluorescens*)等
- 两端生
  - 一根：鼠咬热螺旋体(*Spirochaeta morsusmuris*)等
  - 一束：红色螺菌(*Spirillum ruburum*)等
- 周生
  - 肠杆菌科：伤寒沙门氏菌(*Salmonella typhi*)等
  - 芽孢杆菌科：枯草芽孢杆菌(*Bacillus subtilis*)等
- 侧生：反刍月形单胞菌(*Selenomonas ruminatium*)等

鞭毛数目为一至数十条，具有运动功能。细菌可以趋向营养物质，可以躲避有害物质和代谢废物，也可以对其他刺激因子(如温度、光线和重力等)做出响应。细菌改变方向而趋向有利因子或避开有害因子的运动性能，称为趋避性(taxis)。根据刺激因子的不同，趋避性可分为趋化性(chemotaxis)和趋光性(phototaxis)。一些微生物的鞭毛如图 3-13。鞭毛通常由基体、钩形鞘和鞭毛丝 3 部分组成。

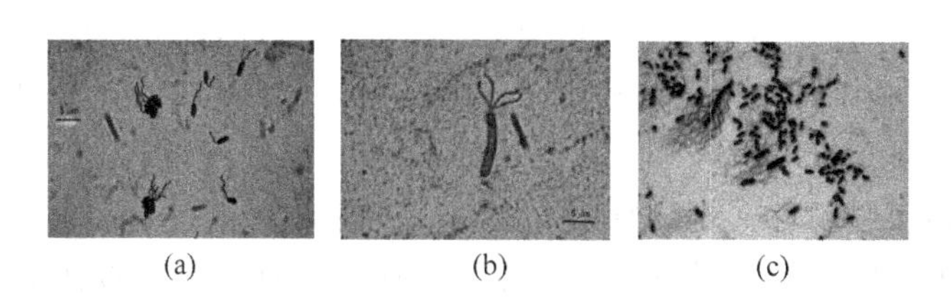

(a)　(b)　(c)

图 3-13　鞭毛分布

(a) 极端单鞭毛；(b) 丛鞭毛；(c) 周身鞭毛

引自：Joanne M W，et al. Prescott's Microbiology，8th ed. McGraw-Hill，2010.

(2) 菌毛(fimbriae)

菌毛是一种长在细菌体表的纤细、中空、短直且数量较多的蛋白质类附属物，具有使菌体附着在物体表面上的功能。比鞭毛简单，无基体等构造，直接着生于细胞质膜上。直径一般为 3～10nm，每菌一般有 250～300 条，如图 3-14。

(3) 性毛

性毛又称性菌毛、性丝，构造和成分与菌毛相同，但比菌毛长，且每个细胞仅一至少数几根。一般见于革兰氏阴性菌的雄性菌株中，具有向雌性菌株传递遗传物质的作用，有的还是 RNA 噬菌体的特异性吸附受体，如图 3-15。

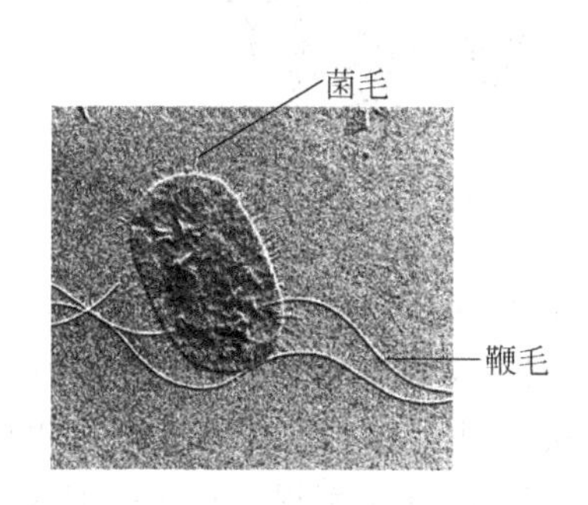

图 3-14　菌毛与鞭毛

引自：Joanne M W, et al. Prescott's Microbiology, 8th ed. McGraw-Hill, 2010.

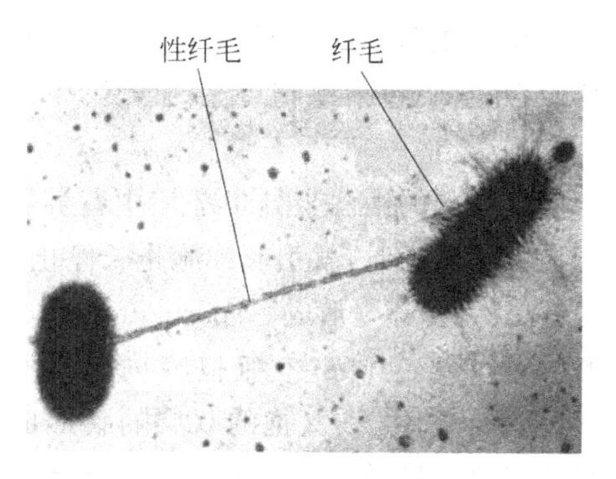

图 3-15　细菌的性纤毛

引自：郑平. 环境微生物学；第 2 版. 浙江大学出版社，2012.

9）芽孢

某些细菌在其生长发育后期，在细胞内形成的一个圆形或椭圆形、厚壁、含水量低、抗逆性强的休眠构造，称为芽孢(endospore, spore)。在不同细菌中，芽孢所处的位置不同，有的在中部，有的在偏端，有的在顶端，如图 3-16。芽孢一般呈圆形、椭圆形、圆柱形。产生芽孢的能力以及芽孢的性状、大小、位置是菌种特征，在分类鉴定上具有一定意义。产生芽孢的细菌主要有芽孢杆菌属和梭菌属(*Clostridium*)。它们都是革兰氏阳性菌。梭菌属菌株的芽孢膨大，宽度超过菌体。此外，革兰氏阳性的芽孢八叠球菌属(*Sporosarcina*)和革兰氏阴性的脱硫肠状菌属(*Desulfotomaculum*)和弧菌属(*Vibrio*)的菌株也能形成芽孢。由于每一个营养细胞内仅形成一个芽孢，故芽孢无繁殖功能。

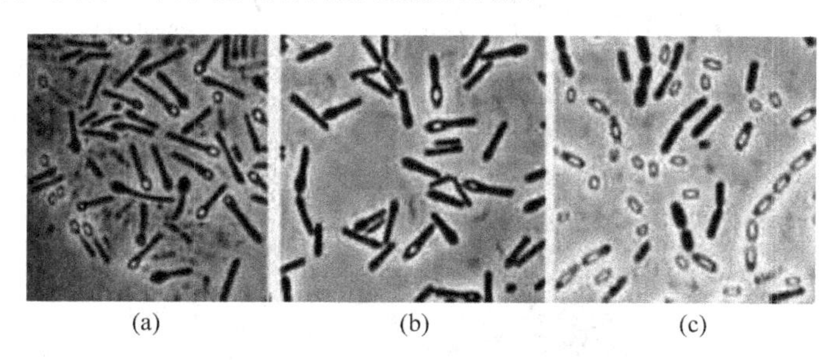

图 3-16　细菌芽孢的形态及位置

(a) 末端；(b) 次末端；(c) 中间

引自：郑平. 环境微生物学，第 2 版. 浙江大学出版社，2012.

芽孢壁厚而致密，折光性强，不易着色，通透性差，水含量低，酶含量少，代谢活力低。芽孢是生命世界中抗逆性最强的一种构造，在抗热、抗化学药物和抗辐射等方面，十分突出。例如，肉毒梭菌的芽孢在沸水中要经 5～9 个小时才被杀死。芽孢的休眠能力更为突出，在常规条件下,一般可保持几年甚至几十年而不死。

芽孢的结构较为复杂,见图3-17。通常由孢外壁(主要含脂蛋白,透性差,有的芽孢无此层)、芽孢衣(主要含疏水性角蛋白,抗酶解、抗药物,多价阳离子难通过)、皮层(主要含芽孢肽聚糖及DPA-Ca(吡啶2,6-二羧酸钙),体积较大,渗透压高,含水量大)和核心(主要包括芽孢壁、芽孢膜、芽孢质和芽孢核区)组成。

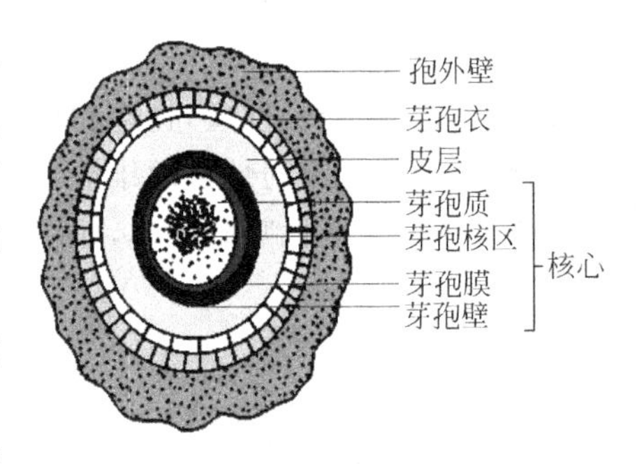

图3-17 细菌芽孢构造的模式图

产芽孢的细菌当处于环境中营养物缺乏和代谢产物浓度过高时,就引起细胞生长停止进而形成芽孢的过程称为"芽孢形成"(sporulation,sporogenesis)。其形态变化过程分7期:①DNA浓缩,形成束状染色质;②细胞膜内陷,细胞发生不对称分裂,其中小体积部分即为前芽孢(forespore);③前芽孢的双层隔膜形成,这时芽孢的抗热性提高;④在上述两层隔膜间填充芽孢肽聚糖后,合成DPA-Ca,开始形成皮层,再经脱水,使折光率提高;⑤芽孢衣合成结束;⑥皮层合成完成,芽孢成熟,抗热性出现;⑦芽孢囊裂解,芽孢游离外出。以巨大芽孢杆菌(*Bacillus megaterium*)为例,芽孢形成过程约经10h,其中约有200个基因参与,如图3-18。

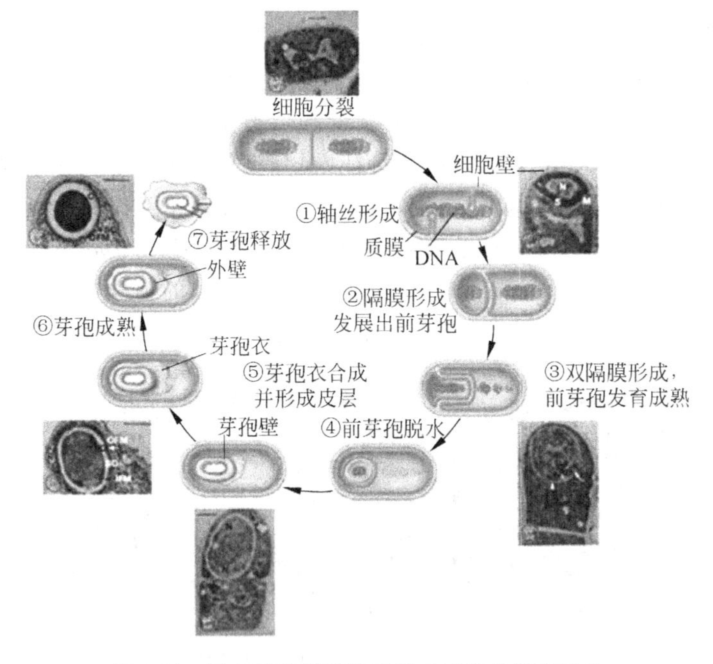

图3-18 巨大芽孢杆菌芽孢形成过程的形态变化

引自:Joanne M W,et al. Prescott's Microbiology,8th ed. McGraw-Hill,2010.

由休眠状态的芽孢变成营养状态细菌的过程,称为芽孢萌发(germination),包括活化(activation)、出芽(germination)和生长(outgrowth)三个具体阶段。发芽的速度很快,一般仅需几分钟。

10）伴孢晶体

伴孢晶体又称δ内毒素，是少数芽孢杆菌产生的糖蛋白昆虫毒素。例如，苏云金芽孢杆菌在形成芽孢的同时，会在芽孢旁形成一颗菱形、方形或不规则形的碱溶性蛋白质晶体。其干重可达芽孢囊重的30%左右。伴孢晶体对鳞翅目、双翅目和鞘翅目等200多种昆虫和动、植物线虫有毒杀作用，因此可将这类细菌制成对人畜安全、对害虫是天敌和对植物无害，有利于环境保护的生物农药。当害虫吞食伴孢晶体后，先被虫体中肠内的碱性消化液分解并释放出蛋白质原毒素亚基，再由它特异地结合在中肠上皮细胞的蛋白受体上，使细胞膜上产生小孔，并引起细胞膨胀、死亡，进而使中肠里的碱性内含物以及菌体、芽孢都进入血管腔，并很快使昆虫患败血症而死亡。有的伴孢晶体还能杀死蚊子，这类杀蚊剂对人、畜、禽、水生动物无毒，具有无污染和无异味等优点。

3.1.2 细菌的繁殖方式

当一个细菌生活在合适条件下时，通过其连续的生物合成和平衡生长，细胞体积、质量不断增大，最终导致了繁殖。细菌大繁殖方式主要为裂殖，只有少数种类进行芽殖。

1. 裂殖(fission)

裂殖是指一个细胞通过分裂而形成两个子细胞的过程。

1）二分裂(binary fission)

典型的二分裂是一种对称的二分裂方式，即一个细胞在其对称中心形成一隔膜，进而分裂成两个形态、大小和构造完全相同的子细胞(见图3-19)。绝大多数的细菌都借这种分裂方式进行繁殖。在少数细菌中，还存在着不等二分裂的繁殖方式，其结果产生了两个在外形、构造上有明显差别的子细胞，例如柄细菌属的细菌，通过不等二分裂产生了一个有柄、不运动的子细胞和另一个无柄、有鞭毛、能运动的子细胞。

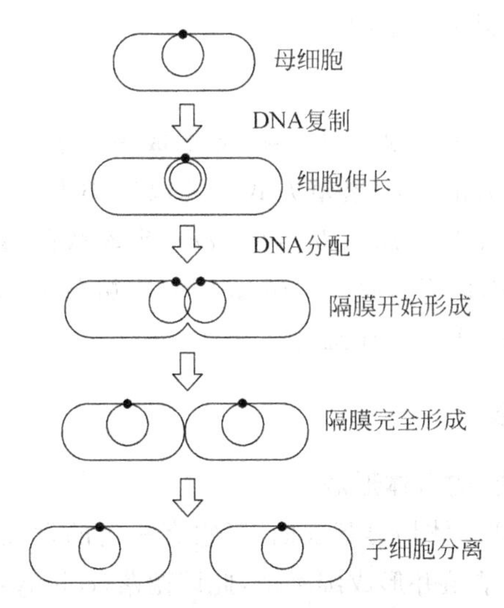

图3-19 杆菌二分裂过程模式图

引自：周德庆.微生物学教程,第3版.高等教育出版社,2011.

2）三分裂(trinary fission)

有一属进行厌氧光合作用的绿色硫细菌称为暗网菌属，它能形成松散、不规则、三维构造并由细胞链组成的网状体(图 3-20)。其原因是除大部分细胞进行常规的二分裂繁殖外，还有部分细胞进行成对地“一分为三”方式的三分裂，形成一堆“Y”形细胞，随后仍进行二分裂，其结果就形成了特殊的网眼状菌丝体。

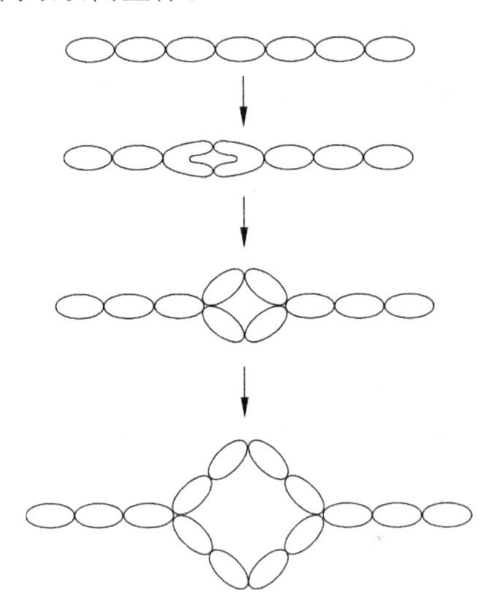

图 3-20 *P. clathratiforme*(格形暗网菌)通过三分裂形成网眼

引自：周德庆.微生物学教程，第 3 版.高等教育出版社，2011.

3）复分裂(multiple fission)

这是一种寄生于细菌细胞中具有端生单鞭毛称做蛭弧菌的小型弧状细菌所具有的繁殖方式。当它在宿主细菌体内生长时，会形成不规则的盘曲的长细胞，然后细胞多处同时发生均等长度的分裂，形成多个弧形子细胞。

2. 芽殖(budding)

芽殖是指在母细胞表面(尤其是在其一端)先形成一个小突起，待其长大到与母细胞相仿后再相互分离并独立生活的一种繁殖方式。凡以这类方式繁殖的细菌统称芽生细菌(budding bacteria)，包括芽生杆菌属(*Blastobacter*)、生丝微菌属(*Hyphomicrobium*)、生丝单胞菌属(*Hyphomonas*)、硝化杆菌属(*Nitrobacter*)、红微菌属(*Rhodomicrobium*)和红假单胞菌属(*Rhodopseudomonas*)等十余属细菌。

3.1.3 细菌的群体形态

1. 在固体培养基上(内)的群体形态

将单个细菌细胞接种到固体培养基表面，当它有一定的发展空间并处于适宜的培养条件下，该细胞就会迅速生长繁殖并形成细胞堆，此即菌落(colony)，如图 3-21。因此，菌落就是在固体培养基上以母细胞为中心的一堆肉眼可见的，有一定形态、构造等特征的子细胞基团。如果菌落是由一个单细胞繁殖形成的，则它就是一个纯种细胞群或克隆。如果把大量分散的纯种细胞密集地接种在固体培养基的较大表面上，结果长出的大量“菌落”已经相互连成一片,这就是菌苔,(bacterial lawn)。

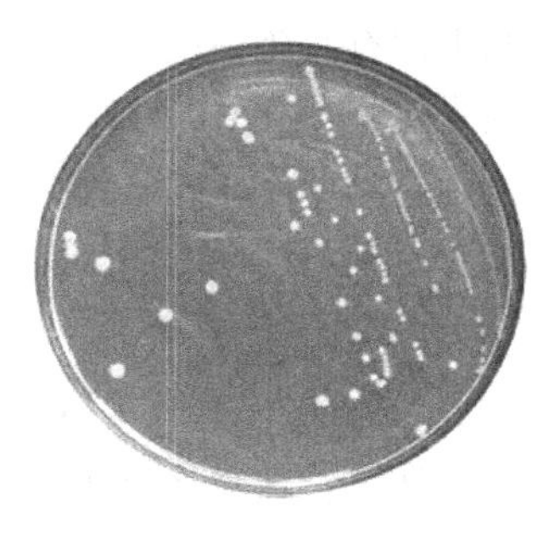

图 3-21 菌落形态示意图

细菌的菌落有其自己的特征,一般湿润、较光滑、较透明、较黏稠、易挑取、质地均匀等。其原因是细菌属单细胞生物,一个菌落内无数细胞并没有形态、功能上的分化,细胞间充满着毛细管状态的水,等等。当然,不同形态、生理类型的细菌,在其菌落形态、构造等特征上也有许多明显的反映。例如,无鞭毛、不能运动的细菌尤其是球菌通常都形成较小、较厚、边缘圆整的半球状菌落;长有鞭毛、运动能力强的细菌一般形成大而平坦、边缘多缺刻(甚至成树根状)、不规则形的菌落;有糖被的细菌,会长出大型、透明、蛋清状的菌落;有芽孢的细菌往往长成外观粗糙、"干燥"、不透明且表面多褶的菌落。因此,菌落鉴别也可以作为微生物鉴别的一个参考依据。菌落的描述特征如图 3-22。

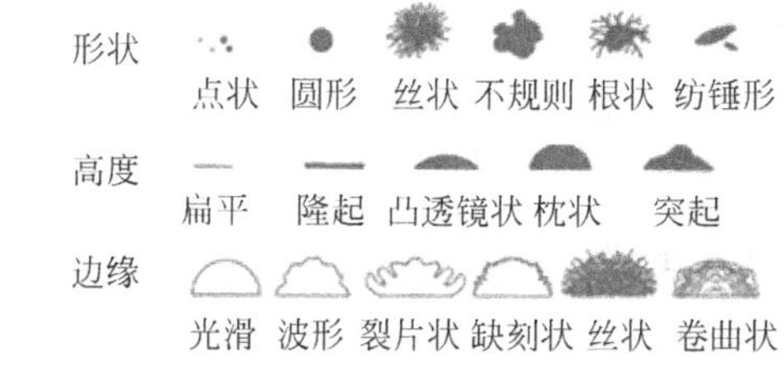

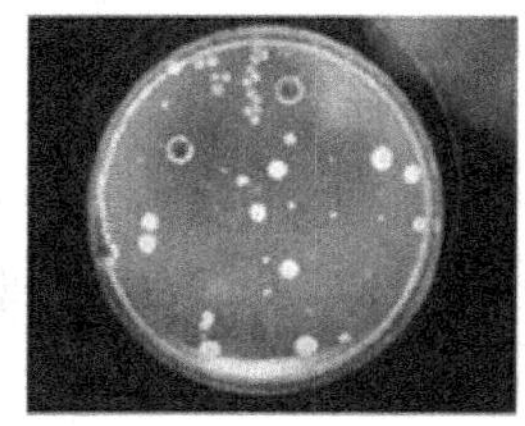
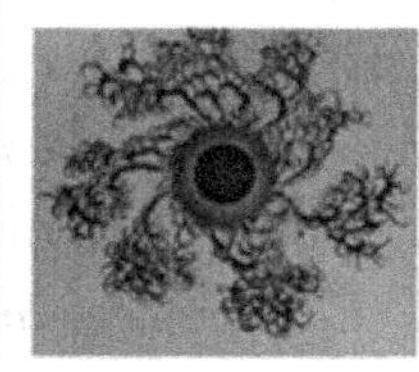

图 3-22 菌落形态描述

引自:Joanne M W,et al. Prescott's Microbiology,8th ed. McGraw-Hill,2010.

近年来,细菌在自然界固形物表面形成的一种类似于菌落的特殊群体引起了学者们的兴趣,这就是生物被膜(biofilm)。生物被膜是指由细菌分泌胞外多糖附着于自然物体表面而形成的一种由细菌群体组成的膜状构造,主要有两类,其一为纯种生物被膜,由单一菌种形成,如铜绿假单胞菌和(*Pseudomonas aeruginosa*)和表皮葡萄球菌(*Staphylococcus epidermidis*)等,另一种为由多种细菌构成的生物被膜,在污水处理装置中出现最多。生物被膜的生理功能有:①保护作用:保护动物病原菌与宿主黏膜间的黏附,防止被免疫细胞吞噬,以及阻拦抗生素等药物的渗入;②为群体创造一个条件合适的小生境;③使细菌个体间的物质和信息交换更为便利;④为生活在自然条件下的细菌获得浓度较高的营养物质提供条件。

2. 在半固体培养基上(内)的群体形态

纯种细菌在半固体培养基上生长时,会出现许多特有的培养性状,因此对菌种鉴定十分重要。半固体培养法通常把培养基灌注在试管中,形成高层直立柱,然后用穿刺接种法接入试验菌种。若用明胶半固体培养基做试验,还可根据明胶柱液化层中呈现的不同形状来判断某细菌有否蛋白酶产生和某些其他特征；若使用的是半固体琼脂培养基，则可从直立柱表面和穿刺线上细菌群体的生长状态和有否扩散现象来判断该菌的运动能力和其他特性。通常来讲，如果细菌不生鞭毛，它们只能在穿刺线上聚集生长；如果着生鞭毛，它们既能在穿刺线上聚集生长，也能在穿刺线周围扩散生长。不同细菌具有不同的扩散生长状态。

3. 在液体培养基上(内)的群体形态

细菌在液体培养基中生长时，会因其细胞特征、相对密度、运动能力和对氧气等关系的不同，而形成几种不同的群体形态：多数表现为浑浊，部分表现为沉淀，一些好氧性细菌则在液面上大量生长，形成有特征性的、厚薄有差异的菌醭、菌膜或环状、小片状不连续的菌膜等。细菌在液体培养基中的培养特征是分类依据之一。

3.1.4 细菌在污水生化处理中的作用

污水的生物学处理系统是通过人工控制的微小的生态系统，在这个生态系统中，微生物对有机物处理的效率之高是任何天然水体生态系统所不可比拟的。在多数情况下，主要微生物类群是细菌，特别是异养型细菌占优势。

1. 污水处理中的主要细菌类群

(1) 污水好氧处理时主要细菌类群

根据马放等著作的《环境微生物图谱》，活性污泥中的主要菌群有：假单胞菌属(*Pseudomonas*)、产碱杆菌属(*Alcaligenes*)、无色杆菌属(*Achromobacter*)、微杆菌属(*Microbacterium*)、黄杆菌属(*Flavobacterium*)、动胶菌属(*Zoogloea*)、芽孢杆菌属(*Bacillus*)、节杆菌属(*Arthroacter*)、不动细菌属(*Acinetotacter*)、微球菌属(*Micrococcus*)、气杆菌属(*Aerobacter*)、棒状杆菌属(*Corynebacterium*)、丛毛单胞菌属(*Comamonas*)、杆菌属(*Bacterium*)、诺卡氏菌属(*Nocardia*)、球衣细菌属(*Sphaerotilus*)、短杆菌属(*Brevibacterium*)、亚硝化单胞菌属(*Nitromobacter*)、蛭弧菌属(*Bdellovibrio*)、粪大肠菌属(*Coliform*)、贝氏硫菌属(*Beggiatoa*)、柄细菌属(*Caulobacter*)、噬纤维菌属(*Cytophaga*)等。曝气池中活性污泥不但细菌种类多，数量也非常巨大，细菌总数有 10^8～10^{10} 个/mL。1g 干污泥中细菌数量可达到 10^{10} 个/g。活性污泥中的杆菌多于球菌，革兰氏阴性杆菌多于革兰氏阳性杆菌。

(2) 污水厌氧处理时主要细菌类群

在污水厌氧处理中，微生物类群主要是细菌，分为两大类，即兼性厌氧菌和专性厌氧菌。在厌气处理中，发酵一开始可能有好氧细菌存在，这些细菌主要是从污水中带进处理装置的，在处理装置中能生活一段时间，当氧气用完后很快会死亡。随后兼性好氧菌又活跃起来，主要有：产黄纤维单胞菌(*Cellulomonas flavigena*)、淀粉芽孢梭菌(*Clostridium amylolyticum*)、丙酮丁醇芽孢梭菌(*Clostridium acetobutylicam*)、蜡状芽孢杆菌(*Bacillus funduliformis*)、琥珀酸拟杆菌(*Bacteroides succinogenas*)等。由于这些兼性好氧菌的活动，造成挥发酸的积累，同时处理装置中氧化还原电位降低，专性厌氧菌开始活跃，它们利用兼性好氧菌的分解产物乙酸、乙醇、甲醇、CO_2、合成甲烷。各种专性厌氧菌有：脱硫弧菌属(*Desulfovibrio*)、硝酸盐还原菌(*Denitrifying bacteria*)、脱氮硫杆菌(*Thiobacillus denitrificans*)、脱氮极毛杆菌(*Pseudomnas denitrificans*)、脱硫肠状菌属(*Desulfotomaculum*)、产甲烷杆菌属(*Methanobacterium*)、产甲烷球菌属(*Methancoccus*)、产甲烷八叠球菌属(*Methanosarcina*)、产甲烷螺菌属(*Methanospirillum*)等。

2. 给水处理中的细菌

(1) 水源中细菌的分布

一般来讲,地表的河流、湖泊水等受到医院污水、垃圾和粪便污染的水体,病原菌数量将会很大,受到农业土壤污染的藻类数量将会猛增。由于细菌不喜欢阳光、好附着在固体上,因而水底和岸边的细菌数量高于水面和河、湖中央的细菌数量。未受污染的地下水源一般比较清洁,水中的细菌的种类、数量一般都很少,在深层的地下水中甚至会没有细菌。由于海水中含盐量很高,其质量分数一般为3.2%~4%,淡水类的细菌不易生存,因此海水中的细菌主要是嗜盐细菌以及一些耐低温、高压的特殊细菌,其中病原细菌较少。

(2) 水源中的病原细菌

水中的细菌只有很少一部分是致病菌,主要是经水传播并经过消化道传染。水中的病原细菌包括引起伤寒或副伤寒的伤寒杆菌、引起细菌性痢疾的痢疾杆菌和引起霍乱的霍乱弧菌。

(3) 细菌可作为水源病原污染指示微生物

由于水中致病微生物种类繁多,但数量较少、较易变异和死亡,目前还缺乏对这些病原体进行有效定量分离的方法,所以通常以易检测的水中指示微生物代替致病微生物来估计污染状况。常见的指示微生物有总大肠菌群、粪大肠菌群或耐热大肠菌群、大肠埃希氏杆菌、肠球菌属、产气荚膜梭菌等。

3. 循环冷却水系统中的细菌

工业循环冷却水系统由于冷却水连续循环,微生物生长所需的营养物质不断浓缩,而其温度和pH又较适合多数微生物生长,往往导致冷却水系统中微生物数量不断增加,进而引发微生物结垢和腐蚀等一系列危害,导致循环冷却水系统效率和寿命的降低,对工业生产产生巨大的危害。这些微生物中常见的细菌包括好氧性荚膜细菌和芽孢细菌、硫酸盐还原菌、铁细菌、反硝化细菌和硝化细菌等。其中好氧性荚膜细菌和芽孢细菌产生的黏液和芽孢是冷却水系统中形成黏泥的主要原因;硫酸盐还原菌通过还原水中的硫酸盐,产生H_2S,引起碳钢腐蚀;铁细菌能使Fe^{2+}氧化成Fe^{3+},形成的$Fe(OH)_3$在细菌周围形成大量的棕色薪泥,会造成金属管道堵塞,并为专性厌氧的硫酸盐还原菌的生长提供极为有利的条件,进而在铁管管壁上形成锈瘤结节,产生坑蚀,并散发出强烈的臭味;反硝化细菌能将循环冷却水中的硝酸、硝酸盐还原为亚硝酸盐,为硝酸细菌所利用而转化为硝酸盐,循环冷却水中的硝化细菌与反硝化细菌相互依存、互相转化,导致循环冷却水pH值下降,使水质变酸性,严重影响氧化性杀生剂的作用,使水质易受其他微生物危害而恶化。

4. 用作生物絮凝剂

能产生生物絮凝剂的细菌有土壤杆菌属(*Agrobacterium* sp.)、粪产碱菌(*Alcaligenes*)、广泛产碱杆菌(*Alcaligenes latus*)、协腹产碱杆菌(*Alcaligenes cupidus*)、芽孢杆菌属(*Bacillus* sp.)、棒状杆菌(*Corynebacterium brevicale*)、暗色孢属(*Dematium* sp.)、草分枝杆菌(*Mycobacterium phlei*)、红平红球菌(*Rhodocoddus erythropolis*)、铜绿假

单胞菌(*Pseudomonas aeruginosa*)、荧光假单胞菌(*Pseudomonas fluorescens*)、粪便假单胞菌(*Pseudomonas faecalic*)、发酵乳杆菌(*Lactobacillus fermentum*)、嗜虫短杆菌(*Brevibacterium insectiphilum*)、金黄色葡萄球菌(*Staphylococcus aureus*)、厄式菌属(*Oerskwvia* sp.)、不动细菌属(*Acinetobacter* sp.)、斯氏假单胞菌(*Pseudomonas stutzeri*)、甲基杆菌(*Methylobacterium rhodesianum*)、产黄杆菌(*Flavobacterium* sp.)、栖冷克吕沃尔菌(*Kluyvera cryocrescens*)、动胶菌属(*Zoogolea* sp.)等。

5. 用作生物破乳剂

自然界中可通过自身形状、代谢产物或代谢途径对乳状液起到破乳作用的一些微生物,可称为生物破乳菌。这些破乳微生物主要存在于长期被石油污染的土壤、活性污泥以及长期与石油烃类接触的沉积物中。具有生物破乳作用的细菌有:棒状杆菌属(*Corynebacterium* sp.),主要有嗜石油棒状杆菌(*Corynebacterium petrophilum*);诺卡氏菌属(*Nocardia* sp.),主要包括污泥诺卡氏菌(*Nocardia amara*)、粉红诺卡氏菌(*Nocardia erythropolis*);红球菌属(*Rhodococcus* sp.),主要包括橙色红球菌(*Rhodococcus aurantiacus*)、暗红球菌(*Rhodococcus rubropertinctas*);分枝杆菌属(*Mycobacterium* sp.);假单胞菌属(*Pseudomonas* sp.),主要有铜绿假单胞菌(*Pseudomonas aeruginosa*);节杆菌属(*Arthrobacter* sp.);不动杆菌属(*Acinetobacter*),主要包括醋酸钙不动杆菌(*Acinetobacter calcoaceticus*)、鲍曼不动杆菌(*Acinetobacter baumanii*)、溶血不动杆菌(*Acinetobacter haemolytius*)等。

3.2 蓝细菌

蓝细菌(cyanobacteria)是一类分布广泛、具有单细胞和多细胞的形态特征、含有叶绿素a和藻胆素并能进行产氧光合用的原核微生物的统称。由于其个体显著大于一般细菌,其形态和大小接近藻类,植物学家将其归入藻类,过去曾称之为蓝藻(blue algae)或蓝绿藻(blue-green algae)。确认蓝细菌的细胞核为原核后,将其归入原核微生物。

3.2.1 蓝细菌的形态、大小

蓝细菌的形态多样,主要为杆状和球状。根据其形态特征可分为五大群:色球蓝细菌群(*Chroococcacean*)、宽球蓝细菌群(*Pleurocapsalean*)、颤蓝细菌群(*Oscillatorian*)、念珠蓝细菌群(*Nostocalean*)和分枝异形蓝细菌群(branching heterocystous)。蓝细菌约有150属,常见的蓝细菌有:束丝藻属、色球藻属、鱼腥藻属、念珠藻属等,见图3-23至图3-26。

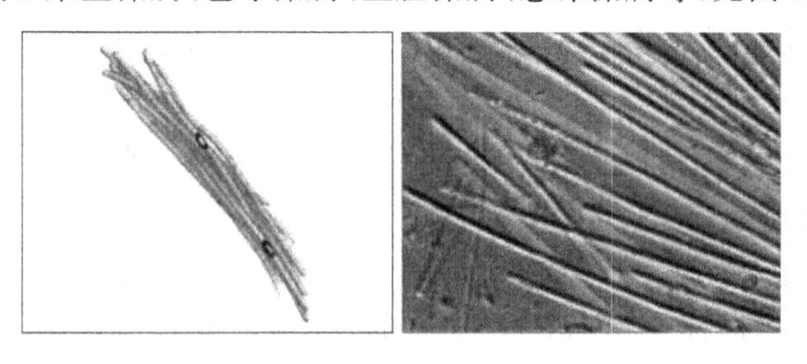

图 3-23 束丝藻

引自:马放,等.环境微生物图谱.科学出版社,2013.

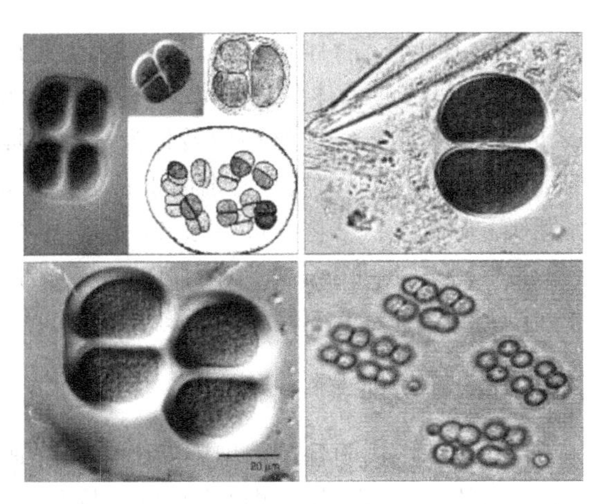

图 3-24　色球藻

引自：马放，等. 环境微生物图谱. 科学出版社，2013.

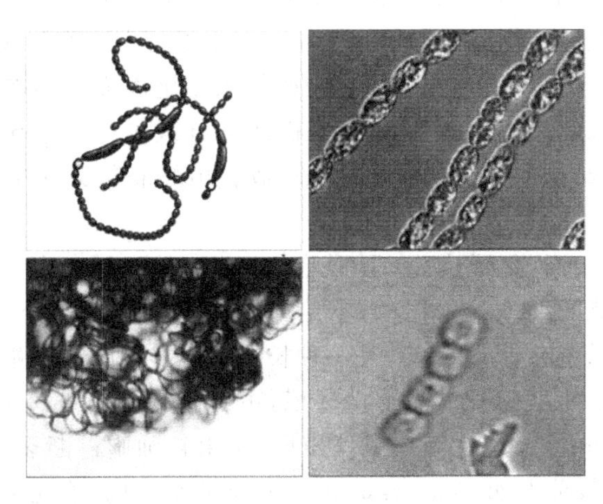

图 3-25　鱼腥藻

引自：马放，等. 环境微生物图谱. 科学出版社，2013.

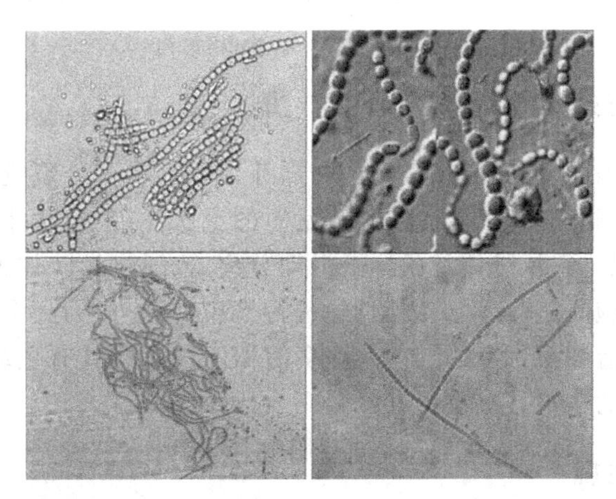

图 3-26　念珠藻

引自：马放，等. 环境微生物图谱. 科学出版社，2013.

蓝细菌的直径约 1～10μm，长度不等，体积一般比细菌大。有许多是由多个细胞黏集成的聚合体，呈丝状，如螺旋蓝细菌属的个体为螺旋状的丝状体，其菌丝直径约 1～12μm，长 50～500μm。它是古老的生物，使地球由无氧环境转化为有氧环境正是由于蓝细菌出现并产氧所致。人们从前寒武纪地壳中发现大量有蓝细菌生长形成的化石化的叠层岩（约 35 亿年）中得到证实。蓝细菌对于研究生物进化有重要意义。空气中约有体积分数为 78%的氮气，但它不能被绝大多数的生物直接利用。由于有固氮蓝细菌及根瘤菌、固氮菌的固氮作用，它们每年可固定全球的氮 1.7×10^{8} t，有效地利用了氮气。

3.2.2 蓝细菌的细胞结构及其功能

蓝细菌的细胞属原核细胞，有革兰氏阴性菌的细胞壁、质膜，在细胞内有拟核或核质、核糖体、羧酶体、类囊体、藻胆蛋白体、藻蓝素、糖原颗粒、脂质颗粒及气泡，细胞外有纤毛和胶鞘等。蓝细菌细胞壁的组成和结构与革兰氏阴性细胞类似，但肽聚糖层较厚。蓝细菌常分泌黏液（主要是多糖和多肽），将许多细胞聚集成团；一些蓝细菌产生胶质衣鞘，将细胞保卫在胶质鞘内而形成细胞链。细胞质周围有复杂的光合色素层，通常以类囊体（thylakoid）的形式出现，其中含叶绿素 a 和藻胆素。纤毛是蓝细菌细胞表面凸出的蛋白质附属物。单细胞的蓝细菌聚胞藻可以运用一种被称为颤动机制的方式以 1～2μm/s 的速度通过一个表面，这个机制利用纤毛结构的改变来实现运动。胶鞘由黏液和少量纤维素组成，可防止细胞变干。

蓝细菌的细胞有几种特化形式：①异形胞（heterocyst），是存在于丝状生长种类中的形大、壁厚、专司固氮功能的细胞，数目少而不定，位于细胞链的中间或末端，如 *Anabaena* 和 *Nostocalean* 等；②静息孢子（akinete），是一种长在细胞链中间或末端的形大、壁厚、色深的休眠细胞，富含储藏物，能抵御干旱等不良环境，可见于 *Anabaena* 和 *Nostocalean* 的种类；③链丝段（hormogonium），又称连锁体或藻殖段，是由长细胞链断裂而成的短链段，具有繁殖功能；④内孢子，少数种类如 *Chamaesiphon*（管孢蓝细菌属）能在细胞内形成许多球形或三角形的内孢子，待成熟后即可释放，具有繁殖作用。

蓝细菌因有气泡，调节浮力，可以垂直上下游动，因而可使菌体保持在光照适宜处，以利光合作用。

3.2.3 蓝细菌的繁殖

单细胞类型蓝细菌的繁殖是通过二分裂、出芽、断裂、多重分裂或从无柄的个体释放一系列顶生细胞（外生细胞）进行繁殖。段殖体是短的毛状体，由丝状体构成的类型通过反复的中间细胞分裂而生长，它从母体丝状体上滑动分离，或通过丝状体无规则地断裂，或通过末端释放能运动的细胞断链（运动的细胞群）进行繁殖，最终成为一个独立的丝状体。段殖体是所有真正的丝状蓝细菌特有的结构。许多菌株的段殖体具有主动趋光性，这对于光合自养生物向有光生境的拓殖具有重要意义。

3.2.4 蓝细菌的生境

蓝细菌对极端环境有极强的耐受力，因此分布很广，在淡水、海水、潮湿土壤、树皮、干燥的沙漠、岩石缝隙里均能生长。耐高温的嗜热菌种可在 75℃、中性至碱性热泉水中生长。

耐高盐的蓝细菌有耐盐蓝细菌和嗜盐蓝细菌，可通过原生质中有活跃的无机离子输出维持相对不变的胞内盐浓度、积累有机渗透保护化合物维持渗透压平衡、表达和合成一系列的盐胁迫蛋白来适应高盐度。

沿海岸的蓝细菌以黑色壳状薄膜存在于涨潮线上方的岩石上。咸水蓝细菌区由许多不同种眉藻、席藻、节球藻、黏杆藻和胶须藻组成。该地带的垂直范围往往与海岸的暴露程度有关，浪花越多，该地带越宽。在大多数暴露地区，它能形成一个薄的黏附薄膜，但在遮蔽区，其厚度能达到 5mm。岩石的自然性状很重要，柔软的颗粒状石头如小圆石和砂岩，可维持蓝细菌的快速增长。沿岸带的蓝细菌可以固氮，它们对岩石海岸和珊瑚礁的生产力有巨大的贡献。

在大洋中常见的超微型浮游蓝细菌有球状蓝细菌聚球藻、集胞藻和原绿球藻。这些蓝细菌很小，但很容易被看到，因为它们的藻胆蛋白在荧光显微镜下可以自发荧光。高的表面积与体积比率，加上在微小细胞周围的过高扩散梯度，允许细胞高速地摄取营养。而且，大量分散在微小细胞里的光合色素比包裹在大细胞中的等量色素能吸收更多的光能。因此，即便在低于 1/50 全日光的低光强下，这些细胞依然能生长良好。在营养贫瘠的近海海域，大型浮游植物因为不大能够利用低浓度的营养物质，所以数量极少，但在该水域超微型浮游蓝细菌则具有非常明显的优势。虽然超微型浮游蓝细菌存在于真光层，但它们集中在该区域的底部，这不是因为它们的沉积特性，而是因为它们在这种条件下生长最好；它们高效利用低光照进行生长并促进营养从更丰富的下层水域向上传递运输。这些藻类含有更多的藻红蛋白，这使得它们可以吸收透射到深层水域的蓝绿光。固氮束毛藻的丝状体在热带水域中可以大量生长。每个束毛藻克隆由大量分泌絮状黏液的丝状体组成，它是海洋中重要的氮源，每天每平方米固氮量为 1.3mg。在海面平静时，细胞产生伪空泡聚集在水面，导致所谓的“海洋锯屑”现象或者长长的橘色、灰色藻堆，这种水华现象曾经出现在澳大利亚昆士兰和红海。束毛藻通过伪空泡在水体中上升，利用碳水化合物作为压舱材料在水体中下降。从早到晚，当细胞合成碳水化合物和多聚磷酸体后就逐渐变得更重。在加勒比海地区，束毛藻在 200m 深的水域中被发现。这个蓝细菌的伪空泡比淡水蓝细菌的伪空泡更加强壮，也更不容易破裂。这些气泡可以承受 20 个大气压，使得束毛藻可以从很深的水域上浮。

生活在淡水中的蓝细菌主要有微囊藻、鱼腥藻、束丝藻和颤藻等。它们整年存在于湖泊中，常常在夏末和秋初大量生长，产生水华。生长在南极和北极的蓝细菌属于嗜冷微生物，可以耐受冬季的极端低温（低于 15℃ 的温度下也能生长），然后在夏季温暖的月份再次生长。

蓝细菌也可在非酸性温泉中生长，常见的有层理鞭枝藻、灰蓝聚球藻和钻形颤藻。这些温泉中的嗜热蓝细菌已经适应了高温环境。灰蓝聚球藻可以在高达 73℃ 的温泉中生长，但是当温度降至 54℃ 时，它的生长会停止，其最佳生长温度是 60～63℃。

在高等植物缺失或受限制的冷热干旱地区，蓝细菌是土壤中光合作用群体的优势种类。蓝细菌具有异形胞，能够固氮，因此陆生蓝细菌在土壤植物群的建立和腐殖质的积累中以初级“拓殖者”的身份起主要作用，对农作物（尤其是水稻）的生产具有非常重要的意义。除了固氮之外，这些陆生蓝细菌通过结合沙子和土壤颗粒以预防侵蚀，保持土壤湿度，还可通过提供生长基质帮助高等植物生长。

3.2.5 蓝细菌的生长与新陈代谢

蓝细菌主要有兼性化能异养生物、专性光能自养生物和光能异养生物三种营养类型。兼性化能异养生物可依靠有机碳源生长在黑暗中，也可以在光照下进行光合自养生长。其在黑暗中只能在少量有限的基质上生长，这些基质被限定为葡萄糖、果糖以及一个或两个双糖。尽管一些蓝细菌生长在黑暗中，但它们生长速率很慢。专性光能自养生物是只能在光照下利用无机营养生长的有机体。光能异养生物可以在光照下利用有机化合物作为碳源生长，而不能在黑暗中生长。

光能自养型蓝细菌是光合细菌中细胞最大的一类，与其他光合细菌（包括紫色硫细菌和绿色硫细菌）不同，蓝细菌的光合作用捕光系统的主要成分是类囊体膜上的叶绿素 a 和水溶性的藻胆蛋白，藻胆蛋白是组装在大分子集合体（藻胆体）中与类囊体膜外表面相连的水溶性的精密蛋白。叶绿素 a 的吸收光波波长为 680～685nm，藻胆蛋白的吸收光波长 560～630nm。蓝细菌的类胡萝卜素含有海胆烯酮和蓝细菌叶黄素，缺少黄体素，与真核藻类有很大的不同。蓝细菌呈现蓝、绿、红或棕色，它的颜色随光照条件改变而改变。

蓝细菌的光合作用依靠叶绿素 a、藻胆素和藻蓝素吸收光，将能量传递给光合系统，通过卡尔文循环固定二氧化碳，同时吸收水和无机盐合成有机物供自身营养，并放出氧气。部分蓝细菌可以通过氧化葡萄糖和其他糖类，在黑暗条件下以化能异养方式缓慢生长。颤蓝细菌属在厌氧条件下，氧化 H_2S 进行不产氧的光合作用。螺旋蓝细菌属适合在碱性湖泊中生长，它除光合作用释放大量 O_2 外，还可释放 H_2。

3.2.6 蓝细菌的昼夜节律

蓝细菌细胞在光合作用、固氮作用以及细胞分裂方面具有与真核细胞相似的昼夜节律。也就是说即使在没有环境循环和变化的情况下生物过程具有约 24 小时的循环，且通过光线或环境信号与环境同步。蓝细菌昼夜节律计时复合物的关键成分包括由 KaiA、KaiB、KaiC 基因编码的 KaiA、KaiB、KaiC 蛋白质。这三种蛋白质之间的相互作用维持着大约 24 小时的昼夜节律。实际上，时钟根据每日的光暗周期、温度和湿度而修正及重置。时钟节律重置的主要入口是蛋白激酶 CikA。CikA 的环境变化改变了蛋白 KaiAd 结构，从而导致蛋白 KaiC 磷酸化，从而重置时钟。当 KaiC 与蛋白 SasA（聚球藻适应传感器）相互作用时，固氮作用和光合作用等循环就开始了，这导致信息向下游传导以产生能观察到的效应。

3.2.7 蓝细菌的分类和代表属

在分类学上，蓝细菌被归入细菌域，蓝细菌门（*Cyanobacteria*）。按其形态和细胞结构的特征分类为两纲：色球藻纲和藻殖段纲。其共有 5 个目，56 个属。5 目分别为颤蓝细菌目（*Oscillatoriales*）、宽球蓝细菌目（*Pleurocapsales*）、真枝蓝细菌目（*Stignematales*）、色球蓝细菌目（*Chroococcales*）、念珠蓝细菌目（*Nostocales*）。它的细胞结构简单，只具原始核，没有核膜和核仁，只具染色质；只具叶绿素，没有叶绿体。

蓝细菌的代表属有微囊蓝细菌属（*Microcystis*）和鱼腥蓝细菌属（*Anabaena*）。微囊蓝细菌属的细胞呈椭圆形到球形，直径 3～8μm。沿三个平面进行二分裂，以不规则的方式形成细胞聚集体。可产生和分泌有毒的缩氨酸微囊藻素，也能释放 β-环柠檬醛，这些物质可使湖水或池塘散发异味。鱼腥蓝细菌属的丝状体呈笔直、弯曲或螺旋状，不间断，有收缩性和横向隔膜。细胞呈圆柱状、卵圆状或螺旋状，宽度为2～10μm。异形胞生长在胞间或末端或两者兼有。厚壁孢子形成于生长期末，其在丝状体上的着生部位因种而异。丝状体没有鞘，但经常外被黏液层。许多种含有气泡。以丝状体断裂的方式繁殖。鱼腥蓝细菌属能进行生物固氮。它们是淡水浮游生物的重要组成部分。

3.2.8 蓝细菌与人类及环境的关系

在人类还没有出现之前，蓝细菌的光合作用使地球的大气组成发生了根本性的变化：光合作用将大气中的二氧化碳转化为有机物，大大降低了大气中的二氧化碳含量(体积分数由98%降至0.03%)。大气中的二氧化碳和其他微量气体(如甲烷和一氧化氮)虽可透过太阳的短波辐射，但会吸收地球的长波辐射，因此可产生温室效应。光合作用消耗二氧化碳，有效地削弱了温室效应，降低了地球的表面温度(由290℃降至13℃)，为生物的生存和发展创造了必要条件。光合作用光解水释放氧气，使氧气逐渐在大气中积累(体积分数由1.9%提高至21%)，促进了有氧呼吸的发展。在紫外线和雷电的作用下，大气中的氧气被转化成臭氧，在20～25km高空形成了臭氧层。臭氧层有效地削弱了太阳紫外线对地面生物的损害，使生物的生存环境得到了空前的改善。所以说蓝细菌对地球环境的形成、维持和改善，功不可没。

有些蓝细菌产生蓝细菌毒素，包括神经毒素和肝毒素两种类型。神经毒素的成分是生物碱(含氮的低分子质量化合物)，在动物和人体中，它阻碍信号从神经元传递到神经元或从神经元传递到肌肉。蓝细菌产生的两种神经毒素是类毒素和贝类毒素，临床症状包括步履蹒跚、肌肉痉挛、喘气和抽搐。该神经毒素在高浓度时可以致命，这是由于肌肉隔膜失效而导致呼吸停止。蓝细菌还可产生微囊藻毒素和节球藻毒素2种肝毒素，能使肝脏功能异常，临床症状包括虚弱、呕吐、腹泻和四肢发冷。蓝细菌毒素在淡水中极为重要，当动物喝水时，蓝细菌会被吞噬，随着藻类死亡，毒素释放到动物肠道中而导致动物发病或者死亡。通常在每年温暖的夏季月份里，当蓝细菌水华出现在水体中时，蓝细菌毒素会引起全世界范围内牲畜存栏数减少。人类出现蓝细菌毒素中毒的情况较为罕见，部分原因是蓝细菌产生的土腥味素和2-甲基异冰片(MIB)的气味使得人们很少会饮用这样的水源。而微囊蓝细菌属、鱼腥蓝细菌属和水华束丝蓝细菌属在富营养化的海湾和湖泊中由于大量繁殖，引起海湾的赤潮和湖泊的水华。

蓝细菌可以被用作人类食品和动物食品添加剂，包括螺旋藻、念珠藻、隐杆藻、地木耳、拟珠藻和束丝藻等种类。1940年法国的克里门特博士发现，在非洲乍得湖畔的佳尼姆族人从湖面上捞取一种深绿色的微小植物食用，后经当时著名的藻类专家坦格尔鉴定为螺旋藻(即螺旋蓝细菌)。随后日本、法国、德国、美国等国家相继投入巨资开发螺旋蓝细菌。20世纪60年代有人发现墨西哥人自河流中捞取大量的螺旋蓝细菌做成饼食用。经研究螺旋蓝细菌属体内含有对人体营养价值很高的营养成分。目前国内外生产营养品用的有钝顶螺旋蓝细菌属和极大螺旋蓝细菌属两种，大多采用钝顶螺旋蓝细菌属。为了降低成本，目前人们正在研究用乳制品废水培养螺旋蓝细菌属。

蓝细菌可以被噬藻体感染病并被其杀死。噬藻体是感染并杀死蓝细菌的一种病毒。大多数蓝细菌实际上能抵抗来自噬藻体的感染攻击，这使得噬藻体的群落数量由相对极少数的易于被感染的蓝细菌维持。大洋蓝细菌比近海的蓝细菌更易被感染。高温和磷酸盐的限制增加了蓝细菌被噬藻体感染的概率。念珠藻等蓝细菌还能分泌抗生素来抑制竞争对象的生长和分泌铁载体以溶解和同化 Fe^{3+} 来帮助其从低铁环境中摄取铁。蓝细菌在污水处理、水体自净中可起到积极作用，用它可有效地去除氮和磷。在氮、磷丰富的水体中生长旺盛，可作水体富营养化的指示生物。

3.3 放线菌

放线菌(actinomycetes)是一类主要呈菌丝状生长和以孢子繁殖的陆生性较强的原核生物，因在固体培养基上呈辐射状生长而得名。

大多数放线菌为腐生菌，广泛分布在含水量较低、有机物较丰富和呈微碱性的土壤中。泥土所特有的泥腥味，主要由放线菌产生的土腥味素(geosmin)所引起。其在土壤中的分布和数量仅次于细菌，每克土壤中放线菌的孢子数一般可达 10^7 个。大部分这些腐生性的放线菌有共生菌，如弗兰克氏菌属的某些菌株为绝对共生菌，与多种非豆科植物形成根瘤固氮，其宿主植物有欧洲赤杨、香蕨木、杨梅、沙棘和胡颓子。少数放线菌是寄生菌。

放线菌与人类的关系极其密切，绝大多数属于有益菌，对人类健康的贡献尤为突出。至今已报道过的上万种抗生素中，约半数由放线菌产生；近年来筛选到的许多新的生化药物多数是放线菌的次生代谢产物，包括抗癌剂、酶抑制剂、抗寄生虫剂、免疫抑制剂和农用杀虫(杀菌)剂等。此外，放线菌在甾体转化、石油脱蜡和污水处理中也有重要应用。由于许多放线菌有极强的分解纤维素、石蜡、角蛋白、氰化物、腈类化合物、琼脂和橡胶等的能力，故它们在环境保护、提高土壤肥力和自然界物质循环中起着重大作用。但有部分放线菌是人类致病菌，如分枝杆菌有些种引起动物和人类肺结核病。在废水活性污泥法处理中，也出现过由诺卡氏菌属的某些种引起的活性污泥丝状膨胀和起泡沫现象。

目前已知的放线菌中，除枝栋菌属(*Mycoplana*)为革兰氏阴性菌以外，其余全部均为高G+C含量革兰氏阳性菌。多数好氧生长。

3.3.1 放线菌的形态、大小、结构及种属特性

放线菌的菌体由纤细的、长短不一的菌丝组成，菌丝分枝，为单细胞，在菌丝生长过程中，核物质不断复制分裂，然而细胞不形成横膈膜，也不分裂，而是无数分枝的菌丝组成很细密的菌丝体。菌丝体可分为3类，如图3-27：①基内菌丝(substrate mycelium，又称营养菌丝、一级菌丝)，当放线菌的孢子落在固体基质表面并发芽后，就不断伸长、分枝并以放射状向基质表面和内层扩展，形成大量较细的具有吸收营养和排泄代谢废物功能的菌丝。营养菌丝宽度为0.2～0.8μm，通常不超过1.4μm，长度在50～600μm之间，有无色的，有产色素(黄、橙、红、紫、蓝、绿、褐、黑)的。色素有水溶性的和脂溶性的。②气生菌丝(aerial mycelium，又称二级菌丝)，营养菌丝往上不断向空间方向分化出颜色较深、直径较粗的分枝菌丝，叫气生菌丝。它比营养菌丝粗，直径为1～1.4μm。呈弯曲状、直线状或螺旋状。有的产色素。③孢子丝(spore-bearing mycelium)，放线菌生长发育到一定阶段，在气生菌丝的上部分化出孢子丝。孢子丝的形状多样，有直形、波浪形、螺旋形、交替着生、丛生或轮生等。其形状和在气生菌丝上的排列方式，随菌种的不同而异，是种的特征，是分类鉴定的

依据之一。孢子丝发育到一定阶段，通过横割分裂方式，在其顶端产生成串的分生孢子(conidia，spore)。孢子形态多样，有球、椭圆、杆、圆柱、瓜子、梭或半月形等，颜色也十分丰富，它可产生各种色素，粉白、灰、黄、橙、红、蓝、绿等色。分生孢子的颜色也是分类的依据之一。

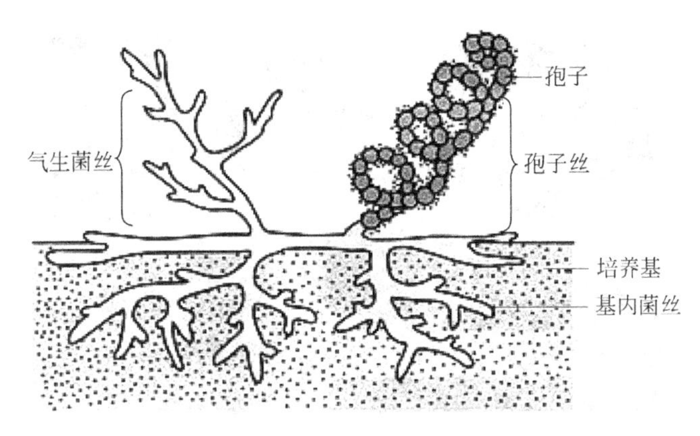

图3-27 链霉菌的形态构造模式图

引自：周德庆.微生物学教程，第3版.高等教育出版社，2011.

按第2版《伯杰氏系统细菌学手册》，放线菌被列入放线菌门，其下有1纲5亚纲6目14亚目40科130属。常见种属为放线菌属、诺卡式菌属、类诺卡式菌属及链霉菌属，在此主要介绍这些常见属的特征。

诺卡氏菌的营养菌丝具横隔膜并断裂成杆状或类球状，有气生菌丝或无气生菌丝两类。有气生菌丝的孢子丝为直形、钩形或初旋。诺卡氏菌属广泛分布在土壤和水中，分解糖类和蜡，能降解水管和排污管的橡皮垫圈。分解石油的有嗜石油诺卡氏菌(*Nocardia petroleophila*)；分解石蜡的有石蜡诺卡氏菌(*Nocardia paraffinae*)、越橘诺卡氏菌(*N. vaccinii*)、最小诺卡氏菌(*N. minima*)、布拉克威尔氏诺卡氏菌(*N. blackwellii*)、藤黄诺卡氏菌(*N. lutea*)、小球诺卡氏菌(*N. globerula*)、深红诺卡氏菌(*N. rubropertincta*)和红平诺卡氏菌(*N. erythropolis*)；分解纤维素的有纤维化诺卡氏菌(*Nocardia cellulans*)、大西洋诺卡氏菌(*N. atlantica*)和海洋诺卡氏菌(*N. marina*)。纤维化诺卡氏菌还能固氮，它分解1g纤维素能固定大气中的氮12mg。诺卡氏菌属种有少数是病原菌，如星状诺卡氏菌。地中海诺卡氏菌(*N. mediterranei*)用于生产利福霉素。

红球菌属(*Rhodococcus*)有气生菌丝和分生孢子，含分枝菌酸。广泛分布在土壤和水生境中，它们能降解石油烃、清洁剂、苯、多氯联苯和多种杀虫剂，可用于燃料除硫以减少硫氧化物的排放。

游动放线菌属(*Actinoplanes*)、指孢囊菌属(*Dactylosporangium*)和小单孢菌属(*Micromonospora*)等没有气生菌丝或有不发达气生菌丝。在营养菌丝上长出孢囊柄，伸出基质外，其顶端为孢子囊，孢子囊内有许多孢囊孢子。成熟的孢子囊破裂开，释放出有鞭毛的、可游动的孢囊孢子。游动放线菌属和小单孢菌属生活在土壤、森林、垃圾堆、小溪河河流、海洋中，它们能分解动物、植物残体，小单孢菌属还能降解几丁质和纤维素，产生抗生素如庆大霉素。

链霉菌属的营养菌丝有发达分枝，有气生菌丝。其在培养基中形成不连续的苔藓状、革质或奶油状的菌落如图 3-28。链霉菌属包含 500 余种，许多种产生抗生素（比如链霉素、土霉素、卡拉霉素），是医药生产中的重要菌种，在生态系统物质循环中起重要作用，可分解多种有机化合物，降解胶质、壳质、木质素、角质素、乳胶、芳香族化合物。喜在土壤和潮湿泥土中生活，是重要的土壤细菌。

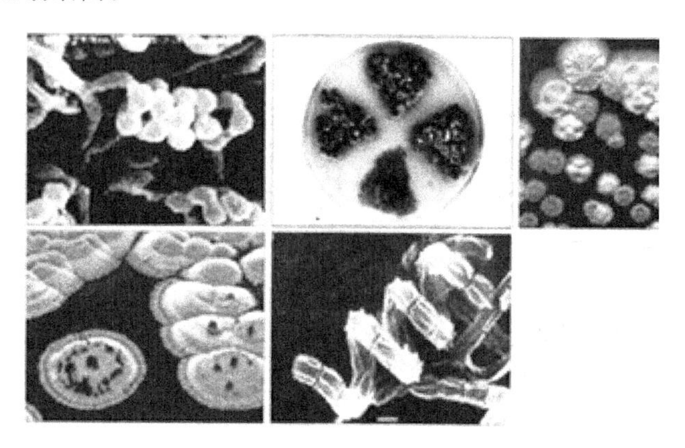

图 3-28　链霉菌

引自：马放，等. 环境微生物图谱. 科学出版社，2013.

弗兰克氏菌属（*Frankia*）的营养菌丝分枝，无气生菌丝体，形成多腔孢囊，孢囊孢子不运动。许多菌株与被子植物共生形成小节，固氮。

3.3.2　放线菌的群体特征

1. 在固体培养上

放线菌的菌落是由一个孢子或一段营养菌丝生长繁殖出许多菌丝，并相互缠绕而成的。有的质地紧密、表面呈绒状或密实干燥多皱，如链霉菌属，由于其菌丝嵌入培养基，整个菌落像是嵌入培养基中，不易被挑取。少数原始的放线菌如诺卡氏菌属（*Nocardia*）等缺乏气生菌丝或气生菌丝不发达，从而产生与细菌相似的菌落，质地松散，易被挑取。菌落颜色有的是彩色，有的是白色，呈粉末状，见图 3-29。

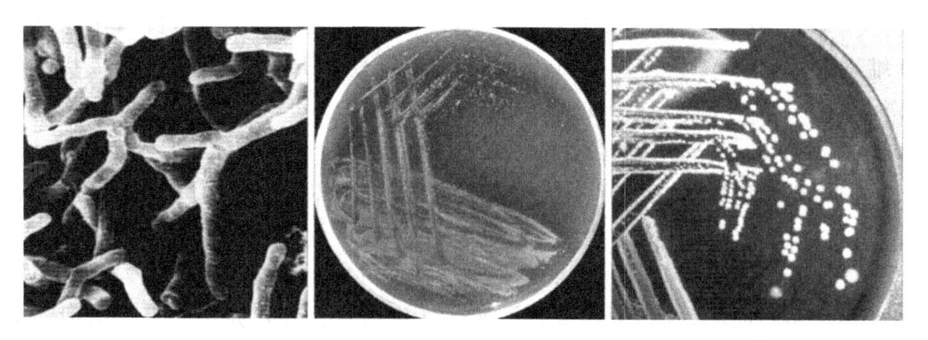

图 3-29　放线菌

引自：马放，等. 环境微生物图谱. 科学出版社，2013.

2. 在液体培养基中

在实验室对放线菌进行摇菌培养时，常可见到在液面与瓶壁交界的地方贴着一圈菌苔，培养液清而不混，其中悬浮着许多珠状菌丝团，一些大型菌丝团则沉在瓶底等现象。

3.3.3　放线菌的繁殖

在自然条件下，多数放线菌通常是借形成各种孢子（包括分生孢子和孢囊孢子2种方式）进行繁殖的，仅少数种类是以菌丝（包括基内菌丝和任何菌丝片段断裂2种方式）分裂形成孢子状细胞进行繁殖的。放线菌处于液体培养时很少形成孢子，但其各种菌丝片段都有繁殖功能。

放线菌的孢子形成为横割分裂，并通过两种途径进行：①细胞膜内陷，再由外向内逐渐收缩，最后形成一完整的横隔膜，从而把孢子丝分割成许多分生孢子；②细胞壁和膜同时内陷，再逐步向内收缩，最终将孢子丝分割呈一串分生孢子。

3.4　支原体、衣原体、螺旋体和立克次氏体

3.4.1　支原体

支原体（mycoplasma）是一类无细胞壁，只具有细胞质膜，介于独立生活和细胞内寄生生活间的最小型原核生物。支原体细胞无固定形态，常有球状、梨状、分枝状及丝状等；直径为0.1～0.3μm，可通过细菌过滤器，丝状体较长，由几微米至150μm。其繁殖为二分裂，也有出芽生殖。含RNA和DNA，支原体在琼脂培养基上长成极小的菌落，在10～600μm之间变动，菌落像油煎蛋模样，中央厚，周围薄而透明，嵌入培养基的深部。通常用加了牛心浸出汁、动物血清、胆固醇的培养基培养，也有用鸡胚绒毛尿囊膜培养，在液体培养基中生长，培养基不浑浊。可好氧或厌氧生活，多为腐生性的。支原体对新霉素和卡那霉素敏感。革兰氏染色呈阴性反应。它分布在土壤、污水、垃圾、昆虫、脊椎动物及人体中。许多种类是人和动物的致病菌，如“牛胸膜肺炎微生物”引起的牛胸膜肺炎等。

3.4.2　衣原体

衣原体（chlamydia）隶属于衣原体门，是一类在真核细胞内营专性能量寄生的小型G^-原核生物。其呈球形，直径0.2～1.5μm。呈革兰氏染色阴性反应，细胞化学组分和结构与革兰氏染色阴性细菌相似，其细胞壁为含胞壁酸的外膜，含RNA和DNA，繁殖为二分裂，多寄生于哺乳动物及鸟类，能引起人得沙眼、鹦鹉热、淋巴肉芽肿及粒性结膜炎等，对磺胺和抗生素敏感。

3.4.3　螺旋体

螺旋体（spirochaeta）隶属于螺旋体门，是形态和运动机理独特的细菌。菌体宽度0.1～0.5μm，长度有3～20μm，有的长达500μm。细胞结构与其他细菌稍有不同，不具鞭毛，在细胞两端各生着一根富有弹性的轴丝，两根轴丝均向细胞中部延伸并相重叠。螺旋体就靠轴丝的收缩而运动。它的繁殖方式为纵裂，腐生或寄生，腐生者多在河流、池塘、湖泊、海洋或淤泥中生存，可通过寄生引起人和动物疾病，如钩端螺旋体病。

3.4.4 立克次氏体

立克次氏体(rickettsia)是一类专性寄生于真核细胞内的 G^- 原核生物,隶属于 α-变形菌门的立克次氏体目立克次氏体科的立克次氏体属。

立克次氏体属的细胞结构与细菌相似,细胞壁含胞壁酸和二氨基庚二酸,菌体含 RNA 和 DNA,上述特点更接近细菌。形状为短杆状,也有球形和丝状,不能通过细菌过滤器,不产芽孢,不具鞭毛,不运动,革兰氏染色阴性反应。繁殖为二分裂,用敏感动物、鸡胚、卵黄囊及动物组织培养,五日热立克次氏体可在人工培养基上生长,立克次氏体营寄生生活,多寄生在节肢动物体内,由此作媒介将传染病传给人和动物,传染病有流行斑疹、伤寒、恙虫热及 Q 热等,对磺胺及抗生素敏感。据报道,立克次氏体也存在于活性污泥中。

复习思考题

3-1 细菌有哪些基本形态?其中球菌有哪些排列方式?

3-2 细菌有哪些基本结构和特殊结构?

3-3 何谓革兰氏染色?简述革兰氏染色过程及其鉴别机理。

3-4 何谓荚膜?可分为哪几种类型?

3-5 何谓鞭毛和纤毛?各有什么作用?

3-6 为什么芽孢具有很强的抗逆性?

3-7 何谓菌落?可以从哪些方面对菌落进行描述?

3-8 简述放线菌的形态特征及其在固体培养基上的菌落特征。

3-9 简述蓝细菌的形态构造和生理生态特性。

3-10 立克次氏体、支原体、衣原体和螺旋体各是一类什么样的微生物?人类应如何对待它们?

第4章

真核微生物的种类、形态结构及功能

真核生物(eukaryote)是一大类细胞核具有核膜,能进行有丝分裂,细胞质中存在线粒体或同时存在叶绿体等多种细胞器的生物。菌物界的真菌、黏菌,植物界中的显微藻类和动物界中的原生、后生动物等是属于真核生物类的微生物,故称为真核微生物(eukaryotic microorganisms)。

4.1 真核微生物概述

真核微生物的细胞与原核微生物的细胞相比,其形态更大,结构更为复杂,细胞器的功能更为专一。其中最重要的是在真核微生物的细胞内发展了一套完善而精巧的膜系统,通过它使细胞内各种生理功能单元做到既有分隔又可协调,以达到高效的分工合作水平。例如它们已发展出许多由膜包围着的细胞器(organelles),如内质网、高尔基体、溶酶体、微体、线粒体和叶绿体等,更重要的是,它们已进化出有核膜包裹着的完整细胞核,其中存在着构造极其精巧的染色体,它的双链 DNA 长链与组蛋白等蛋白质密切结合,以更完善地执行生物的遗传功能。这两类生物在细胞结构和功能等方面都有显著的差别,其比较如表 4-1。

表 4-1 真核微生物与原核微生物的比较

比较项目		真核微生物	原核微生物
细胞大小		通常直径$>2\mu m$	通常直径$<2\mu m$
若有壁,其主要成分		纤维素、几丁质等	多数为肽聚糖
细胞膜中甾醇		有	无(仅支原体例外)
细胞膜含呼吸或光合作用		无	有
细胞器		有	无
鞭毛结构		如有,则粗而复杂	如有,则细而简单
细胞质	线粒体	有	无
	溶酶体	有	无
	叶绿体	光合自养生物有	无
	真液泡	有些有	无
	高尔基体	有	无
	微管系统	有	无
	流动性	有	无
	核糖体	80S(指细胞质核糖体)	70S
	间体	无	部分有
	储藏物	淀粉、糖原等	PHB 等

续表

比较项目		真核微生物	原核微生物
细胞核	核膜	有	无
	DNA 含量	低(约 5%)	高(约 10%)
	组蛋白	有	无
	核仁	有	无
	染色体数	一般>1	一般为 1
	有丝分裂	有	无
	减数分裂	有	无
生理特性	氧化磷酸化部位	线粒体	细胞膜
	光合作用部位	叶绿体	细胞膜
	生物固氮能力	无	有些有
	专性厌氧生活	罕见	常见
	化能合成作用	无	有些有
鞭毛运动方式		挥鞭式	旋转马达式
遗传重组方式		有性生殖、准性生殖等	转化、转导、接合等
繁殖方式		有性、无性等多种	一般为无性(二等分裂)

引自:周德庆.微生物学教程,第 3 版.高等教育出版社,2013.

4.2 真菌

4.2.1 真菌的细胞构造

真菌的细胞构造,如图 4-1,包括细胞壁、细胞膜、细胞质、细胞核、线粒体、核糖体、内质网、高尔基体、液泡等。

(1) 细胞壁

酵母菌细胞壁厚 25～70nm,占细胞干重的 25%,主要成分是葡聚糖、甘露聚糖、蛋白质和几丁质,另有少量的脂类物质。葡聚糖位于细胞壁内层,甘露聚糖位于细胞壁外层,蛋白质夹在葡聚糖和甘露聚糖之间,呈三明治状。几丁质含量不高,只出现于芽痕周围。酵母菌细胞壁中的多糖以葡聚糖为主,低等真菌和高等陆生真菌则分别以纤维素和几丁质为主。

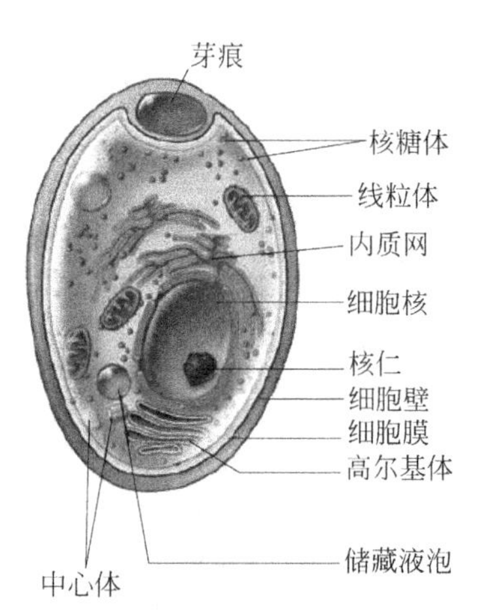

图 4-1 真核微生物细胞的典型结构(以酵母为例)

引自:Joanne M W, et al. Prescott's Microbiology, 8th ed. McGraw-Hill, 2010.

(2) 细胞膜

酵母菌细胞膜的化学组成类同于原核微生物,但增加了甾醇。甾醇可增强细胞膜对细胞内外物质交流的控制。细胞膜外伸和内陷可扩大细胞表面积,有利于物质运输。

(3) 细胞质

细胞中除核以外的原生质,包括各种细胞器。幼龄细胞的细胞质稠密、均匀,老龄细胞的细胞质有液泡、储藏物质。

(4) 细胞核

细胞核包括核膜、核仁和核质。核膜(nuclear membranes)围在核外,是特化的细胞内膜。核膜上有核孔(nuclear pores),便于核内外物质交流。核仁(nucleoli)是折光率高于核质的致密匀质球体,与 rRNA 的合成和装配有关。核质(nucleoplasms)是核膜以内、核仁以外的所有物质。核质可分为不着色的核液(karyolymph)和着色的染色质(chromatic)。染色质 DNA 携带了细胞遗传信息。

(5) 线粒体(mitochondria)

细胞进行能量代谢的细胞器。呈圆形或椭圆形,由双层膜组成,内膜向腔内突出,形成搁板状或管状的嵴(cristae)。嵴上带柄的小颗粒是进行氧化磷酸化的场所。

(6) 核糖体(ribosome)

由 RNA 和蛋白质组成,是合成蛋白质的场所。真核细胞内有两种核糖体,即细胞质核糖体和线粒体核糖体。细胞质核糖体的沉降系数为 80S,可呈游离状态,也可与内质网和核膜结合;线粒体核糖体的沉降系数为 70S,位于线粒体内。

(7) 内质网(endoplasmic reticula)

存在于细胞质中的膜状结构,是细胞内的物质转运系统。附着核糖体的内质网,称为粗糙型内质网(rough endoplasmic reticula)。没有附着核糖体的内质网,称为光滑型内质网(smooth endoplasmic reticula)。

(8) 高尔基体(Golgi bodies)

一种由扁平囊泡构成的细胞器。常与内质网相连。与细胞分泌的机能有关,也与细胞壁形成以及多糖合成、运输有关。

(9) 液泡(vacuoles)

存在于细胞质中,由单位膜包被而成的细胞器。液泡的包被膜称为液泡膜(tonoplasts)。液泡的汁液称为细胞液(cytosols)。液泡的内含物有碱性氨基酸、聚磷酸盐、多种酶。

4.2.2 真菌的菌体形态

大多数真菌是由菌丝(hypha)构成的菌丝体(mycelia)。真菌菌丝的宽度约 5～10μm,比细菌和放线菌大几倍到几十倍。真菌菌丝可分为无隔膜菌丝和有隔膜菌丝。无隔膜菌丝是长管状的单细胞菌丝,没有隔膜,内含多个核。大多数卵菌和接合菌的菌丝为无隔膜菌丝。有隔膜菌丝是有隔膜的多细胞菌丝,每个细胞含有一个或多个核。横隔膜上开着小孔,可让细胞质和细胞核自由流通,各细胞功能相同。子囊菌和担子菌的菌丝为有隔膜菌丝。

根据生理功能,真菌菌丝可分为营养菌丝和繁殖菌丝。营养菌丝是伸入培养基内摄取营养物质的菌丝。它有多种变态,以更好地吸收养分。常见的变态营养菌丝有匍匐菌丝(stolons)、假根(rhizoids)、吸器(haustoria)、菌环(annuli)、菌网(nets)等。

4.2.3 真菌的繁殖方式

1. 无性繁殖

无性繁殖(asexual reproduction)是指不经过两性生殖细胞的结合,便产生新个体的繁殖方式。

1）无性繁殖类型

真菌无性繁殖类型有：①菌丝断裂，由菌丝体断裂成片段产生新个体；②细胞分裂，由营养细胞分裂产生新个体；③出芽繁殖，母细胞出“芽”，每个“芽”成为一个新个体；④孢子繁殖，产生无性孢子，每个孢子萌发为一个新个体。

2）无性孢子

无性繁殖过程中产生的孢子称为无性孢子(asexual spores)。无性孢子的性状、颜色、排列以及产生方式都是菌种特性，可作为菌种鉴定依据。常见的无性孢子有节孢子、厚垣孢子、孢囊孢子、分生孢子。①节孢子(arthrospores)，又称节分生孢子，是菌丝生长到一定阶段，分隔断裂而成的孢子。②厚垣孢子(chlamydospores)，又称厚壁孢子，是在菌丝顶端或中间，由一些细胞原生质浓缩、变圆、壁加厚而产生的孢子。③孢囊孢子(sporangiospores)，由孢子囊产生的孢子。孢子囊(sporangia)由气生菌丝顶端膨大，下方生隔与菌丝隔断而成。孢子囊下方的菌丝，称为孢囊梗(sporangiophores)。孢囊梗深入孢子囊内的部分，称为囊轴(columella)。孢囊孢子成熟后，孢子囊破裂，孢子散出或从孢子囊上的管口或孔口溢出。④分生孢子(conidia)，有菌丝顶端或分生孢子梗顶端细胞分隔而成的单个或成簇孢子。

2. 有性繁殖

有性繁殖(sexual reproduction)是指通过两性生殖细胞(如雄配子和雌配子)结合，产生新个体的繁殖方式。

1）有性繁殖过程

真菌有性繁殖过程包括三个阶段：①质配(plasmogamy)，两个细胞原生质彼此结合。②核配(karyogamy)，两个细胞的细胞核相互融合。在低等真菌中，核配紧随质配，立即进行。但在高等真菌中，核配与质配分开进行，质配后有一段双核期，一个细胞内含有两个不同的细胞核。双核细胞分裂时，所产生的姐妹核进入两个子细胞中，使双核状态从亲代细胞传递到子代细胞。③减数分裂(meiosis)，双核细胞发生核配，尔后进行减数分裂，使染色体由双倍体转变为单倍体，产生具有特定形态的有性孢子。

2）有性孢子

有性繁殖过程中产生的孢子称为有性孢子(sexual spores)。常见的有性孢子有卵孢子、接合孢子、子囊孢子和担孢子。①卵孢子(oospores)，卵菌的有性孢子为卵孢子。繁殖时，菌丝生出藏卵器(oogonia)和雄器(antheridia)，雄器的核移入藏卵器并与其中的卵球结合，形成双倍体的卵孢子。②接合孢子(zygospores)，接合菌的有性孢子为接合孢子。来自不同菌丝的配子囊(gametangia)互相接触，接触处胞壁溶解，双方的细胞质和细胞核彼此融合，形成双倍体的接合孢子。③子囊孢子(ascospores)，子囊菌的有性孢子为子囊孢子。双核菌丝产生子囊(asci)，其中的双核先进行核配，接着进行减数分裂，产生4个核，再分裂一次产生8个核，最后以每个核为中心逐步形成单倍体的子囊孢子。担孢子(basidiospores)，担子菌的有性孢子为担孢子。④担孢子的形成过程与子囊孢子相似，不同的是：核配后，减数分裂形成的4个核不再分裂；以每个核为中心形成的担孢子位于担子(basidia)外部；有的担子产生纵向隔膜，有的担子产生横向隔膜，但多数担子没有隔膜。

4.2.4 真菌的菌落特征

从形态上真菌可分为霉菌和酵母菌。霉菌的营养体多为丝状体，酵母菌的营养体多为单细胞个体。

类似于放线菌，霉菌菌落由菌丝组成；因菌丝较粗且较长，所形成的菌落相对疏松，呈绒毛状、絮状或蜘蛛网状；处于菌落中心的菌丝，菌龄相对较大，位于边缘的菌丝，菌龄相对较小。有的霉菌菌落生长较慢，直径只有1～2cm或更小；有些霉菌生长很快，菌丝在固体培养基表面蔓延，抑制菌落没有固定的大小；霉菌菌落一般比放线菌菌落大几倍到几十倍。霉菌菌落表面常有肉眼可辨的结构和颜色特征，这是霉菌孢子呈现不同形状、构造和颜色之故。有的霉菌产生水溶性色素，溶于培养基后，可使菌落背面显现不同颜色。霉菌菌落具有“霉味”。在不同培养基上，同一种霉菌的菌落特征稍有变化；但在特定培养基上，菌落特征相对稳定。

典型的酵母菌菌落与细菌的相仿，一般呈现较湿润、较透明，表面较光滑，容易挑起，菌落质地均匀，正面与反面以及边缘与中央部位的颜色较一致等特点。但由于酵母菌的细胞比细菌的大，细胞内有许多分化的细胞器，细胞间隙含水量相对较少，以及不能运动等特点，故反映在宏观上就产生了较大、较厚、外观较稠和较不透明等有别于细菌的菌落。酵母菌菌落的颜色也有别于细菌，它们的颜色比较单调，多以乳白色或矿烛色为主，只有少数为红色（如黏红酵母），个别为黑色。另外，凡不产假菌丝的酵母菌，其菌落更为隆起，边缘极为圆整；然而，会产生大量假菌丝的酵母菌，则其菌落较扁平，表面和边缘较粗糙。此外，酵母菌的菌落，由于存在酒精发酵，一般还会散发出一股悦人的酒香味。

4.2.5　真菌的种类

1959年Wittaker在建立生物分类的四界系统时，首次将真菌从植物界中独立出来，创立了真菌界。1969年，他又将四界系统调整为五界系统，确立了真菌在生物分类系统中的地位。1995年，《真菌字典》（第8版）将原来的真菌界划分为原生动物界（Protozoa）、藻界（Chromista）和真菌界（Fungi），再将真菌界划分为壶菌门、接合菌门、子囊菌门和担子菌门。以下分别简单介绍酵母菌和霉菌。

1. 酵母菌

酵母菌是一个通俗名称，一般泛指能发酵糖类的各种单细胞真菌。由于不同的酵母菌在进化和分类地位上的异源性，因此很难对酵母菌下一个确切的定义。通常认为，酵母菌具有以下5个特点：①个体一般以单细胞非菌丝状态存在；②多数营出芽繁殖；③能发酵糖类产能；④细胞壁上含甘露聚糖；⑤常生活在含糖量较高、酸度较大的水生环境中。

1）酵母菌分布及种类

在自然界酵母菌分布很广，主要生长在偏酸的含糖环境中，在水果、蜜饯的表面和果园土壤中最为常见。由于不少酵母菌可以利用烃类物质，故在油田和炼油厂附近的土层中也可以找到这类可利用石油的酵母菌。酵母菌与人类关系密切，大部分对人类的生产生活有用，仅有少数酵母菌才能引起人或一些动物的疾病，如*Candida albicans*（白假丝酵母，旧称“白色念珠菌”）和*Cryptococcus neoformans*（新型隐球菌）等一些条件致病菌可引起鹅口苍、阴道炎、肺炎或脑膜炎等疾病。

根据酵母菌的代谢类型可分为发酵型和氧化型两种。发酵型酵母菌是发酵糖为乙醇和二氧化碳的一类酵母菌，用于发面做面包、馒头和酿酒等。氧化型的酵母菌则是无发酵能力或发酵能力弱而氧化能力强的酵母菌。氧化型的酵母菌有：拟酵母属和赤酵母属，对正癸烷和十六烷氧化能力强。热带假丝酵母和阴沟假丝酵母氧化烃类能力最强。球拟酵母属、白色假丝酵母、类酵母的阿氏囊霉属、短梗霉属等在石油加工工业中起积极作用，如石油脱蜡，降低石油的凝固点等。许多酵母菌能氧化烷烃，如假丝酵母将石蜡氧化为 α-酮戊二酸、反丁烯二酸、柠檬酸，其转化率达 80%以上，还可收获酵母菌体用作饲料。在炼油厂的含油、含酚废水生物处理过程中，假丝酵母和黏红酵母菌可起到积极的作用。淀粉废水、柠檬酸残糖废水、油脂废水和味精废水均可利用酵母菌处理，既处理了废水，又可得到酵母菌体蛋白，用作饲料。还可用酵母菌监测重金属。

2）酵母菌细胞的形态、大小

酵母菌的细胞直径约为细菌的 10 倍，是典型的真核微生物，在普通光学显微镜下可以清晰地观察到。酵母菌的形态有卵圆形、圆形、圆柱形或假丝状。其直径为 1～5μm，长约 5～30μm 或更长。假丝酵母呈假丝状，是因为它在繁殖时子细胞没有脱离母体而与母细胞相连成链状，故为假丝状。最典型和重要的酵母菌是 *Saccharomyces cerevisiae*（酿酒酵母），细胞大小为(2.5～10)μm×(4.5～21)μm，以它为例介绍酵母菌的形态结构，如图 4-2。

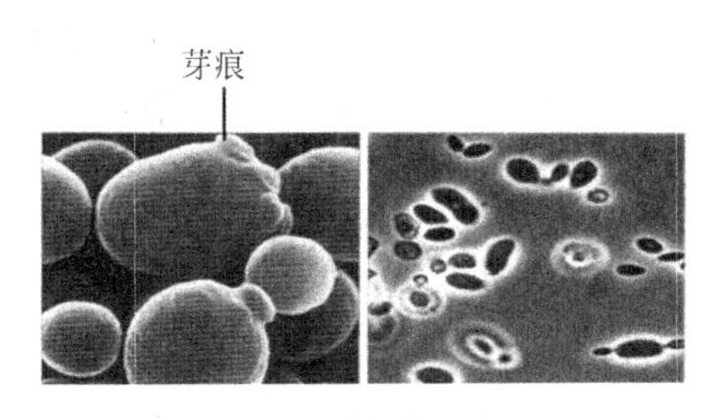

图 4-2 酵母菌的形态

引自：Joanne M W, et al. Prescott's Microbiology, 8th ed. McGraw-Hill, 2010.

3）酵母菌的繁殖方式和生活史

酵母菌的繁殖方式多种多样，包括无性繁殖和有性繁殖。其中无性繁殖分芽殖、裂殖和产无性孢子三种。有人把只进行无性繁殖的酵母菌称为“假酵母”或“拟酵母”，而把具有有性繁殖的酵母菌称为“真酵母”。

（1）无性繁殖

① 芽殖

芽殖是酵母菌最常见的一种繁殖方式。在良好的营养和生长条件下，酵母菌生长迅速，几乎所有的细胞上都长出芽体，而且芽体上还可形成新的芽体，于是就形成了呈簇状的细胞团。当它们进行一连串的芽殖后，如果长大的子细胞与母细胞不立即分离，其间仅以狭小的面积相连，则这种藕节状的细胞串就称为假菌丝；相反，如果细胞相连，且其间的横隔面积与细胞直径一致，则这种竹节状的细胞串就称为真菌丝。

芽体又称芽孢子，在其形成时，先在母细胞将要形成芽体的部位，通过水解酶的作用使细胞壁变薄，大量新细胞物质包括核物质在内的细胞质堆积在芽体的起始部位上，待逐步长大后，就在与母细胞的交界处形成一块有葡萄糖、甘露聚糖和几丁质组成的隔壁。成熟后，两者分离，于是在母细胞上留下一个芽痕，而在子细胞上相应地留下了一个蒂痕。任何细胞上的蒂痕只有一个，而芽痕有一至数十个，根据它的多少还可测定该细胞的年龄。

② 裂殖

少数酵母菌如裂殖酵母属的种类具有与细菌相似的二分裂繁殖方式。

③ 产生无性孢子

少数酵母菌如掷孢酵母属可在卵圆形营养细胞上长出小梗，其上产生肾形的掷孢子。孢子成熟后，通过一种特有的喷射机制将孢子射出。因此如果用倒置培养皿培养掷孢酵母，待其形成菌落后，可在皿盖上见到由射出的掷孢子组成的模糊菌落“镜像”。有的酵母能在假菌丝的顶端产生具有后壁的厚垣孢子。还有一些酵母菌则可让成熟菌丝作竹节状断裂，产生大量的节孢子。

(2) 有性繁殖

酵母菌是以形成子囊和子囊孢子的方式进行有性繁殖的。它们一般通过邻近的两个形态相同而性别不同的细胞格子伸出一根管状的原生质突起相互接触、局部融合并形成一条通道，再通过质配、核配和减数分裂形成 4 或 8 个子核，然后它们各自与周围的原生质结合在一起，再在其表面形成一层孢子壁，这样，一个个子囊孢子就成熟了，而原有的营养细胞则成了子囊。

4) 酵母菌的生活史

生活史又称生命周期，指上一代生物个体经一系列生长、发育阶段而产生下一代个体的全部过程。存在有性生殖的不同酵母菌的生活史可分为以下三类。

(1) 营养体既能以单倍体也能以二倍体形式存在

S. cerevisiae 是这类生活史的代表。其特点为：一般情况下都以营养体状态进行出芽繁殖；营养体既能以单倍体形式存在，也能以二倍体形式存在；在特定的条件下才进行有性繁殖。其生活史为子囊孢子在合适的条件下发芽产生单倍体营养细胞；单倍体营养细胞不断地进行出芽繁殖；两个性别不同的营养细胞彼此结合，在质配后即发生核配，形成二倍体营养细胞；二倍体营养细胞不进行核分裂，而是不断进行出芽繁殖；在以醋酸盐为唯一或主要碳源，同时又缺乏氮源等特定条件下，二倍体营养细胞最易转变成子囊，这时细胞核才进行减数分裂，并随即形成 4 个子囊孢子；子囊经自然或人为破壁后，可释放其中的子囊孢子。*S. cerevisiae* 的二倍体营养细胞因其体积大、生命力强，可广泛应用于工业生产、科学研究或遗传工程实践中。

(2) 营养体只能以单倍体形式存在

八孢裂殖酵母是这一类型生活史的代表。特点为：营养细胞为单倍体；无性繁殖为裂殖；二倍体细胞不能独立生活，故此期极短。整个生活史可分为 5 个阶段：单倍体营养细胞借裂殖方式进行无性繁殖；两个不同性别的营养细胞接触后形成结合管，发生质配后即行核配，于是两个细胞连成一体；二倍体的核分裂 3 次，第一次为减数分裂；形成 8 个单倍体的子囊孢子；子囊破裂，释放子囊孢子。

(3) 营养体只能以二倍体形式存在

路德类酵母是这类生活史的典型。其特点为：营养体为二倍体，不断进行芽殖，此阶段较长；单倍体阶段仅以子囊孢子的形式存在，不能进行独立生活；单倍体的子囊孢子在子囊内发生结合。生活史的具体过程为：两个不同性别的单倍体子囊孢子在孢子囊内成对接合，并发生质配和核配；接合后的二倍体细胞萌发，穿破子囊壁；二倍体的营养细胞可独立生活，通过芽殖方式进行无性繁殖；在二倍体营养细胞内的核发生减数分裂，故营养细胞成为子囊，其中形成 4 个单倍体子囊孢子。

2. 霉菌

霉菌(图 4-3)是丝状真菌的一个俗称，意即“会引起物品霉变的真菌”，通常指那些菌丝体较发达而又不产生大型肉质子实体结构的真菌。在潮湿的气候下，它们往往在有机物上大量生长繁殖，从而引起食物、工农业产品的霉变或植物的真菌病害。

霉菌分布极其广泛，只要存在有机物的地方就能找到它们的踪迹。它们在自然界中扮演着最重要的有机物分解者的角色，从而把其他生物难以分解利用的数量巨大的复杂有机物如纤维素和木质素等彻底分解转化，成为绿色植物可以重新利用的养料，促进了整个地球上生物圈的繁荣发展。

霉菌与工农业生产、医疗实践、环境保护和生物学基础理论等方面都有着密切的关系。工业上用于柠檬酸、葡萄糖酸等有机酸,淀粉酶、蛋白酶等酶制剂,青霉素、头孢霉素、灰黄霉素等抗生素以及甾体类激素等产物的发酵生产。霉菌可发酵饲料,生产农药,镰刀霉分解无机氰化物的能力强,对废水中氰化物的去除率达 90% 以上。有的霉菌还可处理含硝基化合物的废水。

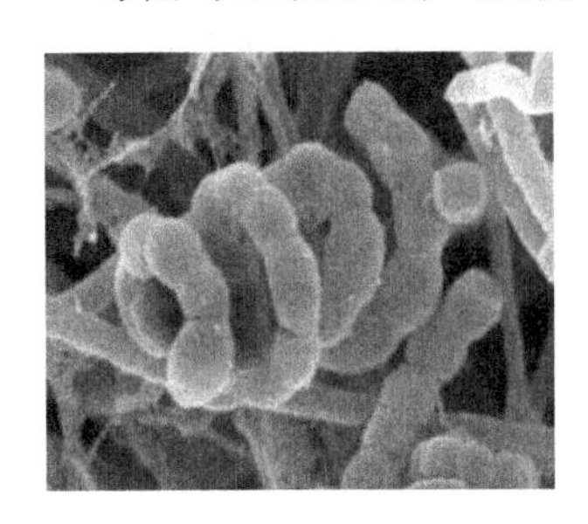

图 4-3 霉菌的形态

霉菌分为腐生和寄生。腐生菌种的根霉、木霉、青霉、镰刀霉、曲霉等分解有机物能力强,木霉对难降解的纤维素和木质素分解能力强。寄生霉菌常是人、动物和植物的致病菌。

4.3 藻类

藻类以前被列为藻类植物,而今藻类学已成为一门独立的学科。藻类的具体定义为一类叶状植物(没有真正的根、茎、叶的分化),以叶绿素 a 作为光合作用的主要色素,并且在繁殖细胞周围缺乏不育的细胞包被物。藻类细胞有两种基本类型:原核和真核。原核细胞缺少膜包裹的细胞器(质体、线粒体、细胞核、高尔基体、鞭毛),存在于蓝细菌中(在原核微生物部分已述及)。其余的藻类都是含有细胞器的真核细胞。藻类在大小和结构上差异很大,小的藻类只能在光学显微镜下才能看见。藻类有单细胞的个体和群体,群体是由若干个体以胶质相连,其大小以微米计。它们的形体大小各异,形体小的列入微生物范畴。

在段德麟翻译的《藻类学》中,将藻类分为 4 种不同的类群,包括原核藻类(蓝藻门)、叶绿体被双层叶绿体被膜包裹的真核藻类(灰色藻门、红藻门、绿藻门)、叶绿体被叶绿体内质网单层膜包裹的真核藻类(裸藻门、甲藻门、顶复门)、叶绿体被叶绿体内质网双层膜包裹的真核藻类(隐藻门、异鞭藻门、普林藻门)。

4.3.1 藻类的形态与构造

藻类形态多样。有的单细胞,有的多细胞,多细胞藻类常呈丝状。藻类细胞(图 4-4)有一层薄而坚硬的细胞壁。细胞壁由纤维素与果胶质组成。鞭毛是藻类的运动器官。藻类的细胞核为真核。藻类线粒体结构差异较大,一些线粒体有盘状嵴,一些线粒体有片状嵴,另一些线粒体有管状嵴。藻类叶绿体中含有叶绿素、类胡萝卜素、叶黄素等。光合色素赋予藻类不同颜色。

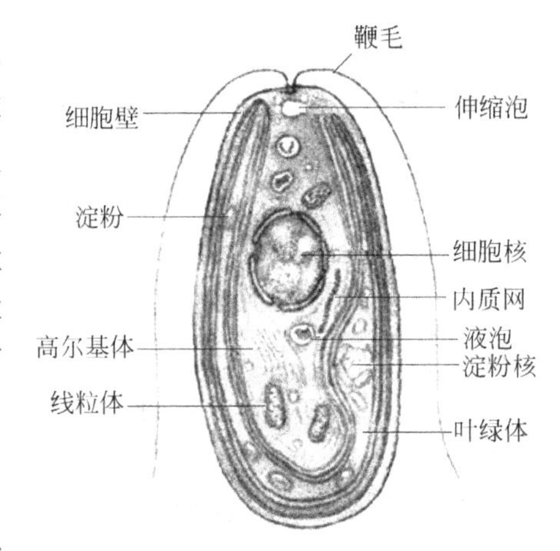

图 4-4 藻类细胞结构模式

引自:郑平.环境微生物学,第 2 版.浙江大学出版社,2012.

4.3.2 藻类的生理特征

藻类的光合作用与高等植物相同,以水作为供氢体并释放氧气,可用下列通式表示:

$$CO_2 + 2H_2O \xrightarrow{光} [CH_2O] + H_2O + O_2 \uparrow$$

1. 藻类的生活条件

(1) 温度　各种藻类生长的温度范围各不相同。广温性种类的生长温幅达41℃(−11～30℃),而狭温性种类的生长温幅只有10℃左右。在正常河流中,20℃时,硅藻占优势;30℃时,绿藻占优势;35～40℃时,蓝藻占优势。

(2) 光照　在水表面,光照不致成为藻类生长的限制因素,但在水体深处或水体受悬浮物污染时,光照可成为藻类生长的限制因素。

(3) pH　藻类生长的pH范围为4～10,最适值为6～8。有些种类在强酸、强碱下也能生长。

2. 藻类的营养特征

藻类是光能自养型微生物,有光照时,利用二氧化碳合成细胞物质,同时释放氧气。无光照时,则利用光合产物进行呼吸作用,消耗氧气、释放二氧化碳。在藻类丰富的池塘中,白天水中溶解氧很高,甚至过饱和;夜间溶解氧急剧下降,可造成水体缺氧。

3. 藻类的繁殖

藻类的繁殖方式有:营养繁殖、无性生殖和有性生殖。

4.3.3 藻类的代表属

1. 叶绿体被双层叶绿体被膜包裹的真核藻类(灰色藻门、红藻门、绿藻门)

1) 灰色藻门

灰色藻门包括细胞质中含有内共生蓝细菌而非叶绿体的藻类,被认为是叶绿体进化的中间过渡类型。灰色藻门体内的大多数蓝色小体没有壁,而是被两层膜包围——蓝色复合体的食物泡膜和蓝色小体的细胞质膜。随着不断的进化,这两层膜演变成叶绿体的被膜,而蓝色复合体的胞质承担了储存产物的功能。灰色藻门里的生物很古老,现今存活的只是该类群中的少数种类,主要有蓝载藻和灰胞藻属两种。蓝载藻是一种淡水鞭毛虫,其细胞质中含有两个蓝色小体,每个蓝色小体中有一个致密的中央小体。灰胞藻属也是一种淡水生物,仅出现在钙离子浓度低的湖泊中。

2) 红藻门

红藻门的藻类叫红藻。红藻可能是直接从灰色藻门中的蓝色复合体演化而来,可能是真核藻类中最古老是类群之一。红藻类细胞缺乏鞭毛,有叶绿素a和藻胆蛋白,以红藻淀粉作为储存物质,同时类囊体以单层的形式出现在叶绿体中。红藻的色素为红藻藻红素和红藻藻蓝素。储存物为红藻淀粉和红藻糖。绝大多数红藻为海产,少数为淡水产,且主要生活在小到中等大小溪流的流水中,很少生活在流速小于30cm·s^{-1}的水流中。红藻细胞结构的主要特征是每个叶绿体含有一个单带型类囊体,没有叶绿体内质网,红藻淀粉粒位于叶绿体外的胞质中,没有鞭毛,丝状种类红藻的细胞间有纹孔连接,具有真核类型的细胞核。

红藻中两种最重要的多糖衍生物是琼脂/胶和卡拉胶。商业用琼脂从红藻石花菜和鸡毛菜中提取,其他种类包括刺盾藻、伊谷藻和江蓠。这些藻类通称为产琼脂藻类。红藻产生的琼脂可供食用、医药用,也可用来制取生化试剂。卡拉胶是一种类似于琼脂的藻胶,但具有更多的灰分,需要更高的浓度以形成凝胶。卡拉胶通常从爱尔兰苔菜的野生种群中提取。由于具有许多与琼脂一样的功能且有许多其他的特性,目前卡拉胶的应用极为广泛。卡拉胶在作为涂料中乳胶的稳定剂、化妆品和其他药物制剂等方面优于琼脂。近年来，在牛奶和乳制品如冰淇淋的增稠方面，卡拉胶已经完全取代琼脂。卡拉胶的一个特殊用途是用在布丁、果酱和奶油制品中，通过凝胶作用无需冷冻即可使它们凝固。此外，卡拉胶可以抑制人类免疫缺陷病毒（艾滋病病毒）在体外的复制和反转录，因而被用于在体外预防艾滋病和其他一些性疾病的传播。

3）绿藻门

绿藻门的藻类叫绿藻。它们形体多样，有单细胞的个体、群体和丝状体。单细胞个体的绿藻具有 2～4 根顶生的、等长的尾鞭型鞭毛，如图 4-5。它们含有较多叶绿素 a、b，叶黄素，泥黄素，β-胡萝卜素。其储存物为淀粉和油类，叶绿体内有一至几个有鞘的造粉核。其叶绿体通常在蛋白核的参与下合成淀粉。绿藻门不同于其他真核藻类，它的储存产物在叶绿体而非蛋白质中合成。在叶绿体周围没有叶绿体内质网。绿藻门主要为淡水藻类，其中淡水种类占到 90%，海水种类只有 10%。

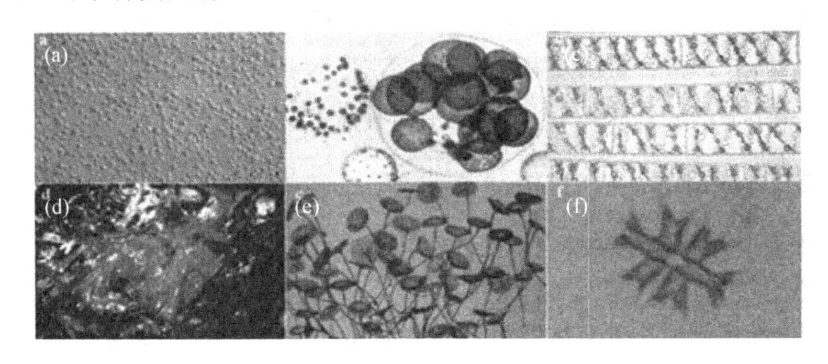

图 4-5 绿藻形态

（a）小球藻属（*Chlorella*）；（b）团藻属（*Volvox*）；（c）水绵属（*Spirogyra*）；
（d）石莼属（*Ulva*）；（e）伞藻属（*Acetabularia*）；（f）微星藻属（*Micrasterias*）
引自：郑平.环境微生物学，第 2 版.浙江大学出版社，2012.

绿藻有两种趋光运动（分别是鞭毛引起的运动和分泌黏液引起的运动）和负趋地运动。大部分借鞭毛做趋光运动的细胞都含有一个眼点。眼点能将蓝光和绿光反射到质膜内的感光器上，起着一种干扰滤膜的作用。当藻细胞通过介质时，数量不等的光被反射到光受体上，这导致了视紫红质膜电位的变化。质膜的膜电位改变会影响钙离子进入细胞，而细胞质中钙离子的浓度能影响鞭毛摆动的速率。由于在既定钙离子浓度下，每根鞭毛的摆动速率不同，所以细胞的游动方向受鞭毛摆动速率的影响。因此，细胞质中钙离子浓度的改变会使每根鞭毛的摆动速率随之发生变化，最终改变细胞的游动方向。绿藻门的第二类趋光运动由分泌黏液引起，这种运动是由黏液从细胞顶端的细胞壁穿孔处喷出所引起的，主要存在于鼓藻中。绿藻的负趋地运动表现为游动方向与重力方向相反。因为对于在黑暗中生长的衣藻细胞，它必须要向上游动到水面表层以获得阳光，从而进行生长和繁殖。

2. 叶绿体被叶绿体内质网单层膜包裹的真核藻类（裸藻门、甲藻门、顶复门）

1）裸藻门

裸藻门的藻类叫裸藻，形态如图 4-6 所示。裸藻因不具细胞壁而得名。它们有鞭毛能运动，动物学将它们列入原生动物门的鞭毛纲。裸藻的主要特征是含有叶绿素 a、b，具有一层膜的叶绿体内质网、一个中核生物的细胞核，纤维状的茸毛在鞭毛上列成一排，没有有性生殖，裸藻淀粉或金藻昆布多糖是细胞质中的主要储存物质。因其含有叶绿素使叶绿体呈现鲜绿色，易被误认为绿藻。在叶绿体内有较大的蛋白质颗粒，为造粉核。其功能与裸藻淀粉的聚集有关。其储存物为裸藻淀粉，并形成淀粉颗粒。

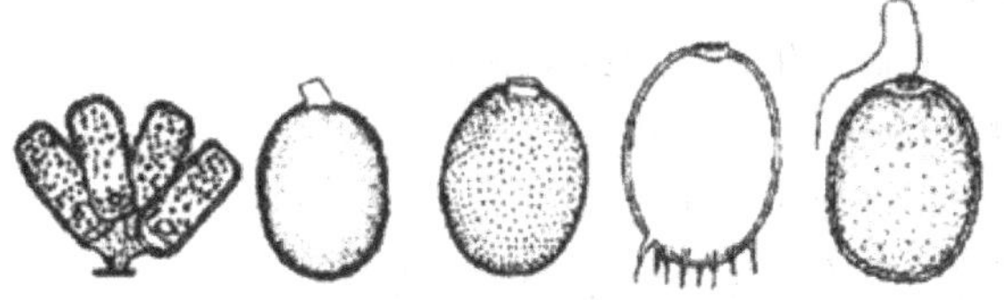

图 4-6 裸藻形态

引自：郑平. 环境微生物学，第2版. 浙江大学出版社，2012.

裸藻的眼点位于细胞的前端，用来聚集橙红色脂滴，它不受叶绿体约束。所有具有眼点的裸藻都显示出趋光性，它们通常会逃离亮光（负趋光性），同时也会逃离暗环境进入到弱光中（正趋光性）并在低光强区聚集。一旦环境突然发生变化，裸藻细胞通过游动一根自生鞭毛而发生瞬间的转向反应。在低光强下，裸藻会游向光源，而在高光强下，它会游离光源区。裸藻的趋光性具有昼夜节律规律，即趋光性在光照期启动，在光暗期则停止。即使在正常的光暗期引入光线，裸藻细胞也不会展示出趋光性。

在有机物丰富的静止水体或缓慢的流水中，尤其是动物污染或含有腐烂有机质的水域特别适合裸藻生存。裸藻对温度的适应范围广，在25℃繁殖最快，大量繁殖时形成绿色、红色或褐色的水华，故裸藻是水体富营养化的指示生物。

2）甲藻门

甲藻多为单细胞的个体，呈三角形、球形、针形，前后或左右略扁，前、后端常有突出的角。多数有细胞壁，少数种为裸型。细胞核大，有核仁和核内体（染色体），细胞质中有大液泡，有的有眼点，色素体有一个或多个，含叶绿素 a、c，β-胡萝卜素，硅假黄素，甲藻黄素，新甲藻黄素及环甲藻黄素，藻体呈棕黄色或黄绿色，偶尔呈红色。储存物为淀粉、淀粉状物质和脂肪。多数有2条不等长、排列不对称的鞭毛作为运动胞器。无鞭毛的做变形虫运动，或不运动。营养型为植物性营养，少数腐生或寄生。少数种为群体或具分枝的丝状体。甲藻繁殖为裂殖，也有产游动孢子或不动孢子的生殖方式。

甲藻在淡水、半咸水、海水中都能生长。多数甲藻对光照强度和水温范围要求严格，在适宜的光照和水温条件下，甲藻在短期内大量繁殖。生活在淡水的甲藻喜在酸性水中生活，水中含腐殖酸，时常有甲藻存在。有的也在硬度大、碱性水中生活。甲藻是重要的浮游藻类之一，甲藻死后沉在海底形成生油地层中的主要化石。

4.4 微型动物

4.4.1 原生动物

原生动物(protozoa)(图 4-7)是动物中最原始、最低等、结构最简单的单细胞动物。在动物学中列为原生动物门。因其形体微小,在 10～300μm 之间,在光学显微镜下可见,微生物学把它归入微生物范畴。原生动物为单细胞,没有细胞壁,有细胞质膜、细胞质,有分化的细胞器,其细胞核具有核膜,故属真核微生物。有独立生活的生命特征和生理功能,如摄食、营养、呼吸、排泄、生长、繁殖、运动及对刺激的反应等。上述的各种功能是由相应的细胞器执行的,如胞口、胞咽、食物泡、吸管是摄食、消化、营养的细胞器,收集管、伸缩泡、胞肛是排泄的细胞器,鞭毛、纤毛、刚毛、伪足是运动和捕食的细胞器,眼点是感觉细胞器。可见,有的细胞器执行多种功能,如伪足、鞭毛、纤毛、刚毛既能执行运动功能,又能执行摄食功能,甚至还有感觉功能。

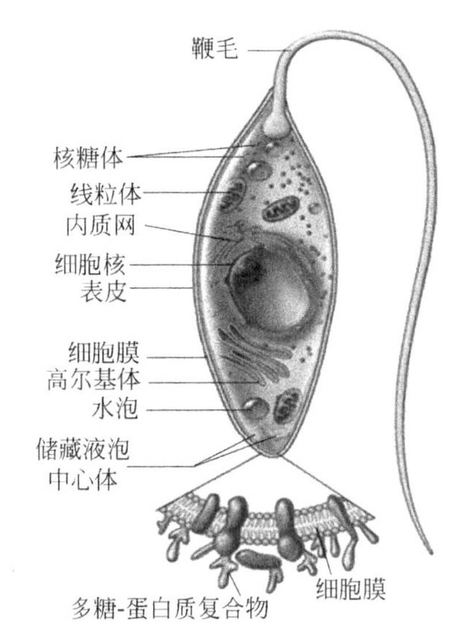

图 4-7 原生动物的一般结构

引自:Joanne M W,et al. Prescott's Microbiology,8th ed. McGraw-Hill,2010.

1. 原生动物的营养类型

1) 全动性营养(holozoic)

全动性营养的原生动物以其他生物(如细菌、放线菌、酵母菌、霉菌、藻类、比自身小的原生动物和有机颗粒)为食。绝大多数原生动物为全动性营养。

2) 植物性营养(holophytic)

植物性营养的原生动物是有色素的原生动物,如绿眼虫、衣滴虫与植物类似,在有光照的条件下,吸收二氧化碳和无机盐进行光合作用,合成有机物供自身营养。

3) 腐生性营养(saprophytic)

腐生性营养是指某些无色鞭毛虫和寄生的原生动物,借助体表的原生质膜吸收环境和寄主中的可溶性的有机物作为营养。部分原生动物摄食方式见图 4-8。

2. 原生动物的繁殖

在营养丰富、环境良好的条件,原生动物大量繁殖。其繁殖方式有无性生殖和有性生殖。无性生殖为二分裂法、纵分裂或横分裂。出芽生殖,如吸管虫。还有多分裂法,如寄生的孢子虫。二分裂法为原生动物的主要繁殖方式,在环境条件差时出现有性生殖。有些种群需要交替进行有性生殖以增强其活力。原生动物分裂繁殖见图 4-9。

3. 原生动物的分类及各纲简介

早期,根据原生动物的细胞器和其他特点,将原生动物分为四个纲:有鞭毛纲、肉足纲、纤毛纲和孢子纲。因吸管纲幼虫有纤毛,现将原有的吸管纲并入纤毛纲。动物学中对于原

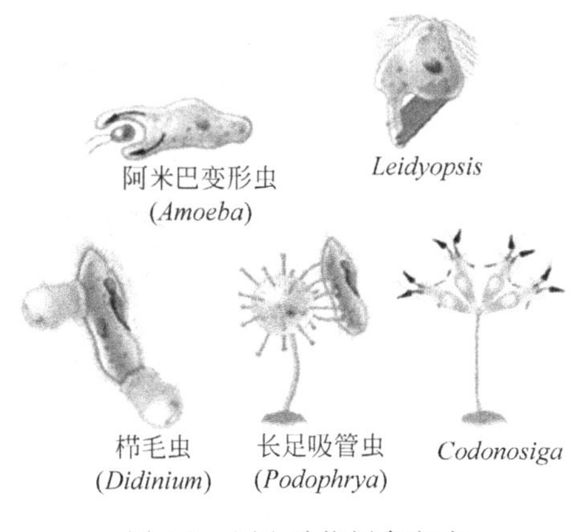

图 4-8　原生动物摄食方式

引自：Joanne M W, et al. Prescott's Microbiology, 8th ed. McGraw-Hill, 2010.

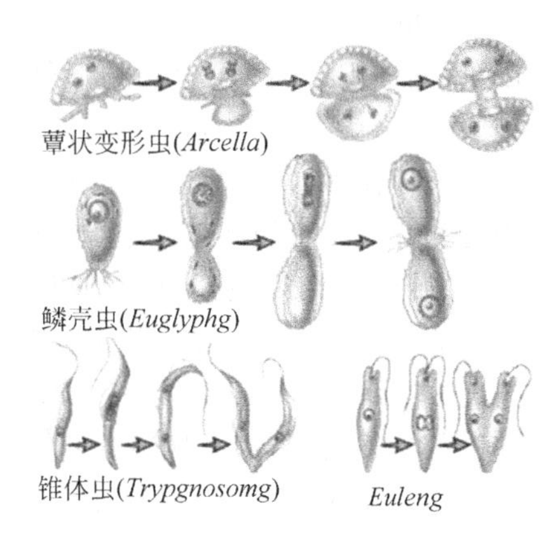

图 4-9　原生动物分裂繁殖方式

引自：Joanne M W, et al. Prescott's Microbiology, 8th ed. McGraw-Hill, 2010.

生动物也有同样的划分。鞭毛纲、肉足纲、纤毛纲三纲存在于水体和污水生物处理构筑物中，并发挥重要作用。孢子纲中的孢子虫营寄生生活，寄生在人体和动物体内，可随粪便排到污水中，故需要消灭。在此介绍包括吸管虫在内的三纲。

1）鞭毛纲

鞭毛纲中的原生动物称为鞭毛虫。它们具一根或多根鞭毛，如眼虫、油滴虫、杆囊虫等具有一根鞭毛，粗袋鞭虫、衣滴虫、波多虫和内管虫等具有两根鞭毛，见图 4-10。多数鞭毛虫是个体自由生活，也有群体的，如聚屋滴虫。鞭毛纲的营养类型兼有全动性营养、植物性营养和腐生性营养 3 种营养类型。营植物性营养的鞭毛虫，如绿眼虫在有机物浓度增加和环境条件改变，或失去色素体时，改营腐生性营养。若环境条件恢复，则为植物性营养。内管虫属和梨波多虫用鞭毛摄食，为全动性营养。部分不具色素体的鞭毛虫专营腐生性营养。鞭毛虫的大小从几微米至几十微米，在显微镜下可依据形态和运动方式辨认鞭毛虫。

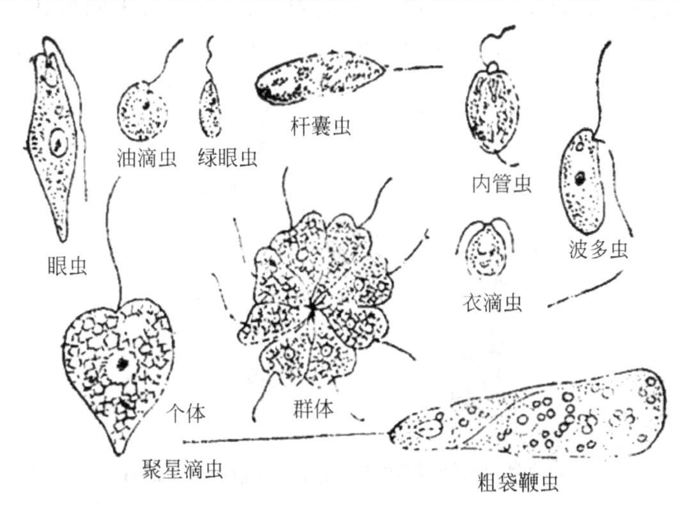

图 4-10　鞭毛虫形态

引自：郑平. 环境微生物学，第 2 版. 浙江大学出版社，2012.

(1) 眼虫

眼虫(图 4-11)目的原生动物形体小，一般呈纺锤形，前端钝圆，后端尖。虫体前端凹陷伸入体内的叫胞咽，胞咽末端膨大成储蓄泡，鞭毛由此通过胞咽伸向体外。靠近胞咽处有一耳光环状的红色眼点，其中含有血红素能感受光线，是原始的感光细胞器，可调节眼虫的向光运动。在储蓄泡一侧的伸缩泡有排泄、调节渗透压的机能。绿眼虫体内充满放射状排列的绿色色素体，有的眼虫体内有黄色素体和褐色素体，它们营植物性营养。不含色素的眼虫营腐生性营养。眼虫是靠一根鞭毛快速摆动并做颤抖式前进。

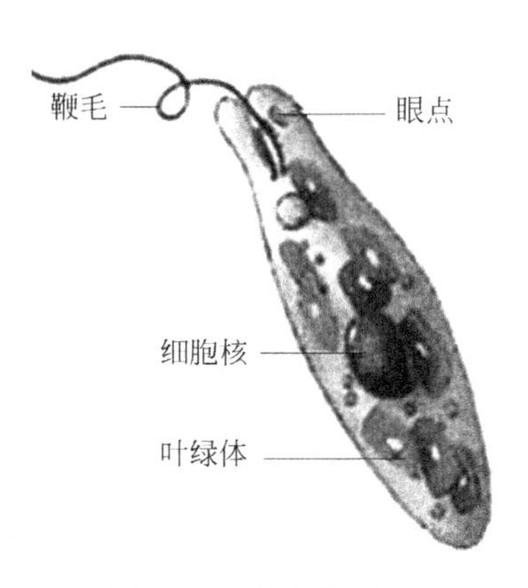

图 4-11　眼虫的形态

(2) 粗袋鞭虫

粗袋鞭虫机体柔软，沿纵向伸缩，后端比较宽阔，呈截断状或钝圆，自后向前变细。具两根鞭毛，一根相当粗壮，长度与体长相当，运动时笔直指向前方，尖端部分呈波浪式颤动，带动虫体向前运动。另一根鞭毛细而短，向前端伸出后即向后弯转而附着在身体表面，不易看出。粗袋鞭毛虫营全动性营养，也有营腐生性营养类型。

在自然水体中，鞭毛虫喜在多污带和 α-中污带中生活。在污水生物处理系统中，活性污泥培养初期或在处理效果差时鞭毛虫大量出现，可作污水处理效果差时的指示生物。

2) 肉足纲

肉足纲的原生动物称肉足虫。机体表面仅有细胞质形成的一层薄膜，没有胞口和胞咽等结构。它们形态小、无色透明，大多数没有固定形态(部分见图 4-12)，由体内细胞质不定方向的流动而成千姿百态，并形成伪足作为运动和摄食的细胞器，为全动性营养。少数种类呈球形，也有伪足。肉足纲分为两个亚纲：①根足亚纲，这一亚纲的肉足虫可改变形态，故叫变形虫，或称根足变形虫。常见的变形虫有大变形虫、辐射变形虫及蜗足变形虫。②辐足亚纲，这一亚纲的肉足虫的伪足呈针状，虫体不变而固定为球形，有太阳虫和辐球虫。肉足纲大多数为自由生活，也有寄生，如痢疾阿米巴。肉足纲以无性生殖为主，还有多分裂和出芽生殖。

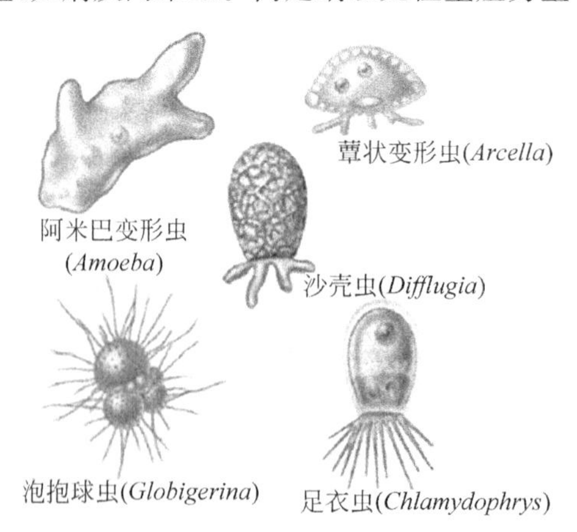

图 4-12　肉足虫形态

引自：Joanne M W，et al. Prescott's Microbiology，8th ed. McGraw-Hill，2010.

变形虫喜在α-中污带或β-中污带的自然水体中生活。在污水生物处理系统中，则在活性污泥培养中期出现。

3）纤毛纲

纤毛纲(4-13)的原生动物叫纤毛虫，有游泳型和固着型两种类型。它们以纤毛作为运动和摄食的细胞器。纤毛虫是原生动物中最高级的一类，它们有固定的、结构细致的摄食细胞器。固着型纤毛虫大多数有肌原纤维，细胞核有大核(营养核)和小核(生殖核)。草履虫有肛门点。纤毛虫的营养类型为全动性营养。其生殖为分裂生殖和结合生殖。

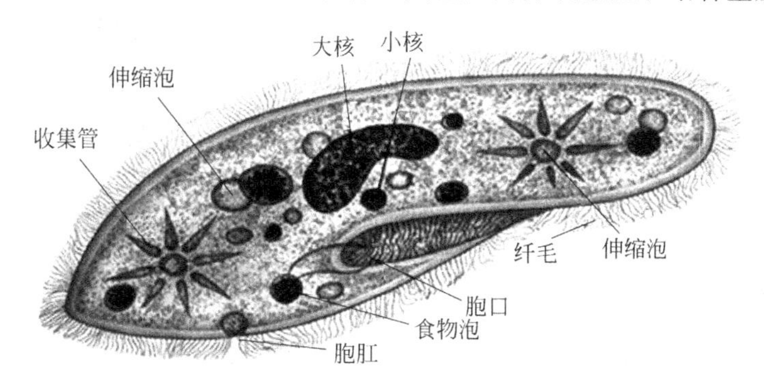

图4-13　纤毛虫

引自：Joanne M W, et al. Prescott's Microbiology, 8th ed. McGraw-Hill, 2010.

(1) 游泳型纤毛虫

游泳型纤毛虫属全毛目，有喇叭虫属、四膜虫属、斜管虫属、豆形虫属、肾形虫属、草履虫属、漫游虫属、裂口虫属、膜袋虫属、楯线虫属、棘尾虫属等。部分游泳型纤毛虫的形态见图4-14。

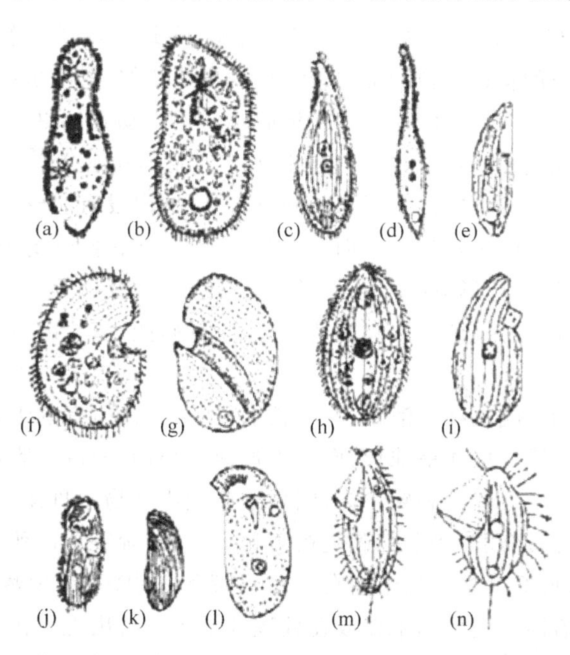

图4-14　游动型纤毛虫形态

(a) 尾草履虫；(b) 绿草履虫；(c) 敏捷半眉虫；(d) 漫游虫；(e) 裂口虫；(f)、(g) 僧帽肾形虫；(h)、(i) 梨形四膜虫；(j) 豆形虫；(k) 弯豆形虫；(l) 斜管虫；(m) 长圆膜袋虫；(n) 银灰膜袋虫

(2) 固着型纤毛虫

固着型纤毛虫属缘毛目。其虫体的前端口缘有纤毛带(由两圈能波动的纤毛组成),虫体呈典型的钟罩形,故称钟虫类。它们多数有柄,营固着生活,在钟罩的基部和柄内有肌原纤维组成基丝,能收缩。固着型纤毛虫有多种,其中以单个个体固着生活,尾柄内有肌丝的叫钟虫。钟虫有几个品种,见图 4-15。

钟虫类的虫体在不良环境中发生变态,如图 4-16,运动前进方向由向前运动改为向后运动。

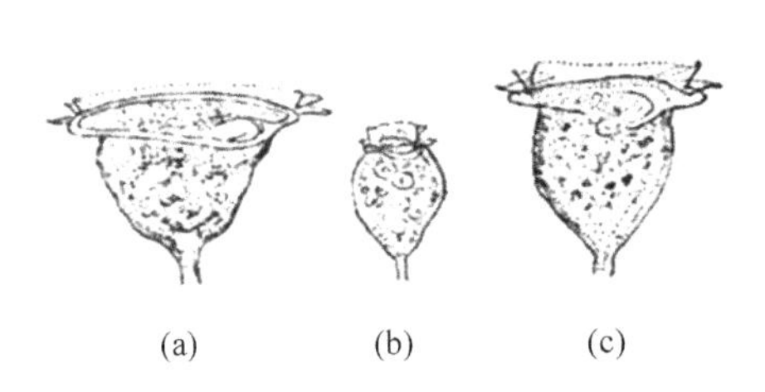

图 4-15 活性污泥中几种常见的钟虫

(a) 大口钟虫;(b) 小口钟虫;(c) 沟钟虫

引自:Joanne MW, et al. Prescott's Microbiology, 8th ed. McGraw-Hill, 2010.

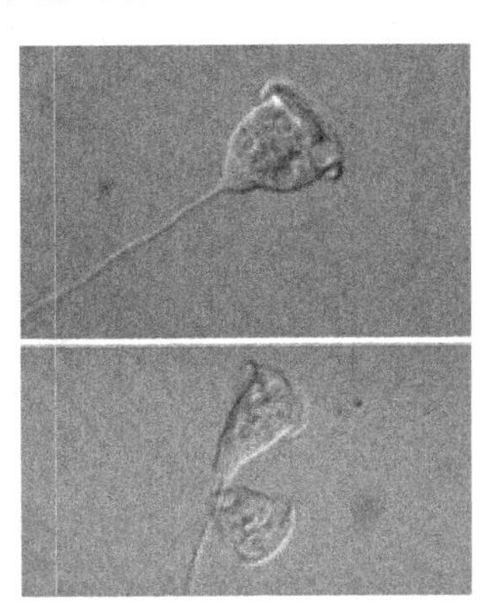

图 4-16 钟虫类虫体的变态

钟虫的生殖为裂殖和有性生殖。

群体生活的品种有独缩虫属、聚缩虫属、累枝虫属、盖纤虫属等。这些群体很相像,但它们的虫体和尾柄还有各自的特征。独缩虫和聚缩虫的虫体相像,每个虫体的尾柄内都有肌丝独缩虫的尾柄相连,但肌丝不相连,因此一个虫体收缩时不牵动其他虫体,故名独缩虫。聚缩虫不同,其尾柄相连,肌丝也相连,所以当一个虫体收缩时牵动其他虫体一起收缩,故叫聚缩虫。

累枝虫和盖纤虫有相同之处,尾柄都呈分枝状,尾柄内没有肌丝,不能收缩。然而,在虫体的基部有肌原纤维,当虫体收到刺激时,其基部收缩,前端胞口闭锁。其不同点是:累枝虫的虫体口缘有两圈纤毛环形成的似波动膜,和钟虫相像,其柄等分枝或不等分枝。盖纤虫的口缘有两圈纤毛形成的盖形物,或有小柄托住盖形物,能运动,因有盖而得名。

(3) 吸管虫

吸管虫幼体有纤毛,成虫纤毛消失,长成长短不一的吸管,有的吸管虫的吸管膨大,有的修尖,靠一根柄固着生活。虫体呈球形、倒圆锥形或三角形等,没有胞口,以吸管为捕食细胞器,营全动性营养。以原生动物和轮虫为食料,这些微小动物一旦碰上吸管虫的吸管立即被黏住,被吸管分泌的毒素麻醉,接着细胞膜被溶化,体液被吮吸干而死亡。

纤毛纲中的游泳型纤毛虫多数生活在 α-中污带和 β-中污带,少数在寡污带中生活。在污水生物处理中,在活性污泥培养中期或在处理效果较差时出现。扭头冲、草履虫等在缺氧或厌氧环境中生活,它们耐污能力极强,而漫游虫则喜在较清洁水中生活。固着型的纤毛虫,尤其是钟虫,喜在寡污带中生活。钟虫类在 β-中污带中也能生活,如累枝虫耐污能力较强。它们是水体自净程度高、污水生物处理效果好的指示生物。吸管虫多数在 β-中污带,有的种也能耐α-中污带和多污带。在污水生物处理效果一般时出现。

4. 原生动物的胞囊

在正常条件下,所有的原生动物都各自保持自己的形态特征。若环境条件变坏,如水干涸、水温和pH过高或过低,溶解氧不足,缺乏食物或排泄物积累过多,污水中的有机物浓度超过原生动物的适应能力等情况,都可使原生动物不能正常生活而形成胞囊。所以,胞囊是抵抗不良的一种休眠体。胞囊形成过程如下:先是虫体变圆,鞭毛、纤毛或伪足等细胞器缩入体内或消失,细胞水分陆续由伸缩泡排出,虫体缩小,最后伸缩泡消失,分泌一种胶状物质于体表,尔后凝固形成胞壳。胞壳有两层,外层较厚,表面凸起,内层薄而透明。胞囊很轻易随灰尘漂浮或被其他动物带至他处,胞囊遇到适宜环境其胞壳破裂恢复虫体原形。

所有原生动物在污水处理过程中都起指示生物的作用。一旦形成胞囊,就可判断污水处理不正常,至于是什么原因引起的,要进一步查找。在光学显微镜下看到的胞囊是何种原生动物的胞囊,要根据经验判断,以其个体大小和出现胞囊之前的原生动物的种类等方面综合分析和判断。

4.4.2 微型后生动物

原生动物以外的多细胞动物叫后生动物(metazoa)。因有些后生动物形体微小,要借助光学显微镜方可看得清楚,故叫微型后生动物,如轮虫、线虫、寡毛虫、浮游甲壳动物、苔藓动物、拟水螅等。上述微型动物在天然水体、潮湿土壤、水体底泥和污水生物处理构建物中均有存在。

1. 轮虫

轮虫(*Rotifer*)是袋形动物门(Trochelminthes)轮虫纲(Rotifera)的微小动物。因它有初生体腔,新的分类把轮虫归入原腔动物门(Aschelminthes)。轮虫种类很多,据记载的有252种,分别隶属于15科、79属。常见的轮虫有:旋轮属(*Philodina*)、猪吻轮属(*Dicranophorus*)、腔轮属(*Lecane*)和水轮属(*Epiphanes*),见图4-17(b)。

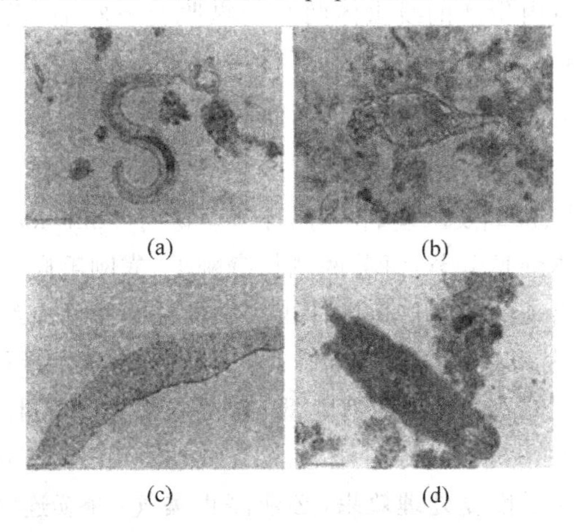

图4-17 活性污泥、生物膜中常见的微型后生动物

(a) 线虫;(b) 轮虫;(c) 颗体虫;(d) 节肢动物

引自:郑平.环境微生物学,第2版.浙江大学出版社,2012.

轮虫形体微小，其长度约 4～4000μm，多数在 500μm 左右，仍需在显微镜下观察。身体为长形，分头部、躯干和尾部。头部有一个由 1～2 圈纤毛组成的、能转动的轮盘，形如车轮，故叫轮虫。轮盘为轮虫运动和摄食的器官，其咽内有一个几丁质的咀嚼器。躯干呈圆筒形，背腹扁宽，具刺或棘，外面有透明的角质甲膜。尾部末端有分叉的趾，内有腺体分泌的黏液，借以固着在其他物体上。雌雄异体，卵生，多为孤雌生殖。在环境条件不利时，可形成孢囊，以渡过难关。轮虫有自由生活和固着生活的种类，少数为海洋寄生种。污水生物处理中的轮虫有自由生活和固着生活的。

大多数轮虫以细菌、霉菌、藻类、原生动物及有机颗粒为食，在动物学中称为杂食性。猪吻轮虫为肉食性。轮虫又可作水生动物的食料。

轮虫在自然环境中分布很广，以底栖的种类多，栖息在沼泽、池塘、浅水湖和深水湖的沿岸带。大多数的属和种生长在苔藓植物上。适应 pH 范围广，中性、偏碱性和偏酸性的种均有，而喜在 pH6.8 左右生活的种类较多。

在一般的淡水水体中出现的轮虫有旋轮虫属、轮虫属和间盘轮虫属，轮虫要求较高的溶解氧量。轮虫是寡污带和污水生物处理效果好的指示生物。由于它们吞食游离细菌，所以可起到提高处理效果的作用。但在污水生物处理过程中，有时候会出现猪吻轮虫大量生长繁殖的现象，一旦它们大量繁殖会将活性污泥蚕食光，造成污水处理失败。为避免此类现象发生，当镜检到猪吻轮虫有大量繁殖的趋势时，为了保持正常运行，可暂时停止曝气，制造厌氧环境抑制猪吻轮虫生长。

2. 线虫

线虫(*Nematode*)属于线性动物门(Nemathelminthes)线形纲(Nematoda)的微型后生动物，其形态见图 4-17(a)。线虫为长形，形体微小，长度多在 1mm 以下，光学显微镜下清晰可见。线虫前端口上有感觉器官，体内有神经系统，消化道为直管，食道由辐射肌组成。线虫的营养类型有 3 种：腐食性(以动植物的残体及细菌等为食)、植食性(以绿藻和蓝细菌为食)和肉食性(以轮虫和其他线虫为食)。线虫有寄生的和自由生活的，污水处理中出现的线虫多是自由生活的。自由生活的线虫体两侧的纵肌交替收缩，做蛇形状的拱曲运动。线虫的生殖为雌雄异体，卵生。线虫有好氧和兼性厌氧的，兼性厌氧者在缺氧时大量繁殖，线虫是水净化程度差的指示生物。

3. 寡毛类动物

寡毛类动物如颗体虫、颤蚓及水丝蚓等，属环节动物门(Annelida)的寡毛纲(Oligochaeta)，比轮虫和线虫高级。身体细长分节，每节两侧长有刚毛，靠刚毛爬行运动。

在污水生物处理中出现的多为红斑颗体虫。它的前叶腹面有纤毛，是捕食器官，营杂食性，主要食污泥中有机碎片和细菌。它分布广，夏、秋两季水体的环境条件适合寡毛类动物生长，其生长温度为 20℃，6℃以下活动力降低，并形成胞囊。在生活污水生物处理脱氮工艺中，在温度 20℃左右，供氧充分的条件下，红斑颗虫大量生长，把活性污泥蚕食光，使处理的出水水质急剧下降。为了恢复处理效果，必须停止曝气，继续连续进污水，使处于厌氧状态，可有效抑制红斑颗体虫的生长。颤蚓和水丝蚓中有厌氧生活的种类，以土壤、底泥为食，是河流、湖泊底泥污染的指示生物。

在深圳东江水体中还有未知名的寡毛类动物。身体细长分节，每节两侧长有刚毛，靠刚毛爬行运动。它的前端有5个触手，触手上长满纤毛，伸缩自如，可伸出体外捕食水中细菌、藻类、微小动物和有机碎片。当受到刺激时，触手迅速缩入体内。

4. 浮游甲壳动物

浮游甲壳动物在浮游动物中占重要地位，数量大，种类多，是鱼类的基本食料。甲壳动物的数量对鱼类影响大。它们广泛分布于河流、湖泊和水塘等淡水水体及海洋中，以淡水中为最多。常见的有剑水蚤和水蚤，属节肢动物门的甲壳纲。其均为水生，营浮游生活。摄食方式有滤食性和肉食性两种。

水蚤的血液含血红素，它溶于血浆中。肌肉、卵巢和肠壁等细胞中均含血红素。血红素的含量常随环境中溶解氧量的高低而变化，水体中含氧量低，水蚤的血红素含量高；水体中含氧量高，水蚤的血红素含量低。由于在污染水体中溶解氧含量低，清水中氧的含量高，所以，在污染水体中的水蚤颜色比在清水中的红些，这就是水蚤常呈不同颜色的原因，是适应环境的表现。我们可以利用水蚤的这个特点来判断水体的清洁程度。

5. 苔藓虫、拟水螅

1）苔藓虫

苔藓虫属苔藓动物门，种类很多，多生活在海洋。有菊皿苔虫、白薄苔虫和鞭须苔虫，海产苔藓虫分布在胶州湾、浙江浅海海底，和珊瑚混生在一起。生活在淡水中的苔藓虫较少，有羽苔虫和胶苔虫。淡水产的苔藓虫在中国苏州、南京、深圳淡水水体中均有。

苔藓虫喜欢在较清洁、富含藻类、溶解氧充足的水体中生活。它们能适应各地带的温度，广泛分布在世界各地。淡水种在春、秋季节生长旺盛，水面有很多一年以上的休眠芽，遇适宜环境发育成苔藓虫。微污染的水体中也有苔藓虫。在微污染源水的生物预处理过程中如有大量苔藓虫出现，会被填料拦截，附着在填料上生长，和钟虫、聚缩虫、独缩虫、累枝虫、盖纤虫等有黏性尾柄的原生动物聚集在一起，具有一定的生物吸附作用，并吞食水中微型生物和有机杂质，对水体的净化有一定的积极作用。但如果极度大量繁殖，会降低水流速度，给工程运行造成一定的不利影响。

羽苔虫为群体生活，固着在其他物体上。有许多分枝，每一分枝是一个个体。其呈圆柱形，前端为由许多触手组成的触手冠，其后是类螅体（肠），口在触手冠中间，肠子呈U形，肛门在触手冠的外侧。脑在口和肛门之间。每根触手的内侧密生纤毛，纤毛扇动形成水流，将水中藻类、细菌和有机杂质等食物吸入体内。再其后是虫室，虫室壁由角质构成，形成群体的骨架。触手冠有虫室伸出摄食，受刺激后缩进虫室内。

苔藓虫多数雌雄同体，进行有性生殖，也进行无性生殖，如内出芽生殖和外出芽生殖。由于外出芽而形成很多分枝，一个显微镜视野里可看到4～5个分枝。秋季，羽苔虫由胃绪（中肠后端的肠系膜）上的细胞分裂成团，外披几丁质外壳，形成椭圆形的、具有几丁质外壳的休眠芽，冬季母体死后破壁外出，到处漂浮，翌年春季发育成新的羽苔虫群体。

2）拟水螅

拟水螅因其虫体有些像水螅而得名。拟水螅虫体柔软，可缓慢伸长和缩短，头部呈三角形，口在前端，周围长有5条触手，可缓慢伸缩、摇摆，其长度和虫体相当。它们利用触手捕食藻类、小的原生动物及细菌等微小生物。与钟虫、轮虫、苔藓虫等同时存在于较清洁的水体中。

复习思考题

4-1 简述真菌细胞结构。

4-2 试列表比较真核生物和原核生物的10个主要差别。

4-3 何谓无隔膜菌丝、有隔膜菌丝、菌丝体？

4-4 简述藻类分类概况以及与水体富营养化有关的藻类特征。

4-5 简述原生动物形态与构造上的特点。

4-6 简述原生动物分类概况以及与废水生物处理有关的原生动物。

4-7 常见于污水处理系统中的微型后生动物有哪些？各有什么特征？

第5章 古生菌及非细胞型微生物的种类、形态结构及功能

5.1 古生菌

古生菌(archaea)在光学显微镜下观察到的大小、形态与细菌类似,但是无核膜,在遗传以及生物化学特征又与真核生物类似。它们由于大多古生菌生活在地球上的极端环境中,由于这类环境常见于生命发生初期,因而称之为古生菌,如图5-1。最近的研究表明,在非极端环境中,比如土壤、海洋或者污泥中也有古生菌的生存。古生菌的生活方式非常简单,也许是地球上存在的至今最为古老的生物体。

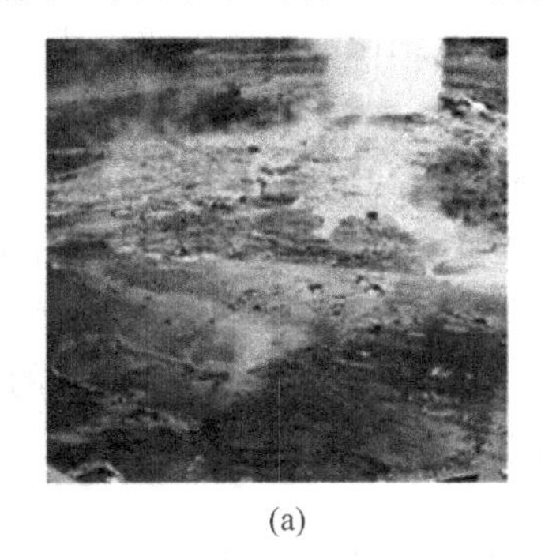

(a)

(b)

图5-1 嗜热古生菌的栖息地

(a) 美国黄石国家公园的温泉;其中黄色物质为嗜热古生菌产生的胡萝卜色素;(b) 美国黄石国家公园的硫泉,泉水含大量的硫且几乎是沸腾状态,硫化裂片菌(*Sulfolobus*)在此生长良好

引自:Joanne M W,et al. Prescott's Microbiology,8th ed. McGraw-Hill,2010.

5.1.1 古生菌的发现

20世纪70年代,科学家采用非常保守的,用于蛋白质合成和翻译的核糖体RNA来对生物进行系统分类。Carl Woese进行这项工作的时候,一个非常著名的研究产甲烷菌的专家Ralph Wolfe给了他一株产甲烷菌的16S rRNA。通过对该菌株的16S rRNA序列分析,Carl Woese意识到他得到了一个非常重要的发现:一种新的生命形式,并将这种代表了生命系统中的第三域微生物命名为古细菌(Archaebacteria)。但由于后续研究表明,古生菌与细菌的亲缘关系甚至远于真核生物,因此,又将古细菌更名为古生菌(Archaea)。

5.1.2 古生菌的形态、大小

古生菌形态多样。有球形、杆状、螺旋状、叶片状、立方体型、三角形、片状、不规则状或者多形状,如图5-2。有些古生菌是单细胞体,而另外一些又能形成纤丝或形成聚集体。大部分古生菌的大小在 0.1～15μm 之间，但有些纤丝可以长达 200μm。

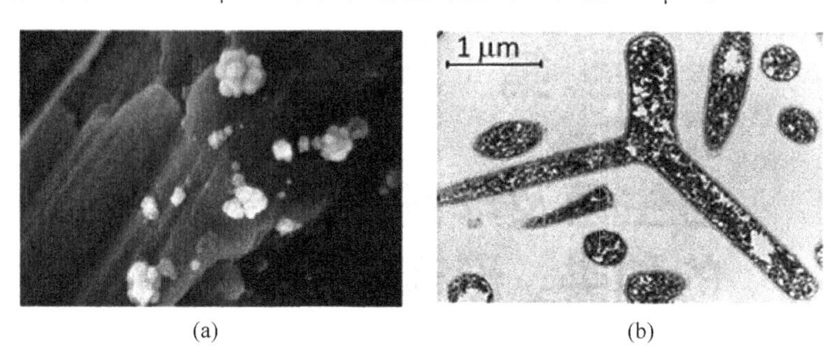

(a) (b)

图 5-2 古生菌的形态、大小

(a) 生长在辉钼矿上硫化裂片菌；(b) 热变形菌

引自：Joanne M W, et al. Prescott's Microbiology, 8th ed. McGraw-Hill, 2010.

5.1.3 古生菌的结构

1. 细胞壁

古生菌细胞壁的主要化学成分是假胞壁质、糖蛋白、多聚糖和蛋白质；细胞壁不含胞壁酸(细菌细胞壁含胞壁酸)；细胞壁中的氨基酸全为 L-型(细菌细胞壁中的氨基酸全为 D-型)。

2. 细胞膜

大部分古生菌的细胞外膜由单个蛋白质或者糖蛋白表层(S 层)直接附在细胞膜上，而不是像细菌那样附在细胞壁上。泉古生菌的 S 层和质膜之间有 20～70nm 的距离，广古生菌的 S 层和质膜之间的距离是 10～15nm。但一些产甲烷的广古生菌门的一些种类，比如嗜盐球菌属和嗜盐碱单胞菌属含有假肽聚糖(一种与 L-氨基酸交叉连接的肽聚糖样聚合物)。产甲烷八叠球菌含有一种类似动物结缔组织的硫酸软骨素的多糖。一些丝状产甲烷菌有蛋白鞘。

浆果状火球菌属是目前已知的唯一含有外膜的古生菌。它是一种超嗜热菌，常常与生长在它的外膜上的更小的古生菌——纳古菌一起生活。浆果状火球菌缺乏 S 层，但是周质较宽，且周质上面分布有孔道。这些孔道与外膜融合在一起，似乎与培养基相通，至于这些孔道是否用于与纳古菌相互作用则并不十分清楚。

古生菌的膜脂结构很特殊。许多古生菌必须要能够在高温或者高渗透压下保持细胞膜的完整性。古生菌的细胞膜对离子的通透性要比细菌差。如图 5-3，细菌和真核生物细胞膜上的支链碳水化合物与甘油之间采用酯键相连，而古生菌则采用醚键相连。脂肪连接上去时的立体化学结构也不相同。嗜盐古生菌和大部分嗜温古生菌合成 C_{20} 二醚脂质侧链，并与细菌和真核生物一样形成膜脂双层。嗜温古生菌有时将 2 个甘油基团连接起来形成含有 40 个碳原子的长四醚。而且，古生菌还能将支链连接起来形成环戊环以调节链的长度。这些环在细胞膜内密集地层叠在一起，这样使它们在高温环境中能保持稳定。事实上，当环境中温度升高时，嗜热古生菌细胞膜内环戊环的数量和四醚侧链对二醚侧链的比值也会随之上升。以四醚侧链为主的细胞膜的通透性比二醚侧链为主的细胞膜的通透性要小，因此，可以防止体内离子的丢失。这种包含环戊环的脂质在非嗜热古生菌泉古生菌中也有发现。古生菌的这种特有的脂质称为古菌脂类。古菌脂类可以用于自然环境中存在有泉古生菌存在的生物标记。极性磷酸酯、硫酸酯、甘油酯在古生菌的细胞膜中也存在。

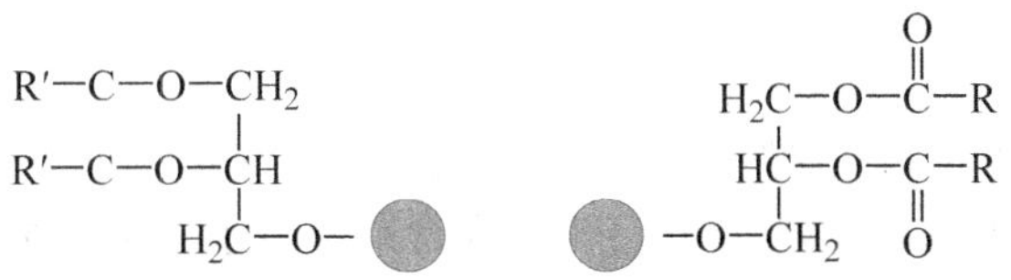

R′—C—O—CH_2
R′—C—O—CH
H_2C—O—

O
H_2C—O—C—R
HC—O—C—R
—O—CH_2　O

(a)　(b)

图 5-3　古生菌与细菌细胞膜成分的区别
(a) 古生菌细胞膜：醚键；(b) 细菌细胞膜：酯键
引自：Joanne M W, et al. Prescott's Microbiology, 8th ed. McGraw-Hill, 2010.

5.1.4　古生菌的热稳定性

古生菌能够在非常高温度的条件下生长引起了科学家们广泛的兴趣。古生菌具有适应高温的细胞膜，这在之前我们已经讨论过。这部分我们重点讨论古生菌体内蛋白质的热稳定性，因为热稳定蛋白酶在工业上具有很高的利用价值。嗜热菌采取了几种方法来增加蛋白质的严谨性，包括增加蛋白核的疏水性、蛋白质表面与离子相互作用的数量和离子堆积密度，引入额外的氢键和简短表面环的结构。氨基酸序列微小的改变就能产生这些变化。例如，热稳定蛋白中缬氨酸、谷氨酸和赖氨酸盐的含量较高，而它们的残基含量缺较少。而且，在温度特别高的时候，嗜热菌产生一种特异的分子伴侣对那些部分变形了的蛋白质进行重新折叠，使其恢复原始功能。

古生菌采取多种方式防止 DNA 在高温条件下变性。古生菌通过一种反向 DNA 旋转酶引入正性超螺旋而不是负性超螺旋到 DNA 链上。正性超螺旋迅速增加 DNA 的热稳定性。实际上，反向 DNA 旋转酶仅仅发现于超嗜热菌体内。一些超嗜热菌也通过增加细胞质的溶质浓度来增加热稳定性，因为这样能够阻止高温时嘌呤和嘧啶的丢失。古生菌体内的组氨酸也认为能够增加基因组的热稳定性。

通过超级嗜热菌的不断被发现，生物体对温度适应的上限还未能被确认。几年前，一株来源于太平洋底热液喷口的泉古生菌在 130℃下培养 2h 仍然保持活性。因此，有科学家估计，地球上生物耐热的最高温度为 140～150℃之间，因为超过 150℃，生物体内的大分子，比如 ATP 变得非常不稳定。

5.1.5　古生菌的分类

在分类学上，古生菌被归入古生菌域。按照 Woese 等建立的 RNA 系统发育树，古生菌域分为泉古生菌界、广古生菌界和初生古生菌界。但在《伯杰氏系统细菌学手册》(第2版)中，古生菌域只有泉古生菌界和广古生菌界，初生古生菌界因没有分离培养菌株而未被列入，具体分类见图 5-4。几乎目前常见的产甲烷菌、硫酸盐还原菌、极端嗜盐菌以及极端嗜热硫代谢菌均属于广古生菌门。

古生菌域
- 泉古生菌界→泉古生菌门：热变形菌纲(Thermoprotel)
- 广古生菌界→广古生菌门：产甲烷杆菌纲(Methanobacterla)、产甲烷火菌纲(Methanopyrl)、热原体纲(Thermoplasmata)、古生球菌纲(Archaeoglobl)、产甲烷球菌纲(Methanococcl)、盐杆菌纲(Halobacteria)、热球菌纲(Thermococcl)

图 5-4　古生菌的分类

1. 泉古生菌门

大多数泉古生菌极端嗜热、嗜酸，代谢硫。硫在厌氧呼吸中作为电子受体和无机营养的电子源。它们多数行严格的厌氧生活，多生长在含硫地热水或土壤中(如美国的黄石国家公园的富硫温泉)。还有许多超嗜热菌来源于海底火山活动的硫质喷气孔周围(最著名的是太平洋东北部的活性热液喷口)，从该处新分离出了一株古生菌，该菌的最佳生长温度为105℃，在121℃高压1h也不能将其杀死。该菌归于热网菌科，严格厌氧，使用三价铁作为终端电子受体，使用氢和甲酸盐作为电子供体和能源。

到至今为止，发现的泉古生菌有25个属，两个研究最多的是硫化叶菌属和热变形菌属。硫化叶菌属细菌为革兰氏阴性，好氧，不规则叶状或球状，最佳生长温度在80℃，最佳生长pH值为2～3，因此，该属菌也称为极端嗜热嗜酸菌。它们的细胞壁含有脂蛋白和糖类。它们在有氧条件下营异养生活，但是它们也能利用有机化合物，氧化氢、硫化氢和硫化铁，大多数以氧为终端电子受体，但有使用三价铁作为电子受体的。叶硫菌属的3株菌均已经完成全基因组测序和基因的命名。它们的基因组有很大的可塑性，其中一株嗜超高温古菌的基因组有200个完整的插入序列。尽管它能在pH 2～4之间生长，但是其细胞质的pH为6.5，因此，细胞质膜内外产生了一个大的pH梯度。这种质膜内外的势能以ATP的形式通过膜结合ATP合成酶得以保留，并且至少有15种二级转运系统偶合有机质(比如糖类)与质子一起移动。ABC转运子也用于摄取营养物质，它们具有很高的底物亲和力，这使得微生物在低营养条件下得以生存而非常重要。当微生物的异养能力增加的时候，糖类通过非磷酸化的ED途径和一个完成的TCA循环被氧化。与其他微生物不同的是，这株嗜超高温古菌很少利用NAD^+作为电子受体，而是利用$NADP^+$和依赖铁氧化还原蛋白的氧化还原酶。

热变形菌是一类瘦长的杆菌，且能弯曲和分支。它的细胞壁由糖蛋白组成。好氧，适宜生长温度为75～100℃。一些菌株嗜酸，最佳pH值为3～4，但有些菌株是中性菌。它们被发现于温泉和富含硫的热水生生境。它们进行有机异养生活方式，氧化葡萄糖、氨基酸、乙醇和有机酸。当进行厌氧呼吸的时候，它们使用硫作为电子受体。它们还能进行化合光能异养活动，并以S^0作为电子受体来氧化氢。以CO_2作为唯一的碳源，并以还原性TCA循环进行整合。

通过对环境样品中的古菌脂类和DNA序列分析可以发现，含有古菌脂类的泉古生菌在自然界中广泛存在。由于能够进行纯培养的微生物数量非常少，因而，利用分子生物学手段分析环境中的微生物群体来真正了解微生物的分化具有非常重要的作用。有证据表明，从两极到温带以及热带海洋的浮游生物中有大量的泉古生菌。泉古生菌也存在于稻田、土壤以及淡水湖的底泥中。目前已经从冷水海参和海绵中分离出了2株共生古生菌。通常它们被称为1型古生菌或者嗜温泉古生菌，但是比较基因组学结果表明这些微生物也许属于一个单独的古生菌门。

通过对一株海洋泉古生菌 *Nitrosopumilus maritimus* 的分离鉴定发现，古生菌能够进行硝化作用。它们这种能力的获得有可能是土壤或者海水中大片段DNA序列直接插入至该细菌的DNA中。*Nitrosopumilus maritimus* 以氧为终端电子受体将氨氧化为亚硝酸盐来获得能量。氨氧化亚硝酸盐的第一步是将氨转化成氨水，此步反应由氨单氧化酶催化。该氨单氧化酶由AmoA、AmoB、AmoC三个亚基组成。从亲缘进化分析，古生菌的 *amo* 基因与细菌的该基因距离较远。并且通过对细菌和古生菌的氨氧化作用分析表明，嗜热古生菌的氨氧化作用可能比细菌的氨氧化作用还要重要一些。

2. 广古生菌门

1) 产甲烷菌

产甲烷菌(methanogens)是一群能够利用一碳或二碳化合物产生甲烷的古生菌。由于它们能够产生甲烷，故而得名。一些产甲烷菌的形态如图5-5所示。

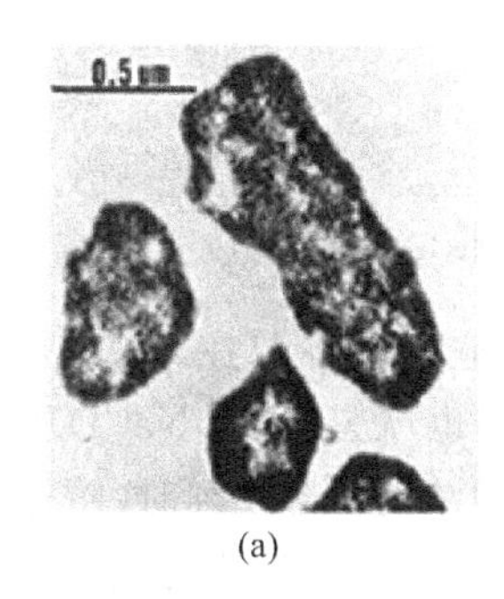

(a)

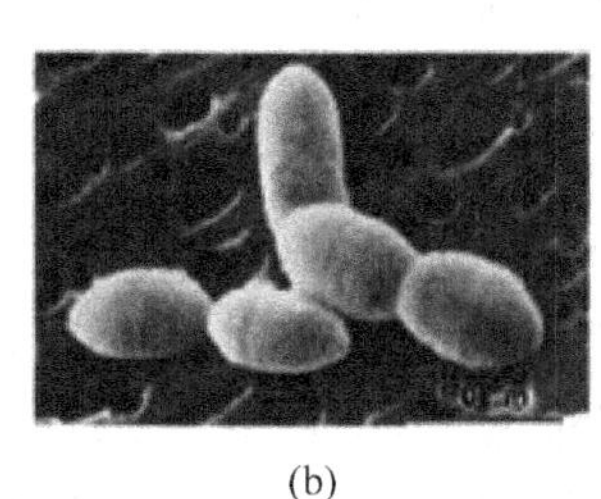

(b)

(c)

图5-5　常见产甲烷菌

(a) 黑海产甲烷菌(*Methanogenium marishigri*)；(b) 史氏产甲烷短杆菌(*Methanobrevibocter smithill*)；(c) 马氏产甲烷八叠球菌(*Methanosarcina mazei*)

引自：Joanne M W, et al. Prescott's Microbiology, 8th ed. McGraw-Hill, 2010.

在产甲烷菌的5个目中，只有最近的一些成员有细胞色素和甲烷吖嗪(一种甲基萘醌类物质)，比如甲烷八叠球菌属(*Methanosarcinales*)。大部分甲烷八叠球菌属成员的底物范围广，包括甲酸盐、甲醇和甲胺，也有部分甲烷八叠球菌属能够利用 H_2 和 CO_2。这些古生菌每利用1mol CH_4 可以产生7g干细胞物质。相反，其他4个目的成员大部分只能利用 H_2 和 CO_2 来产生甲烷，仅有少部分可以利用甲酸盐来生产甲烷。这些古生菌成员每利用1mol CH_4 只能产生1.5～3g干细胞物质。

由于甲烷是一种清洁能源，所以产甲烷菌具有很大的应用与经济价值。厌氧微生物将污泥的颗粒物降解为 H_2、CO_2 和甲酸盐。CO_2 还原甲烷菌利用 H_2 和 CO_2 合成甲烷，而乙酸营养型甲烷菌则将甲酸盐分解为 CO_2 和 CH_4(大约三分之二的甲烷是由甲酸盐分解而来)。1kg有机物可以产生600m^3(标准状态)的甲烷。在今后的研究当中，如何提高甲烷产生效率非常重要。据估计，每年大概有10亿吨甲烷产生。甲烷产生的速度非常快，以至于有时能看到甲烷泡从湖泊或者池塘中冒出。反刍动物瘤胃的甲烷产生菌也很活跃，估计一头牛每天可以产生约200～400L甲烷。甲烷产生也被认为是一个环境问题。甲烷能够吸收环境中的红外线，比 CO_2 具有更强的温室效应。在过去的200年里，大气中的甲烷浓度一直在上升，甲烷的产生有可能明显地促成了全球变暖。

2) 嗜盐菌

嗜盐菌科下含有17个嗜盐菌属，大部分好氧呼吸，底物范围广。第一株嗜盐菌于1880年从腌鱼中分离得到，且营养成分非常复杂。最近分离到的一些嗜盐菌能在固定的培养基中生长良好，可以利用碳水化合物或简单的化合物(比如甘油、甲酸盐或者丙酮酸盐)作为碳源。有的具有运动性，有的不能运动。形态也各异，除了常见的杆菌和球菌外，还有立方体形和金字塔形，如图5-6。

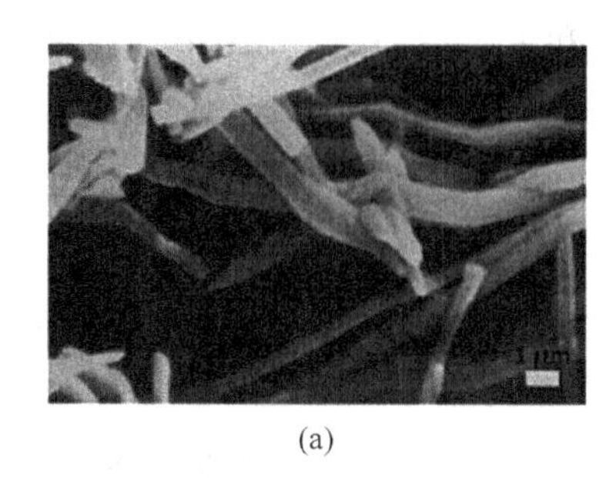
(a)

(b)

图 5-6 嗜盐菌的形态大小

(a) 盐杆菌(*Halobacterium salinarium*);(b) *Haloquadratum waistyi*

引自:Joanne M W,et al. Prescott's Microbiology,8th ed. McGraw-Hill,2010.

该种属古生菌的主要特征是对高浓度 NaCl 的依赖性。它们至少要在 8%的盐浓度中才能生长,最佳生长盐浓度为 17%~23%,甚至在饱和盐水(也就是 36% NaCl)中也能生长。嗜盐菌的细胞壁对盐的依赖性非常高,当环境中 NaCl 的浓度低于 8%时,嗜盐菌的细胞壁就碎裂。因此,嗜盐菌必须生活在高盐环境中,比如死海。嗜盐菌通常有类红萝卜素导致的由红到黄色的色素沉着,这样也许是用来防护强太阳光的照射。而且嗜盐菌体内色素浓度很高,以至于含有这些古生菌的盐湖或者腌鱼的颜色都变成了红色。

嗜盐菌使用两种方法来适应外界高浓度的渗透性应激。第一种方法是通过聚集称之为相容性溶质的小有机分子来增加细胞质的同渗容摩,这些相容性溶质包括三甲铵乙内酯、多元醇、四氢嘧啶和氨基酸。当嗜盐菌采用此方法来适应外界高浓度的渗透性应激时,就不需要细胞质的蛋白质对高浓度盐进行适应。在极端嗜盐产甲烷古生菌和嗜盐菌体内均发现了相容性溶质。第二种方法是采用"盐溶"的方法。采用"盐溶"方法的古生菌使用 Na^+/H^+ 逆向转运体和 K^+ 同向转运体来浓缩 KCl 和 NaCl,使之在体内的浓度与外界环境中的一致。因此,蛋白质需要被保护以免遭致盐变性和脱水。这些微生物体内的蛋白质通过长时期的进化之后仅含有少量的疏水氨基酸和大量的酸性残基。这些酸性氨基酸常常位于折叠蛋白质的表面,吸引阳离子,在蛋白质的周围形成一个水化层,因而保持该蛋白质的水溶性。

嗜盐菌中研究得最多的是盐杆菌(*Halobacterium salinarium*)。该古生菌因其产生一种能够在没有叶绿素的情况下利用光能的细菌视紫红质蛋白而非同寻常。盐杆菌有三种附加的视紫质,每一种都具有不同的功能。盐杆菌利用光能将氯离子转运进细胞内,且保持细胞内 KCl 的浓度为 4~5mol/L。2 种附加的视紫质分别是感官视紫红质Ⅰ和感官视紫红质Ⅱ。感官视紫红质充当光的受体,在这种情况下,一种负责红光,一种负责蓝光。它们控制鞭毛活动来最佳定位器官在水柱中的位置。如果盐杆菌移动至缺少紫外的强光区将会致其死亡。

嗜盐菌 NRC-1 的基因组信息表明,由于阳离子的进入增加了细胞质的渗透压,因而其体内 ATP 合成的方式有两种,一种是变形菌视紫质介导的质子驱动力,另一种是氧化磷酸化。感应视紫质的信号传递给鞭毛器,同时输入 17 甲基-接受蛋白。嗜盐菌通过一系列 ATP 转运子来吸收阳离子氨基酸、肽和糖类。碳水化合物通过改变了的 ED 途径和 TCA 循环中的磷酸化而被氧化。有趣的是,负责运出毒性重金属亚砷酸盐和镉的基因以及非特异性多耐药基因也都存在于嗜盐菌体内。

3）热质体

热质体纲的古生菌属于缺乏细胞壁的嗜热嗜酸菌，目前已知的有三个属，由于这三个属的古生菌差别非常明显，因此，分属于三个不同的纲。热质体属古生菌生长于煤矿堆垃圾中，这些煤矿堆垃圾中含有大量的黄铁矿（FeS），这些黄铁矿被微生物氧化成硫酸。因此，这种煤矿堆垃圾变得非常热，且呈酸性。这是热质体属古生菌理想的栖息地。因为该属古生菌在 55～59℃和 pH 为 1～2 的环境中生长最好。尽管没有细胞壁，它的质膜却很结实，里头含有大量的缩二甘油四醚、含有多糖的脂质以及糖蛋白。此属古生菌的 DAN 在古生菌组蛋白的作用下将 DNA 浓缩成真核生物样的核质，使其非常稳定。在 59℃时，热质体属古生菌呈不规则纤维状，而在低温时呈球形。也许长有纤维，能够运动。

嗜酸菌属最初分离于日本的一个非常热的硫质喷口。在其质膜外有 S 层，呈不规则状球形，直径约为 1～1.5μm，且有一个大的没有膜包被的胞腔。好氧，适宜温度为 47～65℃，最佳温度为 60℃。它的一个最主要的特征是对 pH 值的要求，通常只有在 pH 值为 3.5 以下才能生长，最佳生长 pH 值为 0.7，甚至在 pH 值为 0 时也能生长。

5.2　病毒

非细胞型微生物是指没有细胞结构的微生物，包括病毒和亚病毒因子。病毒（Virus）是一类体积微小，没有细胞结构，但有遗传、变异、增殖、侵染等生物特征的分子生物。其本质是一类含有 DNA 或 RNA 的特殊遗传因子。与质粒等一般遗传因子不同的是，病毒是一类能以感染态和非感染态两种形式存在的病原体，它们既可通过感染宿主并借助其代谢系统大量复制自己，又可在离体条件下，以生物大分子状态长期保持其感染活性。2005 年，国际病毒分类委员会（International Committee for Taxonomy of Viruses，ICTV）对病毒的分类和命名作了规范，并建立了统一的病毒分类系统。目前有记载的病毒为 3 目，73 科，11 亚科，289 属，1950 种。

5.2.1　病毒的大小、形态及特点

病毒形体微小，直径为 10～400nm。口蹄疫病毒（foot-and-mouth disease virus，FMDV）的直径为 22nm，略大于核糖体，痘苗病毒的体积为 100nm×200nm×300nm，接近细菌的体积。已知最大的病毒是 2003 年法国学者在变形虫体内发现的似菌病毒，其直径为 400nm，含 80 万 bp 的 DNA，以及 2010 年加拿大学者发现的海洋原生动物病毒，其含有 73 万 bp 的 DNA。已知最小的病毒是猪圆环病毒和长尾鹦鹉喙羽病毒，其直径为 17nm。大多数病毒不能在光学显微镜下看到，只能借助电子显微镜观察，因此称为“超显微”生物。另外，由于病毒能够穿过细菌滤器，因此，也被称为“滤过性”生物。

由于病毒是一类非细胞生物体，故单个病毒个体不能称做“单细胞”，这样就产生了病毒粒或病毒体这个名词。病毒粒有时也称病毒颗粒或病毒粒子，专指成熟的、结构完整的和有感染性的单个病毒。病毒的形态有球形、卵圆形、砖形、杆状、丝状、蝌蚪状等。一些代表性病毒的形态和大小如图 5-7。

病毒的特性有：①形体极其微小，一般都能通过细菌滤器，必须在电镜下才能观察；②没有细胞构造，其主要成分仅为核酸和蛋白质两种；③每一种病毒只含一种核酸，DNA

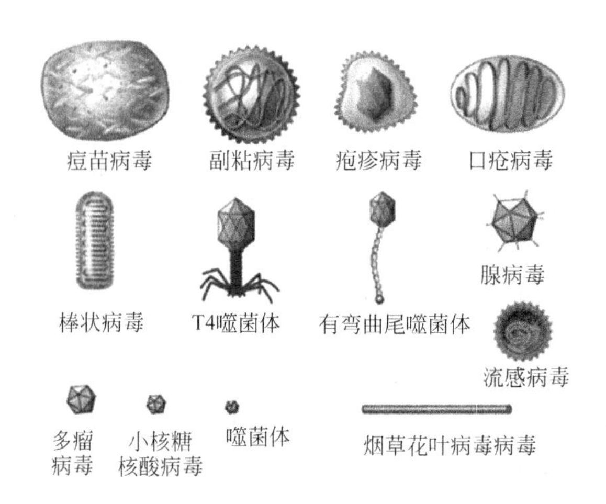

图 5-7　病毒的形态和大小

引自：Joanne M W，et al. Prescott's Microbiology，8th ed. McGraw-Hill，2010.

或 RNA；④既无产能酶系，也无蛋白质和核酸合成酶系，只能利用宿主活细胞内现成代谢系统合成自身的核酸和蛋白质组分；⑤以核酸和蛋白质等“元件”的装配实现其大量繁殖；⑥在离体条件下，能以无生命的生物大分子状态存在，并可长期保持其感染活力；⑦对一般抗生素不敏感，但对干扰素敏感；⑧有些病毒的核酸还能整合到宿主的基因组中，并诱发潜伏性感染。

5.2.2　病毒的组成和结构

病毒的化学组成有蛋白质和核酸，个体大的痘病毒等还含类脂质和多糖。核酸（nucleic acid）和衣壳（capsid）是病毒的基本结构，如流感病毒的结构图 5-8。核酸为 DNA 或 RNA，每种病毒只含一种核酸。核酸决定病毒的遗传、变异和感染力。衣壳由衣壳粒（capsomers）组成，衣壳粒的化学成分是蛋白质。衣壳主要起保护病毒的作用，也与病毒的致病力有一定的关系。核酸与衣壳合称为核衣壳（nucleocapsid）。由核衣壳构造而成的病毒粒子，称为简单病毒粒子。由核衣壳和包膜构造而成的病毒粒子，称为复合病毒粒子。包膜的化学成分是脂质和糖蛋白。

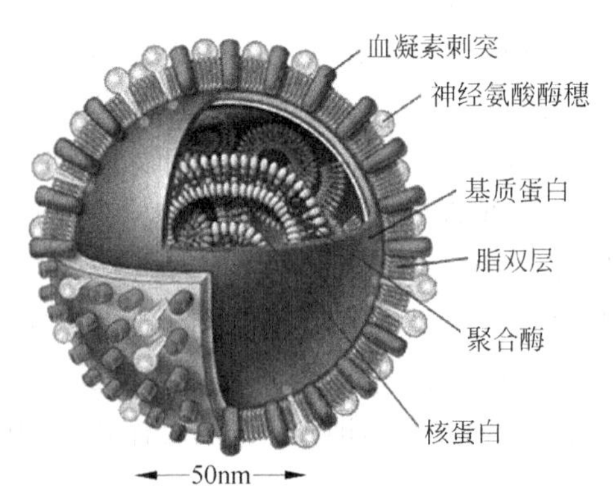

图 5-8　流感病毒的结构

引自：Joanne M W，et al. Prescott's Microbiology，8th ed. McGraw-Hill，2010.

由于衣壳中衣壳粒的排列方式不同，病毒呈现三种不同的立体结构，如图 5-9。①螺旋对称（呈螺旋状排列），如烟草花叶病毒（tobacco mosaic virus）、流感病毒（influenza viruses）、狂犬病毒（rabies virus）；②立体对称（呈 20 面体排列），如腺病毒（adenovirus）、疱疹病毒（herpes virus）、脊髓灰质炎病毒（pliovirus）；③复合对称（头部呈立体对称，尾部呈螺旋对称），如大肠杆菌 T 系噬菌体。

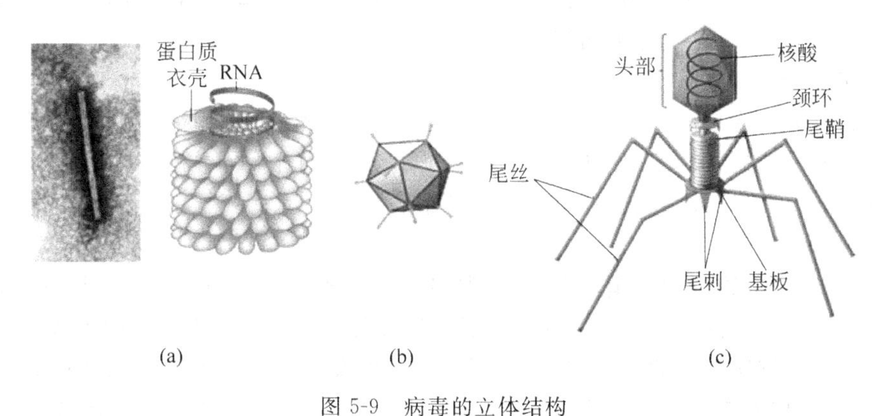

图 5-9　病毒的立体结构

(a) 烟草花叶病毒；(b) 腺病毒；(c) T4 噬菌体

引自：Joanne M W, et al. Prescott's Microbiology, 8th ed. McGraw-Hill, 2010.

5.2.3　病毒的分类

1. 按基因的类型分

病毒的基因组主要有四种：单链 DNA、双链 DNA、单链 RNA 和双链 RNA，如图 5-10。在动物病毒中这四种形式的 DNA 都有，大部分的植物病毒为单链 RNA，大部分细菌病毒为双链 DNA。

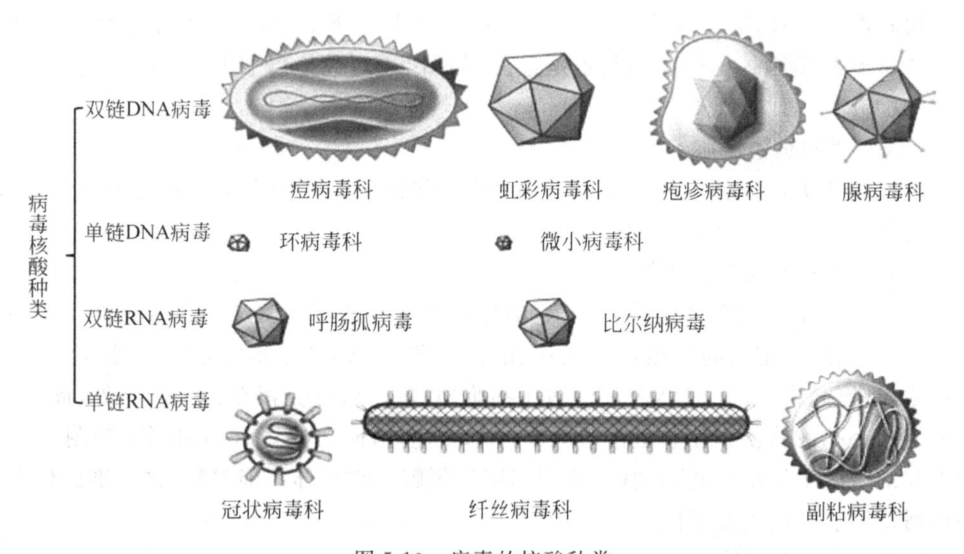

图 5-10　病毒的核酸种类

引自：Joanne M W, et al. Prescott's Microbiology, 8th ed. McGraw-Hill, 2010.

2. 按病毒的宿主分

1) 原核生物病毒——噬菌体

噬菌体即原核生物的病毒,包括噬细菌体、噬放线菌体和噬蓝细菌体等,它们广泛地存在于自然界,凡有原核生物活动之处几乎都发现有相应噬菌体的存在。据 Ackerman(1987年)的统计,已作过电镜观察的噬菌体至少有 2850 株,其中有 2700 株是属于蝌蚪状的。噬菌体的种类很多,主要有 6 种不同的形态。

2) 植物病毒

植物病毒大多为单链 RNA 病毒,基本形态为杆状、丝状和球状,一般无包膜。植物病毒对宿主的专一性通常较差,如 TMV 就可侵染十余科、百余种草本和木本植物。已知的植物病毒有 700 余种,绝大多数的种子植物都易患病毒病。

3) 脊椎动物病毒

在人类、哺乳动物、禽类、爬行类、两栖类和鱼类等各种脊椎动物中,广泛寄生着相应的病毒。目前研究得较深入的仅是一些与人类健康和经济利益有重大关系的少数脊椎动物病毒。已知与人类健康有关的病毒超过 300 种,与其他脊椎动物有关的病毒超过 900 种。目前,人类的传染病有 70%~80%是由病毒引起的,且至今对其中的大多数还缺乏有效的对付手段。常见的病毒病有流感、狂犬病、艾滋病等。此外,在人类的恶性肿瘤中,约有 15%是由于病毒的感染而诱发的,例如,我国妇女有 85%宫颈癌是由人乳头瘤病毒所诱发的。而且,许多病毒病是人畜共患病。在人类的病毒病中,最严重的当推自 1981 年在美国出现,接着很快开始在全球流行、被称做“世纪瘟疫”的获得性免疫缺陷综合征,即艾滋病。据联合国有关部门的统计(2007 年底),自艾滋病发现至今的 20 余年中,已经约有 3000 余万人死亡。引起艾滋病的病毒为人类免疫缺陷病毒。

5.2.4 病毒的繁殖

动物病毒、植物病毒和噬菌体在吸附、入侵方式上有所不同,复制基本相似。此处以大肠杆菌 T 系偶数噬菌体为例介绍其繁殖过程,如图 5-11,包括以下五步:吸附、侵入、复制、组装、释放。

(1) 病毒吸附宿主细胞

大肠杆菌 T 系噬菌体以它的尾部末端吸附到敏感细胞表面上某一特定的化学成分,如细胞壁的脂多糖、蛋白质和磷壁质。

(2) 病毒核酸侵入宿主细胞

侵入方式以 T 系噬菌体最为复杂,它的尾部借尾丝的帮助固定着在敏感细胞的细胞壁上,尾部的酶水解细胞壁的肽聚糖形成小孔,尾鞘消耗 ATP 获得能量而收缩,将尾髓压入宿主细胞内,尾髓将头部的 DNA 注入宿主细胞内,蛋白质外壳留在宿主细胞外,此时,宿主细胞壁上的小孔被修复。在非正常情况下,大量的噬菌体会在短时期内同时吸附一个宿主细胞引起细胞产生许多小孔而裂解,这叫细胞外裂解。噬菌体不能繁殖,这与细菌体在宿主细胞内增殖所引起的裂解不同。

(3) 新病毒蛋白和核酸的合成

噬菌体侵入宿主细胞后,立即引起宿主的代谢改变,抑制宿主细胞内的 DNA、RNA 和蛋白质合成,宿主的核酸不能按自身的遗传特性复制和合成蛋白质,而由噬菌体核酸所携带

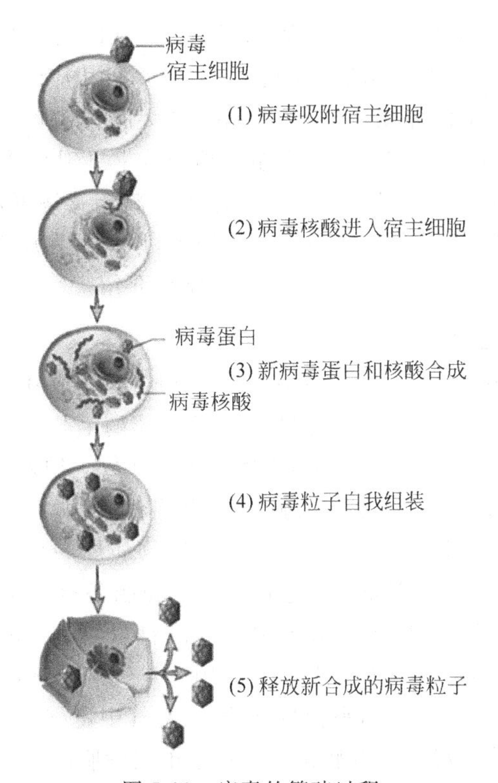

图 5-11　病毒的繁殖过程

引自：Joanne M W, et al. Prescott's Microbiology, 8th ed. McGraw-Hill, 2010.

的遗传信息控制，借用宿主细胞的合成机构如核糖体、mRNA、Trna、ATP 及酶等复制核酸，进而合成噬菌体的蛋白质和核酸。

（4）病毒粒子的自我组装

新病毒的蛋白和核酸聚集合成新的噬菌体，这过程叫装配。大肠杆菌噬菌体 T4 的装配过程如下：先合成 DNA 的头部，然后合成尾部的尾鞘、尾髓和尾丝，并逐个加上去就装配成一个完整的新的大肠杆菌噬菌体 T4。

（5）宿主细胞裂解和成熟噬菌体粒子的释放

噬菌体粒子成熟后，噬菌体的水解酶水解宿主细胞壁而使宿主细胞裂解，噬菌体被释放出来重新感染新的宿主细胞，一个宿主细胞可释放 10～1000 个噬菌体粒子。

5.2.5　病毒的培养

病毒是专性寄生在活的敏感宿主细胞内才能生长繁殖的超微生物。因此，病毒的培养基要求苛刻，专一性强。其敏感细胞要具备如下条件：①必须是活的敏感动物或是活的敏感动物组织细胞；②能提供病毒附着的受体；③敏感细胞内没有破坏特异性病毒的限制性核酸内切酶，病毒进入细胞可生长繁殖。

不同种类的病毒的培养基是不同的。脊椎动物病毒的培养基有：人胚组织细胞（如人胚肾、肌肉、皮肤、肝、肺、肠等器官的细胞）；人组织细胞（如扁桃体、胎盘、羊膜、绒毛膜等）；人肿瘤细胞（如 Hela 细胞、Hep-2 细胞、上皮癌细胞等）；动物组织细胞（如猴肾和心脏、兔肾、猪肾细胞等)；鸡、鸭胚细胞；敏感动物(如猴、兔、小白鼠、豚鼠等)，脑炎病毒最宜选用幼龄小白鼠作敏感动物。植物病毒的培养基：与植物病毒相应的敏感植株和敏感的植物组织。噬菌体的培养基：与噬菌体相应的敏感细菌，如大肠杆菌噬菌体用大肠杆菌培养。动物病毒的培养方法有动物接种、鸡胚接种和组织培养技术。现在动物接种很少用，仅柯萨奇A病毒组(肠病毒)的分离仍采用此法。鸡胚常用于分离流感病毒，鸡胚的羊膜腔和尿囊腔用作常规注射部位，如痘病毒被注射入绒毛尿囊膜上，以呈现在尿囊膜表面的痘斑或痘疱进行计数。现在，组织培养技术已经广泛应用，下面略作介绍。

1. 动物病毒的空斑试验

(1) 单层细胞的制备和培养　用无菌小刀将动物组织切成0.5～1mm^3的小块，用平衡盐溶液(Hank's或Earle's)洗涤数次，加体积分数5%胰酶消化10～15min，将细胞浆的"间质蛋白"水解，使细胞分散，将胰酶冲洗掉，吹散细胞并计数。加入含牛血清的生长液，分装，保持37℃温度，培养2～3d即长成单层细胞，以备培养病毒用。还可经传代后再培养病毒。

(2) 病毒样品的采集与制备　病毒存在于动、植物病灶的组织、体液、分泌物、粪便、污水、地表水等处。病毒样品有三种状态，它们的采集和制备有所不同。固体病毒样品采得后，加液体培养基制成悬液，以10000r/min离心，去杂质，取其上清液备用。液体培养基则直接以10000r/min离心，去杂质，取其上清液备用。空气病毒样品采用真空泵抽至长有宿主菌的平板上，或是将长有宿主菌的平板打开盖，在空气中暴露30～60min以收集。

(3) 动物病毒的接种与观察　将病毒悬液置于单层细胞的表面，经适当时间孵育，使病毒最大限度地吸附在宿主细胞上。再将软琼脂或羧甲基纤维素注入铺在单层细胞表面，再经一定时间培养，结果在单层细胞上呈现出空斑。以出现的空斑数判断病毒数n_{PFU}。所谓空斑是指原代或传代单层细胞被病毒感染后，一个个细胞被病毒蚀空成空斑(亦称蚀斑)，如图5-12。一个空斑表示一个病毒。所以，通过病毒空斑单位的计数可知单位体积中含有的病毒数。

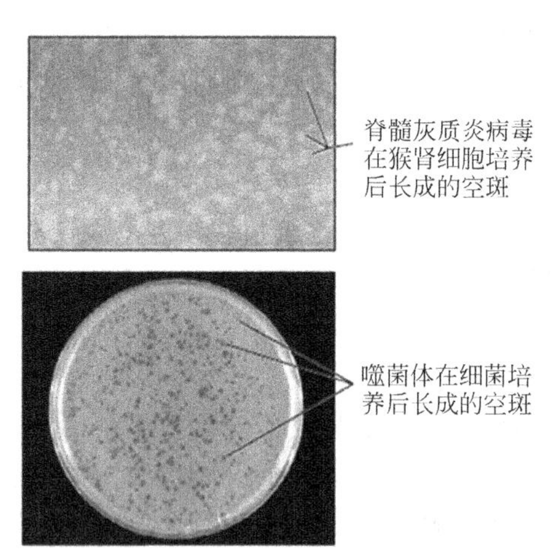

图5-12　病毒空斑

引自：Joanne M W, et al. Prescott's Microbiology, 8th ed. McGraw-Hill, 2010.

(4) 具体培养方法　用Hank's液洗涤经培养24～48h的单层细胞，然后接种病毒样品，在37℃恒温箱中吸附1h，在吸附期的中间摇动一次，然后加营养琼脂培养基覆盖，置

37℃恒温箱培养24h后加质量分数为0.2%的中性红继续培养至空斑出现位置，取出计算。

2. 系列稀释终点

将病毒稀释成一系列稀释悬液，然后接种到含宿主细胞的培养管中，或接种到敏感的动物体内，经适当的温度培养后，借助显微镜观察细胞形态的改变，并观察培养管的变化，由浑浊转变至清。还可观察感染动物出现死亡、瘫痪或其他病变。计下每个系列稀释液阳性样品的百分率和病毒的稀释度，作图即可得到病毒的滴度或终点。所谓病毒的滴度是指：能产生培养管中50%的细胞病理效应的最高病毒稀释度，称为组织培养感染剂量。若是敏感动物则用使50%的敏感动物发生变化的感染剂量或引起50%敏感动物死亡的致死剂量表示病毒的滴度。

5.2.6 病毒的危害与作用

1. 病毒的危害

1）产生疾病

病毒寄生在生物体内，破坏生物机体，引起人类以及与人类密切相关的动、植物疾病，甚至死亡，如引起水痘、天花、流感、艾滋病等。2002年引起全球关注的非典型肺炎的传播与蔓延以及2005年流行的禽流感，甚至人患禽流感，都是由病毒引起的。

2）危害工农业等的生产

发酵工业的乳制品、酶制剂、氨基酸、有机溶剂、抗生素和菌肥等生产发生噬菌体污染，导致发酵异常、倒罐，使工业生产遭到严重损失。

2. 病毒的作用

1）预防疾病

病毒可以制备成各种流行疾病的疫苗，注射入人体内产生抗体，增强人体的免疫力，使人得以免患该疾病。还可以利用昆虫病毒和噬菌体预防、治疗和控制动、植物疾病。近20年来，利用昆虫病毒防治农作物和林业虫害已成为国内外生物防治的一个重要发展方向。HaSNPV是棉铃虫特异性病原病毒，20世纪70年代由武汉病毒所分离，在1993年被登记注册为我国第一个昆虫病毒杀虫剂，用于棉铃虫的防治，在国际上具有较大的影响。用于生物防治的昆虫病毒还有赤松毛虫质型多角体病毒、棉铃虫和油桐尺蠖核型多角体病毒、菜粉蝶颗粒体病毒等病毒杀虫剂，都取得了较好的防治效果。昆虫病毒防治害虫具有高度特异性的宿主范围，一种昆虫病毒只对一种或几种特定的昆虫有致命性，不会对人类和其他生物造成危害。与化学杀虫剂相比，昆虫病毒杀虫剂具有不会污染环境、不会产生抗药性的优点。

2）噬菌体的作用

噬菌体应用的领域有医疗、发酵工业、水产养殖、畜禽养殖、农林业、环境保护等。具体的应用有：①用于细菌鉴定和分型；②分子生物学领域的重要实验工具和最理想的材料；③用于预防和治疗传染性疾病，主要用途是用于细菌感染的治疗，用各种噬菌体的混合制剂局部外用或口服治疗因耐抗生素等久治不愈的患者；④用于筛选抗癌物质和检测致癌物质；⑤测定辐射剂量；⑥检测人、动物和植物病原菌。

噬菌体也被用于环境保护，由于噬菌体比其他病毒较易分离和鉴定，花费少，环境病毒学已使用噬菌体作为模式病毒。噬菌体与动物病毒之间存在相似性和相关性，有人建议用噬菌体作为细菌和病毒污染的指示生物，故已被用于评价水和废水的处理效率。蓝细菌病毒广泛存在于自然水体，在世界各地的氧化塘、河流或鱼塘中已分离出蓝细菌病毒。由于蓝细菌可引起海洋、河流等水体周期性赤潮和水华，还产生毒素，毒死大量鱼虾，造成经济损失惨重，因而有人提出将蓝细菌的噬菌体用于生物防治，从而控制蓝细菌的分布与种群动态。还有人试图用浮游球衣菌噬菌体控制浮游球衣菌引起的活性污泥丝状膨胀。

5.3 亚病毒因子

凡在核酸和蛋白质两种成分中，只含其中之一的分子病原体或是由缺陷病毒构成的功能不完整的病原体，称为亚病毒因子(subviral agents)。其主要包含类病毒、拟病毒、卫星病毒、卫星 RNA 和朊病毒 5 类。其区别主要为：类病毒只含独立侵染性的 RNA 组分；拟病毒只含不具独立侵染性的 RNA 组分；卫星病毒为与真病毒伴生的缺陷病毒；卫星 RNA 只含与侵染无关的 RNA 组分；朊病毒只含单一蛋白质组分。本节只简单介绍类病毒、拟病毒和朊病毒。

1. 类病毒(viroid)

类病毒是一种小片段 RNA 分子，没有外壳，也没有包膜。它不编码任何多肽，其复制借助寄主细胞的 RNA 聚合酶催化。类病毒具有感染性。

20 世纪 70 年代初，美国学者 Dinener 在研究马铃薯纺锤形块茎病病原的过程中发现了第一个类病毒——马铃薯纺锤形块茎类病毒(potato spindle tuber viroid)。它是单链共价闭合的环状 RNA 分子，相对分子量约为 1.0×10^5，如图 5-13，能感染某些植物。迄今为止，已报道的类病毒有十几种，均发现于植物中。严格专性寄生，只有在宿主细胞内才表现出生命特征。

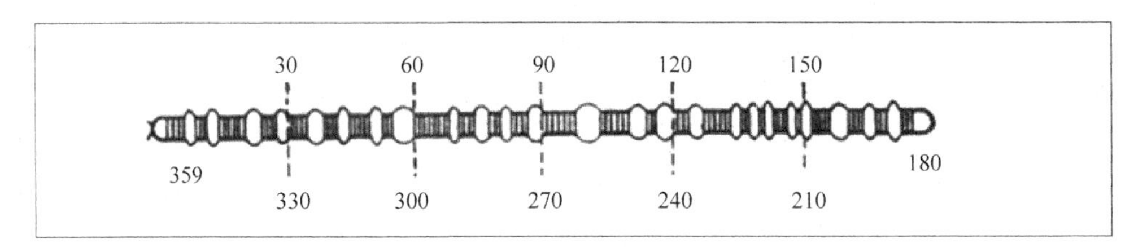

图 5-13 马铃薯纺锤形块茎类病毒的结构模型

引自：郑平. 环境微生物学，第 2 版. 浙江大学出版社，2012.

2. 拟病毒(virusoid)

拟病毒是指一类包裹在真病毒粒子中的有缺陷的类病毒。拟病毒极其微小，一般仅由裸露的 RNA(300～400 个核苷酸)组成。与拟病毒“共生”的真病毒又称辅助病毒(helper virus)，拟病毒的复制必须依赖辅助病毒的协助。同时，拟病毒也可干扰辅助病毒的复制和减轻其对宿主的病害，因此，可将它们用于生物防治中。

3. 朊病毒(prion)

朊病毒又称“蛋白侵染子”(prion，是 proteinacius infectious particles 的缩写)，是一类

不含核酸的传染性蛋白质分子，因能引起宿主体内现成的同类蛋白质分子（Prp^C，其中的“C”指 cellular）发生与其相似的感应性构象变化，从而可使宿主致病。由于朊病毒与以往任何病毒有完全不同的成分和致病机制，故它的发现是20世纪生命科学领域的一件大事。

朊病毒由美国学者 S. B. Prusiner 于1982年研究羊瘙痒病时发现。由于其意义重大，故他于1997年获得了诺贝尔奖。至今已发现与哺乳动物脑部相关的10余种中枢神经疾病都是由朊病毒所引起，诸如羊瘙痒病、牛海绵状脑病，以及人的克-雅氏病、库鲁病等。这类疾病的共同特征是潜伏期长，对中枢神经的功能有严重影响，包括引起脑细胞减少、大脑海绵状变性、神经胶质细胞和异常淀粉样蛋白质增多，从而引起神经退化性疾病。近年来，在酵母属（*Saccharomyces*）等真核微生物细胞中，也找到了朊病毒的踪迹。

朊病毒是一类小型蛋白质颗粒，约由250个氨基酸组成，大小仅为最小病毒的1%，例如羊瘙痒病朊病毒蛋白的相对分子量仅为$3.3\times10^4\sim3.5\times10^4$。据报道，其毒性很强，1g含朊病毒的鼠脑可感染1亿只小鼠。它与真病毒的主要区别为：①呈淀粉样颗粒状；②无免疫原性；③无核酸成分；④由宿主细胞内的基因编码；⑤抗逆性强，能耐紫外线辐射、杀菌剂和高温（经130℃处理4h后仍具感染性）。

目前已知朊病毒的发病机制都是因存在于宿主细胞内的一些正常形式的细胞朊蛋白发生折叠错误后变成了致病朊蛋白而引起的。翻译后的正常朊蛋白受致病朊蛋白的作用而发生相应的构象变化，从而转变成大量的致病朊蛋白。所以，正常和致病朊蛋白均来源于宿主中同一编码基因，并具有相同的氨基酸序列，所不同的只是其间三维结构相差甚远。不同种类或株、系的朊病毒，其一级结构和三维结构是不同的，这种差异是造成朊病毒病传播中宿主种属特异性和病毒株、系特异性的原因。但其感染和增殖机理目前尚不完全明确。

复习思考题

5-1　简述古生菌的特性。

5-2　古生菌包括哪几种？它们与细菌有什么不同？

5-3　何谓病毒？简述病毒的结构特征。

5-4　病毒的分类依据是什么？分为哪几类病毒？

5-5　病毒具有怎样的化学组成和结构？

5-6　叙述病毒的繁殖过程。

5-7　何谓病毒杀虫剂，它有何优缺点？其改进策略有哪些？

5-8　什么是亚病毒因子？类病毒、拟病毒、朊病毒各有何特征？

第6章 微生物的分子生物学基础

6.1 核酸是遗传物质及其结构

6.1.1 核酸是遗传物质

核酸是由许多核苷酸聚合成的生物大分子化合物，为生命的最基本物质之一。核酸广泛存在于所有动植物细胞、微生物体内。根据化学组成不同，核酸可分为核糖核酸(ribonucleic acid，RNA)和脱氧核糖核酸(deoxyribonucleic acid，DNA)。DNA 和 RNA 是生物的遗传物质主要是通过下面三个经典实验来证明的。

1. DNA 是细菌的遗传物质

1928 年，Frederick Griffith 以肺炎球菌为研究对象。肺炎球菌常成双或成链排列，可使人患肺炎等传染病，也可使小白鼠患败血症而死亡。它有几种不同的菌株，有的具有荚膜，其菌落表面光滑(smoth)，称 S 型，属致病菌株；另一种不形成荚膜、菌落外观粗糙(rough)，称为 R 型，是非致病菌株。Frederick Griffith 进行了动物实验，发现给小白鼠注入活 S 型菌，小白鼠死亡，且能从体内分离到 S 型细菌，说明 S 型细菌导致了小白鼠的死亡；注入活 R 型，小白鼠不死亡，且从体内分离到了 R 型细菌，说明 R 型细菌可以感染小白鼠，但不致其死亡；注入热灭活的 S 型细菌，小白鼠不死亡，也未能从活的小白鼠体内分离到肺炎链球菌，说明热灭活了的 S 型细菌不能感染小白鼠；然而将热灭活的 S 型细菌和活的 R 型细菌混合后注射给小白鼠，发现小白鼠患了和只注射活的 S 型细菌的小白鼠同样的病，并能从死亡的小白鼠体内分离到 S 型细菌，如图 6-1。以上实验说明，加热杀死的 S 型细菌，

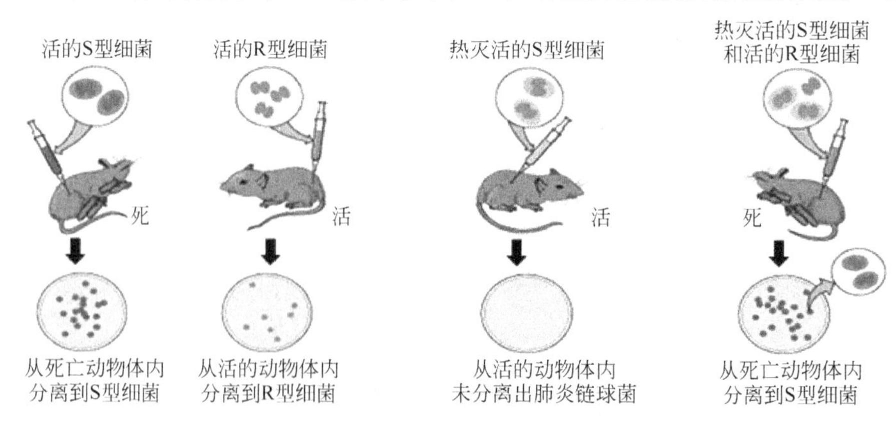

图 6-1 DNA 是细菌的遗传物质

引自：Jocelyn E Krebs，et al. Lewin 基因 X. 江松敏，译. 科学出版社，2013.

在其细胞内可能存在一种具有遗传转化能力的物质，它能通过某种方式进入 R 型细胞，并使 R 型细菌获得表达 S 型荚膜性状的遗传特性。

1944 年，O. T. Avery、C. M. MacLeod 和 M. McCarty 从热灭活的 S 型细菌中提纯了几种有可能作为转化因子(transforming factor)的成分，并深入到离体条件下进行转化试验。第一组实验只有 R 型活细菌，没有加入 S 型细菌的任何组分，没有长出 S 型细菌；第二组实验将 S 型细菌的 DNA 加入到 R 型活细菌体内，长出了 S 型活细菌；第三组实验将 S 型细菌的 DNA 和 DNA 酶混合物加入到 R 型活细菌体内，仅长出 R 型细菌(因为 DNA 酶将 DNA 降解了)；第四组加入 S 型菌的 RNA，仅长出 R 型细菌；第五组加入 S 菌的蛋白质，仅长出 R 型细菌；第六组加入 S 菌的荚膜多糖，仅长出 R 型菌。上述实验的结果表明，只有 S 型菌株的 DNA 才能将 *S. pneumoniae* 的 R 型菌株转化为 S 型；而且，DNA 纯度越高，其转化效率也越高，直至只取 6×10^{-8}g 的纯 DNA 时，仍保持转化活力。这就有力地说明，S 型转移给 R 型的不是遗传性状(在这里是荚膜多糖)的本身，而是以 DNA 为物质基础的遗传信息。

2. DNA 和 RNA 是病毒的遗传物质

1) DNA 是 T2 噬菌体的遗传物质

1952 年，A. D. Hershey 和 M. Chase 发表了证实 DNA 是噬菌体 T2 的遗传物质基础的著名实验——噬菌体感染实验。首先，他们把 *E. coli* 培养在以放射性 $^{32}PO_4^{3-}$ 或 $^{35}SO_4^{2-}$ 作为磷源或硫源的组合培养基中，从而制备出含 ^{32}P-DNA 核心的噬菌体或含 ^{35}S-蛋白质外壳的噬菌体。接着，用放射性标记了的噬菌体感染细菌，如图 6-2。大部分 ^{35}S 标记的蛋白质壳留在了细菌的表面，根本没有进入宿主细胞，而 ^{32}P 标记的 DNA 出现在感染的细菌中。尽管进入细菌的只有 DNA，却有自身的增殖、装配能力，最终会产生一大群既有 DNA 核心、又有蛋白质外壳的完整的子代噬菌体粒子，这一结果直接表明在 DNA 中存在着包括合成蛋白质外壳在内的整套遗传信息。

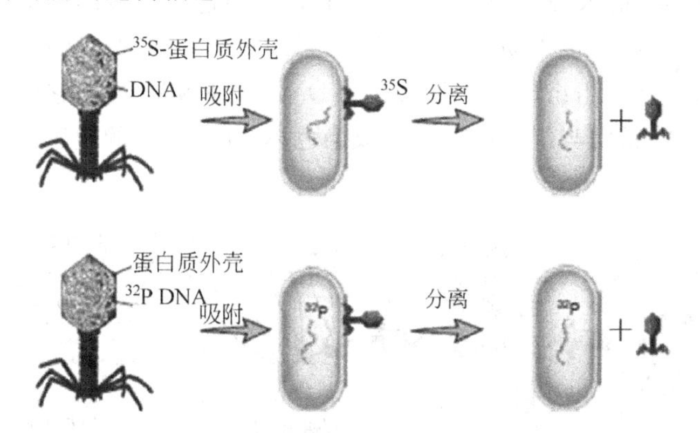

图 6-2　DNA 是 T2 噬菌体的遗传物质

引自：Jocelyn E Krebs, et al. Lewin 基因 X. 江松敏，译. 科学出版社，2013.

2) RNA 是 RNA 病毒的遗传物质

1956 年，H. Fraenkel-Conrat 将烟草花叶病毒(tobacco mosaic virus，TMV)放在一定浓度的苯酚溶液中振荡，将它的蛋白质外壳与 RNA 核心相分离。结果发现裸露的 RNA 也能感染烟草，并使其患典型症状，而且在病斑中还能分离到完整的烟草花叶病毒粒子。当然，由于提纯的 RNA 缺乏蛋白质衣壳的保护，所以感染频率要比正常的烟草花叶病毒粒子低些。在实验中,还选用了另一株与 TMV 近缘的霍氏车前花叶病毒(Holmes ribgrass mosaic virus,HRV)。当用 TMV-RNA 与 HRV-衣壳重建后的杂合病毒去感染烟草时,烟叶上出现的是典型的 TMV 病斑。再从中分离出来的新病毒也是未带任何 HRV 痕迹的典型 TMV 病毒。反之,用 HRV-RNA 与 TMV-衣壳进行重建时,也可获相同的结论。这就充分证明,在 RNA 病毒中,遗传的物质基础也是核酸,只不过是 RNA 罢了。

通过以上三个具有历史意义的经典实验,得到了一个确信无疑的共同结论:只有核酸才是负载遗传信息的真正物质基础。

3. 遗传物质在生物细胞内存在的部位和形式

遗传是指生物的上一代将自己的遗传因子传递给下一代的行为或功能,具有极其稳定的特性。遗传物质是指亲代与子代之间传递遗传信息的物质。上述三个经典实验证明了核酸(包括 DNA 和 RNA)是遗传物质。这些遗传物质在生物体内以一段非常长的 DNA 或 RNA 分子存在,其中包含了许多基因。基因(gene)这一名词最初(1909 年)是由丹麦植物遗传学家约翰森创造的。其英文名词"gene"来源于"Genesis"(创世纪),意思是生命的起源。汉语翻译过来的"基因"指的是生命最基本的活动因子。有关基因的概念和种类,历来是现代遗传学中内容最丰富和发展最活跃的一个热点。现代概念是:基因是生物体内遗传信息的基本单位,通常指位于染色体上的一段以直线排列的核苷酸序列,它具有编码一特定功能的多肽、蛋白质或 RNA(tRNA,rRNA)的功能。具体基因大小差别很大,可从几十个碱基对(base pair,bp)到上万个碱基对,但一个基因的平均大小为 1000~1500bp,相对分子质量约为 6.7×10^5。有机体的一整组完全的基因称为基因组(genome),它最终由 DNA 的全序列决定。自从 1995 年第一个完整的生物体基因组被测序以来,测序的程度和范围已经得到了极大提高。第一个被测序的基因组是小的细菌基因组,它小于 2Mb。到 2002 年,已经完成了大于 3000Mb 的人类基因组的测序。目前已经进行了范围广泛的测序,如细菌、古生菌、酵母和其他单细胞真核生物、植物和线虫、果蝇与哺乳动物等物种。

在原核生物体内基因组组成了一条长长的 DNA 或 RNA 分子,它们紧密浓缩成一个拟核。在真核生物体内,常常与组蛋白一起形成染色体,并在核膜的包裹下以细胞核的形式存在,见图 6-3。

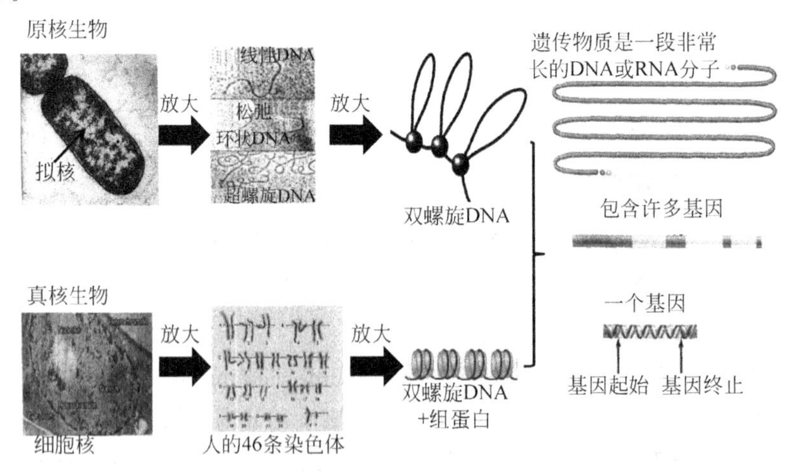

图 6-3 遗传物质在生物体内的表现形式

在专业书刊中，基因及其表达产物（蛋白质）的名称一般都应按规范化的符号来表示，例如：①基因名称，一般都用 3 个小写英文字母表示，且应排成斜体（书写时在其下加下画线），若同一基因有不同位点，可在基因符号后加一正体大写字母或数字，如 *lacZ* 等；②基因表达产物——蛋白质的名称，一般用 3 个大写英文字母（或一个大写、2 个小写）表示，并须用正体字；③抗性基因，一般把“抗”用大写、正体的 R 注在基因符号的右上角，如抗链霉素的基因即为“str^{R}”。

6.1.2　核酸的结构

1. 核酸的基本成分

核酸由碱基、糖基和磷酸基团组成。核酸中的糖称为核糖（ribose），是一种五碳醛糖。DNA 中的核糖为脱氧核糖，RNA 中的核糖为含氧核糖，二者之间的主要区别是第二位上的氧原子，见图 6-4。碱基是指含氮的嘌呤或嘧啶环，DNA 含有四种碱基，分别是腺嘌呤（adenine，A）、鸟嘌呤（guanine，G）、胞嘧啶（cytosine，C）和胸腺嘧啶（thymine，T）。在 RNA 中，尿嘧啶（uracil，U）替代了胸腺嘧啶。尿嘧啶和胸腺嘧啶的唯一不同在于 C-5 上是否存在甲基基团，这五种碱基的结构及碱基之间的氢键配对见图 6-5。

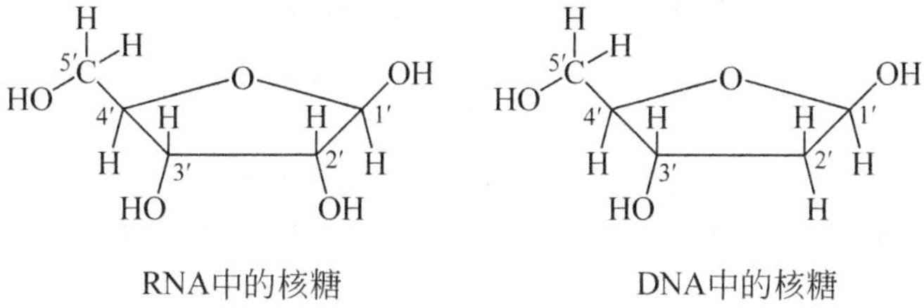

RNA中的核糖　　DNA中的核糖

图 6-4　核酸中的核糖结构

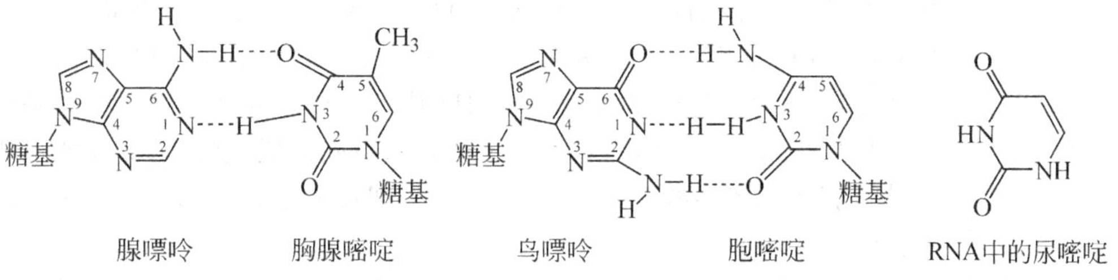

腺嘌呤　胸腺嘧啶　鸟嘌呤　胞嘧啶　RNA中的尿嘧啶

图 6-5　DNA 中碱基的结构式及氢键配对

2. 核酸的基本单位——核苷酸的组成

碱基通过嘧啶的 N-1 或嘌呤的 N-9 位的糖苷键与戊糖的 1 位相连（为避免杂环和糖的位置编号发生混淆，在戊糖的位置标上“′”）。与戊糖相连的碱基称为核苷（nucleoside），与磷酸相连的核苷称为核苷酸（nucleotide），核苷酸是核酸大分子的基本构成单位。核酸根据核糖的类型来命名，脱氧核糖核酸具有 2′-脱氧核糖核酸，而核糖核酸有核糖核酸。糖基通过其 C-5 或 C-3 与磷酸基团相连。

3. 核苷酸构成大的核酸分子——DNA 或者 RNA

多核苷酸链的骨架包含一戊糖和磷酸残基的交互系列。一个戊糖环的 C-5 经过磷酸基团与下一个戊糖环的C-3相连，这样，糖-磷酸骨架被描述成包含5′→3′-磷酸二酯键，进一步而言，就是戊糖的C-3与磷酸基团的氧原子成键；同时，戊糖的C-5与相对应的磷酸基团的氧原子成键。碱基则伸出骨架之外。

多核苷酸的一个末端的核苷酸含有游离的5′基团，另一端的最后一个核苷酸含有游离的3′基团。人们习惯于从5′→3′方向书写核酸序列，即从左侧的5′到右侧的3′端，如图6-6。

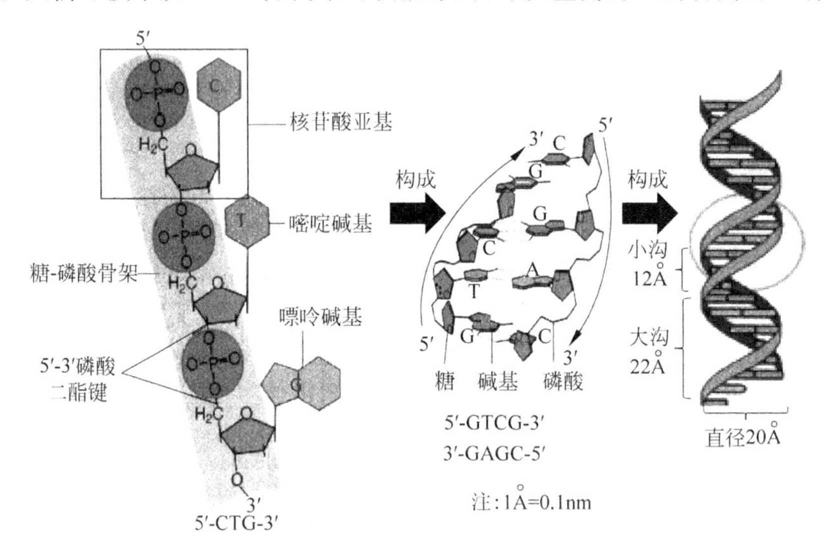

图6-6 核酸中糖基、磷酸基团以及碱基的连接方式

引自：Jocelyn E Krebs, et al. Lewin基因X. 江松敏，译. 科学出版社，2013.

4. DNA的双螺旋结构

James Wstson和Francis Crick在1953年构建出了DNA双螺旋模型。他们提出，双螺旋中的两条多核苷酸链以碱基之间的氢键相连，G仅能与C形成氢键，A仅能与T形成氢键，这些碱基之间以氢键相连，这一反应称为碱基配对。配对的碱基(G和C形成3对氢键，A和T形成2对氢键)称为互补碱基对。互补的碱基对能够形成是由于互补碱基的互补形状，即在它们配对的地方，合适的功能基团位于准确的空间位置，这样它们就能形成氢键。Watson-Crick模型提出两条多核苷酸链是反方向的，即反向平行，一条为5′→3′方向，而另一条为3′→5′方向。

糖-磷酸骨架位于双螺旋的外部，磷酸基团带有负电荷。因此，DNA分子常带负电，在琼脂糖凝胶电泳中从负极往正极泳动。碱基存在于内部，它们是扁平的结构，成对存在且垂直于螺旋轴。每一个碱基对相对于下一个碱基对，沿着螺旋轴旋转36°。所以10个碱基旋转成为一圈完整的360°。两条链相互缠绕形成一个带有小沟(minor groove，约1.2nm)和大沟(major groove，约2.2nm)的双螺旋。自然界中普遍存在的DNA的双螺旋是右手螺旋，即沿轴顺时针旋转。DNA的精细结构能产生局部的改变，如果变化后每个螺旋具有相对较多的碱基对，则称为过旋；如果变化后每个螺旋具有较少的碱基对，则称为欠旋。

6.2　DNA 的复制

中心法则是分子生物学的基本法则，1958 年由 Crick 提出的遗传信息传递的规律，包括由 DNA 到 DNA 的复制、由 DNA 到 RNA 的转录和由 RNA 到蛋白质的翻译等过程。20 世纪 70 年代逆转录酶的发现，表明还有由 RNA 逆转录形成 DNA 的机制，是对中心法则的补充和丰富，如图 6-7。

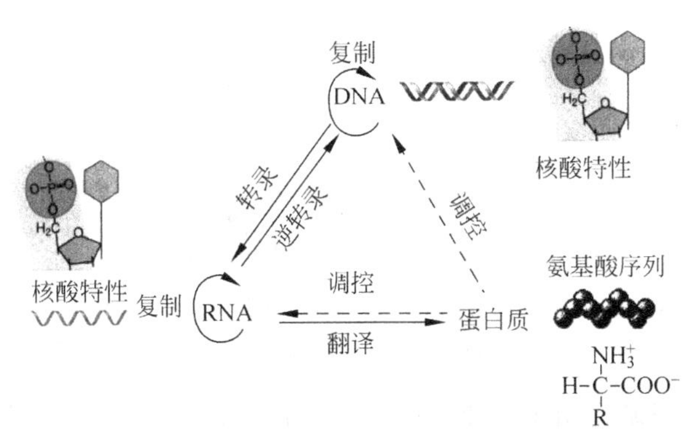

图 6-7　中心法则

6.2.1　实验证明 DNA 复制是半保留的

1958 年，Matthew Meselson 和 Franklin Stahl 采用"重"同位素对大肠杆菌的两条亲本 DNA 链进行标记，然后让其在含有"轻"同位素的培养基中生长，连续跟踪了生长三代的大肠杆菌。结果表明重链是亲链，杂合链是第一代，半杂合半轻链则是第二代。从而证明了大肠杆菌体内 DNA 的复制模式为半保留复制。半保留复制是指在复制过程中，亲代双链体产生两个子代双链体，每个新的双链体包含一条原始亲链和一条新链的复制方式，如图 6-8。

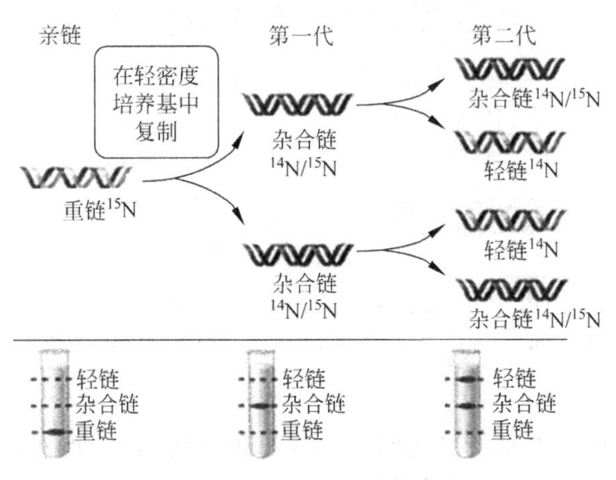

图 6-8　半保留复制

引自：Jocelyn E Krebs，et al. Lewin 基因 X. 江松敏，译. 科学出版社，2013.

6.2.2 DNA 复制过程

双链体 DNA 的复制是一个复杂的反应过程，有多种酶复合体参与其中。一般来讲，DNA 的复制包括准备、起始、延伸和终止四个不同阶段。

1）复制的准备阶段

（1）DNA 拓扑异构酶（指通过切断 DNA 的一条或两条链中的磷酸二酯键，然后重新缠绕和封口来更正 DNA 连环数的酶）将超螺旋双链 DNA 解旋为松弛型或线性双链 DNA，如图 6-9。

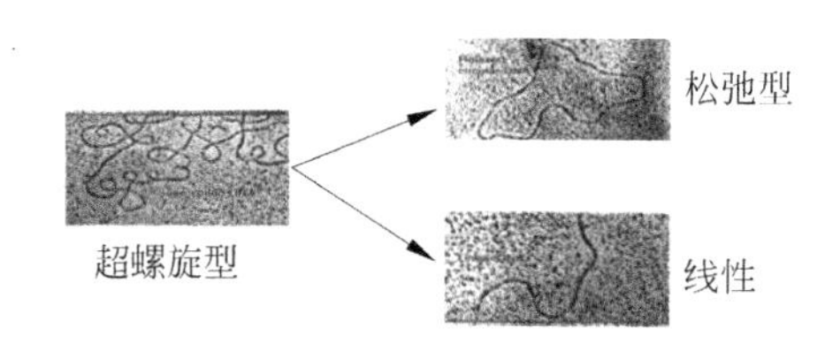

图 6-9 DNA 拓扑异构酶将超螺旋双链 DNA 解旋为松弛型或线性双链 DNA

引自：Jocelyn E Krebs，et al. Lewin 基因 X. 江松敏，译. 科学出版社，2013.

（2）起始位点被甲基化酶甲基化。DNA 复制是从 DNA 分子上的特定部位开始的，这一部位叫做复制起始点（origin），常用 ori 表示，如图 6-10。复制起始位点为 3 个 13 bp 的重复 GATCTNTTNTTTT 和 4 个 9 bp 的重复 TTATNCANA。在复制起始的准备阶段，起始位点被甲基化酶甲基化，此过程是指从活性甲基化合物上将甲基催化转移到其他化合物。

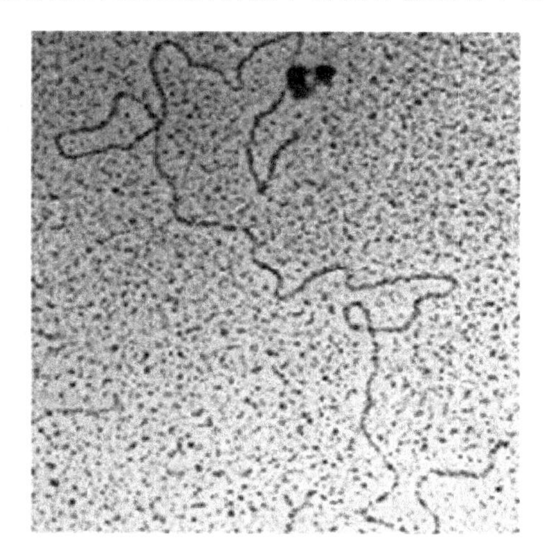

图 6-10 黑点为电镜下观察到的复制起始点

引自：Jocelyn E Krebs，et al. Lewin 基因 X. 江松敏，译. 科学出版社，2013.

2）复制的起始

由于 DNA 在体内存在的形式有线性 DNA 和环状 DNA 两种（细菌以环状 DNA 为主），因此它们复制的方式稍有差别，见图 6-11。在复制过程中，含有一个复制起始点且能在细胞中自主复制的 DNA 分子称为复制子。通常在细菌的每个细胞周期中，每个复制子发生且只发生一次复制。但古生菌和真核生物有多个复制子，见图 6-12。把发生复制的位点称为复制叉。

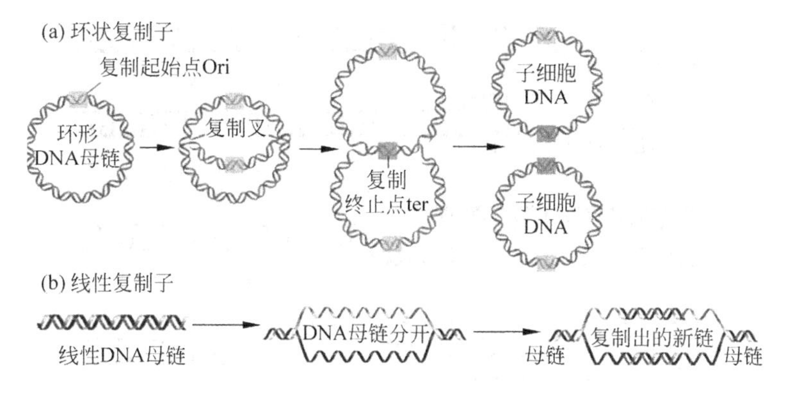

图 6-11 DNA 复制子的类型

引自：Jocelyn E Krebs, et al. Lewin 基因 X. 江松敏，译. 科学出版社，2013.

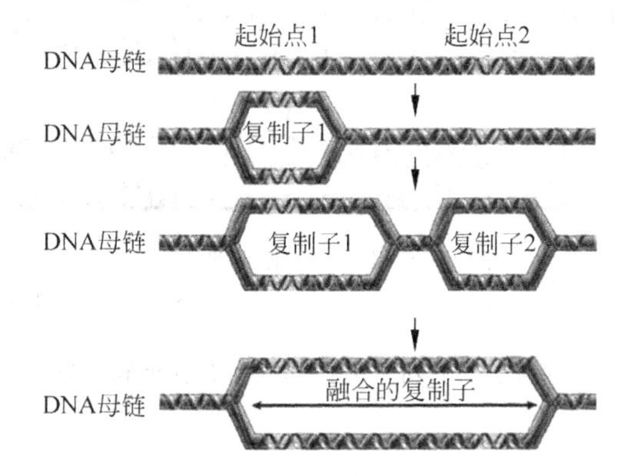

图 6-12 古生菌和真核生物具有多个复制子

引自：Jocelyn E Krebs, et al. Lewin 基因 X. 江松敏，译. 科学出版社，2013.

复制起始过程可以简单地分为 5 个阶段，以打开 DNA 双链开始复制的起始：①2～4 个 DnaA 蛋白单体结合在已经准备复制的 9bp 重复序列处；②DnaA 蛋白与 13 bp 重复序列结合；③DNA 链在 13 bp 重复处分开；④DnaB/DnaC 结合成复合体，形成复制叉：DnaB 将已经打开的 DNA 继续解开成单链；⑤其他蛋白加入：促旋酶加入以抵抗解旋酶解链双链 DNA 时产生的扭转张力；单链结合蛋白(SSB 蛋白)加入以固定单链 DNA；HU 蛋白加入以促进复制起始反应。

3）复制的延伸

DNA 复制的延伸过程中，主要是在 DNA 聚合酶的作用下，其中一条 DNA 合成以 5′→3′方向进行。随着亲代双链体的解链而连续进行的链称为前导链(leading strand)。前导链合成 1000～2000 个核苷酸后，另一条链开始合成，也是 5′→3′走向，但是与复制叉移动的方向正好相反，称之为后随链(lagging strand)，如图 6-13。后随链的合成是一段一段的 DNA 片段连接起来的，这些片段以它的发现者命名为“冈崎片段”(Okazaki fragments)。大肠杆菌冈崎片段的长度为 1000～2000 个核苷酸，并在 DNA 连接酶的作用下，将一段一段的冈崎片段连接起来合成随从链。

4）复制的终止

复制结束的部位称为复制终止点(termination)，常用 *ter* 表示。大肠杆菌体内有两个终止

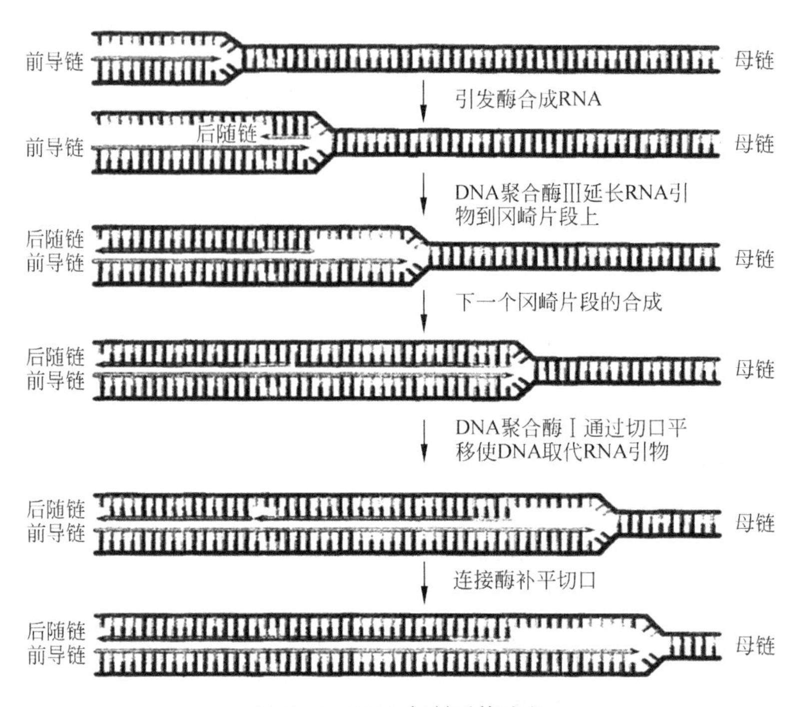

图 6-13　DNA 复制延伸阶段

引自：Jocelyn E Krebs，et al. Lewin 基因 X. 江松敏，译. 科学出版社，2013.

区域，分别结合专一性的终止蛋白。序列一是 *terE*、*terD*、*terA*；另一序列是 *terF*、*terB*、*terC*，见图 6-14。

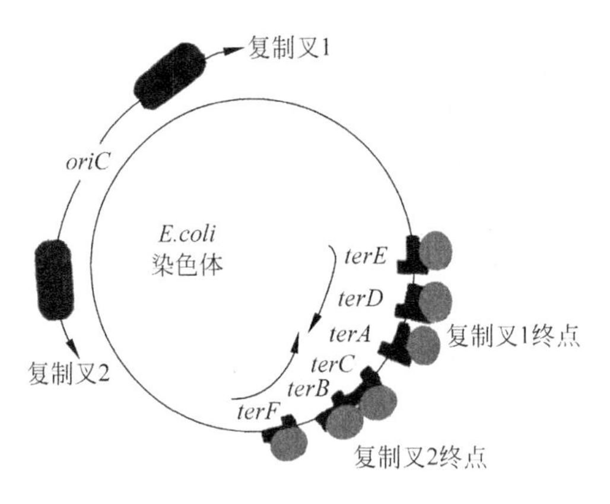

图 6-14　大肠杆菌复制终止区域的结构

6.3　转录与逆转录

6.3.1　转录

转录（transcription）是遗传信息从 DNA 流向 RNA 的过程。即以双链 DNA 中的一条链为模板，以 ATP、CTP、GTP、UTP 四种核苷三磷酸为原料，在 RNA 聚合酶催化下合成 RNA 的过程。转录过程中仅以 DNA 的一条链作为模板，被选为模板的单链叫模板链

(template strand),模板链序列与产生的RNA链序列互补;DNA上的另一条链在序列上与RNA序列完全一致,称为编码链(coding strand),如图6-15。

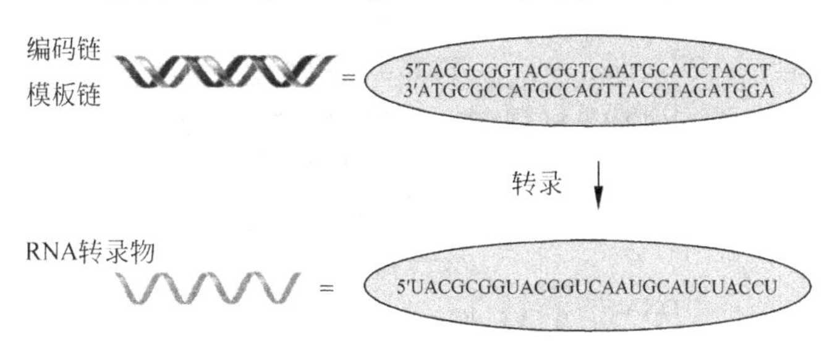

图6-15 DNA转录出RNA

引自:Jocelyn E Krebs,et al. Lewin基因X.江松敏,译.科学出版社,2013.

DNA上的转录区域称为转录单位(transcription unit),由位于转录起始的启动子和用于转录结束的终止子之间的DNA组成,如图6-16。

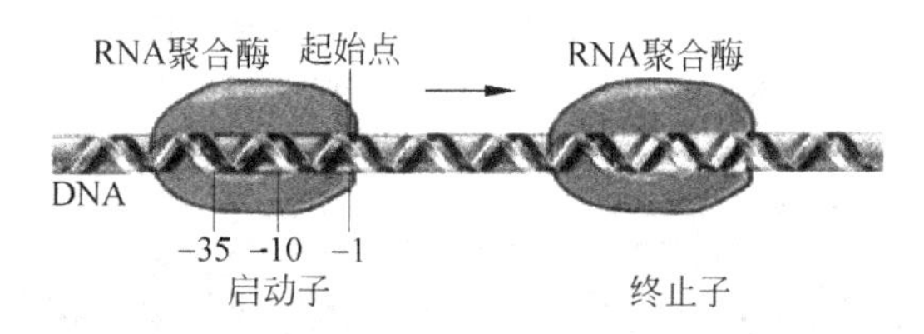

图6-16 转录单位

引自:Jocelyn E Krebs,et al. Lewin基因X.江松敏,译.科学出版社,2013.

在转录过程中,DNA模板被转录方向是从3′端向5′端,RNA链的合成方向是从5′端向3′端,可以简单分为转录准备阶段、转录起始、转录延伸和转录终止四个阶段。

1. 转录准备阶段——识别启动子并形成转录泡

转录泡是指与RNA聚合酶结合的DNA局部解链区。合成细菌RNA的聚合酶全酶含有两种主要组分:核心酶是一种多聚体结构,足以负责RNA链的延伸;σ因子是单个亚基,是在起始过程中识别启动子(启动子是DNA模板上专一地与RNA聚合酶结合并决定转录从何处起始的部位,大肠杆菌约有2000个启动子)所必需的。核心酶对DNA有普遍的亲和力。σ因子的加入降低了核心酶与DNA的非特异性结合,而增加了它与启动子的亲和力。RNA聚合酶发现启动子的速率非常快,不能按照随机扩散接触DNA的速率来计算。

RNA聚合酶使DNA双螺旋解链,暴露出长度约为17bp的局部单链区,因外形酷似泡状结构故称之为转录泡。DNA被转录成RNA是在转录泡中进行的。转录泡能够沿DNA模板链3′→5′方向移动,位于RNA聚合酶前端的DNA双链不断解旋,而后端转录过的DNA单链又恢复双螺旋结构,如图6-17。

2. 转录起始阶段

转录起始(transcription initiation)是转录因子通过识别DNA上基因的启动子的特异序列,形成具有RNA聚合酶活性的转录起始复合体,从转录起始位点启动转录的过程。转录起始位点是指与新生RNA链第一个核苷酸相对应的DNA链上的碱基,如图6-18。

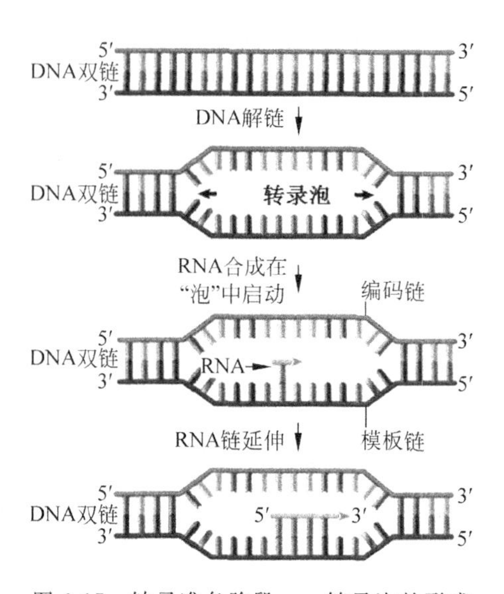

图 6-17 转录准备阶段——转录泡的形成

引自：Jocelyn E Krebs，et al. Lewin 基因 X. 江松敏，译. 科学出版社，2013.

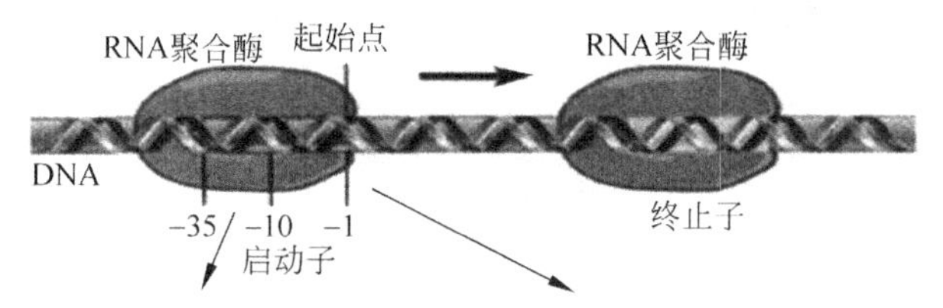

图 6-18 转录起始位点

引自：Jocelyn E Krebs，et al. Lewin 基因 X. 江松敏，译. 科学出版社，2013.

在转录起始位点的上游大约 10bp 处有一个共同的顺序 TATAAT，又称-10 区。在 RNA 合成开始位点的上游大约 35bp 处有一个共同的顺序 TTGACA，又称-35 区。由于此区域含有大量的 TA 序列，因此也称为“TA 盒”(TA box)，其序列组成见图 6-18，下角数字是该碱基出现在启动子中此位置的百分率，数字越大说明启动子中该部位是此碱基的可能性越大。由于此处 DNA 双链中 GC 含量少，氢键形成的数量也较少，因而容易被打开以形成转录泡。

在转录起始阶段，RNA 聚合酶正确识别 DNA 模板上的启动子，并形成由 RNA 聚合酶、DNA 和核苷三磷酸(NTP)构成的三元起始复合物，转录即自此开始。第一个核苷三磷酸与第二个核苷三磷酸缩合生成 3′-5′磷酸二酯键后，则启动阶段结束，进入延伸阶段。

3. 转录延伸阶段

转录延伸(elongation)是 RNA 聚合酶释放 σ 因子离开启动子后，其核心酶沿模板 DNA 链移动并使新生 RNA 链不断伸长的过程。

4. 转录终止阶段

转录终止(termination)是当 RNA 链延伸到转录终止位点时，RNA 聚合酶不再形成新的磷酸二酯键，RNA-DNA 杂合物分离，转录泡瓦解，DNA 恢复成双链状态，而 RNA 聚合酶和RNA链都被从模板上释放出来。

原核生物的转录终止有两种形式，一种是依赖ρ因子的终止，一种是不依赖ρ因子的终止。原核生物DNA没有共有的终止序列，而是转录产物序列指导终止过程。转录终止信号存在于RNA产物3′端而不是在DNA模板。

1）依赖ρ因子的转录终止

ρ因子是*rho*基因的产物，广泛存在于原核和真核细胞中，由6个亚基组成，分子量300kD。ρ因子结合在新生的RNA链上，借助水解ATP获得能量推动其沿着RNA链移动，但移动速率比RNA聚合酶慢，当RNA聚合酶遇到终止子时便发生暂停，ρ因子得以赶上酶。然后ρ因子与RNA聚合酶相互作用，导致释放RNA，并使RNA聚合酶与该因子一起从DNA上释放下来。

2）不依赖ρ因子的转录终止

这种转录终止方式是由于在DNA模板上靠近终止处有些特殊的碱基序列，即较密集的A-T配对区或G-C配对区，这一部位转录出的RNA产物3′端终止区一级结构有7～20bp的反向重复序列，能形成具有茎和环的发夹结构（如图6-19），发夹结构3′侧7～9bp后有4～6个连续的U。RNA转录的终止即发生在此二级结构之内或之后。当新生成的RNA链3′端出现发夹样局部二级结构时，RNA聚合酶就会停止作用，这可能是此二级结构改变了RNA聚合酶的构象，使酶不再向下游移动，磷酸二酯键停止形成，RNA合成终止。因此转录终止信号仍是RNA产物序列。在发夹结构后的连续U使RNA-DNA杂交链含多个U-A碱基配对而不稳定，容易解离，转录实际终止点在连续U末端的某一位点。局部解开的DNA恢复双螺旋，核心酶从模板上释放出来。

图6-19 RNA的末端结构
引自：Jocelyn E Krebs，et al. Lewin基因X. 江松敏，译. 科学出版社，2013.

5. mRNA的稳定性

细胞核糖核酸酶（RNAase）的存在使得细胞RNA成为一种相对不稳定分子。各种核糖核酸酶的攻击模式是不同的，它们专门针对各种不同的RNA底物，所以不同mRNA的寿命不一样。细菌mRNA有极短的半衰期，仅几分钟。在下游序列正在被转录时，5′端就开始翻译了。当内切核酸酶在不同位置上进行切割就起始了降解，它沿着核糖体的移动方向，即5′→3′方向，从3′端向5′端将片段降解为单核苷酸。在细菌mRNA中，一些序列可能促进或延迟降解。真核生物的mRNA半衰期较长。为了维持新合成的mRNA不被快速降解，在运输进入细胞质进行翻译之前，必须在细胞核内进行加工，最常见的就是在mRNA的5′端加入甲基化帽子，3′端加入polyA尾巴。

6.3.2 逆转录

逆转录（reverse transcription）是以RNA为模板合成DNA的过程，即RNA指导下的DNA合成。此过程中，核酸合成与转录（DNA到RNA）过程与遗传信息的流动方向（RNA到DNA）相反，故称为逆转录。逆转录过程是RNA病毒的复制形式之一，需逆转录酶的催化。

逆转录酶的作用是以 dNTP 为底物，以 RNA 为模板，tRNA（主要是色氨酸 tRNA）为引物，在 tRNA3′-末端上，按 5′→3′方向，合成一条与 RNA 模板互补的 cDNA 单链，它与 RNA 模板形成 RNA-cDNA 杂交体。随后又在逆转录酶的作用下，水解掉 RNA 链，再以 cDNA 为模板合成第二条 DNA 链。至此，完成由 RNA 指导的 DNA 合成过程。

6.4 RNA 的种类与结构

RNA 为 ribonucleicacid 的缩写，意为核糖核酸。它存在于生物细胞体内，并且是部分病毒、类病毒中的遗传信息载体。RNA 由核糖核苷酸经磷酸二酯键缩合而成长链状分子。一个核糖核苷酸分子由磷酸、核糖和碱基构成。RNA 的碱基主要有 4 种，即 A 腺嘌呤、G 鸟嘌呤、C 胞嘧啶、U 尿嘧啶，其中，U（尿嘧啶）取代了 DNA 中的 T。RNA 的碱基组成不像 DNA 那样有严格的规律，根据 RNA 的某些理化性质和 X 射线衍射分析，证明大多数天然 RNA 分子是一条单链，其许多区域自身发生回折，使可以配对的一些碱基相遇，而由 A 与 U、G 与 C 之间的氢键连接起来，构成如 DNA 那样的双螺旋；不能配对的碱基则形成突环。有 40%～70%的核苷酸参与了螺旋的形成。所以 RNA 分子是含短的不完全的螺旋区的多核苷酸链。

根据 RNA 的作用可以分为 mRNA、tRNA、rRNA、miRNA、小分子 RNA、端体酶 RNA、反义 RNA 和非编码 RNA。其中前三种 mRNA、tRNA、rRNA 与翻译过程密切相关。mRNA，即信使 RNA（messenger RNA），它的功能就是把 DNA 上的遗传信息精确无误地转录下来，然后再由 mRNA 的碱基顺序决定蛋白质的氨基酸顺序，完成基因表过程中的遗传信息传递过程，它的结构在前面已经简单述及，因此此部分主要讲述 rRNA 和 tRNA。

6.4.1 rRNA

rRNA：ribosomal RNA，核糖体 RNA，构成核糖体的主要成分。核糖体是蛋白质合成的场所，其含有的 RNA 种类如图 6-20，总核糖体 RNA 的相对含量占细胞体内 RNA 的 80%。图 6-21 为 16S rRNA 的二级结构。

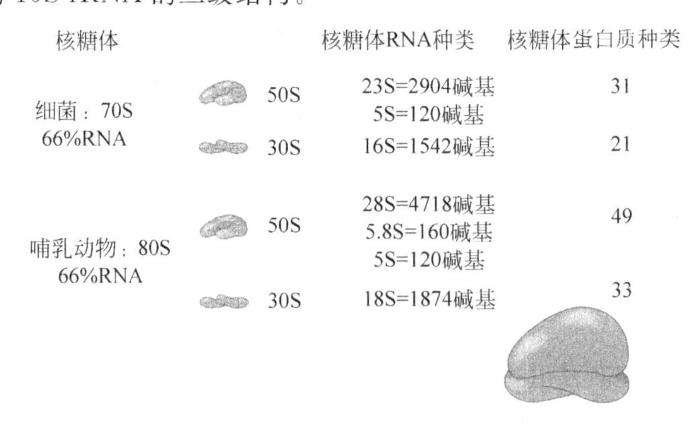

图 6-20 核糖体的组成成分

引自：Jocelyn E Krebs, et al. Lewin 基因 X. 江松敏，译. 科学出版社，2013.

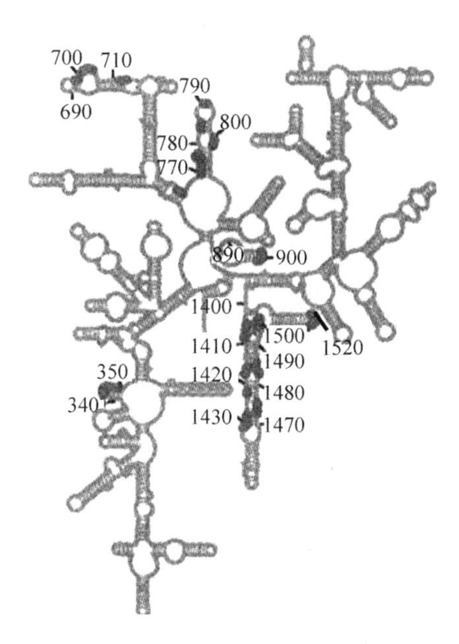

图 6-21　16S rRNA 的二级结构

引自：Jocelyn E Krebs，et al. Lewin 基因 X. 江松敏，译. 科学出版社，2013.

6.4.2　tRNA

tRNA，即转运 RNA(transfer RNA)，能够在转译时，携带特定的氨基酸到正在加上氨基酸的多肽链的核糖体位点上，相对含量占细胞体内 RNA 的 15%。tRNA 在蛋白质合成中处于关键地位，被称为第二遗传密码。它不但为将每个三联子密码翻译成氨基酸提供了接合体，还为准确无误地将所需氨基酸运送到核糖体上提供了载体。所有的 tRNA 都能够与核糖体的 P 位点和 A 位点结合，此时，tRNA 分子三叶草型顶端突起部位通过密码子：反密码子的配对与 mRNA 相结合，而其 3′末端恰好将所转运的氨基酸送到正在延伸的多肽上。代表相同氨基酸的 tRNA 称为同工 tRNA。在一个同工 tRNA 组内，所有 tRNA 均专一于相同的氨基酰-tRNA 合成酶。

1. tRNA 的三叶草型二级结构

如图 6-22，受体臂(acceptor arm)主要由链两端序列碱基配对形成的杆状结构和 3′端末配对的 3～4 个碱基所组成，其 3′端的最后 3 个碱基序列永远是 CCA，最后一个碱基的 3′或 2′自由羟基(—OH)可以被氨酰化。TψC 臂是根据 3 个核苷酸命名的，其中 ψ 表示假尿苷，是 tRNA 分子所拥有的不常见核苷酸。反密码子臂是根据位于套索中央的三联反密码子命名的。反密码子(anticodon)是位于 tRNA 反密码环中部、可与 mRNA 中的三联体密码子形成碱基配对的三个相邻碱基。在蛋白质的合成中，起解读密码、将特异的氨基酸引入合成位点的作用。D 臂(DHU 环)是根据它含有二氢尿嘧啶(dihydrouracil)命名的。

最常见的 tRNA 分子有 76 个碱基，相对分子质量约为 2.5×10^4。不同的 tRNA 分子可有 74～95 个核苷酸不等，tRNA 分子长度的不同主要是由其中的两条手臂引起的。tRNA 的稀有碱基含量非常丰富，约有 70 余种。每个 tRNA 分子至少含有 2 个稀有碱基，最多有 19 个，多数分布在非配对区，特别是在反密码子 3′端邻近部位出现的频率最高，且大

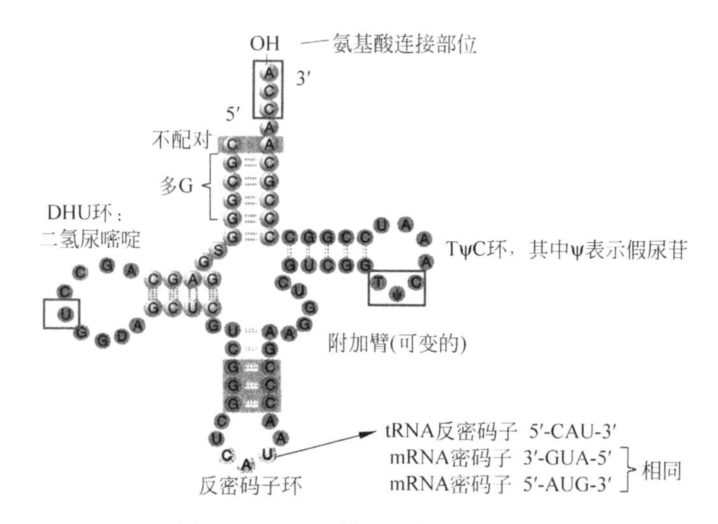

图 6-22 tRNA 的三叶草形二级结构

引自：Jocelyn E Krebs,et al. Lewin 基因 X. 江松敏,译. 科学出版社,2013.

多为嘌呤核苷酸。这对于维持反密码子环的稳定性及密码子、反密码子之间的配对是很重要的。

2. tRNA 的 L 形三级结构

如图 6-23,酵母和大肠杆菌 tRNA 的三级结构都呈 L 形折叠式。这种结构是靠氢键来维持的。受体臂和 TΨC 臂的杆状区域构成了第一个双螺旋,D 臂和反密码子臂的杆状区域形成了第二个双螺旋。

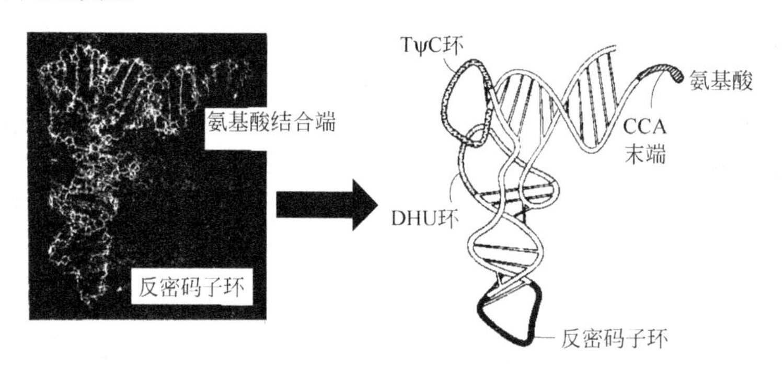

图 6-23 tRNA 的 L 形三级结构

引自：Jocelyn E Krebs,et al. Lewin 基因 X. 江松敏,译. 科学出版社,2013.

tRNA 的 L 形高级结构反映了其生物学功能,因为它上所运载的氨基酸必须靠近位于核糖体大亚基上的多肽合成位点,而它的反密码子必须与小亚基上的 mRNA 相配对,所以两个不同的功能基团最大限度地分离。

3. tRNA 的功能

转录过程是信息从一种核酸分子(DNA)转移至另一种结构上极为相似的核酸分子(RNA)的过程,信息转移靠的是碱基配对。翻译阶段遗传信息从 mRNA 分子转移到结构极不相同的蛋白质分子,信息是以能被翻译成单个氨基酸的三联子密码形式存在的,在这里起作用的是解码机制。

4. tRNA 的种类

1）起始 tRNA 和延伸 tRNA

能特异地识别 mRNA 模板上起始密码子的 tRNA 称为起始 tRNA，其他 tRNA 统称为延伸 tRNA。原核生物起始 tRNA 携带甲酰甲硫氨酸(fMet)，真核生物起始 tRNA 携带甲硫氨酸(Met)。

2）同工 tRNA

代表同一种氨基酸的 tRNA 称为同工 tRNA，同工 tRNA 既要有不同的反密码子以识别该氨基酸的各种同义密码，又要有某种结构上的共同性，能被 AA-tRNA 合成酶识别。

3）校正 tRNA

校正 tRNA 分为无义突变及错义突变校正。在蛋白质的结构基因中，一个核苷酸的改变可能使代表某个氨基酸的密码子变成终止密码子(UAG、UGA、UAA)，使蛋白质合成提前终止，合成无功能的或无意义的多肽，这种突变称为无义突变，见表 6-1。

表 6-1　大肠杆菌无义突变的校正 tRNA

位　点	tRNA	野生型		校正基因	
		识别密码	反密码	识别密码	反密码
*sup*D	Ser	UCG	← CGA	UAG	← CUA
*sup*E	Gln	CAG	← CUG	UAG	← CUA
*sup*C	Tyr	UAC	← GUA	UAG	← CUA
*sup*G	Lys	AAA	← UUU	UAA	← UUA
*sup*U	Typ	UGG	← CCA	UGA	← UCA

6.5　翻译

翻译(tanslation)是根据遗传密码的中心法则，将成熟的信使 RNA 分子(由 DNA 通过转录而生成)中“碱基的排列顺序”(核苷酸序列)解码，并生成对应的特定氨基酸序列的过程。但也有许多转录生成的 RNA，如转运 RNA、核糖体 RNA 和小核 RNA 等并不被翻译为氨基酸序列。翻译过程需要的原料包括 mRNA、tRNA、20 种氨基酸、能量、酶、核糖体。核糖体是翻译的场所，完成翻译后的核糖体进入游离核糖体库中，分开的大小亚基处于平衡之中。小亚基与 mRNA 结合，进而与大亚基结合，并产生完整的能进行翻译的核糖体。原核生物起始位点的识别需要 rRNA 的 3′端序列与 Shine-Dalgarno 基序结合，它位于 mRNA 的 AUG(或 GUG)密码子的前面；而真核生物 mRNA 的识别包含 5′端帽结构的结合，然后小亚基通过扫描寻找 AUG 密码子而转移到起始位点。当它识别了合适的 AUG(常常是它遇到的第一个,但并不总是这样)后,就与大亚基结合。mRNA、tRNA、rRNA 在蛋白质合成过程中的位置关系见图 6-24。A 位,又称受位(acceptor site),是接受氨酰基-tRNA 的部位;P 位(peptidyl site),是肽键形成并释放 tRNA 的部位;E 位结合空载 tRNA,使核糖体变构,A 位打开。

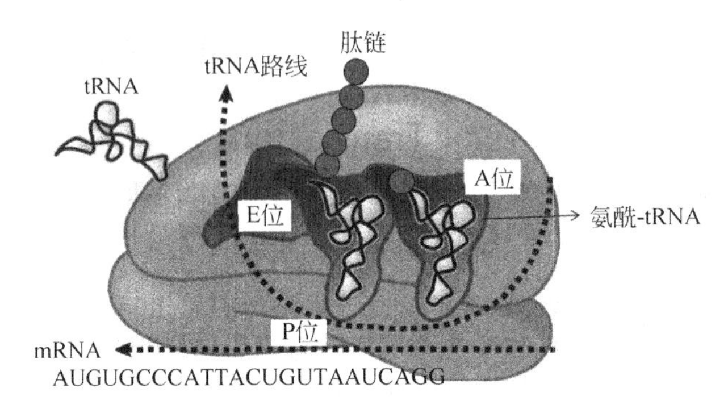

图 6-24 mRNA、tRNA 和 rRNA 三者在蛋白质合成过程中的位置关系

引自:Jocelyn E Krebs,et al. Lewin 基因 X. 江松敏,译. 科学出版社,2013.

6.5.1 遗传密码

遗传密码(genetic code)又称密码子、遗传密码子、三联体密码。指信使 RNA(mRNA)分子上从 5′端到 3′端方向,由起始密码子 AUG 开始,每三个核苷酸组成的三联体。它决定肽链上每一个氨基酸和各氨基酸的合成顺序,以及蛋白质合成的起始、延伸和终止。翻译过程严格按照遗传密码表中的碱基互补配对原则进行,仅有少数例外,遗传密码表见表 6-2。

表 6-2 遗传密码表

	U		C		A		G	
U	UUU	Phe F	UCU	Ser S	UAU	Tyr Y	UGU	Cys C
	UUC		UCC		UAC		UGC	
	UUA	Leu L	UCA		UAA	STOP	UGA	STOP
	UUG		UCG		UAG		UGG	Trp W
C	CUU	Leu L	CCU	Pro P	CAU	His H	CGU	Arg R
	CUC		CCC		CAC		CGC	
	CUA		CCA		CAA	Gln Q	CGA	
	CUG		CCG		CAG		CGG	
A	AUU	Ile I	ACU	Thr T	AAU	Asn N	AGU	Ser S
	AUC		ACC		AAC		AGC	
	AUA		ACA		AAA	Lys K	AGA	Arg R
	AUG	Met M	ACG		AAG		AGG	
G	GUU	Val V	GCU	Ala A	GAU	Asp D	GGU	Gly G
	GUC		GCC		GAC		GGC	
	GUA		GCA		GAA	Glu E	GGA	
	GUG		GCG		GAG		GGG	

遗传密码具有几个特点。①方向性:密码子是对 mRNA 分子的碱基序列而言的,它的阅读方向是与 mRNA 的合成方向或 mRNA 编码方向一致的,即从 5′端至 3′端。②连续性:mRNA 的读码方向从 5′端至 3′端方向,两个密码子之间无任何核苷酸隔开。mRNA 链上碱基的插入、缺失和重叠,均造成框移突变。③简并性:指一个氨基酸具有两个或两个以

上的密码子。密码子的第三位碱基改变往往不影响氨基酸翻译,因而降低了突变效应。④摆动性:mRNA 上的密码子与转移 RNA(tRNA)J 上的反密码子配对辨认时,大多数情况遵守碱基互补配对原则,但也可出现不严格配对,尤其是密码子的第三位碱基与反密码子的第一位碱基配对时常出现不严格碱基互补,这种现象称为摆动配对。⑤通用性:蛋白质生物合成的整套密码,从原核生物到人类都通用。但已发现少数例外,如动物细胞的线粒体、植物细胞的叶绿体。所以它一定是在进化早期就已经建立的。

6.5.2 翻译过程

1. 翻译准备阶段

(1) 氨酰 tRNA 的合成(图 6-25)

氨酰 tRNA 合成酶选择性地将氨基酸与 tRNA 配对结合,使 tRNA 携带上相应的氨基酸而形成氨酰 tRNA。氨酰-tRNA 的氨基臂上结合有的氨基酸,反密码子臂能识别 mRNA 中的密码子,因而可以根据 mRNA 上的密码子将对应的氨基酸运转到核糖体上合成蛋白质。一个特殊的 tRNA 起始子(在原核生物中,它是 fMet-tRNAf;在真核生物中,它是 Met-tRNAi)识别启动所有编码序列的密码子 AUG。只有终止(无义)密码子 UAA、UAG 和 UGA 不被任何氨酰 tRNA 所识别。

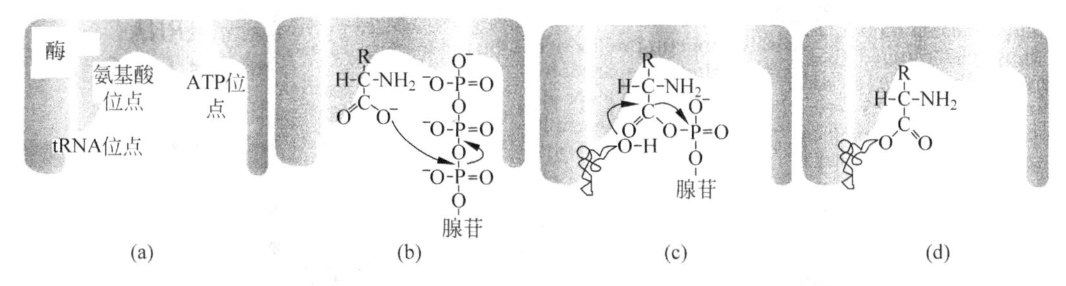

图 6-25 翻译准备阶段

(a) 氨酰 tRNA 合成酶有三个结合位点;(b) 氨基酸与 ATP 形成氨酰 AMP;(c) tRNA 结合;(d) tRNA 携带上氨基酸,释放 AMP

引自:Jocelyn E Krebs,et al. Lewin 基因 X. 江松敏,译. 科学出版社,2013.

(2) 获得起始子氨甲酰甲硫氨酸 tRNA(fMet-$tRNA_f$)(图 6-26)

fMet-$tRNA_f$ 是携带 *N*-甲酰甲硫氨酸的 tRNA,是原核细胞的起始氨酰 tRNA,能够识别 AUG 和 GUG 作为翻译起始密码子,与 IF-2 结合成复合体进入小亚基的 P 位点。

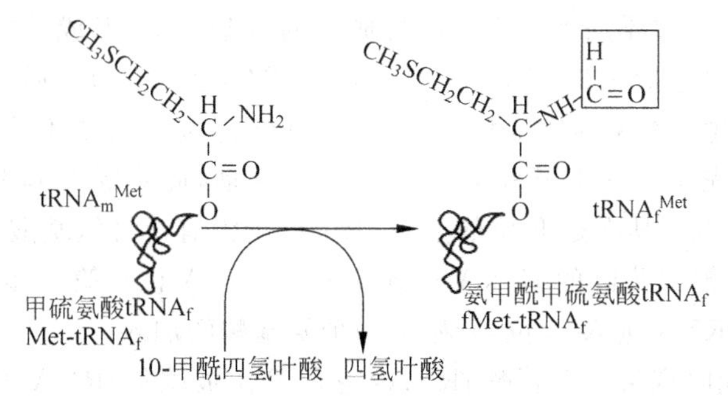

图 6-26 氨甲酰甲硫氨酸 tRNA 的合成

引自:Jocelyn E Krebs,et al. Lewin 基因 X. 江松敏,译. 科学出版社,2013.

2. 翻译起始阶段

起始点的密码子称为起始密码子(initiation codon),最常用的是AUG,少数细菌可利用GUG或UUG作为起始密码子,线粒体和叶绿体以AUG、AUU、AUA为起始密码子。翻译起始(图6-27)最先发生的是30S亚基识别mRNA上的起始密码子AUG和前面的前导序列SD序列(mRNA中用于结合原核生物核糖体的序列,在细菌mRNA起始密码子AUG上游10个碱基左右处,有一段富含嘌呤的碱基序列,帮助从起始AUG处开始翻译,1974年由J. Shine和L. Dalgarno发现的,故此而命名),然后结合到mRNA上,并使AUG位于30S亚基的P位。第二步是多种起始因子(initiation factors,是指翻译起始阶段端结合到核糖体小亚基上的一些蛋白质)的加入。第三步是tRNA起始子氨甲酰甲硫氨酸$tRNA_f$加入。最后是50S亚基加入,起始因子被释放,翻译正式开始。

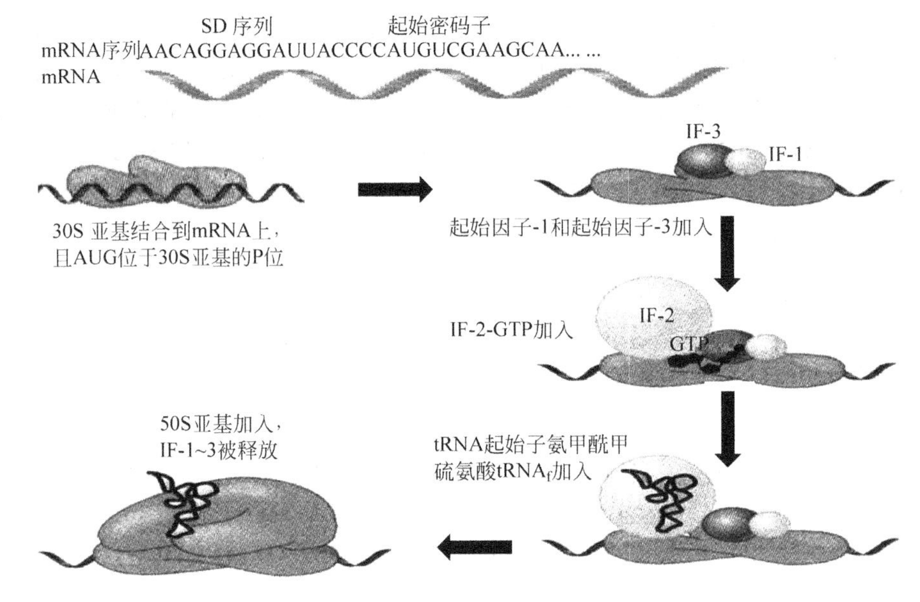

图6-27 原核生物的翻译起始

引自:Jocelyn E Krebs, et al. Lewin基因X. 江松敏,译. 科学出版社,2013.

3. 翻译延伸阶段

翻译起始之后,核糖体沿着mRNA链从5′→3′往前移动,每移动3个碱基,tRNA就按照密码子表将新的氨基酸添加到前面已经合成了的氨基酸上,形成肽链以合成蛋白质。因此,翻译延伸阶段主要包括三步:第一步是肽链形成(图6-28(a)),通过P位上肽基tRNA的肽链和A位上氨酰tRNA的氨基酸之间的反应形成。第二步是位移(图6-28(b)),位移又可分为两小步,首先是50S亚基相对于30S亚基移动,此步需要延伸因子G(elongation factor-G,EF-G)的参与;其次是P位的空载tRNA(指没有携带氨基酸的RNA)进入E位,准备离开,而A位携带有肽链的tRNA进入P位,空出A位。第三步是下一个与mRNA密码子配对的氨酰tRNA进入A位,开始下一个氨基酸的加入。

一个核糖体能同时携带两个氨酰tRNA:它的P位被肽基tRNA占据,这个肽基tRNA携带了已经合成的肽链;而A位用来容纳携带下一个氨基酸的氨酰tRNA。细菌核糖体还有E位,tRNA在参与完蛋白质合成后,在释放之前可从这个位点经过。接着,P位上的肽

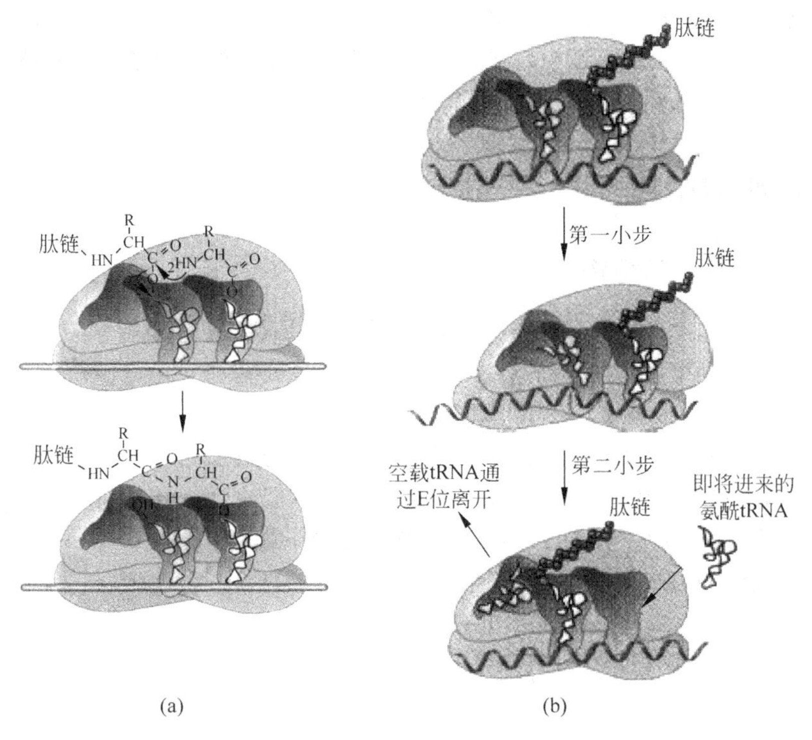

图 6-28　翻译延伸阶段

(a) 肽链形成；(b) 位移

引自：Jocelyn E Krebs，et al. Lewin 基因 X. 江松敏，译. 科学出版社，2013.

被转到 A 位的氨酰 tRNA 上，这样，在 P 位上产生空载 tRNA 和在 A 位上产生肽基 tRNA。在肽键形成后，核糖体沿着 mRNA 位移一个密码子的距离，将空载 tRNA 位移到 E 位，而肽基 tRNA 从 A 位移到 P 位。位移由延伸因子 EF-G 催化。与核糖体的其他几个阶段一样，这一步需要 GTP 的水解。位移过程中，核糖体要经过一个杂合阶段，此时 50S 亚基相对 30S 亚基有一个移动。

翻译是一个昂贵的过程。好几个阶段的反应都需要 ATP，包括 tRNA 与氨基酸合成反应，以及 mRNA 的解开。据估计，在快速生长的细菌中，多至 90%的合成的 ATP 是用来合成蛋白质的。原核生物的 EF 因子参与了延伸反应。EF-Tu 因子使氨酰 tRNA 结合到 70S 核糖体上。EF-Tu 因子释放时，GTP 被水解，EF-Tu 活性的再生需要 EF-Ts 因子。EF-G 因子用来位移。EF-Tu 因子和 EF-G 因子与核糖体的结合是相互排斥的，这保证了下一步进行之前上一步反应已经完成。

4. 翻译终止阶段

mRNA 翻译过程中，起蛋白质合成终止信号作用的密码子是终止密码子（termination codon），常见的是 UAG、UAA、UGA。终止发生在三种特殊密码子 UAA、UAG 和 UGA 的任何一处，有释放因子的参与。释放因子（release factor，RF）是识别终止密码子引起完整的肽链和核糖体从 mRNA 上释放的蛋白质，原核生物主要有 3 类释放因子。释放因子 1（RF1）能识别终止密码子 UAA 和 UAG，并激活核糖体水解肽基 tRNA，从而终止蛋白质合成的细菌释放因子。释放因子 2（RF2）能识别终止密码子 UAA 和 UGA 而终止蛋白质合成的细菌释放因子，主要用来帮助Ⅰ类RF因子从核糖体上释放。释放因子3(RF3)是与延长因子G(elongation factors，EF-G)有关的细菌蛋白质合成终止因子。当它终止蛋白质合成时，它使得因子RF1和RF2从核糖体上释放。

6.6 蛋白质的结构

6.6.1 蛋白质的一级结构

蛋白质的一级结构(primary structure)就是蛋白质多肽链中氨基酸(氨基酸是含有氨基和羧基的一类有机化合物的通称，结构式如图6-29)残基的排列顺序，也是蛋白质最基本的结构。它是由基因上遗传密码的排列顺序所决定的。各种氨基酸按遗传密码的顺序，通过肽键(肽键是一分子氨基酸的羧基和一分子氨基酸的氨基脱水缩合形成的酰胺键，即—CO—NH—，图6-30)连接起来，成为多肽链，故肽键是蛋白质结构中的主键。

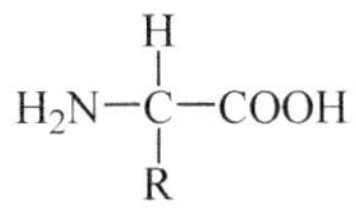

H
|
H_2N—C—COOH
|
R

图6-29 常见氨基酸结构式(R为侧链残基)

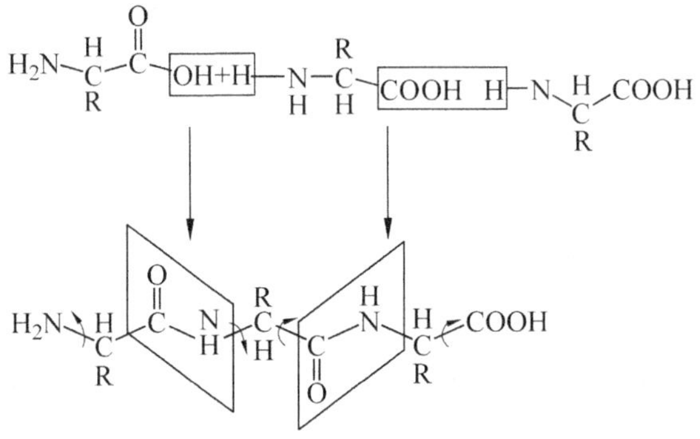

图6-30 肽键平面示意图

蛋白质的一级结构决定了蛋白质的二级、三级等高级结构(也称为空间结构)，成百亿的天然蛋白质各有其特殊的生物学活性，决定每一种蛋白质的生物学活性的结构特点，首先在于其肽链的氨基酸序列，由于组成蛋白质的20种氨基酸各具特殊的侧链，侧链基团的理化性质和空间排布各不相同，当它们按照不同的序列关系组合时，就可形成多种多样的空间结构和不同生物学活性的蛋白质分子。

6.6.2 蛋白质的二级结构

蛋白质分子的多肽链并非呈线形伸展，而是折叠和盘曲构成特有的比较稳定的空间结构。蛋白质的生物学活性和理化性质主要决定于空间结构的完整，因此仅仅测定蛋白质分子的氨基酸组成和它们的排列顺序并不能完全了解蛋白质分子的生物学活性和理化性质。蛋白质的二级结构(secondary structure)是指多肽链中主链原子的局部空间排布即构象，不涉及侧链部分的构象。二级结构主要有α-螺旋、β-折叠，如图6-31。α-螺旋是蛋白质中常见的一种二级结构，肽链主链绕假想的中心轴盘绕成螺旋状，一般都是右手螺旋结构，螺旋是靠链内氢键维持的。β-折叠是蛋白质中常见的二级结构，是由伸展的多肽链组成的。折叠片的构象是通过一个肽键的羰基氧和位于同一个肽链或相邻肽链的另一个酰胺氢之间形成的氢键维持的。二级结构是通过骨架上的羰基和酰胺基团之间形成的氢键维持的，氢键是稳定二级结构的主要作用力。

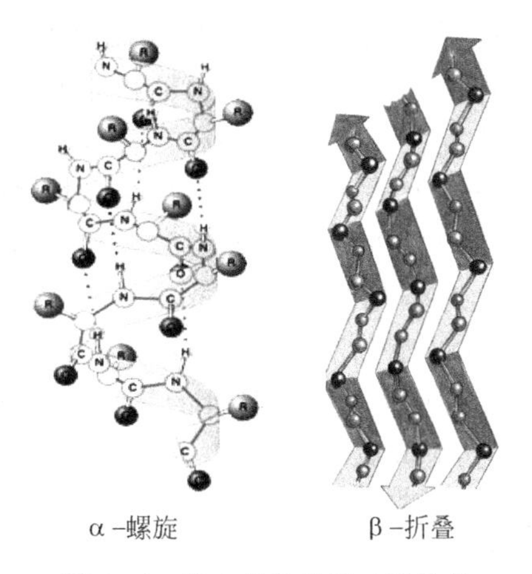

图 6-31 蛋白质的常见二级结构

6.6.3 蛋白质的三级结构

蛋白质的多肽链在各种二级结构的基础上再进一步盘曲或折叠形成具有一定规律的三维空间结构，称为蛋白质的三级结构(tertiary structure)，如图 6-32。蛋白质三级结构的稳定主要靠次级键，包括氢键、疏水键、盐键以及范德华力(Van der Wasls 力)等。这些次级键可存在于一级结构序号相隔很远的氨基酸残基的 R 基团之间，因此蛋白质的三级结构主要指氨基酸残基的侧链间的结合。次级键都是非共价键，易受环境中 pH、温度、离子强度等的影响，有变动的可能性。二硫键不属于次级键，但在某些肽链中能使远隔的两个肽段联系在一起，这对于蛋白质三级结构的稳定上起着重要作用。

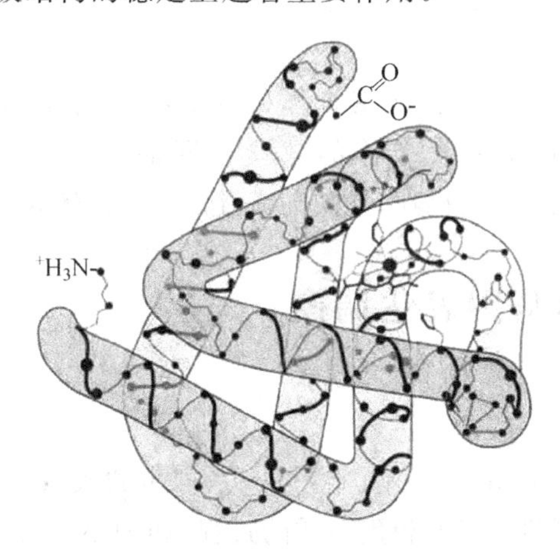

图 6-32 蛋白质的三级结构示意图

现也有认为蛋白质的三级结构是指蛋白质分子主链折叠盘曲形成构象的基础上，分子中的各个侧链所形成一定的构象。侧链构象主要是形成微区(或称结构域 domain)。对球状蛋白质来说，形成疏水区和亲水区。亲水区多在蛋白质分子表面，由很多亲水侧链组成。疏水区多在分子内部，由疏水侧链集中构成，疏水区常形成一些“洞穴”或“口袋”，某些辅基就镶嵌其中，成为活性部位。

具备三级结构的蛋白质从其外形上看，有的细长（长轴比短轴大 10 倍以上），属于纤维状蛋白质（fibrous protein），如丝心蛋白；有的长短轴相差不多基本上呈球形，属于球状蛋白质（globular protein），如血浆清蛋白、球蛋白、肌红蛋白，球状蛋白的疏水基多聚集在分子的内部，而亲水基则多分布在分子表面，因而球状蛋白质是亲水的，更重要的是，多肽链经过如此盘曲后，可形成某些发挥生物学功能的特定区域，例如酶的活性中心等。

许多蛋白质具有生物催化功能，称为酶（enzyme）。酶蛋白分子中能与底物结合，并发挥催化作用的小部分氨基酸区称为酶的活性中心（enzyme activity center），可分为结合部位和催化部位。在环境领域，从生物体内提取高活性的酶，将其做成制剂，比如固定化技术，被广泛应用于工业生产或者处理污染问题。

6.6.4 蛋白质的四级结构

具有两条或两条以上独立三级结构的多肽链组成的蛋白质，其多肽链间通过次级键相互组合而形成的空间结构称为蛋白质的四级结构（quarternary structure）。其中，每个具有独立三级结构的多肽链单位称为亚基（subunit）。四级结构实际上是指亚基的立体排布、相互作用及接触部位的布局。亚基之间不含共价键，亚基间次级键的结合比二、三级结构疏松，因此在一定的条件下，四级结构的蛋白质可分离为其组成的亚基，而亚基本身构象仍可不变。

一种蛋白质中，亚基结构可以相同，也可不同。如烟草斑纹病毒的外壳蛋白是由 2200 个相同的亚基形成的多聚体；正常人血红蛋白 A 是两个 α 亚基与两个 β 亚基形成的四聚体；天冬氨酸氨甲酰基转移酶由六个调节亚基与六个催化亚基组成。有人将具有全套不同亚基的最小单位称为原聚体（protomer），如一个催化亚基与一个调节亚基结合成天冬氨酸氨甲酰基转移酶的原聚体。

某些蛋白质分子可进一步聚合成聚合体（polymer）。聚合体中的重复单位称为单体（monomer），聚合体可按其中所含单体的数量不同而分为二聚体、三聚体……寡聚体（oligomer）和多聚体（polymer）而存在，如胰岛素（insulin）在体内可形成二聚体及六聚体。

6.7 原核微生物的基因表达调控

6.7.1 概述

基因表达（gene expression）是指基因经过一系列步骤表现出其储存遗传信息，即基因经转录、翻译产生有生物活性 RNA 和蛋白质的过程，如 rRNA 或 tRNA 的基因经转录产生成熟 rRNA 或 tRNA 的过程。基因表达分成两种类型：一种是组成型基因表达；另一种是调节型基因表达。组成型基因表达是指基因在个体发育的各个阶段较少受环境因素的影响，都能持续表达，其表达产物通常对生命是必需的或必不可少的，这类基因通常被称为管家基因。值得一提的是，组成型基因表达是相对的，并非一成不变的，其表达强弱也受一定机制调控。调节型基因表达是指基因表达受环境及生理状态的调控。它可分为诱导和阻遏两种类型。随环境条件变化基因表达水平增高的现象称为诱导，相应的基因被称为可诱导基因，诱导基因表达出来的蛋白称为诱导酶，起诱导作用的物质就称为诱导物；相反，随环境条件变化而基因表达水平降低的现象称为阻遏，相应的基因被称为可阻遏基因，阻遏基因表达出来的蛋白称为可阻遏酶，起阻遏作用的物质就称为阻遏物。

对基因表达过程的调节即为基因表达调控（regulation of gene expression 或 gene control）。具体来说，基因表达的调控可分为转录水平调控、转录后水平调控、翻译水平调控以及翻译后水平调控，但以转录水平的基因表达调控最为重要。基因表达调控的生物学意义在于适应环境、维持生长和增殖、维持个体发育与分化。

生物体内所有的基因构成了基因组（genome）。每一个或者每一类基因通常只有在需要的时候才会表达，而不需要的时候则会关闭，这是生物为了能从不断变化着的环境中生存下来而进化出来的。假如微生物不管在什么环境或者什么生长条件下，所有的基因都同样地表达，那么对于那些不需要表达或极少量表达的蛋白质而言就是一种浪费，而对于需要大量表达的蛋白质就会表达不足，很不利于微生物的生存。所以微生物体内某一基因是否表达，以及表达量的多少是由它当时所处的环境条件是否需要来决定的，这也就是常说的"经济原则"。以微生物降解多环芳烃为例，当微生物在不含多环芳烃的丰富培养基中培养时，体内很多与多环芳烃降解相关的基因不表达或者很少表达，而当将此微生物于仅含多环芳烃为唯一碳源的培养基中培养时，体内那些参与多环芳烃降解相关的基因就会迅速大量表达以使其能够快速有效的利用多环芳烃。因此，知道微生物对某一具体环境或者污染物降解的基因表达调控机制，甚至改造基因表达调控过程来提高微生物的性能（比如提高转运蛋白或者降解关键酶的表达），对于环境微生物领域的科研或者工作人员来说非常重要。

6.7.2 转录调控

基因表达过程需要消耗能量与原料，转录是基因表达的第一个重要过程，因此，转录水平的调控尤为重要。依据调控的结果，原核生物的转录水平调控可分为负转录调控和正转录调控两种类型，这两种类型皆与调节蛋白缺乏时对原核生物操纵元的影响密切相关，即诱导与阻遏。诱导是基因由原来的关闭状态转变为开放状态，相关基因被称为可诱导基因。可诱导基因通常是一些编码糖和氨基酸分解代谢的酶基因，一般处于关闭状态。阻遏是指基因由开放状态转变为关闭状态，相应的基因被称为可阻遏基因。可阻遏基因是合成各种细胞代谢过程中所必需的小分子物质（如氨基酸、嘌呤和嘧啶等）的酶基因，基于这类物质在生命过程中的重要地位，这些基因通常保持打开。目前已知的与环境污染物降解相关的重要基因大多为可诱导基因。因此，以下以乳糖操纵子负可诱导模型来重点讲述转录调控过程中的诱导表达调控。

1961年雅各布（F. Jacob）和莫诺德（J. Monod）发现在不含乳糖及β-半乳糖苷的培养基中，大肠杆菌中细胞内β-半乳糖苷酶和β-半乳糖苷透性酶的浓度很低，每个细胞内大约只有1～2个酶分子。但是，如果在培养基中加入乳糖，酶的浓度很快达到细胞总蛋白量的6%～7%，每个细胞中达到约5000个酶分子。经过一系列实验证明，乳糖及β-半乳糖苷能够诱导大肠杆菌中细胞内β-半乳糖苷酶和β-半乳糖苷透性酶的表达。他们根据对该系统的研究而提出了著名的操纵子学说。操纵基因与一系列受它操纵的结构基因合起来就形成一个操纵子(operator)。乳糖操纵子(lactose operon,简称为 O_{lac})是一个在大肠杆菌及其他肠道菌科细菌内负责乳糖的运输及代谢的操纵子,它包含了三个相连的结构基因(*lac-ZYA*)、启动子、终止子及操纵基因。在大肠杆菌的乳糖系统操纵子中,β-半乳糖苷酶、半乳糖苷渗透酶、半乳糖苷转酰酶的结构基因以 *lacZ*、*lacY*、*lacA* 的顺序分别排列在染色体上,在 *lacZ* 的上游有操纵序列 *lacO*,更前面有启动子 *lacP*,编码乳糖操纵系统中阻遏物的调节基因 *lacI* 位于和 *lacP* 上游的临近位置,图 6-33 就是乳糖操纵子的结构模式。

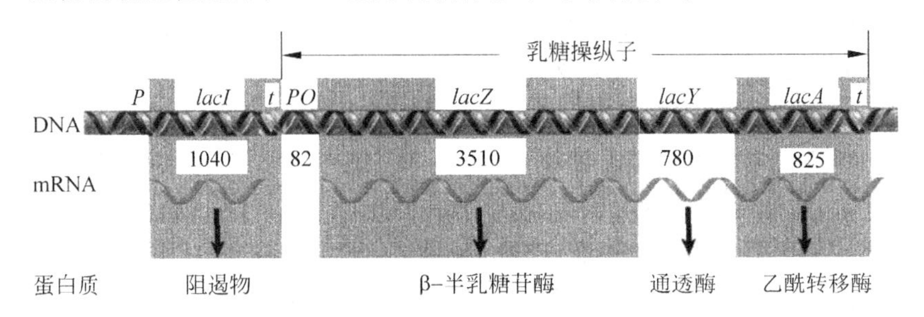

图 6-33 乳糖操纵子的结构模式

引自:Jocelyn E Krebs,et al. Lewin 基因 X. 江松敏,译. 科学出版社,2013.

图 6-33 中,*lacZ*、*lacY*、*lacA* 是指结构基因,用于表达性状;*lacZ* 编码 β-半乳糖苷酶,它可以切断乳糖的半乳糖苷键,而产生半乳糖和葡萄糖;*lacY* 编码 β-半乳糖苷透性酶,它构成转运系统,将半乳糖苷运入到细胞中;*lacA* 编码 β-半乳糖苷乙酰转移酶,只将乙酰-辅酶 A 上的乙酰基转移到 β-半乳糖苷上;*P* 是指启动子(promoter),在 DNA 模板上专一地与 RNA 聚合酶结合并决定转录从何处起始的部位;*O* 是指操纵基因(operator gene),操纵子中控制结构基因的基因;*t* 是指终止子(terminator),给予 RNA 聚合酶转录终止信号的 DNA 序列;数字代表了碱基数。操纵基因 *O*,与乳糖的结合部位;*lacI* 是阻遏基因,*lacI* 基因的表达产物称为乳糖操纵子阻遏物(*lac* repressor),因为它的功能是阻止结构基因 *lacZYA* 的表达。

在乳糖操纵子中,相关功能的结构基因 *lacZ*、*lacY*、*lacA* 连在一起,形成一个基因簇。它们编码同一个代谢途径中的不同的酶。这个基因簇统一受到 *lacI* 的调控,一开俱开,一闭俱闭。也就是说它们形成了一个被调控的单位,其他的相关功能的基因也包括在这个调控单位中,例如编码透过酶的基因,虽然它的产物不直接参与催化代谢,但它可以使小分子底物转运到细胞中。

图 6-34 总结出了诱导的重要特点,*lac* 操纵子的转录调控对于诱导物的应答十分迅速,如图的上半部所示。当诱导物不存在时,操纵子以极低的基础水平转录。诱导物的加入立刻会刺激转录,此时 *lac* mRNA 的数量迅速增加至诱导水平,这反映了 mRNA 合成与降解之间的平衡。*lac* mRNA 与细菌中的大部分 mRNA 一样,极不稳定,其半衰期仅约为 3min,因此诱导可以迅速逆转。诱导物一旦除去,转录立刻停止,随后,所有的 *lac* mRNA 很快分解,酶的合成也就停止。图的下半部分表示蛋白质含量的变化。*lac* mRNA 翻译产生 β-半乳糖苷酶和其他 *lac* 基因的产物。第一个完整酶分子的出现稍落后于 *lac* mRNA 的出现(从 *lac* mRNA 水平开始上升起约 2min 后蛋白质开始增加)。在 mRNA 和蛋白质达到最高水平之间也存在同样的延迟。当诱导物一旦除去,酶的合成立即停止(因为 *lacZYA* mRNA 的迅速降解),但 β-半乳糖苷酶在细胞中远比 mRNA 稳定,所以酶活性可以相对较

长时间保持在诱导水平。

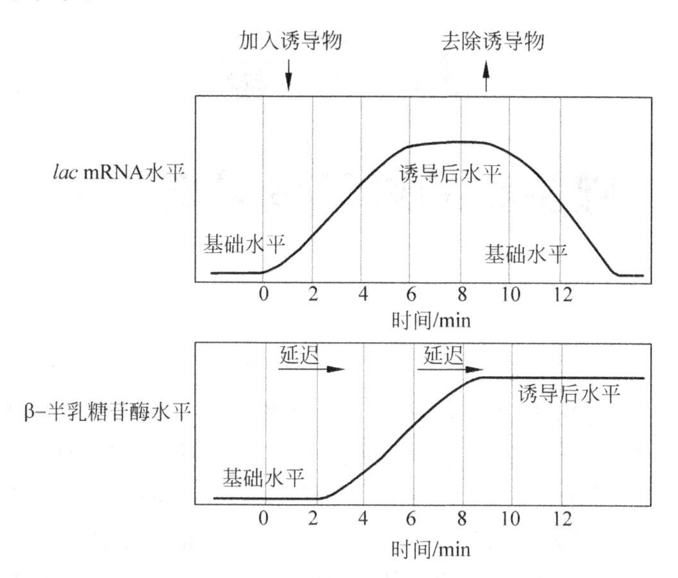

图 6-34 诱导物的有无对 *lac* mRNA 及β-半乳糖苷酶活性的影响

引自：Jocelyn E Krebs，et al. Lewin 基因 X. 江松敏，译. 科学出版社，2013.

复习思考题

6-1 “核酸是遗传物质”这一结论是怎么证明的？

6-2 什么是半保留复制？简述复制过程。

6-3 RNA 聚合酶起什么作用？简述转录过程。

6-4 RNA 的种类有多少？什么的 tRNA 的二级结构？

6-5 什么是遗传密码？简述翻译过程。

6-6 什么是乳糖操纵子？它是如何被调控的？

第7章

微生物的遗传变异与育种

遗传(heredity,inheritance)和变异是一切生物体最本质的属性之一。所谓遗传,讲的是发生在亲子间即上下代间的关系,即指上一代生物如何将自身的一整套遗传基因稳定地传递给下一代的行为或功能,它具有极其稳定(保守)的特性。遗传型(genotype)又称基因型,指某一生物个体所含有的全部遗传因子即基因组(genome)所携带的遗传信息。遗传型是一种内在的可能性或潜力,其实质是遗传物质上所负载的特定遗传信息。具有某遗传型的生物,只有在适当的环境条件下,通过其自身的代谢和发育,才能将它付诸实现,即产生自己的表型。表型(phenotype)指某一生物体所具有的一切外表特征和内在特性的总和,是其遗传型在合适环境条件下通过代谢和发育而得到的具体体现。变异(variation)指生物体在某种外因或内因的作用下所引起的遗传物质结构或数量的改变,亦即遗传型的改变。其特点是在群体中只以极低的概率(一般为 $10^{-5}\sim10^{-10}$)出现,性状变化幅度大,且变化后的新性状是稳定的,可遗传的。饰变(modification)是指外表的修饰性改变,即一种不涉及遗传物质结构改变而只发生在转录、翻译水平上的表型变化。其特点是整个群体中的几乎每一个体都发生同样变化;性状变化的幅度小;因其遗传物质未变,故饰变是不遗传的。比如黏质沙雷氏菌(*Serratia marcescens*)在25℃下培养时,会产生深红色的灵杆菌素,并把菌落染成鲜血状。可是,当培养在37℃下时,此菌群体中的一切个体都不产色素。如果重新降温至25℃,所有个体又可重新恢复产色素能力。

7.1 基因突变和诱变育种

7.1.1 基因突变

基因突变(gene mutation)简称突变,是变异的一类,泛指细胞内(或病毒体内)遗传物质的分子结构或数量突然发生的可遗传的变化,可自发或诱导产生。狭义的突变专指基因突变(点突变),而广义的突变则包括基因突变和染色体畸变。突变的概率一般很低($10^{-6}\sim10^{-9}$)。从自然界分离到的菌株一般称野生型菌株(wild type strain),简称野生型。野生型经突变后形成的带有新性状的菌株,称突变株(mutant)。

1. 突变类型

突变的类型很多,这里拟先从筛选菌株的实用目的出发,按突变后极少突变株的表型能否在选择性培养基上迅速选出和鉴别来区分。凡能用选择性培养基(或其他选择性培养条件)快速选择出来的突变株称选择性突变株(selectable mutant),反之则称为非选择性突变株(non-selectable mutant)。选择性突变株主要包括营养缺陷型(株)、抗性突变型(株)、条件致死突变型(株)三种；非选择性突变株主要包括形态突变型(株)、抗原突变型(株)、产量突变型(株)三种。

(1) 营养缺陷型(auxotroph)

某一野生型菌株因发生基因突变而丧失合成一种或几种生长因子、碱基或氨基酸等能力，因而不能再在基本培养基(minimum medium，MM)上正常生长繁殖的变异类型，称为营养缺陷型。它们可在加有相应营养物质的基本培养基平板上选出。营养缺陷型突变株在遗传学、分子生物学、遗传工程和育种等工作中十分有用。

(2) 抗性突变型(resistant mutant)

指野生型菌株因发生基因突变，而产生的对某化学药物、致死物理因子或噬菌体的抗性变异类型。它们可在加有相应药物、用相应物理因子处理或含噬菌体的培养基平板上选出。抗性突变型普遍存在，例如对一些抗生素具抗药性的菌株等。抗性突变型菌株在遗传学、分子生物学、遗传育种和遗传工程等研究中，极其重要。

(3) 条件致死突变型(conditional lethal mutant)

某菌株或病毒经基因突变后，在某种条件下可正常地生长、繁殖并呈现其固有的表型，而在另一种条件下却无法生长、繁殖，这种突变类型称为条件致死突变型。

Ts 突变株即温度敏感突变株(temperature sensitive mutant，Ts mutant)是一类典型的条件致死突变株。

(4) 形态突变型(morphological mutant)

指由突变引起的个体或菌落形态的变异，一般属非选择性突变。例如，细菌鞭毛或荚膜的有无，菌落表面的光滑、粗糙等的突变。

(5) 抗原突变型(antigenic mutant)

指由于基因突变引起的细胞抗原结构发生的变异类型，包括细胞壁缺陷变异、荚膜或鞭毛成分变异等。

(6) 产量突变型(metabolite quantitative mutant)

通过基因突变而产生的在代谢产物产量上明显有别于原始菌株的突变株，称产量突变型。产量显著高于原始菌株者，称正变株(plus-mutant)，反之则称负变株(minus-mutant)。筛选高产正变株的工作对生产实践极其重要，但由于决定产量高低是由多个基因决定的，因此在育种实践上，只有把诱变育种与重组育种和遗传工程育种很好地结合起来，才能取得更好的效果。

2. 突变率(mutation rate)

某一单个生物体在每一世代中发生某一性状突变的几率，称突变率。例如，突变率为 10^{-8} 者，即表示该细胞在 1 亿次分裂过程中，会发生 1 次突变。为方便起见，突变率可用某一单位群体在每一世代(即分裂 1 次)中产生突变株的数目来表示，例如，1 个含 10^8 个细胞的群体，当其分裂成 2×10^8 个细胞时，即可平均发生 1 次突变的突变率是 10^{-8}。据测定，一般基因的自发突变率为 10^{-6}。由于突变几率如此低，因此要测定某基因的突变率或在其中筛选出突变株就像大海捞针一样困难。

3. 基因突变的特点

整个生物界，因其遗传物质的本质都是相同的核酸，故显示在遗传变异特性上都遵循着共同的规律，这在基因突变的水平上尤为明显。基因突变一般有以下 7 个共同特点：①自发性——指可自发地产生各种遗传性状的突变；②不对应性——指突变性状（如抗青霉素）与引起该突变的原因（如用紫外线照射或化学诱变剂诱变）间无直接对应关系；③稀有性——通常自发突变的概率在 10^{-6}～10^{-9}之间；④独立性——某基因的突变率不受他种基因突变率的影响；⑤可诱变性——自发突变的频率可因诱变剂的影响而大为提高（提高 10～10^{5} 倍）；⑥稳定性——发生基因突变后产生的新遗传性状是稳定、可遗传的；⑦可逆性——野生型菌株的某一性状既可发生正向突变（forward mutation），也可发生相反的回复突变（reverse mutation 或 back mutation）。

4. 基因突变及其机制

基因突变的机制是多样的，可以是自发的或诱发的。自发突变（spontaneous mutation）是指生物体在无人工干预下自然发生的低频率突变。自发突变的原因一般有：由背景辐射和环境因素引起；由微生物自身有害代谢产物引起；由 DNA 复制过程中碱基配对错误引起；由转座子引起的插入或缺失引起。诱发突变（induced mutation），简称诱变，是指通过人为的方法，利用物理、化学或生物因素显著提高基因自发突变频率的手段。

(1) 碱基的置换（substitution）是染色体的微小损伤（microlesion），因它只涉及一对碱基被另一对碱基所置换，故属典型的点突变（point mutation）。置换又可分为两个亚类：一类称转换（transition），即 DNA 链中一个嘌呤被另一个嘌呤或是一个嘧啶被另一个嘧啶所置换；另一类称颠换（transversion），即一个嘌呤被另一个嘧啶或是一个嘧啶被另一个嘌呤所置换。

(2) 移码突变（frame-shift mutation）指 DNA 序列中的一个或少数几个核苷酸发生插入或缺失，从而使该处后面的全部遗传密码的阅读框架发生改变，并进一步引起转录和翻译错误的一类突变。

(3) 染色体畸变（chromosomal aberration）是指染色体结构上的缺失（deletion）、重复（duplication）、插入（insertion）、易位（translocation）和倒位（inversion）。

在 20 世纪 40 年代，B. McClintock 通过对玉米粒色素斑点变异的遗传研究，发现了染色体的易位现象。1976 年以来，易位现象在 *E. coli* 等许多微生物以及在果蝇等一些真核生物中得到了普遍证实，为此，McClintock 也于 1983 年获诺贝尔奖。DNA 序列通过非同源重组的方式，从染色体某一部位转移到同一染色体上另一部位或其他染色体上某一部位的现象，称为转座（transposition）。凡具有转座作用的一段 DNA 序列，称转座因子（transposable element，TE）。当一个转座因子插入到某一基因中时，就会使该基因发生插入突变（insertion mutation）。转座因子除能引起上述的插入突变之外，还能引起插入部位或切离部位上的染色体畸变（包括染色体的缺失、倒位或易位等）。转座作用的频率虽然仅为 10^{-5}～10^{-7}，但它却是一种自然界所固有的"自发基因工程"或"内源性基因工程"，除了对生物体具有适应、进化等意义外，这种全新的 DNA 重组方式还对生物学中一些重大理论问题和实际问题的研究起着积极的推动作用，例如进化研究、抗药性产生机制等。

由于碱基的改变在表型上的效应取决于突变的性质和在基因组点突变发生的位置，因此，根据基因突变所引起的表型变化分为：同义突变、错义突变、无义突变和移码突变，如图 7-1。同义突变是指突变后同样的氨基酸插入蛋白质，结果表型上没有看出变化。错义突变是指突变后导致不同的氨基酸插入蛋白质的多肽链中，多肽链相应氨基酸改变的结果。

无义突变是指碱基序列改变为氨基酸终止密码子(UAA、UAG、UGA)。蛋白质合成超前停止,导致一个截短的蛋白质产生。移码突变是DNA序列上缺失或插入1～2个核苷酸,引起从该突变点后翻译阅读框移位和变成一个完全改变的氨基酸序列。

原始序列
5′-AUG　CCU　UCA　AGA　UGU　GGG　CAA-3′
Met　Pro　Ser　Arg　Cys　Gly　Gln
同义突变——同样的氨基酸插入
5′-AUG　CCU　UCA　AGA　UGU　GG[A]　CAA-3′
Met　Pro　Ser　Arg　Cys　Gly　Gln
错义突变——不同的氨基酸插入
5′-AUG　CCU　UCA　[GGA]　UGU　GGG　CAA-3′
Met　Pro　Ser　[Gly]　Cys　Gly　Gln
无义突变——产生一个终止密码-蛋白质合成停止
5′-AUG　CCU　UCA　AGA　[UGA]　GGG　CAA-3′
Met　Pro　Ser　Arg　[终止]
移码突变——插入或缺失一个碱基从突变点开始氨基酸改变缺失或插入1或2个碱基
↓
5′-AUG　CCU　UCA　AGa　GUG　GGC　AA-3′
Met　Pro　Ser　Ser　Val　Gly　等.

图7-1　基因突变所引起的表型变化
引自:Joanne M W,et al. Prescott's Microbiology,8th ed. McGraw-Hill,2010.

7.1.2　突变与育种

1. 自发突变与育种(breeding by spontaneous mutation)

1) 从生产中育种

在利用微生物进行生产的过程中,微生物必然会以10^{-6}左右的突变率进行自发突变,其中有可能出现一定几率的正突变株(plus-mutant,指生产性状优于原株产量的突变株)。这对长期在生产第一线、富于实际工作经验和善于细致观察的人们来说,是一种获得较优良生产菌株的良机。例如,有人在污染噬菌体的发酵液中分离到抗噬菌体的自发突变株;有人在酒精工厂糖化酶产生菌宇佐美曲霉(*Aspergillus usamii*)3758号菌株(产黑孢子)中,曾及时筛选到糖化力强、培养条件较粗放的白色孢子变种"上酒白种"等。

2) 定向培育优良菌株

定向培育(directive breeding)是一种利用微生物的自发突变,并采用特定的选择条件,通过对微生物群体不断移植以选育出较优良菌株的古老方法。卡介苗是牛型结核分枝杆菌的减毒活菌苗,可提高人体尤其是儿童对结核分枝杆菌(*Mycobacterium tuberculosis*)的免疫力,对预防肺结核具有显著的效果。此疫苗是科学家把牛型结核杆菌接种在含牛胆汁和甘油的马铃薯培养基上,并以坚忍不拔的毅力前后花了13年时间,连续移种了230多代,直至1923年始获成功。由于这类育种有费时费力、效果难预测等缺点,现早已被各种现代育种技术所取代。

2. 诱变育种(breeding by induced mutation)

诱变育种是指利用物理、化学等诱变剂处理均匀而分散的微生物细胞群,在促进其突变率显著提高的基础上，采用简便、快速和高效的筛选方法，从中挑选出少数符合目的的突变株，以供科学实验或生产实践使用。在诱变育种过程中，诱变和筛选是两个主要环节。

1）诱变育种的基本环节

诱变菌株→计算存活下来菌株的突变率→筛选出少数大幅度正变的菌株→生产验证。

2）诱变育种中的几个原则

（1）选择简便有效的诱变剂。诱变剂（mutagen）的种类很多。在物理因素中，有电离辐射类的紫外线、激光和离子束等，以及能够引起电离辐射的X射线、γ射线和快中子等。在化学诱变剂中，主要有烷化剂、碱基类似物和吖啶化合物。

（2）挑选优良的出发菌株。出发菌株（original strain）就是用于育种的原始菌株，选用合适的出发菌株有利于提高育种效率。

（3）处理单细胞或单孢子悬液。为使每个细胞均匀接触诱变剂并防止长出不纯菌落，就要求做诱变的菌株必须以均匀而分散的单细胞悬液状态存在。因此用于诱变育种的细胞应尽量选用单核细胞，如霉菌或放线菌的分生孢子或细菌的芽孢等。

（4）选用最适的诱变剂量。各类诱变剂剂量的表达方式有所不同，如UV的剂量指强度与作用时间之乘积；化学诱变剂的剂量则以在一定外界条件下，诱变剂的浓度与处理时间来表示。在育种实践中，还常以杀菌率来作诱变剂的相对剂量。在产量性状的诱变育种中，凡在提高诱变率的基础上，既能扩大变异幅度，又能促使变异移向正变范围的剂量，就是合适的剂量。

（5）充分利用复合处理的协同效应（synergism）。诱变剂的复合处理常常表现出明显的协同效应，因而对育种有利。复合处理的方法包括同一诱变剂的重复使用，两种或多种诱变剂的先后使用，以及两种或多种诱变剂同时使用等。

（6）利用和创造形态、生理与产量间的相关指标。为了确切知道某一突变产量性状的提高程度，必须进行大量的培养、分离、分析、测定和统计工作，因此工作量十分浩大；某些形态变异虽然有着可直接、快速观察的优点，但常常与产量性状无关。如果能找到两者间的相关性，甚至设法创造两者间的相关性，则对育种效率的提高就有重大的意义。

7.2 基因重组和杂交育种

两个独立基因组内的遗传基因，通过一定的途径转移到一起，形成新的稳定基因组的过程，称为基因重组（gene recombination）或遗传重组（genetic recombination），简称重组。基因重组是杂交育种的理论基础。由于杂交育种是选用已知性状的供体菌和受体菌作亲本，因此，不论在方向性还是自觉性方面，均比诱变育种前进了一大步；另外，利用杂交育种往往还可消除某一菌株在经历长期诱变处理后所出现的产量性状难以继续提高的障碍。因此，杂交育种是一种重要的育种手段。

1. 转化（transformation）

1）定义

受体菌（recipient cell 或 receptor）直接吸收供体菌（donor cell）的DNA片段而获得后者部分遗传性状的现象，称为转化或转化作用。通过转化方式而形成的杂种后代，称转化子（transformant）。

2）转化微生物的种类

转化微生物的种类十分普遍。在原核生物中，主要有肺炎链球菌（*Streptococcus pneumoniae*）、嗜血杆菌属（*Haemophilus*）、芽孢杆菌属（*Bacillus*）、奈瑟氏球菌属（*Neisseria*）、根瘤菌属（*Rhizobium*）、葡萄球菌属（*Staphylococcus*）、假单胞菌属（*Pseudomonas*）和黄单胞菌属（*Xanthomonas*）等；在真核微生物中，如酿酒酵母（*Saccharomyces cerevisiae*）、粗糙脉孢菌（*Neurospora crassa*）和黑曲霉（*Aspergillus niger*）等。可是，在实验室中常用的一些属于肠道菌科的细菌，如 *E. coli* 等则很难进行转化。为克服这一不利条件，可选用有利于DNA 透过细胞膜的 $CaCl_2$ 处理的 *E. coli* 的球状体（sphaeroplast），以使之发生低频率的转化。此法对不易降解和能在宿主体内复制的质粒 DNA（或人工重组的质粒 DNA）导入受体菌时特别有用。有些真菌在制成原生质体（protoplast）后，也可实现转化。

3）感受态（competence）

两个菌种或菌株间能否发生转化，有赖其进化中的亲缘关系。但即使在转化频率极高的微生物中，其不同菌株间也不一定都可发生转化。研究发现，凡能发生转化，其受体细胞必须处于感受态。感受态是指受体细胞最易接受外源 NDA 片段并能实现转化的一种生理状态。它虽受遗传控制，但表现却差别很大。从时间上来看，有的出现在生长的指数期后期，如 *S. pneumoniae*，有的出现在指数期末和稳定期，如 *Bacillus* 的一些种；在具有感受态的微生物中，感受态细胞所占比例和维持时间也不同，如枯草芽孢杆菌（*Bacillus subtilis*）的感受态细胞仅占群体的 20%左右，感受态可维持几小时，而在 *S. pneumoniae* 和流感嗜血杆菌（*H. influenzae*）群体中，100%呈感受态，但仅能维持数分钟。外界环境因子如环腺苷酸（cAMP）及 Ca^{2+} 等对感受态也有重要影响，如 cAMP 可使 *Haemophilus* 的感受态水平提高 1 万倍。

调节感受态的一类特异蛋白称感受态因子，它包括 3 种主要成分，即膜相关 DNA 结合蛋白（membrane-associated DNA binding protein）、细胞壁自溶素（autolysin）和几种核酸酶。

4）转化因子（transforming factor）

转化因子的本质是离体的 DNA 片段。一般原核生物的核基因组是一条环状 DNA 长链，不管在自然条件下或人为条件下都极易断裂成碎片，故转化因子通常都只是 15kb 左右的片段。若以每个基因平均含 1kb 计，则每一转化因子平均约含 15 个基因，事实上，转化因子进入细胞前还会被酶解呈更小的片段。在不同的微生物中，转化因子的形式不同，例如，在 G^- 细菌 *Haemophilus* 中，细胞只吸收 dsDNA 形式的转化因子，但进入细胞后须经酶解为 ssDNA 才能与受体菌的基因组整合；而在 G^+ 细菌 *Streptococcus* 或 *Bacillus* 中，dsDNA 的互补链必须在细胞外降解，只有 ssDNA 形式的转化因子才能进入细胞。但不管何种情况，最易与细胞表面结合的仍是 dsDNA。由于每个细胞表面能与转化因子相结合的位点有限（如 *S. pneumoniae* 约 10 个），因此从外界加入无关的 dsDNA 就可竞争并干扰转化作用。除 dsDNA 或 ssDNA 外，质粒 DNA 也是良好的转化因子，但它们通常并不能与核染色体组发生重组。转化的频率通常为 0.1%～1.0%，最高为 20%。

5）转化过程

转化过程被研究得较深入的是 G^+ 细菌 *S. pneumoniae*，其主要过程为：①供体菌（Str^R，即存在抗链霉素的基因标记）的 dsDNA 片段与感受态受体菌（Str^S，有链霉素敏感型基因标记)细胞表面的膜与 DNA 结合蛋白相结合,其中一条链被核酸酶切开和水解,另一条进入细胞;②来自供体菌的 ssDNA 片段与细胞内的感受态特异的 ssDNA 结合蛋白相结合,并使 ssDNA 进入细胞,随即在 RecA 蛋白的介导下与受体菌和染色体上的同源区段配对、重组,形成一小段杂合 DNA 区段(heterozygous region);③受体菌染色体组进行复制,于是杂合区也跟着得到复制;④细胞分裂后,形成一个转化子(Str^{R})和一个仍保持受体菌原来基因型(Str^{S})的子代。

6) 转染(transfection)

指用提纯的病毒核酸(DNA 或 RNA)去感染其宿主细胞或其原生质体,可增殖出一群正常病毒后代的现象。

2. 转导(transduction)

通过缺陷噬菌体(defective phage)的媒介,把供体细胞中的小片段 DNA 携带到受体细胞中,通过交换与整合,使后者获得前者部分遗传性状的现象,称为转导。由转导作用而获得部分新性状的重组细胞,称为转导子(transductant)。

3. 结合(conjugation,mating)

供体菌("雄性")通过性菌毛与受体菌("雌性")直接接触,把 F 质粒或其携带的不同长度的核基因组片段传递给后者,使后者获得若干新遗传性状的现象,称为接合。通过接合而获得新遗传性状的受体细胞,称为结合子(conjugant)。

4. 原生质体融合(protoplast fusion)

通过人为的方法,使遗传性状不同的两个细胞的原生质体进行融合,借以获得兼有双亲遗传性状的稳定重组子的过程,称为原生质体融合。由此法获得的重组子,称为融合子(fusant)。原生质体融合的主要操作步骤是:先选择两株有特殊价值、并带有选择性遗传标记的细胞作为亲本菌株(parent strain),置于高渗溶液中,用适当的脱壁酶(如细菌和放线菌可用溶菌酶等处理,真菌可用蜗牛消化酶或其他相应酶处理)去除细胞壁,再将其形成的原生质体(包括球状体)进行离心聚集,加入促融合剂聚乙二醇或借电脉冲等因素促进融合,然后用等渗溶液稀释,再涂在能促使其再生细胞壁和进行细胞分裂的基本培养基平板上。待形成菌落后,再将其接种到各种选择性培养基(selective medium)平板上,检验它们是否为稳定的融合子,最后再测定其有关生物学性状或生产性能。

7.3 基因工程菌

基因工程(gene engineering; gene technology)又称遗传工程(genetic engineering),是指人们利用分子生物学的理论和技术,自觉设计、操纵、改造和重建细胞的遗传核心——基因组,从而使生物体的遗传性状发生定向变异,以最大限度地满足人类活动的需要。采用基因工程的方法所获得的菌株称为基因工程菌(genetically engineered bacteria)。由于基因工程菌既包含了原有的一整套遗传信息,同时也含有外来基因的遗传信息,是一个"杂交体",因此它甚至可以是一个自然演化中根本不存在的全新的物种。它们具有许多自然环境条件下存在的物种所不具备的优点,比如:构建新的微生物,使现在只能共代谢转化特定污染物的微生物变为能够以这种污染物作为唯一碳源生长和矿化的微生物;创造新的分解代谢途径，进行现在不能进行的高效和迅速的转化；增加微生物中特效酶的数量和活性，以加速污染物的生物降解，可以制备成固定化细胞和固定化酶；构建的微生物不仅能够分解靶标污染物，而且可以抗污染点的抑制剂，许多工业污染点不仅含有高浓度合成污染物，而且含有重金属或其他抑制微生物生长发育的物质；创造对多种污染物有降解作用的菌株；开发低吸着的菌株，使菌株可以迁移较远的距离，等等。因此，基因工程菌在环境污染的防治方面起着极其重要的作用。

7.3.1　工具酶

1. 核酸酶

核酸酶的切割位置为两个相邻核苷酸的磷酸二酯键。注意：核酸酶能切割来自末端核苷酸的 3′端的第一个酯键，或者来自另一个核苷酸的 5′端的第二个酯键。核酸酶中能切割内部键的称为内切核酸酶；从末端开始向内部切割的称为外切核酸酶。

限制性核酸内切酶是可以识别 DNA 的特异序列，并在识别位点或其周围切割双链 DNA 的一类内切酶，简称限制酶。限制性核酸内切酶分布极广，几乎在所有细菌的属、种中都发现至少一种限制性内切酶，多者在一属中就有几十种，例如在嗜血杆菌属（*Haemophilus*）中现已发现的就有 22 种。有的菌株含酶量极低，很难分离定性；然而在有的菌株中，酶含量极高，如 *E. coli* 的 pMB4（*Eco*R Ⅰ酶）和 *H. aegyptius*（*Hal* Ⅲ酶）就是高产酶菌株。据报道，从 10g 的 *H. aegyptius* 的细胞中，能分离提纯出可消化 10gλ 噬菌体 DNA 的酶量。到目前为止，细菌是限制性内切酶，尤其是特异性非常强的Ⅰ类限制性内切酶的主要来源。

限制性内切酶的命名一般是以微生物属名的第一个字母和种名的前两个字母组成，第四个字母表示菌株（品系）。例如，首次从 *Escherichia coli* RY13 中提取的限制性内切酶称为 *Eco*R Ⅰ（由于种属名称为拉丁文，因此要用斜体）。在同一品系细菌中得到的识别不同碱基顺序的几种不同特异性的酶，可以编成不同的号，如 *Hind*Ⅱ、*Hind*Ⅲ，*Hpa*Ⅰ、*Hpa*Ⅱ，*Mbo*Ⅰ、*Mbo*Ⅱ等。迄今已经从近 300 多种不同的微生物中分离出约 4000 种限制酶。常用的限制性内切酶可以从相应的生物制品公司购买，比如 Fermentas、NEB 和 Promega。

限制酶的命名是根据细菌种类而定的，以 *Eco*R Ⅰ为例，见表 7-1。

表 7-1　*Eco*R Ⅰ的命名

E	*Escherichia*	（属）
co	*coli*	（种）
R	RY13	（株）
Ⅰ	首次发现	在此类细菌中发现的顺序

根据限制酶的结构，辅因子的需求切位与作用方式，可将限制酶分为三种类型，分别是第一型（Type Ⅰ）、第二型（Type Ⅱ）及第三型（Type Ⅲ）。Ⅰ型限制性内切酶既能催化宿主 DNA 的甲基化，又催化非甲基化的 DNA 的水解；而Ⅱ型限制性内切酶只催化非甲基化的 DNA 的水解；Ⅲ型限制性内切酶同时具有修饰及认知切割的作用。由于Ⅱ型限制酶只具有识别切割的作用，修饰作用由其他酶进行。其所识别的位置多为短的回文序列（palindrome sequence），且所剪切的碱基序列通常即为所识别的序列，因此是遗传工程上实用性较高的限制酶种类，例如 *Eco*RⅠ、*Hind*Ⅲ。一些常见的Ⅱ型限制性内切酶的酶切位点

可以查阅相关公司的网站得到。

当一种限制性内切酶在一个特异性的碱基序列处切断 DNA 时，就可在切口处留下几个未配对的核苷酸片段，即 5′突出。这些片段可以通过重叠的 5′末端形成的氢键相连，或者通过分子内反应环化。因此称这些片段具有黏性，叫做黏性末端。其产生的两条 DNA 链一长一短，如图 7-2 的 *Eco*R Ⅰ。而当限制酶在它识别序列的中心轴线处切开时，产生的两条 DNA 链一样长，则是平末端，如图 7-2 的 *Eco*R Ⅴ。在进行 DNA 改造时，通常只要被限制性内切酶切割后产生的凸出端碱基序列相同，就可以被 DNA 连接酶进行连接。而如果希望把突出端碱基序列并不相同的两端 DNA 连接起来，可以采用核酸外切酶将凸出的末端切掉变成平末端，再用 DNA 连接酶将这两个片段连接起来。

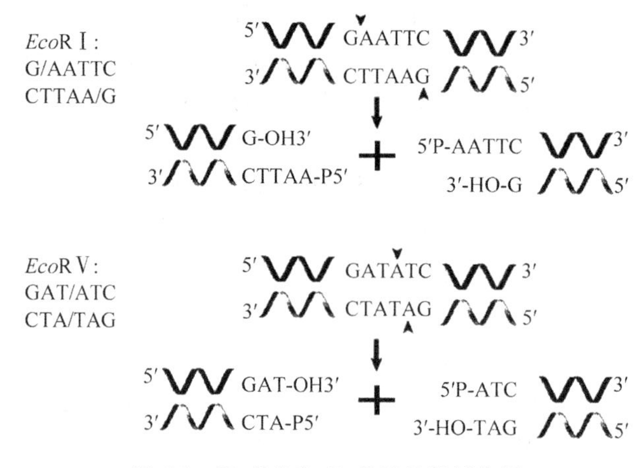

图 7-2 *Eco*R Ⅰ 和 *Eco*R Ⅴ 的酶切位置

2. 碱性磷酸酶

碱性磷酸酶能催化核酸分子脱掉 5′磷酸基团，从而使 DNA 或 RNA 片段的 5′-P 末端转换成 5′-OH 末端。在基因工程菌的构建过程中，碱性磷酸酶主要用于防止载体的自连。载体被限制性内切酶切开后，再用碱性磷酸酶处理就可以去掉线性载体两个末端的磷酸基团，DNA 连接酶无法将线性的载体连接成原来的环状空载体，从而使得线性载体只能和目的基因相连接，大大提高基因克隆的效率。

3. DNA 连接酶

DNA 连接酶(DNA ligase)也称 DNA 黏合酶，连接 DNA 链 3′-OH 末端和另一 DNA 链的 5′-P 末端，使二者生成磷酸二酯键，从而把两段相邻的 DNA 链连成完整的链，它在分子生物学中扮演一个既特殊又关键的角色。DNA 连接酶有很多种，分子克隆常用的有 T4 DNA 连接酶，来源于 T4 噬菌体。它是 ATP 依赖的 DNA 连接酶，催化两条 DNA 双链上相邻的 5′磷酸基和 3′羟基之间形成磷酸二酯键。可连接双链 DNA 的平末端、相容黏末端及其中的单链切口。

4. 逆转录酶

逆转录(reverse transcription)是以 RNA 为模板合成 DNA 的过程，又称反转录。逆转录酶(reversetranscripatase)是以 RNA 为模板指导三磷酸脱氧核苷酸合成互补 DNA(cDNA)的酶，又称反转录酶。此酶主要用于构建 cDNA 文库时使用。

5. DNA 聚合酶

DNA 聚合酶是以 DNA 为复制模板，将 DNA 由 5′端点开始复制到 3′端的酶，其主要活性是催化 DNA 的合成。DNA 聚合酶有多种，在进行分子克隆操作时最常用的是一种水生栖热菌（*Thermus aquaticus*）中分离提取的 *Taq* DNA 聚合酶，主要用于 PCR 体外扩增 DNA。

7.3.2　基因工程菌的构建

基因工程菌构建的主要过程包括：目的基因的获得；载体的选择与准备；目的基因与载体连接成重组 DNA；重组体的筛选。过程如图 7-3 所示。

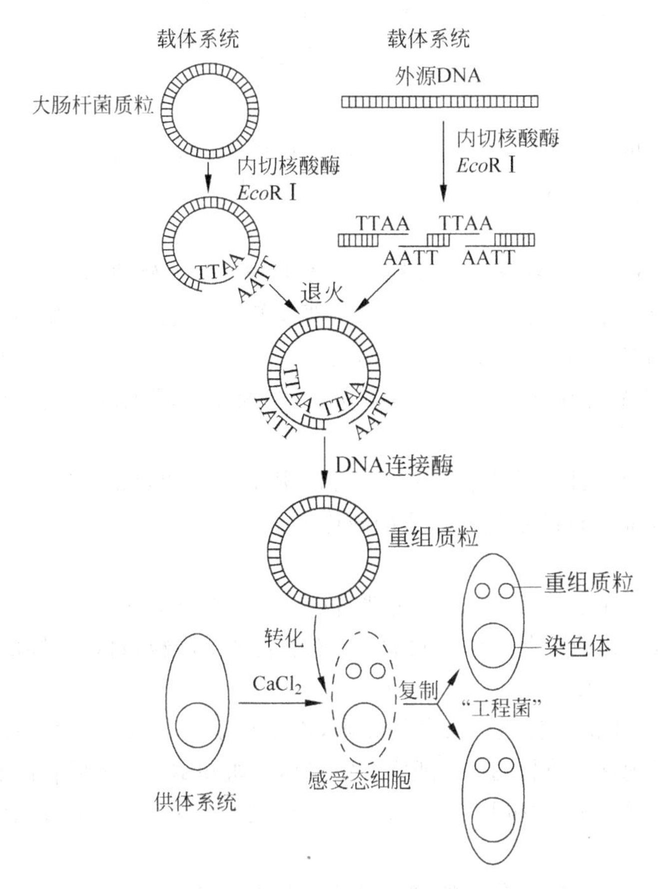

图 7-3　基因工程菌构建

1. 目的基因的获得

目的基因是指已被或者准备要分离、改造、扩增或表达的特定基因或 DNA 片段。取得目的基因主要有 4 条途径：

(1) 从适当的供体生物包括微生物、动物或植物中提取法。先将基因组 DNA 用限制性酶消化成大小不等的片段，再进行噬菌体包装与转染或质粒 DNA 转化，构建含基因组全部遗传信息的文库，即基因文库。

(2) 聚合酶链式反应(polymerase chain reaction，PCR)扩增法。PCR 是利用 DNA 在

体外 95℃高温时变性会变成单链，低温(经常是 60°C 左右)时引物与单链按碱基互补配对的原则结合，再调温度至 DNA 聚合酶最适反应温度(72°C 左右)，DNA 聚合酶沿着磷酸到五碳糖(5′-3′)的方向合成互补链。

(3) 通过逆转录酶(reverse transcriptase)的作用，由 mRNA 合成 cDNA(complementary DNA，即互补 DNA)。cDNA 文库是以特定的组织或细胞 mRNA 为模板，逆转录形成的互补 DNA(cDNA)与适当的载体(常用噬菌体或质粒载体)连接后转化受体菌形成重组 DNA 克隆群，这样包含着细胞全部 mRNA 信息的 cDNA 克隆集合称为该组织或细胞的 cDNA 文库。cDNA 文库特异地反映某种组织或细胞中，在特定发育阶段表达的蛋白质的编码基因，因此 cDNA 文库具有组织或细胞特异性。cDNA 文库显然比基因组 DNA 文库小得多，能够比较容易从中筛选克隆得到细胞特异表达的基因。

(4) 由化学合成方法合成有特定功能的目的基因。

2. 载体的选择

载体是携带目的基因并将其转移至受体细胞内复制和表达的运载工具，它决定了外源基因的复制、扩增、传代乃至表达。常用的载体根据来源主要分为 4 类：质粒载体、噬菌体载体、人工载体以及病毒载体。

作为基因工程的载体，具有以下共性和基本要求：①能够进入宿主细胞；②在宿主细胞中能独立自主地复制，即本身是复制子；③要有筛选标记，容易从宿主细胞中分离纯化；④对多种限制酶有单一或较少的切点，最好是单一切点；⑤载体本身的分子质量要尽可能地小，这样既可以在宿主细胞中复制成许多拷贝，又便于与较大的目的基因结合，也不宜受到机械剪切。

各类载体具有自己独特的生物学特性，可以根据运载的目的 DNA 片段大小和将来要进入的宿主的不同而有目的地选择合适的载体。

1) 质粒载体

质粒是染色体外能独立复制、能稳定遗传的一种双链闭环的 DNA 分子。质粒 DNA 的分子质量范围为 1～200kb，每个细胞可含 1～2 个或多个质粒，这由不同的质粒决定。

(1) 质粒的命名原则

根据 1976 年提出的一种质粒命名的原则，用小写字母 p 代表质粒，在 p 字母后面用两个大写字母代表发现这一质粒的作者或实验室名称。如 pBR322，字母 p 代表质粒，BR 是构建该质粒的研究人员 F. Bolivar 和 R. L. Rodriguez 姓氏的头一个字母，322 系指实验室编号。

(2) 质粒的特征

质粒 DNA 具有一般核酸分子的理化特性，即它能溶于水，不溶于乙醇等有机溶剂，在一定 pH 值下可解离而带电荷，能吸收紫外线，可嵌入某些染料，如溴乙锭。但不同于染色体，比较能抗切割和抗变性，插入的染料不及染色体的多。

① 自我复制

质粒是一个独立的复制子，在宿主细胞中独立复制。复制可与染色体复制同步，称为严紧型复制控制，一般这类细胞只含 1～2 个质粒；复制也可与染色体复制不同步，称为松弛型复制控制，一般这类细胞含 10～15 个质粒或更多。

② 共价闭合环状结构

环状的双螺旋 DNA 分子自身再次扭曲成螺旋结构，这种超螺旋构型的 DNA 称为共价闭合环状DNA(covalent closed circular DNA,cccDNA)。当某一处受到切割,超螺旋结构转变为开环DNA;若质粒DNA的双链均发生断裂而形成线性分子,则通称为L构型。

③ 质粒的相容性和不相容性

这一特性取决于质粒复制的机制。具有相似的复制子结构和复制控制方式的质粒,具有不相容性,不能在同一细菌中共存;反之则具有相容性,可共存。

④ 质粒的消除、整合和重组

质粒可以自发地从细胞中消除,也可用某些人工办法将其消除。某些质粒具有与染色体整合和脱离的功能。质粒还有重组的功能,可在质粒与质粒或质粒与染色体间发生重组。

⑤ 质粒的转移性

质粒可以进行3种方式的遗传物质交换,即转化、转导和接合。转化是在细胞之间不发生接触或载体接入的情况下的基因转移。受体菌直接吸收来自供体菌的DNA片段,通过交换,把它整合到自己的基因组中而获得部分新的遗传性状;转导是由噬菌体为媒介,把供体细胞的一小段DNA片段携带给受体细胞,通过交换与整合使受体细胞获得供体细胞部分遗传性状;结合是供体菌(F因子菌株,F^+)通过性纤毛与受体菌(不含F因子菌株,F^-)相接触,F^+传递不同长度的单链DNA给F^-,并在F^-细胞中进行双链化或进一步与染色体发生交换、整合,从而使受体菌获得供体菌的遗传性状。

(3) 质粒的类型

根据质粒DNA是否含有结合转移基因,质粒可以分为两大类群,即接合型质粒和非接合型质粒。接合型质粒除含有自我复制基因外,还带有一套控制细菌配对和质粒结合转移的基因,如F质粒、R质粒、部分Col质粒。非接合型质粒能够自我复制,但不含转移基因,因此这类质粒不能从一个细胞自我转移到另一个细胞。这些质粒包括F质粒(又称致育因子(fertility factor),决定细胞的性别)、抗药质粒(又称抗性因子(resistance factor),能使某些抗生素药物失活,如抗四环素基因Tet、抗氨苄青霉素基因Amp等)、抗重金属质粒(如抗汞质粒)和降解质粒(degradative plasmid)等。

质粒的自我复制和细菌间质粒的转移性,可以使原来没有降解污染物能力的受体细胞产生降解污染物的能力,因而在开发具有加速降解能力的新微生物方面有着重要作用。利用分子生物学技术,可以剪接一段含有特定降解代谢途径的DNA进入质粒,然后将这种质粒导入宿主细菌,形成具有新的降解能力的重组体或基因工程菌。这些新菌株对于环境污染的生物修复很有用。

质粒载体本身具有一般载体的共性,具备了作为载体的各种条件,因此可以作为基因工程菌构建的载体。

(4) 常用的质粒载体

在基因工程菌的构建过程中,常用的质粒载体主要有以下几种。

① 粒载体pBR322

pBR322是多年来人们研究最多、使用最广泛的一种质粒载体,其图谱如图7-4所示。pBR322是由一系列大肠杆菌质粒DNA通过DNA重组技术构建而成的双链DNA载体,长度为4363bp。有一个复制起始点、一个抗氨苄青霉素基因、一个抗四环素基因、多种限制酶切点,可容纳5kb左右外源DNA。

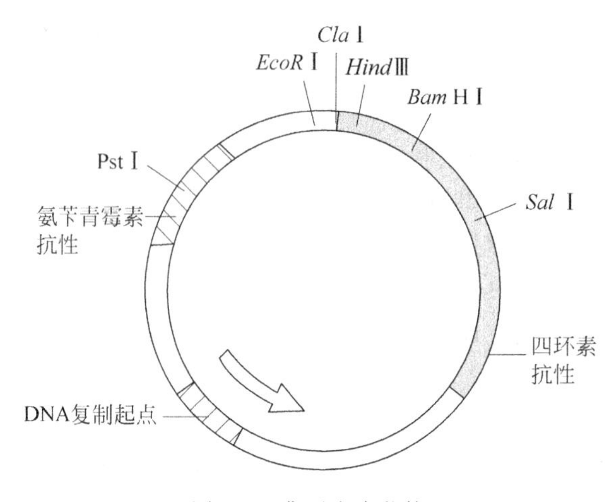

图 7-4 典型克隆载体

E. coli 的 pBR322 质粒的构造箭头表示 DNA 复制的起始方向

引自：Joanne M W, et al. Prescott's Microbiology, 8th ed. McGraw-Hill, 2010.

pBR322 上有 36 个单一的限制性内切酶位点，其中包括 *Hind* Ⅲ、*Eco*R Ⅰ、*Bam*H Ⅰ、*Sal* Ⅰ、*Pst* Ⅰ、*Pvu* Ⅱ等常用酶位点。而 *Bam*H Ⅰ、*Sal* Ⅰ、*Pst* Ⅰ三个酶切位点分别处于四环素和氨苄青霉素抗性基因上。

纯化的 pBR322 分子用一种位于抗生素抗性基因中的限制性内切酶酶解后，产生一个单一的具黏性末端的线性 DNA 分子，把这些线性分子与用同样的限制性内切酶酶解的目的 DNA 混合，在 ATP 存在的情况下，用 T4 DNA 连接酶连接，产生一些不同连接的混合产物，包括质粒自身环化的分子。为了减少空载体自身的连接，切开的质粒可以用碱性磷酸酯酶处理，除去质粒末端的 5′磷酸基团，因为 T4 DNA 连接酶不能把两个末端都没有磷酸基团的线状质粒 DNA 连接起来。目的 DNA 带有磷酸基团，它与碱性磷酸酶处理过的质粒 DNA 混合连接后，T4 DNA 连接酶形成的两个磷酸二酯键使目的 DNA 和质粒空载体连接在一起。

在这个重组分子上还有两个切口，转化以后这些切口就会由宿主细胞 DNA 连接酶系统来修复。

pBR322 质粒载体具有以下优点：一是具有较小的分子质量，不仅易于自身 DNA 的纯化，而且即便克隆大小达 6kb 的外源 DNA 之后，其重组体分子的大小仍然在符合要求的范围之内；二是具有两种可供利用的抗生素抗性选择标记；三是具有较高的拷贝数，为重组 DNA 的制备提供了极大的方便。

② 粒载体 pUC18/19

pUC 系列是由大肠杆菌 pBR 质粒与 M13 噬菌体改建而成的双链 DNA 载体。这对载体长度均为 2674bp，除多克隆位点以互为相反的方向排列外，两个载体在其他方面完全一致。pUC 载体含有一个复制起始位点、一个氨苄青霉素抗性基因和一个大肠杆菌乳糖操纵子 β-半乳糖苷酶基因的调节片段、一个调节该基因表达的阻遏蛋白的基因。pK18/19 质粒与 pUC 系列载体的区别在于采用卡那霉素抗性基因进行筛选来代替 pUC 载体中的氨苄青霉素抗性基因。

由于 pUC 质粒含有 Amp^R 抗性基因，可以通过颜色反应和 Amp^R 对转化体进行双重筛选。

除 pBR322 和 pUC 系列质粒以外，还有许多其他克隆载体。质粒载体目前的发展趋势首先是调整载体的结构，提高载体的效率；其次是增加质粒载体内有用的限制性酶切位点的数目，使分布更加合理；最后是在质粒中引入多种用途的辅助序列，使其更易于筛选测序。

2）噬菌体载体

噬菌体内含双链环形、单链环形、双链线形、单链线形等多种形式、大小不一的 DNA，且感染率高。在噬菌体 DNA 分子中，除具有复制起点外，还有编码外壳蛋白质的基因，是良好的基因载体。

噬菌体载体分插入型载体和置换型载体两类。只具有一个限制酶切位点可供外源 DNA 插入的载体称为插入型载体。而具有成对的限制酶切位点，在这两个位点之间的 DNA 区段可以被插入的外源 DNA 取代的噬菌体载体称为置换型载体。在构建基因工程菌的过程中，必须根据实验需要选择合适的载体，在选择时应考虑以下因素：所要用的限制性内切酶；将要插入的外源 DNA 的大小；载体是否需要在 *E. coli* 中表达所要克隆的 DNA；筛选方法等。

3）人工载体

人工载体大多具有大肠杆菌质粒的抗药性和噬菌体强感染力，同时满足携带生物的目的基因大片段 DNA。如柯斯质粒是将 λ 噬菌体的黏性末端（cos 位点序列）和大肠杆菌质粒的抗氨苄青霉素和抗四环素基因相连而获得的人工载体。这种载体含一个复制起点、一个或多个限制酶位点、一个 cos 片段和抗药基因，能加入 40～50kb 的外源 DNA，常用于构建真核生物基因组文库。

（1）柯斯质粒载体（cosmid vector）

该载体是一类由人工构建的含有 λDNA 的 cos 序列和质粒复制子的特殊类型的质粒载体，是专门用来克隆大 DNA 片段的新载体。

柯斯质粒大小为 4～6kb，既可以按质粒载体的性质转化受体菌，并在其中复制，又可以按 λ 噬菌体性质，进行体外包装转导受体细胞。通过 cos 位点连接环化后，按质粒复制的方式进行复制。一般构建的柯斯质粒载体小于 20kb，可承载 30kb 左右的外源 DNA 片段，这种载体常用于构建真核生物基因组文库，它综合了质粒载体和噬菌体载体二者的优点。

（2）酵母人工染色体

酵母人工染色体（yeast artificial chromosome，YAC）是在酵母细胞中克隆外源 DNA 大片段克隆体系，由酵母染色体中分离出来的 DNA 复制起始序列、着丝点、端粒以及酵母选择性标记组成的能自我复制的线性克隆载体。

用于克隆时，先要用酶进行酶解，形成真正意义上的人工染色体。每个 YAC 可以装进 100 万 kb 以上的 DNA 片段，比柯斯质粒的装载能力要大得多。YAC 载体中用得较多的是 pYAC4。YAC 既可以保证基因结构的完整性，又可以大大减小核基因库所需的克隆数目，从而使文库的操作难度减少。

4）病毒载体

以 DNA 为遗传物质的植物 DNA 病毒有花椰菜花叶病毒、雀麦条纹病毒和双生病毒，这些病毒使用很少。哺乳动物细胞用于外源 DNA 表达采用的载体目前主要是猿猴空泡病毒 40(SV40)。SV40 病毒 DNA 分子含 5243bp,只能插入 2.5kb 的外源 DNA,感染宿主主要为猴细胞。改造后主要有取代型和病毒-质粒重组两种。

3. 目的基因与载体的体外重组

(1) 采用限制性内切酶(restriction endonuclease)的处理或人为地在 DNA 的 3′端接上 polyA 和 polyT,就可使参与重组目的基因和线性载体产生“榫头”和“卯眼”似的互补黏性末端(cohesive end),如图 7-5。为了防止采用 DNA 连接酶连接时载体自连形成空载体而使目的基因无法连接到载体上,也可在下一步操作前用碱性磷酸酶对线性载体进行去磷酸化处理,处理之后的载体见图 7-6。

(1) PCR、限制性酶切或体外合成获得目的片段

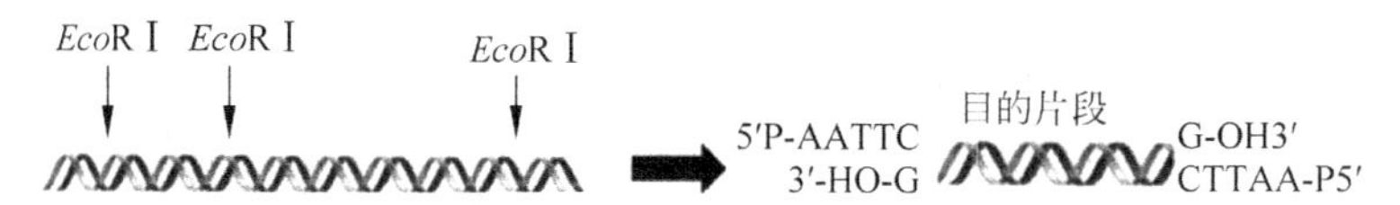

(2) 获得含有与目的片段互补碱基的黏性末端或平末端的线性载体

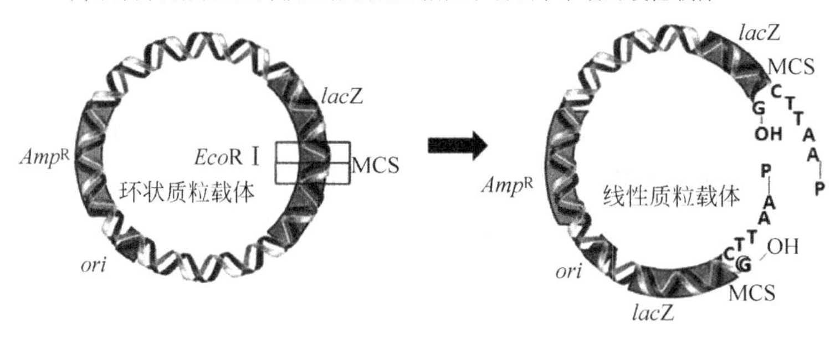

图 7-5 目的基因和线性质粒载体示意图

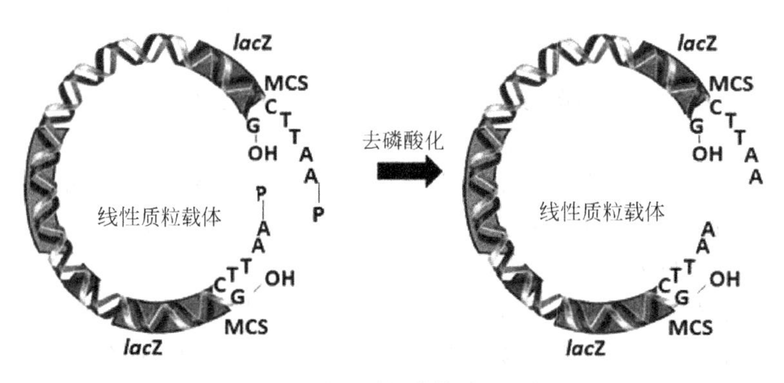

图 7-6 线性质粒载体去磷酸化

(2) 然后把两者放在低温下温和地“退火”(annealing)。由于每一种限制性核酸内切酶所切断的双链 DNA 片段的黏性末端都有相同的核苷酸组分,所以当两者相混时,凡与黏性末端上碱基互补的片段,就会因氢键的作用而彼此吸引,重新形成双链。这时,在外加连接酶(ligase)的作用下,目的基因就与载体 DNA 进行共价结合,形成一个完整的、有复制能力的环状重组载体或称嵌合体(chimaera),图 7-7 以 *Eco*R Ⅰ 为例描述。T4 连接酶的作用条件一般为 16℃,过夜连接。有时为了确定目的基因在载体上的方向,可以在第一步用限制

性内切酶酶切时采用两种不同的内切酶同时切割载体和目的基因。由于两种酶切割后留下的末端片段是不一样的，连接时只有互补的碱基才能连上，因此可以确定方向，如图 7-8，采用 *Eco*RⅠ和 *Eco*RⅤ同时切割质粒载体和目的片段，就可以确保目的基因在载体上的位置。

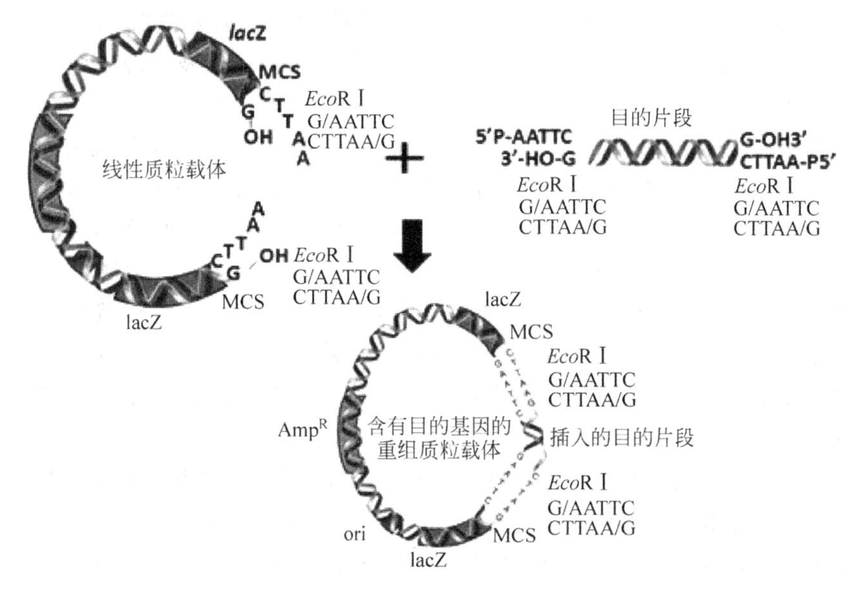

图 7-7　DNA 连接酶连接载体和目的基因

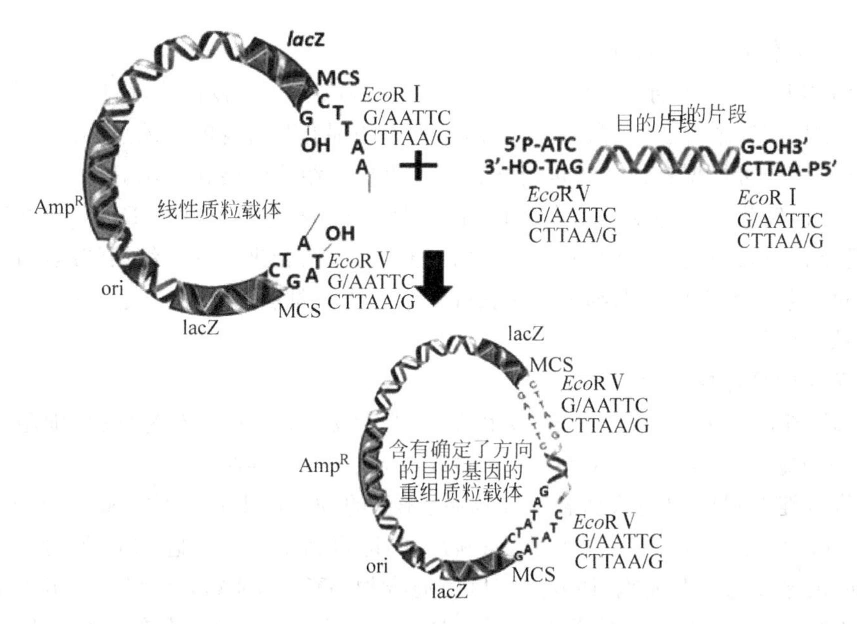

图 7-8　*Eco*RⅠ和 *Eco*RⅤ双酶切确定目的基因的方向

4. 重组载体导入受体细胞

1）受体细胞的选择

目的基因能否有效地导入受体细胞，主要取决于所选择的受体细胞、克隆载体和基因转移方法是否合适。

受体细胞是指能够摄取外源DNA并能使其稳定维持的细胞。由于所用的基因载体不同,所选用的受体细胞也不同,从原核细胞到真核细胞,从简单的真核,如酵母菌,到高等的动植物细胞都能作为基因工程的受体细胞。选择受体细胞的一般原则为:根据所用的载体体系及各种受体细胞的基因型进行选择;要使重组体的转化或转染效率高,能稳定传代;受体细胞基因型与载体所含的选择标记匹配;易于筛选重组体以及外源基因可在其内高效表达和稳定积累等。

目前已使用的受体细胞主要分为三大系统,即微生物表达系统、植物细胞表达系统和动物细胞表达系统。下面着重介绍基因工程菌构建中所涉及的微生物表达系统受体细胞。

大肠杆菌是最早使用和至今仍最广泛使用的受体细胞,其次是酵母和枯草杆菌。大肠杆菌表达产物常以包涵体的不正常折叠形式存在,故没有生物活力。大肠杆菌不具有分泌产物至培养液的能力,为了获得表达产物,需将菌体破碎收集,分离过程费时费力。改进后的大肠杆菌宿主,利用病毒和大肠杆菌等的分泌机制补充大肠杆菌的外分泌能力。枯草杆菌主要用于外分泌型表达,缺点是表达产物容易被枯草杆菌分泌的蛋白酶水解。重组质粒在枯草杆菌中不太稳定。

假单胞菌在用于构建环境保护所需的具有多种降解能力的工程菌方面具有特别的优势。

另外,常用的受体细胞还有棒状杆菌,它主要用于氨基酸基因工程;啤酒酵母安全,不致病,不产生内毒素,而且是真核生物,对其肽链糖基化系统改造后,已广泛用于真核生物基因的表达;丝状真菌的DNA和载体整合,用于大量生产胞外蛋白,但丝状真菌外分泌能力较差。

2)重组载体导入受体细胞

将重组体DNA分子向寄主细胞内导入的常用方法有化学转化法、高压电穿孔法、多聚物介导法、原生质体融合法、显微注射法等,各种方法都有其自身的优缺点,并且使用范围不同,在实际应用中可根据具体要求进行选择。这里仅介绍化学转化方法。

严格地说,转化是指感受态的大肠杆菌细胞捕获和表达质粒载体DNA分子的生命过程,现在泛指把携带目的基因的外源重组载体通过与膜结合进入受体细菌细胞的过程。

转化过程包括制备感受态细胞和转化处理。感受态细胞是指处于能摄取外界DNA分子的生理状态的细胞。

细胞转化的具体操作程序如下:

(1)选取新鲜幼嫩的细胞。在对数生长期(即OD_{600}在0.6左右时)收获细胞。然后将其放入冰浴中冷冻10min,离心(4000r/min)5min,收集沉淀细胞。

(2)将沉淀获得的细胞重新悬浮在预冷、无菌的50mmol/L $CaCl_2$和Tris-HCl(pH8)中,冰浴5min,同样离心收集沉淀细胞,重新悬浮,即得到感受态细胞,冰冻备用。

(3)取出冰冻感受态细胞,加入连接反应混合物(重组DNA),在42℃水浴中做90s热冲击,再冰浴5min,加入适当培养基,37℃,120r/min摇菌30min,涂布在培养基琼脂平板上,于37℃在恒温生化培养箱中过夜培养,挑取单克隆菌落进行鉴定。

目前$CaCl_2$化学转化法的机制尚不清楚,可能是细胞壁被打了一些孔,DNA分子即从这些孔洞中进入细胞,而这些孔洞随后又可以被宿主细胞修复。

5. 重组体的筛选

由体外重组产生的DNA分子,通过转化、转染、转导等适当途径引入宿主会得到大量的重组体。由于操作的失误及不可预测因素的干扰等，在这些重组体中获得有效表达的克隆子一般来说只是一小部分，而绝大部分仍是原来的受体细胞，或者是不含目的基因的克隆子。为了从处理后的大量细胞中分离出真正的克隆子，目前已建立起一系列构思巧妙、可靠性较高的重组体筛选和鉴定的方法，概括起来有 3 类。第一类生物学方法：包括遗传学方法（比如抗生素筛选、蓝白斑筛选）、免疫学方法和噬菌斑的形成等；第二类核酸杂交：通过 DNA-DNA、DNA-RNA 碱基配对的原理进行筛选，以探针的使用为核心，包括原位杂交、Southern 杂交、Northern 杂交等；第三类物理方法：如电泳法等。这些方法的原理及操作过程可参见相关实验手册。现就实验室中最常用的抗生素标记筛选法做简单介绍。

利用抗生素抗性基因进行重组体筛选是使用最早、最广泛的一种遗传学方法。质粒常带有如四环素抗性基因（Tet^{S}）、氨苄青霉素抗性基因（Amp^{R}）、卡那霉素抗性基因（Kan^{R}）等的抗药性基因，当编码有这些抗药性基因的质粒携带目的 DNA 进入宿主细胞后，便可在含这些抗菌素的培养基中生长。筛选的目的是要证实携带有目的 DNA 的质粒存在而不是单独这类质粒的存在，因为不携带目的基因的质粒进入宿主与 DNA 重组无关。为了防止出现误检，采用插入缺失的方法，即在体外故意将目的 DNA 插入到原质粒的某个抗性基因之中，因此宿主细胞可在内含这一抗菌素的培养基中存活，其余的被抑制或杀灭，这一方法称为插入失活检测法。在实际操作中，同一质粒往往有两种抗药性基因，其中一个插入失活后，另一个仍完整存在，所以需要经过两次筛选才能确认是其中哪一个抗药性基因被插入，这样就显得比较麻烦。

例如 pBR322 质粒上编码有四环素抗性基因（Tet^{R}）和氨苄青霉素抗性基因（Amp^{R}）。Tet^{R} 基因内有 *Sal* Ⅰ和 *Bam*H Ⅰ位点。当外援 DNA 片段插入到 *Sal* Ⅰ或 *Bam*H Ⅰ位点时，使四环素抗性基因失活，这时含有重组体的菌株从 Amp^{R} Tet^{R} 变为 Amp^{R} Tet^{S}。这样，凡是在 Amp^{R} 平板上生长的菌落，而在 Amp^{R} Tet^{R} 平板上不能生长的菌落就可能是所要的重组体。

另外，还有一种较常用的利用抗药性基因直接筛选法。由于在一种质粒上往往具有两种抗药性基因，用插入失活检测法需要分别在含两种抗生素的平板上进行筛选，而直接筛选法则可以在一个平板上进行，即将插入缺失重组后转化的宿主细胞培养在含四环素和环丝氨酸的培养基中，重组体 Tet^{R} 生长受到限制，非重组体 Tet^{T} 虽能使细胞生长，但因在蛋白质合成时由于环丝氨酸的掺入而导致细胞死亡，受到抑制的重组体 Tet^{S} 因仅仅是受抑制，故接种到另一培养中时便可重新生长，由此可达到筛选的目的。

复习思考题

7-1　什么是遗传、变异？简述它们之间的关系。

7-2　基因突变有何特点？可以分为哪几种类型？

7-3　什么叫诱变育种？其主要步骤有哪些？

7-4　简述基因工程的操作步骤。

7-5　基因工程中常用的工具酶有哪些？如何获得？

7-6　目的基因的获得方法有哪些？

7-7　基因工程有哪些应用领域？简述目前基因工程在环境领域的应用现状。

第8章 微生物的营养和培养基

8.1 微生物的六类营养要素

营养(nutrition)是指微生物从外部环境中摄取和利用营养物质的过程。营养物质(nutrient)则指微生物获得的用于合成细胞成分和提供生命活动能量的各种物质。

微生物在元素水平上通常都需要元素20种左右,且以碳、氢、氧、氮、硫、磷六种元素为主,在营养要素水平上则都在六大类的范围内,即碳源、氮源、能源、生长因子、无机盐和水。

1. 细胞成分

化学分析表明,微生物细胞含有大量水分(约80%),其余为干物质(约20%)。干物质由有机物(约占90%)和无机物(约占10%)组成。在有机物中,碳居首位,其余依次为氧、氮和氢。若只考虑有机部分,则微生物细胞的化学组成可表征为$C_5H_7O_2N$。在无机物中,磷居首位,其余依次为硫、钠、钙、镁、铁等。如果把磷考虑在内,那么微生物细胞的化学组成可表征为$C_{60}H_{87}O_{23}N_{12}P$。一般而言,菌体内某种元素的含量越高,细胞对这种元素的需要量也越大。

2. 营养物质

组成微生物细胞的化学元素是通过营养物质提供的。营养物质可分为碳源、氮源、能源、无机盐、生长因子和水。

1) 碳源(carbon source)

一切能满足微生物生长繁殖所需碳元素的营养源,称为碳源。微生物细胞含碳量约占干重的50%以上,因此微生物对碳素的需要量很大。碳源分为有机碳和无机碳两个大类。其中有机碳包括蛋白质、脂肪、糖类以及核酸等;无机碳包括CO_2、$NaHCO_3$、$CaCO_3$等。凡必须利用有机碳源的微生物称为异养微生物;凡以无机碳源作唯一或主要碳源的微生物是自养微生物。就整体而言,微生物的碳源范围很宽;但就单个微生物而言,每种微生物能够利用的碳源范围相对较窄,且它们对不同碳源的利用水平不尽相同。目前已知最广泛被微生物利用的是糖类,其次是有机酸类、醇类和脂质等。不同种类的微生物对碳源的利用情况差异极大,例如,洋葱伯克氏菌(*Burkholderia cepacia*)可利用的碳源化合物竟有100余种之多,而产甲烷菌仅能利用CO_2和少数一碳或二碳化合物,一些甲烷氧化菌则仅局限于甲烷、甲酸和甲醇几种。对一切异养微生物来说,其碳源同时又兼作能源,因此,这种碳源又称双功能营养物。

2）氮源（nitrogen source）

凡能提供微生物生长繁殖所需氮元素的营养源，称为氮源。微生物细胞的氮素含量仅次于碳和氧。氮是构成重要生命物质蛋白质和核酸等的主要元素，其占细菌干重的 12%～15%，因此微生物对氮素的需要量也很大。氮源分为有机氮和无机氮两个大类。有机氮包括蛋白质、核酸和尿素等。无机氮包括 NH_3、铵盐、硝酸盐和 N_2 等。从整体上看，微生物能够利用的氮源范围较宽，分子氮、无机氮和有机氮都可被微生物利用；但具体到种，微生物能够利用的氮源范围也较窄。一些微生物是"氨基酸自养菌"，它们能自行合成一切氨基酸；也有一些微生物是"氨基酸异养菌"，它们需要从外界环境吸收自己不能合成的氨基酸。不过在微生物的培养基中最常用的氮源是牛肉膏、酵母膏和蛋白胨。

3）能源（energy source）

能为微生物生命活动提供最初能量来源的营养物或辐射能，称为能源。某一具体营养物可同时兼有几种营养要素功能。例如，光辐射能是仅作为能源的单功能营养物质，还原态的无机物 NH_4^+ 是作为能源和氮源的双功能营养物，而氨基酸类则是兼有碳源、氮源和能源的三功能营养物。微生物根据能源来源的不同分为化能营养型和光能营养型。化能营养型微生物中以有机物为营养的称为化能异养微生物，以无机物为营养的称为化能自养微生物。

4）生长因子（growth factor）

生长因子是一类对调节微生物正常代谢所必需，但不能用简单的碳、氮源自行合成的微量有机物。由于它没有作为能源和碳、氮源等结构材料的功能，因此需要量一般很少。广义的生长因子除了维生素外，还包括碱基、卟啉及其衍生物、甾醇、胺类脂肪酸等，而狭义的生长因子一般仅指维生素。生长因子含量丰富的天然物质有酵母膏、玉米浆、肝浸液以及麦芽汁等。按微生物对生长因子的需要情况可分为生长因子自养型微生物、生长因子异养型微生物和生长因子过量合成型微生物三类。生长因子自养型微生物指的是不需要从外界吸收任何生长因子的微生物，多数真菌、放线菌和不少细菌属于此类。生长因子异养型微生物指的是需要从外界吸收多种生长因子才能维持正常生长的微生物，如各种乳酸菌、动物致病菌、支原体和原生动物等。生长因子过量合成型微生物指的是少数微生物在其代谢活动中，能合成并大量分泌某些维生素等生长因子的微生物，此类微生物可作为有关维生素的生产菌种，比如用 *Eremothecium ashbya*（阿舒假囊酵母）生产维生素 B2 以及产甲烷菌生产维生素 B12。

5）无机盐（mineral salt）

无机盐主要可为微生物提供除碳、氮源以外的各种重要元素，其各自的主要生理功能见表 8-1。凡生长所需浓度在 10^{-3}～10^{-4} mol/L 范围内的元素称为大量元素（macroelement），如 P、S、K、Mg、Na、Ca 和 Fe 等；凡所需浓度在 10^{-6}～10^{-8} mol/L 范围内的元素称为微量元素（microelement），如 Cu、Zn、Mn、Mo 和 Co 等。不同种微生物所需的无机元素浓度有时差别很大，例如，G^- 细菌所需 Mg 就比 G^+ 细菌约高 10 倍。这些无机盐在微生物体内的功能包括构成细胞结构成分、维持渗透压、酶的激活剂以及作为能源等。

表 8-1 无机盐的来源和功能

元素		提供方式	生理功能
大量元素	磷	KH_2PO_4、K_2HPO_4	磷脂、核酸、核蛋白、酶、辅酶等的成分
	硫	$MgSO_4$	含硫氨基酸、含硫维生素、辅酶等的成分
	钾	KH_2PO_4、K_2HPO_4	某些酶(如糖激酶)的激活剂；电位差和渗透压的调控剂
	钠	NaCl	渗透压的调控剂
	钙	$Ca(NO_3)_2$、$CaCl_2$	胞外酶的稳定剂和激活剂；细胞质胶体状态和细胞膜透性的调控剂；细菌芽孢和真菌孢子的成分
	镁	$MgSO_4$	叶绿素、某些酶的成分；核糖体和细胞质膜的稳定剂
	铁	$FeSO_4$	叶绿素、细胞色素、过氧化物酶等的成分
微量元素	锰	$MnSO_4$	氨肽酶、超氧化物歧化酶的成分；许多酶的激化剂
	铜	$CuSO_4$	氧化酶、酪氨酸酶的成分
	钴	$CoSO_4$	维生素 B12 复合物的成分；肽酶的辅助因子
	锌	$ZnSO_4$	RNA 和 DNA 聚合酶的成分；碱性磷酸酶以及脱氢酶、肽酶和脱羧酶的辅助因子
	钼	$(NH_4)_6Mo_7O_{24}$	固氮酶、同化型和异化型硝酸盐还原酶的成分

6）水

水是地球上整个生命系统存在和发展的必要条件。微生物细胞的含水量很高，细菌、酵母菌和霉菌的营养体分别含 80%、75%和 85%左右的水。水对微生物的作用包括作为生物化学反应的溶剂、维持各种生物大分子结构的稳定性并参与某些重要的生物化学反应等。

8.2 微生物的营养类型

营养类型(nutrient classification)是指根据微生物生长所需要的主要营养要素即能源和碳源的不同而划分的微生物类型。微生物营养类型的划分方法很多，较多的是按照它们对能源、氢供体和基本碳源的需要来区分的 4 种类型，具体内容见表 8-2。

表 8-2 微生物的营养类型

营养类型	能源	氢供体	基本碳源	微生物举例
光能无机营养型(光能自养型)	光	无机物	二氧化碳	蓝细菌 绿硫细菌 藻类
光能有机营养型(光能异养型)	光	有机物	二氧化碳和简单有机物	红螺菌科的细菌(紫色非硫细菌)
化能无机营养型(化能自养型)	无机物	无机物	二氧化碳	硝化细菌 氢细菌等
化能有机营养型(化能异养型)	有机物	有机物	有机物	大多数已知细菌和全部真核微生物

1. 光能自养型

光能自养菌(photoautotroph)是以光能作为能源，二氧化碳或碳酸盐作为碳源，水或还原态无机物作为供氢体的微生物。藻类、蓝细菌和光合细菌属于这一营养类型。

藻类和蓝细菌含有光合色素，可利用光能分解水产生氧气，并将二氧化碳还原为有机碳化物，故称产氧光合作用(oxygenic photosynthesis)，其反应式为：

$$CO_2 + H_2O \xrightarrow{\text{光能、叶绿素}} [CH_2O] + O_2$$

绿色和紫色硫细菌的光合作用以硫化氢为供氢体，不释放氧气，故称为不产氧光合作用(anoxygenic photosynthesis)，其反应式为：

$$CO_2 + 2H_2S \xrightarrow{\text{光能、菌绿素}} [CH_2O] + 2S + H_2O$$

2. 光能异养型

光能异养菌(photoheterotroph)是以光能作为能源，二氧化碳或碳酸盐作为碳源，简单有机物(如有机酸、醇等)作为供氢体的微生物。若以异丙醇为供氢体，其反应式为：

$$CO_2 + 2CH_3-\underset{\displaystyle 2CH_3}{\overset{|}{CHOH}} \xrightarrow{\text{光能、叶绿素}} [CH_2O] + 2CH_3COCH_3 + H_2O$$

紫色非硫细菌中的红微藻(*Rhodomicrobium*)即属这一营养类型。它们与紫色和绿色硫细菌的主要区别在于供氢体不同。光能异养菌既可将有机物用作供氢体，也可将有机物直接同化。

3. 化能自养型

化能自养菌(chemoautotroph)是以还原态无机物作为能源，二氧化碳或碳酸盐作为碳源，可在无机环境中生长的微生物。常见的化能自养菌有：

(1) 硝化细菌：能氧化氨或亚硝酸盐，同化二氧化碳。

(2) 硫化细菌：能氧化还原态无机硫化物(H_2S、S、$S_2O_3^{2-}$ 等)，同化二氧化碳。

(3) 铁细菌：能氧化 Fe^{2+}，同化二氧化碳。

$$2Fe^{3+} + \frac{1}{2}O_2 + 2H^+ \longrightarrow 2Fe^{3+} + H_2O + \text{能量}$$

(4) 氢细菌(hydrogen-oxidizing bacteria)：能氧化氢气，同化二氧化碳。

$$O_2 + H_2 \longrightarrow H_2O + \text{能量}$$

4. 化能异养型

化能异养菌(chemoheterotroph)是以有机物作为能源、碳源和供氢体的微生物。这一营养类型的微生物种类很多，数量巨大，包括绝大多数细菌和放线菌，几乎全部真菌和原生动物。

上述营养类型的划分完全是人们为认识事物的方便而做的归纳，在概括微生物丰富多样性营养方式时，极易忽略事物从量变到质变发展过程中存在的许多中间类型、过渡类型和兼性类型。在微生物营养类型中存在大量的各种兼养型微生物(mixotroph)，例如 *Beggiatoa*(贝日阿托氏菌属)的菌种就既是可利用无极硫作能源的化能自养菌，又是可利用有机物作能源和碳源的化能异养菌；又如，在有光和无养条件下，红螺菌(*Rhodospirillum*)进行光能自养，而在黑暗和有氧条件下，则进行化能异养。

8.3　营养物质进入细胞的方式

营养物质只有进入细胞才能参与新陈代谢。除原生动物可通过胞噬(phagocytosis，摄取颗粒状固体养分的过程)和胞饮(pinocytosis，摄取小滴状液体或胶体养分的过程)摄取营养物质外,其他各大类有细胞的微生物都是通过细胞膜的渗透和选择吸收作用而从外界吸取营养物的。细胞膜运送营养物质有四种方式,即单纯扩散、促进扩散、主动运输和基团转位。

1. **单纯扩散**(simple diffusion)

单纯扩散属于被动运送,是指在浓度差的作用下营养物质扩散进入细胞的过程。细胞的疏水性双分子层细胞膜(包括孔蛋白在内)在无载体蛋白参与下,单纯依靠物理扩散方式让许多小分子、非电离分子尤其是亲水性分子被动通过的一种物质运送方式。通过这种方式运送的物质种类不多,主要是 O_2、CO_2、乙醇、甘油和某些氨基酸分子。

2. **促进扩散**(facilitated diffusion)

促进扩散是指在透过酶和浓度差的联合作用下营养物质进入细胞的过程。其特点是:①不消耗能量,跨膜运输的动力是细胞膜两侧的浓度梯度。②透过酶参与运输,具有特异性,只能与特定的养分结合;具有催化性,只能加快运输速率,不改变平衡浓度;具有饱和性,养分过高时呈现饱和效应,如图 8-1。③跨膜前后养分不发生化学变化。

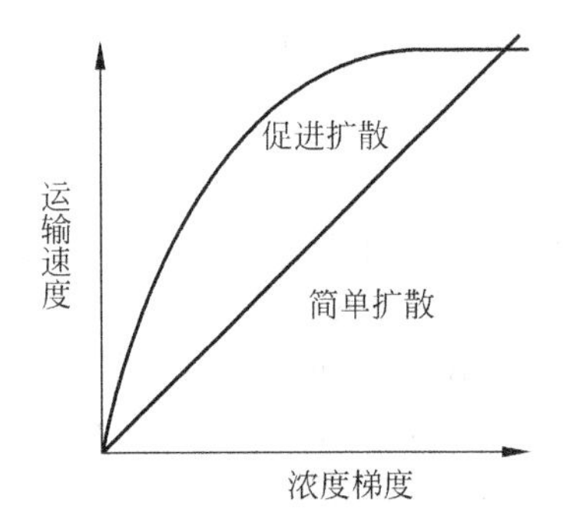

图 8-1 促进扩散与简单扩散

引自:Joanne M W,et al. Prescott's Microbiology,8th ed. McGraw-Hill,2010.

多数透过酶是跨膜蛋白,部分暴露于细胞质内,部分暴露于环境中,这种结构能使养分在细胞膜外结合,并通过透过酶的变构而运输至细胞膜内,如图 8-2。以促进扩散方式运输的养分主要是糖类等。例如,*Saccharomyces cerevisiae*(酿酒酵母)对各种糖类、氨基酸和维生素的吸收,以及 *E. coli*(大肠杆菌)、*Bacillus*(芽孢杆菌属)和 *Pseudomonas*(假单胞菌属)等对甘油的吸收等。促进扩散是可逆的,它也可以把细胞内浓度较高的某些营养物运至胞外。此方式是营养物质进入厌氧菌的重要方式。

3. **主动运输**(active transport)

主动运输指一类须提供能量并通过细胞膜上特异性载体蛋白构象的变化,而使膜外环境中低浓度的溶质运入膜内的一种运送方式。主动运输是微生物吸收养分的主要机制,尤其对许多生存于低浓度营养环境中的贫养菌的生存极为重要。

主动运输涉及 3 种透过酶。单向转运蛋白(uniporter)能把一种物质从细胞膜的一侧转向另一侧。反向转运蛋白(anriporter)能把一种物质从细胞膜的一侧转运到另一侧,同时把另一种物质以相反的方向运输。同向转运蛋白(symporter)能把两种物质以相同的方向从细胞膜的一侧转运到另一侧。主动运输系统多种多样,即使吸收同一种养分,微生物也有多

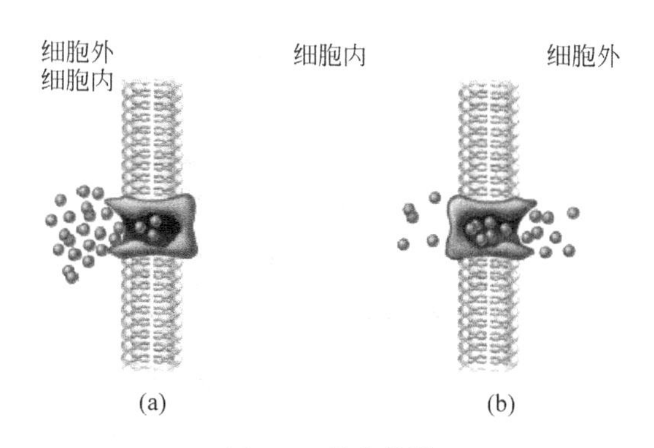

图 8-2 促进扩散

(a) 跨膜蛋白结合外部营养物质后构象发生改变，并将营养物质释放于细胞内；(b) 跨膜蛋白将营养物质释放于细胞内后恢复原来构象

引自：Joanne M W, et al. Prescott's Microbiology, 8th ed. McGraw-Hill, 2010.

种运输系统。例如，大肠杆菌吸收半乳糖至少有 5 种主动运输系统，吸收钾离子也有 2 种主动运输系统。一些微生物的主动运输是依靠 ATP 结合型转运蛋白(ABC 型转运蛋白)进行的。这种运输系统由周质结合蛋白、跨膜转运蛋白和 ATP 水解蛋白组成，如图 8-3。周质结合蛋白以较高的亲和力与养分结合，将其送入跨膜转运蛋白，跨膜转运蛋白是一个转运通道，通过 ATP 水解蛋白的作用，ATP 水解成 ADP，同时将通道内的养分运输至细胞内。主动运输的物质主要有无机离子、有机离子和一些糖类等。

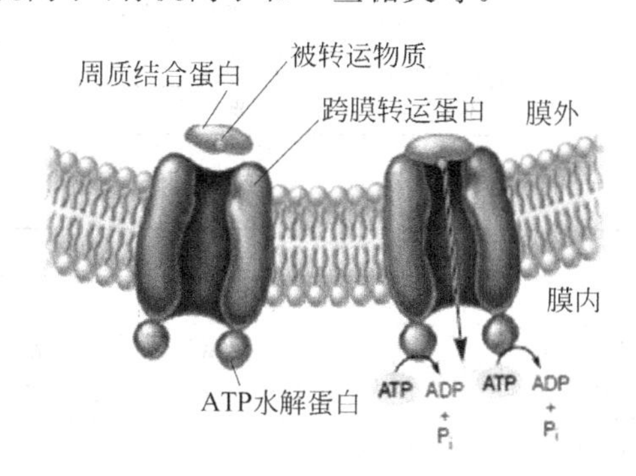

图 8-3 ATP 结合型转运蛋白的工作机制

引自：Joanne M W, et al. Prescott's Microbiology, 8th ed. McGraw-Hill, 2010.

4. **基团转位**(group translocation)

基团转位指一类既需特异性载体蛋白的参与，又需耗能的一种物质转运方式，其特点是溶质在运送前后还会发生分子结构的变化，因此不同于一般的主动运输。基团转位主要用于运送各种糖类、核苷酸、丁酸和腺嘌呤等物质，至今仅发现于原核生物中。

基团转位由磷酸转移酶系统进行。该系统由酶Ⅰ、酶Ⅱ和热稳定载体蛋白(heat-stable carrier protein, HPr)组成，可与烯醇式磷酸丙酮酸(PEP)偶联，使养分进入细胞并被磷酸化，如图 8-4。由于被磷酸化的养分可立即进入细胞以进行代谢，因而可避免养分浓度过高所致的不利影响。

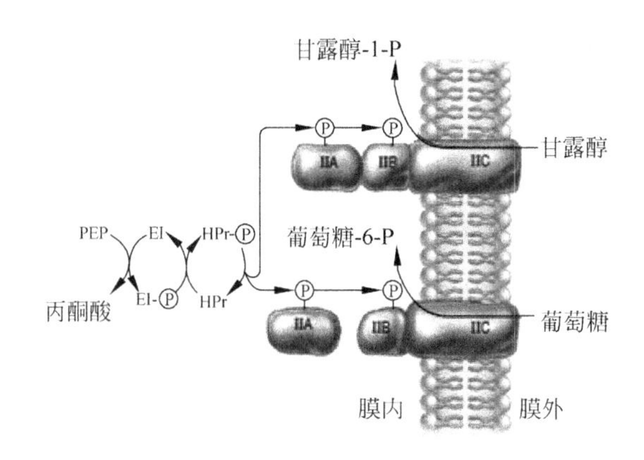

图 8-4 基团转位

引自：Joanne M W, et al. Prescott's Microbiology, 8th ed. McGraw-Hill, 2010.

这 4 种运送方式的比较见表 8-3。

表 8-3 4 种运送营养物质方式的比较

比较项目	单纯扩散	促进扩散	主动运输	基团转位
特异载体蛋白	无	有	有	有
运送速度	慢	快	快	快
溶质运送方向	由浓至稀	由浓至稀	由稀至浓	由稀至浓
平衡时内外浓度	内外相等	内外相等	内部浓度高得多	内部浓度高得多
运送分子	无特异性	特异性	特异性	特异性
能量消耗	不需要	不需要	需要	需要
运送前后溶质分子	不变	不变	不变	改变
载体饱和效应	无	有	有	有
与溶质类似物	无竞争性	有竞争性	有竞争性	有竞争性
运送抑制剂	无	有	有	有
运送对象举例	H_2O、CO_2、O_2、甘油、乙醇	SO_4^{2-}、PO_4^{3-}	氨基酸、乳糖等糖类，Na^+、Ca^{2+}等无机离子	葡萄糖、果糖、甘露糖、嘌呤、核苷和脂肪酸

引自：周德庆. 微生物学教程. 第 3 版. 高等教育出版社，2013.

8.4 微生物的培养基

培养基(culture medium 或 medium)是指由人工配制的、含有六大营养要素、适合微生物生长繁殖或产生代谢产物用的混合营养料。任何培养基都应具备微生物生长所需要的六大营养要素，且其间的比例是合适的。制作培养基时应尽快配制并立即灭菌，否则就会杂菌丛生，并破坏其固有的成分和性质。

8.4.1 配制培养基的原则

1. 根据营养类型，配制培养基

各类微生物对营养物质的要求彼此不同，宜按照微生物营养类型，配制所需的培养基。例如，细菌采用牛肉膏蛋白胨培养基；放线菌采用高氏 1 号合成培养基；酵母菌采用麦芽汁

培养基；霉菌采用查氏培养基等，见表 8-4。环境工程中使用的一些培养基见表 8-5。其他培养基配方见相关手册。

表 8-4　主要微生物类群所用培养基

微生物类群	培养基名称	培养基成分及含量	培养基成分的作用
细菌	肉汤培养基	牛肉膏：3g 或 5g	无机盐、生长因子、碳源、能源、氮源
		蛋白胨：10g	生长因子、碳源、能源、氮源
		NaCl：5g	无机盐
放线菌	蔗糖硝酸盐培养基	蔗糖：30g	碳源、能源
		$NaNO_3$：2g	无机盐、氮源
		K_2HPO_4：1g	无机盐
		$MgSO_4 \cdot 7H_2O$：0.5g	无机盐
		KCl：0.5g	无机盐
		$FeSO_4 \cdot 7H_2O$：0.01g	无机盐
酵母菌	麦芽汁培养基	麦芽汁：20g	碳源、氮源、无机盐、生长素
		蛋白胨：1g	生长因子、碳源、能源、氮源
		葡萄糖：20g	碳源、能源
霉菌	察氏培养基	蔗糖或葡萄糖：3g	碳源、能源
		$NaNO_3$：0.3g	无机盐、氮源
		K_2HPO_4：0.1g	无机盐
		$MgSO_4 \cdot 7H_2O$：0.05g	无机盐
		KCl：0.05g	无机盐
		$FeSO_4 \cdot 7H_2O$：0.001g	无机盐
藻类	Knop 改良培养基	KNO_3：1g	无机盐、氮源
		$Ca(NO_3)_2$：0.1g	无机盐
		K_2HPO_4：0.2g	无机盐
		$MgSO_4 \cdot 7H_2O$：0.1g	无机盐
		$FeCl_3$：0.001g	无机盐

表 8-5　环境工程中某些特殊微生物生理类群所用的培养基

营养类型		微生物生理群	培养基名称	培养基成分及含量	各成分的作用
自养型	化能自养型	硝化细菌	硝化细菌分离培养基	$(NH_4)_2SO_4$：1.0g	无机盐、氮源
				$MgSO_4 \cdot 7H_2O$：1.4g	无机盐
				$FeSO_4 \cdot 7H_2O$：0.3g	无机盐
	光能自养型	光合细菌	非硫红色细菌基础培养基	NH_4Cl：10g	氮源、无机盐
				$NaHCO_3$：1.0g	无机盐
				K_2HPO_4：0.2g	无机盐
				CH_3COONa：1～5g	盐类
				$MgSO_4 \cdot 7H_2O$：0.2g	无机盐
				NaCl：0.5～2.0g	无机盐
				酵母浸膏或生长因子①：几毫克至几十毫克	生长因子
				无机盐类溶液②：10mL	无机盐

续表

营养类型	微生物生理群	培养基名称	培养基成分及含量	各成分的作用
异养型	纤维素分解菌	Dubos 纤维素培养基	$NaNO_3$：0.5g	无机盐、氮源
			KCl：0.5g	无机盐
			K_2HPO_4：1.0g	无机盐
			$Fe(SO_4)_3 \cdot 7H_2O$：痕量	无机盐
			$MgSO_4 \cdot 7H_2O$：0.5g	无机盐
			滤纸	碳源、能源
	芳香烃分解菌	芳香烃分解细菌培养基	苯或甲苯：1mL	碳源、能源
			$NaNH_4HPO_4$：1.5g	无机盐
			KH_2PO_4：1.0g	无机盐
			$MgSO_4 \cdot 7H_2O$：0.5g	无机盐
			$FeCl_3$：痕量	无机盐
	表面活性剂降解菌	表面活性剂降解菌培养基	表面活性剂：30mg/L	碳源、能源
			$Na_2HPO_4 \cdot 12H_2O$：0.07g	无机盐
			NH_4NO_3：6.0g	无机盐、氮源
			KCl：0.1g	无机盐
			KH_2PO_4：1.0g	无机盐
			K_2HPO_4：1.0g	无机盐
			$MgSO_4 \cdot 7H_2O$：0.5g	无机盐
			$CaCl_2 \cdot 2H_2O$：0.05g	无机盐

① 生长因子：维生素 B1、烟酸、对氨基苯甲酸、生物素，数毫克至数十毫克。

② $FeCl_3 \cdot 6H_2O$：5.0mg；$CuSO_4 \cdot 5H_2O$：0.05mg；H_2BO_3：1mg；$MnCl_2 \cdot 4H_2O$：0.05mg；$ZnSO_4 \cdot 7H_2O$：1mg；$Co(NO_3)_2 \cdot 6H_2O$：0.5mg；蒸馏水至1L。

2. 根据营养需要，调节养分浓度和配比

培养基中营养物浓度的高低直接影响着微生物的生长。养分浓度太低，不能满足微生物生长之需；养分浓度太高，则会抑制微生物的生长。因此，只有当培养基的浓度合适时，微生物才能保持良好的生长。此外，养分比例（如碳氮比）也会影响微生物的生长和代谢。在谷氨酸发酵中，采用碳氮比较高的培养基（碳氮比为4∶1），可促进菌体繁殖；采用碳氮比较低的培养基（碳氮比为3∶1），则可抑制菌体繁殖，提高谷氨酸产量。

3. 根据生理要求，调控培养基的理化条件

各类微生物对环境条件的要求彼此不同，宜按照目标菌的要求，调节与控制培养基的理化条件（酸碱度、渗透压、氧化还原电位等）。

4. 根据经济原则，选用价廉的培养基养料

在生产上，培养基所占的成本较大，宜选用一些价格低廉、来源大宗的培养基原料。

5. 根据无菌要求，进行培养基的灭菌操作

新鲜培养基可能染菌，要求保持无菌状态，需要对新配培养基进行灭菌。通常采用高压蒸汽灭菌法，一般培养基需要在 $1.05kg/cm^2$、121.3℃条件下，灭菌15～30min。对糖类要求较高的培养基，可单独对糖进行灭菌处理，如过滤除菌等，然后再与其他已灭菌的成分混合。高温灭菌会引起pH值的改变（常使其降低），因此，灭菌后应加以调整。长时间高温可使碳酸盐、磷酸盐与钙、镁、铁等阳离子发生作用形成难溶性复合物而出现沉淀。因此，配制培养基时应加入适量的螯合剂，如乙二胺四乙酸(EDTA)，或将钙、镁、铁等阳离子成分与碳酸盐、磷酸盐分别灭菌，而后再混合，以避免沉淀的发生。

8.4.2　培养基的种类

1. 按组分来源划分

(1) 天然培养基(natural media)

天然培养基是用化学成分不清楚或化学成分不恒定的天然有机物配制而成的培养基。例如培养细菌的牛肉膏蛋白胨培养基和培养酵母菌的麦芽汁培养基等。天然培养基的优点是营养丰富、种类多样、配制方便、价格低廉；缺点是成分不清楚、不稳定。因此，这类培养基只适合于一般实验室中的菌种培养、发酵工业中生产菌种的培养和某些发酵产物的生产等。

(2) 合成培养基(synthetic media)

合成培养基是用化学成分完全清楚的化学物质配制而成的培养基。它是按微生物的营养要求精确设计后用多种高纯化学试剂配制成的，例如培养大肠杆菌的葡萄糖铵盐培养基、培养真菌的蔗糖硝酸盐培养基、培养放线菌的高氏 1 号培养基等。与天然培养基相比，其价格较高，而且微生物在该培养基中生长较慢。但由于其化学组成十分清楚，因此适用于实验室内有关微生物的营养需要、代谢、分类鉴定、生物量的测定、菌种选育及遗传分析等研究工作。

2. 按物理状态划分

(1) 液体培养基(liquid media)

液体培养基是将各种组分溶于水中配制而成的培养基。在工业上，液体培养基常用于发酵生产。在实验室中，液体培养基常用于菌体繁殖，研究微生物的生理和代谢。

(2) 固体培养基(solid media)

在液体培养基是加入凝固剂而呈固态的培养基，或直接用马铃薯块、胡萝卜条等天然固体表面作为培养基。固体培养基常用于菌种分离、鉴定、菌落计数、菌种保藏等。

制备固体培养基最常用的凝固剂是琼脂(agar)，其次是明胶(gelatin)和硅胶(silica gel)。琼脂是从石花菜等红藻中提取的琼脂糖和琼脂胶，不能被大多数微生物降解，又因其对所培养的微生物无毒副作用、透明度好、黏着力强、便宜等多个优点，对大多数微生物来说，琼脂是最理想的凝固剂。琼脂的添加量一般为 1.5%～2.0%。加温至 96℃以上时，琼脂融化；降温至 45℃以下时，琼脂凝固。在酸性条件下高压灭菌，琼脂发生部分水解，配制 pH 低于 5 的固体培养基时，需要将琼脂与液体培养基分开配制，高压灭菌并降至适当温度后再混合。明胶是由动物的皮、骨、韧带等煮熬而成的，主要成分为蛋白质，含有多种氨基酸，可被许多微生物利用，常用于特殊微生物的生理生化试验。当温度高于 28～35℃时，明胶融化；低于 20℃时，明胶凝固；其适宜的温度范围为 20～25℃。

(3) 半固体培养基(semi-solid media)

是指在液体培养基中加入 0.5%～0.8%左右凝固剂(琼脂)而呈半固体状态的培养基。半固体培养基常用于穿刺培养、观察细菌运动、培养厌氧菌、保藏菌种等。

(4) 脱水培养基(dehydrated culture media)

脱水培养基是指含有除水以外的一切营养成分的商品培养基，使用时只要加入适量水分并加以灭菌、分装即可，是一类既有成分精确又有使用方便等优点的现代化培养基。

3. 按用途划分

(1) 基础培养基(basic media)

虽然各种微生物有不同的营养要求，但大多数微生物所需要的基本营养物质都是共同的。因此，基础培养基是根据某种或某类群微生物的共同营养需要而配制的培养基。一般而论，基础培养基能满足野生菌株的营养要求。如由适量 K_2HPO_4、KH_2PO_4、NH_4NO_3、$NaSO_4$、$MgSO_4 \cdot 7H_2O$、$FeSO_4$、$MnSO_4 \cdot 4H_2O$、$CaCl_2$ 成分组成的基础培养基可以作为某些特殊培养基的基础成分，然后根据微生物对养分的特殊要求，再将所需要的成分添加到基础培养基中，这在驯化或选育某些污染物的高效降解菌时具有特别重要的意义。

(2) 加富培养基(enrichment media)

在基础培养基内加入额外营养物质(如血清、动物组织液等)而配制成的培养基。主要用于培养某种或某类营养要求苛刻的异养菌。

(3) 鉴别培养基(differential media)

在基础培养基中加入某种指示剂而鉴别某种微生物的培养基。经培养后，微生物形成不同代谢产物，使指示剂产生不同的反应，以达到快速鉴别的目的。常见的鉴别培养基有伊红美蓝乳糖培养基(eosin methylene blue，EMB)、麦康凯琼脂培养基等。以 EMB 培养基为例，1L EMB 培养基中的成分为蛋白胨 10g，乳糖 10g，K_2HPO_4 2g，伊红 0.4g，美蓝0.065g，最终 pH7.2。大肠杆菌因其能强烈分解 EMB 培养基中的乳糖而产生大量混合酸，使菌体表面带 H^+，故可染上酸性染料伊红，伊红又与美蓝结合并形成沉淀，故使菌落呈现肉眼可见的绿色金属光泽，从而将其与其他微生物区别开来。

(4) 选择培养基(selective media)

选择性培养基是一类根据某微生物的特殊营养要求或其对某化学、物理因素抗性的原理而设计的培养基，具有使混合菌样中的劣势菌变成优势菌的功能，广泛用于菌种筛选等领域。选择性培养基又可分为加富性选择培养基和抑制性选择培养基。加富性选择培养基是利用分离对象对某种营养物有一特殊"嗜好"的原理，专门在培养基中加入该营养物而配成的培养基。经加富性选择培养基培养后，可使原先极少量的筛选对象很快在数量上接近或超过原试样中其他占优势的微生物，因而达到富集或增值目标微生物的目的。抑制性选择培养基是利用分离对象对某种制菌物质所特有的抗性，在筛选的培养基中加入这种制菌物质，经培养后，使原有试样中对此抑制剂敏感的优势菌的生长大受抑制，而原先处于劣势的分离对象却趁机大量繁殖，最终在数量少反而占了优势，从而达到富集培养的目的。在实际应用时，所设计的选择性培养基通常兼有上述两种功能，以充分提高其选择效率。例如，利用纤维素作为唯一碳源的选择培养基，可以从混杂的微生物群体中分离出纤维素降解菌。

(5) 种子培养基(seed media)

种子培养基是指适合微生物菌体生长的培养基。这种培养基养分丰富，在工业生产上常用于优质菌种的扩大培养。

(6) 发酵培养基(fermentation media)

适合发酵产物生产的培养基。这种培养基考虑了目标产物积累对养分的要求，在工业生产上常用于菌体或代谢产物的制取。

以上划分方法只是人为的、为理解方便而定的理论标准。在实际应用时，往往两种或者几种功能常常有机地结合在一起，例如，伊红美蓝乳糖培养基除有鉴别不同菌落特征的作用外，同时兼有抑制 G^{+} 细菌和促进 G^{-} 肠道菌生长的作用。

复习思考题

8-1　何谓营养、营养物质和代谢？

8-2　按照生理需要，微生物需要哪些营养物质？

8-3　简述微生物的四种基本营养类型。

8-4　简述微生物摄取营养物质的基本方式及机制。

8-5　何谓培养基？简述配制培养基的原则和培养基的种类。

8-6　固体培养基、半固体培养基、液体培养基、选择培养基在微生物研究中有何应用？

第 9 章

微生物的代谢

在微生物体内，营养物质经历着各种生化反应。这些微生物体内发生的生化反应的集合称为新陈代谢(简称代谢(metabolism))。新陈代谢是推动生物一切生命活动的动力源和各种生命物质的“加工厂”，是活细胞中一切有序化学反应的总和，通常分成分解代谢和合成代谢两部分。分解代谢又称异化作用(catabolism)，是指复杂的有机分子通过分解代谢酶系的催化产生简单分子、能量和还原力的作用；合成代谢又称同化作用(anabolism)，它的功能与分解代谢正好相反，是指在合成酶系的催化下，由简单小分子、能量和还原力一起，共同合成复杂的生物大分子的过程，二者之间的关系见图 9-1。一切生物，在其新陈代谢的本质上既存在着高度的统一性，又存在着明显的多样性。

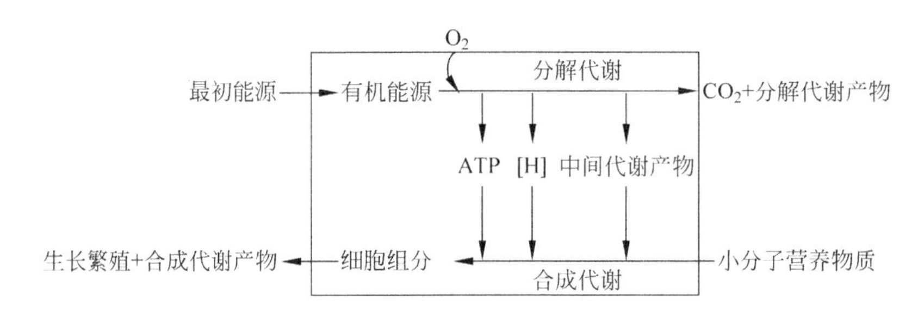

图 9-1　分解代谢与合成代谢的功能及其相互联系

9.1　微生物的分解代谢

微生物对分子质量较小的物质能直接吸收，对分子质量较大的有机物，如淀粉、纤维素、果胶质、蛋白质、脂类物质等必须通过酶的作用分解为分子质量较小的单体后，才能被吸收利用。微生物对大分子有机物的分解一般可分为三个阶段：第一阶段是将蛋白质、多糖、脂类等大分子物质降解成氨基酸、单糖及脂肪酸等小分子物质；第二阶段是将第一阶段的分解产物进一步降解为更简单的乙酰辅酶 A、丙酮酸及能进入三羧酸循环的中间产物，在这个阶段会产生能量(ATP)和还原力(NADH 及 $FADH_2$)；第三阶段通过三羧酸循环将第二阶段的产物完全降解成 CO_2，并产生能量和还原力，如图 9-2。

在环境中有机污染物的降解过程中，第一阶段决定了某种微生物能否降解某一污染物，因为污染物一旦被降解小分子的氨基酸、单糖及脂肪酸等物质，就很容易继续被大部分微生物分解。由于不同微生物对同一种污染物的代谢途径可能存在较大差异，因此，寻找某一污

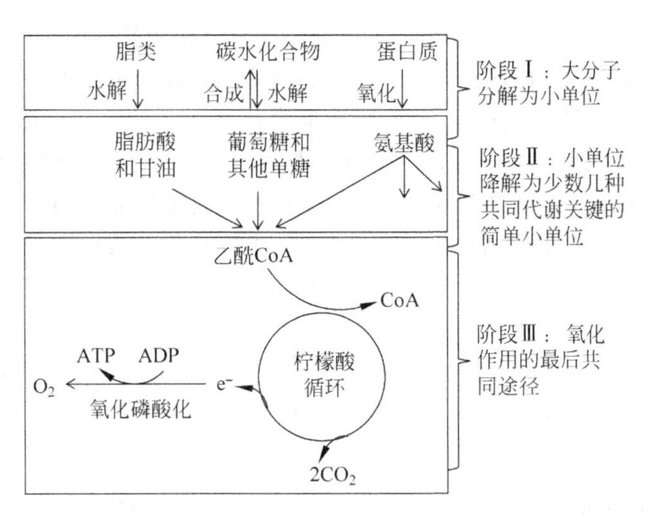

图 9-2　脂类、碳水化合物和蛋白质分解代谢三阶段简要示意图

染物在某种微生物体内负责第一阶段的降解关键基因对利用该微生物处理污染问题非常重要。由于微生物对各类物质的第一阶段代谢千差万别，所负责的基因也各不相同，因此，本节重点以大部分微生物共有的葡萄糖代谢的第二和第三阶段来说明微生物的分解代谢过程。

在大部分微生物体内，不论是有氧还是无氧条件下，葡萄糖首先经糖酵解分解为丙酮酸，丙酮酸在不同微生物体内经过不同的途径再被进一步分解，如图 9-3。

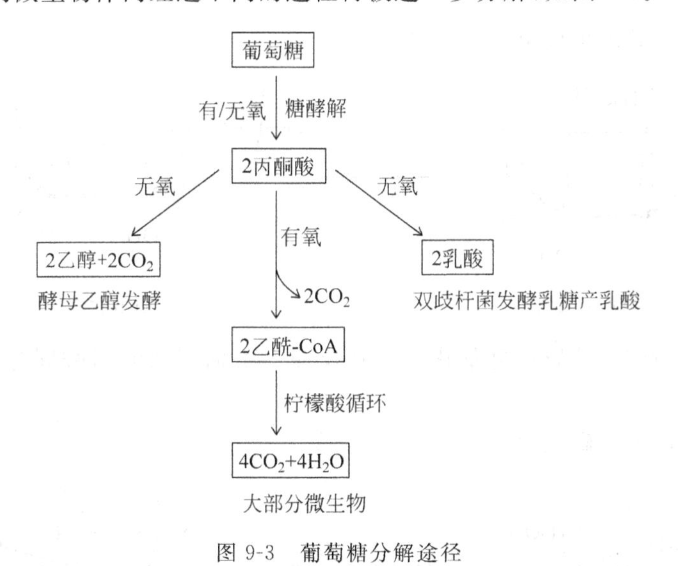

图 9-3　葡萄糖分解途径

1. 糖酵解

1）糖酵解的概念及生物意义

糖酵解(glycolysis)一词来源于希腊语 glykys(意思是“甜”)和 lysis(意思是“裂解”)。糖酵解是指 1 分子葡萄糖转变为 2 分子丙酮酸的一系列酶促反应过程。它是第一条被阐明的代谢途径，也是了解得最为清楚的一条代谢途径。途径中的酶都已被纯化并进行了三维

结构的研究。糖酵解几乎是所有生物细胞中葡萄糖分解代谢的共同途径。它是一条既在有氧和无氧条件下都能发生的途径，又是一条具有双重功能的途径。即途径中的代谢物既是葡萄糖分解过程中的代谢中间产物，也是葡萄糖合成过程中的中间代谢产物。同时糖酵解途径的某些中间步骤也是某些氨基酸和甘油等物质合成和分解的必经之路。糖酵解途径被认为是一条最古老的途径，起源于地球大气层中原核生物的缺氧代谢。在生物进化过程中，虽然产生了有氧呼吸如生物氧化，但这种古老原始的方式仍然被保留了下来，使其成为有氧细胞和无氧细胞、真核生物和原核生物共同拥有的途径，具有重要生物学意义。

2）糖酵解途径

糖酵解途径共包括 10 步反应，分为两个阶段。第一阶段由葡萄糖生成磷酸二羟丙酮和甘油醛-3-磷酸；第二阶段是甘油醛-3-磷酸经一系列变化后最终转变为丙酮酸。

（1）葡萄糖生成葡萄糖-6-磷酸

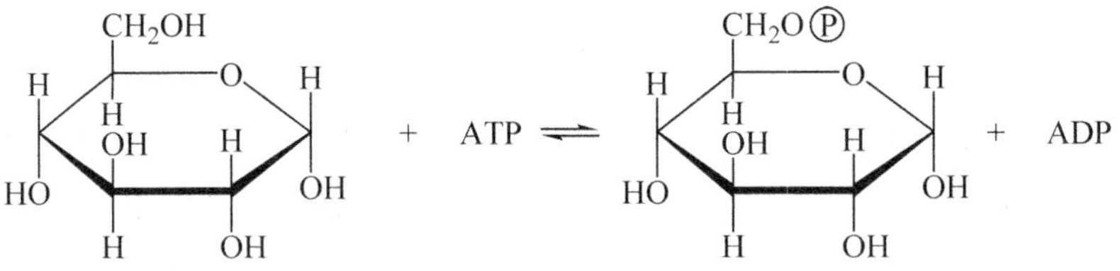

葡萄糖 + ATP ⇌ 葡萄糖-6-磷酸 + ADP

葡萄糖　　　　葡萄糖-6-磷酸

这步反应是在己糖激酶催化下进行的。它是糖酵解的第一步反应，又是耗能反应，消耗 1 分子 ATP。

（2）葡萄糖-6-磷酸生成果糖-6-磷酸

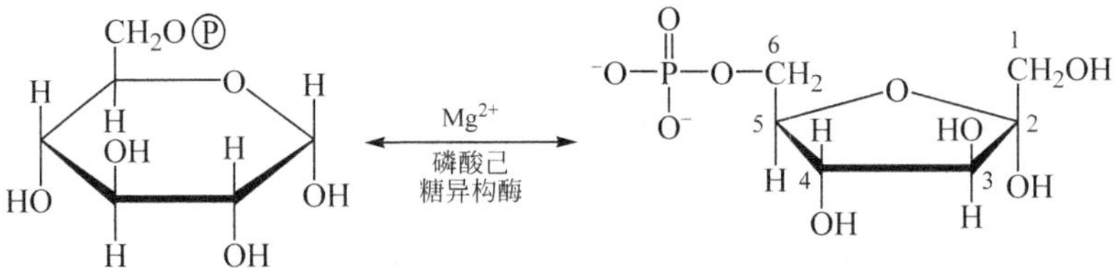

Mg^{2+}，磷酸己糖异构酶

葡萄糖-6-磷酸　　　　果糖-6-磷酸

这是一步由磷酸己糖异构酶催化的可逆反应。由葡萄糖-6-磷酸同分异构化转变为果糖-6-磷酸。

（3）果糖-6-磷酸的磷酸化

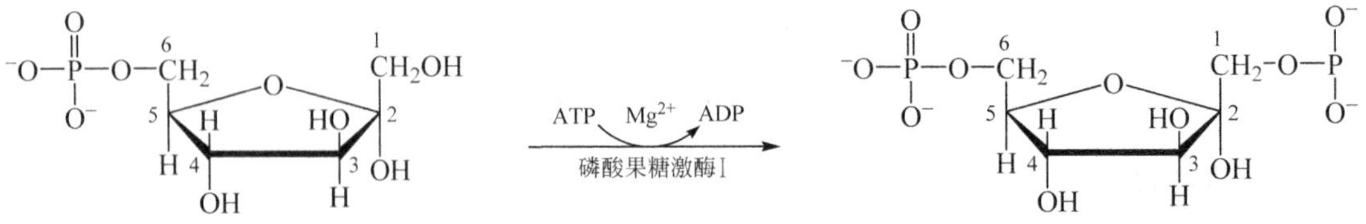

ATP　Mg^{2+}　ADP，磷酸果糖激酶Ⅰ

果糖-6-磷酸　　　　果糖-1,6-二磷酸

在磷酸果糖激酶Ⅰ的催化下，果糖-6-磷酸转变为果糖-1,6-二磷酸。这是途径的限速步骤。磷酸果糖激酶Ⅰ是限速酶。

（4）甘油醛-3-磷酸和磷酸二羟丙酮的生成

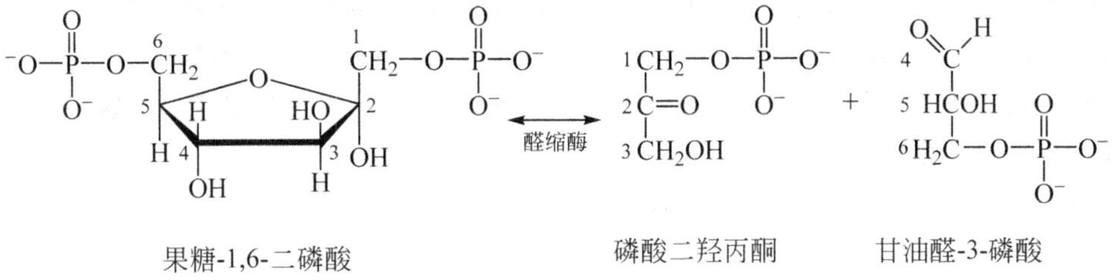

果糖-1,6-二磷酸 ⇌（醛缩酶） 磷酸二羟丙酮 + 甘油醛-3-磷酸

在醛缩酶的催化下，果糖-1，6-二磷酸裂解生成2分子磷酸丙糖——甘油醛-3-磷酸和磷酸二羟丙酮。

（5）磷酸丙酮的互变异构

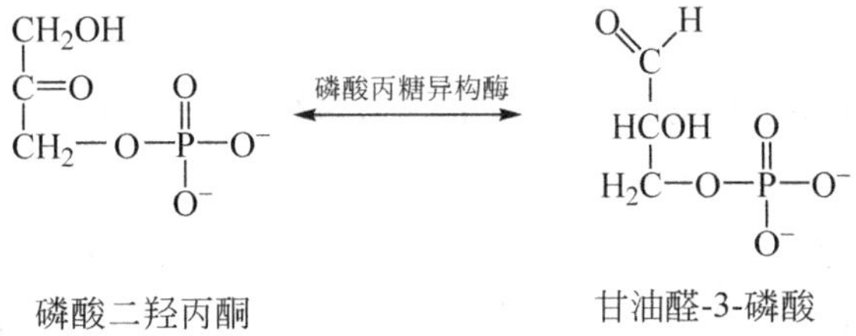

磷酸二羟丙酮 ⇌（磷酸丙糖异构酶） 甘油醛-3-磷酸

磷酸丙糖在磷酸丙糖异构酶的作用下，互变异构生成磷酸二羟丙酮和甘油醛-3-磷酸。由于甘油醛-3-磷酸可继续进行后面的反应，并不断被后续反应移走，所以反应有利于向右进行。

以上（1）～（5）步反应为糖酵解途径的第一阶段，1分子葡萄糖转变为2分子甘油醛-3-磷酸，共消耗2分子ATP。

（6）甘油醛-3-磷酸转变为1，3-二磷酸甘油酸

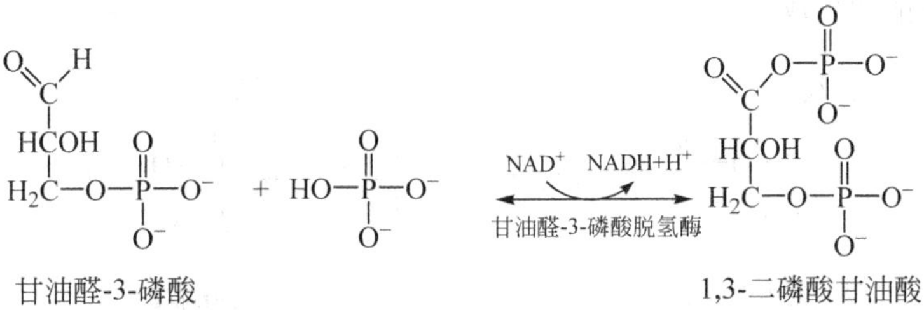

甘油醛-3-磷酸 + $HO-PO_3^{2-}$ ⇌（甘油醛-3-磷酸脱氢酶；$NAD^+ \rightarrow NADH+H^+$） 1,3-二磷酸甘油酸

在甘油醛-3-磷酸脱氢酶的作用下，甘油醛-3-磷酸氧化脱氢生成1，3-二磷酸甘油酸。这是酵解途径中的第一次氧化脱氢反应，脱掉的氢以NADH形式保存，同时无机磷酸参加反应，形成高能的酸酐键。

（7）3-磷酸甘油酸和ATP的生成

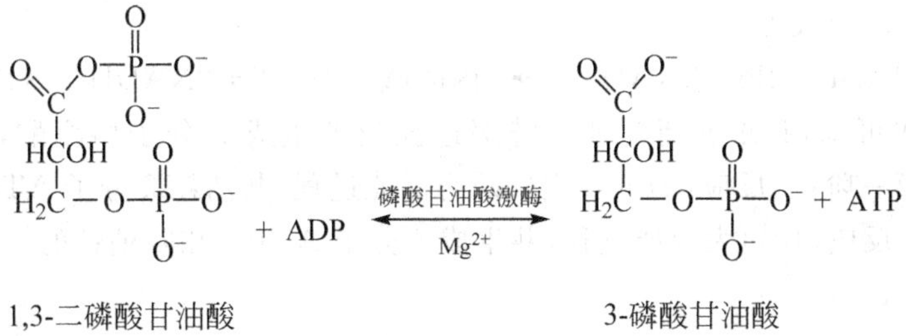

1,3-二磷酸甘油酸 + ADP ⇌（磷酸甘油酸激酶，Mg^{2+}） 3-磷酸甘油酸 + ATP

在磷酸甘油酸激酶的催化下，1，3-二磷酸甘油酸将磷酸基团从羧基转移到 ADP，生成 ATP 和 3-磷酸甘油酸。这是途径中第一次生成能量 ATP 的反应。这种 ATP 的生成是底物氧化释放的能量驱动 ADP 磷酸化的结果。因此，将这种磷酸化作用称为“底物水平磷酸化”。底物水平磷酸化是指：ATP 的生成直接与底物（即某一中间代谢物）上磷酸基团转移相偶联的 ADP 磷酸化作用。

（8）3-磷酸甘油酸转变为 2-磷酸甘油酸

3-磷酸甘油酸 $\xrightleftharpoons[Mg^{2+}]{\text{磷酸甘油酸变位酶}}$ 2-磷酸甘油酸

在磷酸甘油酸变位酶的催化下，3-磷酸甘油酸转变为 2-磷酸甘油酸。

（9）磷酸烯醇式丙酮酸的生成

2-磷酸甘油酸 $\xrightleftharpoons[\text{烯醇化酶}]{H_2O}$ 磷酸烯醇式丙酮酸

在烯醇化酶的催化下，2-磷酸甘油酸脱水生成磷酸烯醇式丙酮酸。脱水引起分子内能量的重新分布，大大增强了磷酸基团的转移势能，从而水解时可释放出很高的自由能。

（10）丙酮酸的生成

磷酸烯醇式丙酮酸 + ADP $\xrightleftharpoons[\text{丙酮酸激酶}]{Mg^{2+},K^{+}}$ 丙酮酸 + ATP

这是糖酵解途径的最后一步反应。在丙酮酸激酶的催化下，磷酸烯醇式丙酮酸转变成丙酮酸，并伴随着 ATP 的生成。这是酵解途径中的第二次底物水平磷酸化，也是一步高度放能反应。

3）糖酵解总观

糖酵解的总反应式为：

$$\text{葡萄糖} + 2ADP + 2Pi + 2NAD^{+} \longrightarrow 2\,\text{丙酮酸} + 2ATP + 2NADH + 2H^{+} + 2H_2O$$

从总反应式可知，1 分子葡萄糖经酵解途径裂解生成 2 分子丙酮酸，净生成 2 分子 ATP。途径的第一阶段（反应（1）～反应（5））为需能过程，共消耗 2 分子 ATP。途径的第二阶段（反应（6）～反应（10））为放能过程，共生成 4 分子 ATP。扣除消耗的 ATP 后净得 2 分子 ATP，见图 9-4。

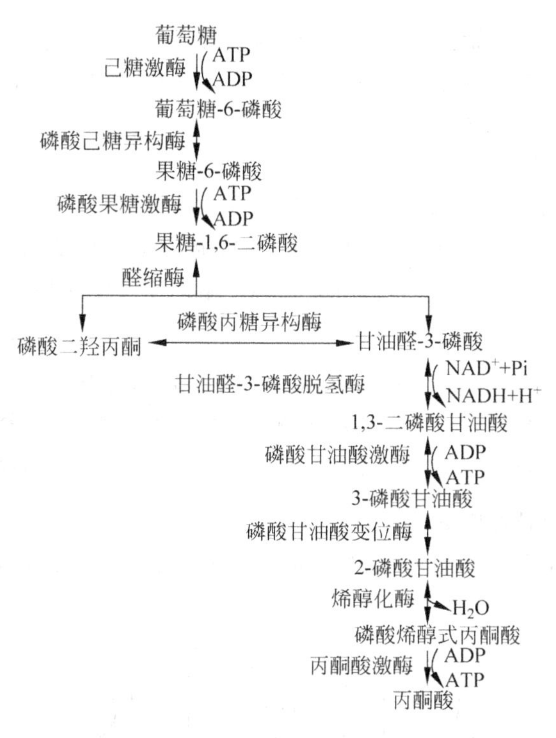

图 9-4 糖酵解途径

4）丙酮酸的命运

丙酮酸是糖酵解途径的终产物。在有氧条件下，丙酮酸被氧化生成乙酰辅酶 A（乙酰 CoA）进入柠檬酸循环；在无氧条件下，可以被微生物转变为乳酸或乙醇。

2. 丙酮酸氧化为乙酰 CoA

在有氧条件下，糖酵解产生的丙酮酸氧化生成乙酰 CoA，乙酰 CoA 进入柠檬酸循环，彻底氧化为 CO_2 和 H_2O，同时产生 ATP 和还原辅酶 NADH、$FADH_2$。所以，丙酮酸的氧化连接了糖酵解和柠檬酸循环。丙酮酸脱氢酶复合物催化这一反应。这是一步放能反应，同时伴随着脱羧基作用。

$$CH_3COCOO^- \xrightarrow[\text{丙酮酸脱氢酶}]{CoA\text{-}SH,\ NAD^+ \to NADH+H^+} CH_3CO\text{—}S\text{—}CoA + CO_2$$

丙酮酸 乙酰CoA

3. 柠檬酸循环

1）概念

柠檬酸循环（citric acid cycle）是乙酰基二碳单位进一步氧化生成 CO_2 和还原型辅酶的代谢途径。反应的顺序是从草酰乙酸和乙酰 CoA 缩合生成柠檬酸开始，经多步反应后，又重新生成草酰乙酸，构成一个循环反应途径，因此称其为柠檬酸循环。由于柠檬酸含三个羧基，故又称为三羧酸循环（tricarboxylic acid cycle，TCA）。为了纪念德国科学家 Hans

Krebs 在阐明柠檬酸循环中做出的卓越贡献，这一环状途径也叫做 Krebs 循环。柠檬酸循环途径的发现是生物化学领域的一项重大成就，在生物化学发展史上占有重要位置。Hans Krebs 于 1953 年获得诺贝尔奖。

2）柠檬酸循环途径

（1）乙酰 CoA 和草酰乙酸缩合生成柠檬酸

在柠檬酸合酶的催化下乙酰 CoA 与草酰乙酸缩合生成柠檬酸，这是途径的第一步反应，也是限速反应。反应释放大量的自由能有利于驱动途径的循环。

$$\underset{\text{乙酰CoA}}{CH_3-\overset{\overset{O}{\parallel}}{C}-S-CoA} + \underset{\text{草酰乙酸}}{\begin{matrix}O=C-COO^-\\ |\\ CH_2-COO^-\end{matrix}} \xrightarrow[]{H_2O \quad CoA-SH} \underset{\text{柠檬酸}}{\begin{matrix}CH_2-COO^-\\ |\\ HO-C-COO^-\\ |\\ CH_2-COO^-\end{matrix}}$$

（2）柠檬酸转变为异柠檬酸

在顺乌头酸酶的催化下柠檬酸经过中间化合物顺乌头酸转变为异柠檬酸。这是一步可逆的同分异构化反应。

$$\underset{\text{柠檬酸}}{\begin{matrix}CH_2-COO^-\\ |\\ HO-C-COO^-\\ |\\ CH_2\\ |\\ COO^-\end{matrix}} \underset{H_2O}{\overset{H_2O}{\rightleftharpoons}} \underset{\text{顺乌头酸}}{\left[\begin{matrix}CH_2-COO^-\\ |\\ C-COO^-\\ \parallel\\ CH\\ |\\ COO^-\end{matrix}\right]} \underset{H_2O}{\overset{H_2O}{\rightleftharpoons}} \underset{\text{异柠檬酸}}{\begin{matrix}CH_2-COO^-\\ |\\ H-C-COO^-\\ |\\ HO-C-H\\ |\\ COO^-\end{matrix}}$$

（3）异柠檬酸氧化脱羧生成 α-酮戊二酸

在异柠檬酸脱氢酶的催化下异柠檬酸氧化脱氢脱羧转变为 α-酮戊二酸。这是途径的第二个限速反应，也是途径中第一次脱羧并伴随有 NAD^+ 还原为 NADH。草酰琥珀酸为中间化合物。

$$\underset{\text{异柠檬酸}}{\begin{matrix}CH_2-COO^-\\ |\\ H-C-COO^-\\ |\\ HO-C-H\\ |\\ COO^-\end{matrix}} \xrightarrow{NAD^+ \quad H^++NADH} \underset{\text{草酰琥珀酸}}{\begin{matrix}CH_2-COO^-\\ |\\ H-C-COO^-\\ |\\ C=O\\ |\\ COO^-\end{matrix}} \xrightarrow{CO_2} \underset{\text{α-酮戊二酸}}{\begin{matrix}CH_2-COO^-\\ |\\ CH_2\\ |\\ C=O\\ |\\ COO^-\end{matrix}}$$

（4）α-酮戊二酸的氧化脱羧

在 α-酮戊二酸脱氢酶复合物的作用下 α-酮戊二酸氧化脱氢脱羧生成琥珀酰 CoA。这是途径的第三个限速步骤，第二次脱氢生成 NADH 并伴随有脱羧基作用。至此，途径共释放出 2 分子 CO_2。

$$\underset{\text{α-酮戊二酸}}{\begin{matrix}CH_2-COO^-\\ |\\ CH_2\\ |\\ C=O\\ |\\ COO^-\end{matrix}} \xrightarrow{CoA-SH \quad NAD^+ \quad H^++NADH} \underset{\text{琥珀酰-CoA}}{\begin{matrix}CH_2-COO^-\\ |\\ CH_2\\ |\\ C=O\\ |\\ S-CoA\end{matrix}} + CO_2$$

(5) 琥珀酰 CoA 转变为琥珀酸

在琥珀酰 CoA 合成酶的催化下，琥珀酰 CoA 生成琥珀酸，同时产生 GTP。这是柠檬酸循环中唯一直接产生高能磷酸化合物的反应，是底物水平磷酸化的有一个例子。

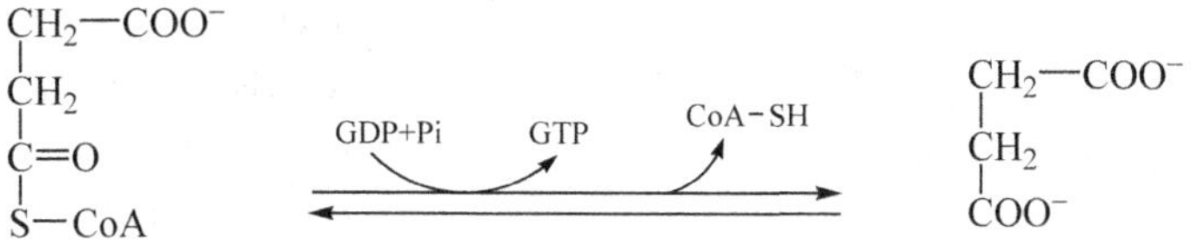

$CH_2—COO^-$
CH_2
$C=O$
$S—CoA$
琥珀酰 CoA

GDP+Pi　GTP　CoA-SH

$CH_2—COO^-$
CH_2
COO^-
琥珀酸

(6) 琥珀酸氧化生成延胡索酸

在延胡索酸脱氢酶的催化下琥珀酸脱氢氧化生成延胡索酸。

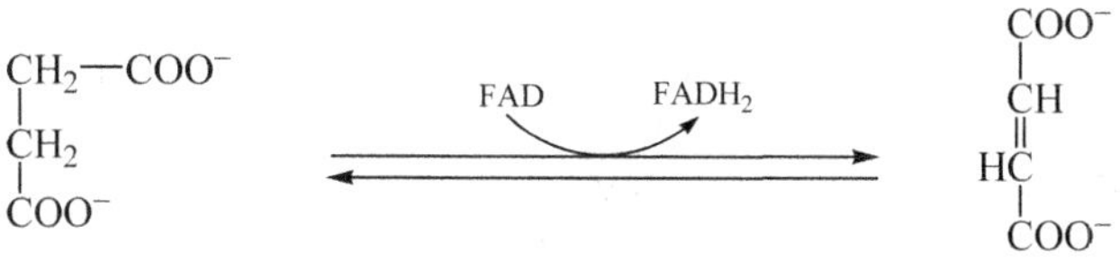

$CH_2—COO^-$
CH_2
COO^-
琥珀酸

FAD　$FADH_2$

COO^-
CH
HC
COO^-
延胡索酸

(7) 延胡索酸水化生成苹果酸

在延胡索酸水化酶的作用下延胡索酸转变为苹果酸。

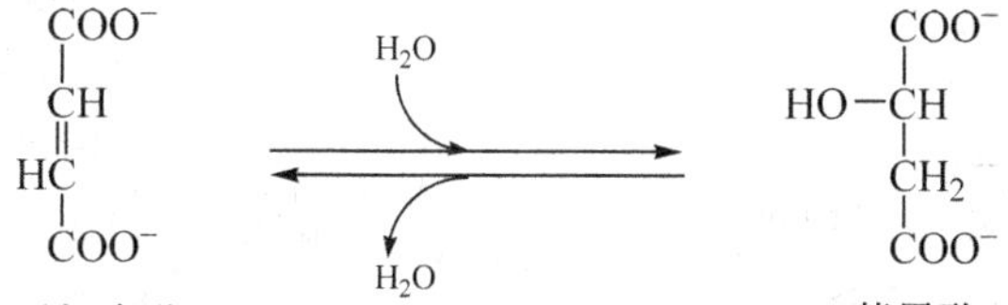

COO^-
CH
HC
COO^-
延胡索酸

H_2O　H_2O

COO^-
$HO—CH$
CH_2
COO^-
L-苹果酸

(8) 草酰乙酸的生成

这是柠檬酸循环的最后一步反应。苹果酸脱氢酶催化苹果酸氧化生成草酰乙酸，并伴有还原酶 NADH 产生。该反应虽为热力学上不利反应，但由于柠檬酸合酶催化的反应使草酰乙酸不断被移去，反应仍能向草酰乙酸生成的方向进行。

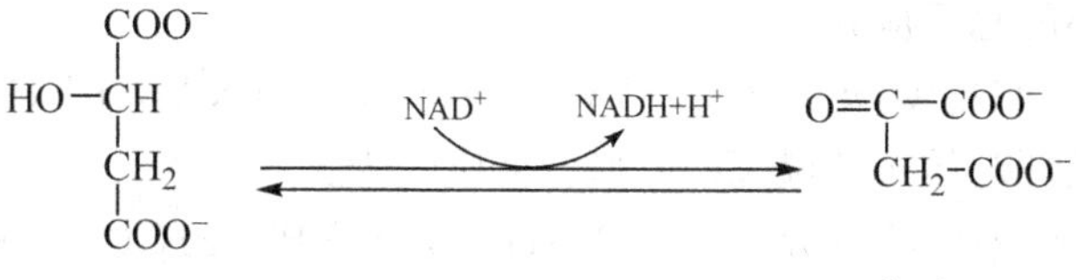

COO^-
$HO—CH$
CH_2
COO^-
L-苹果酸

NAD^+　$NADH+H^+$

$O=C—COO^-$
$CH_2—COO^-$
草酰乙酸

3) 柠檬酸循环的总结(图 9-5)

(1) TCA 反应

一般认为真正的 TCA 循环起始于二碳化合物乙酰 CoA 与四碳化合物草酰乙酸间的缩合。但从产能的角度来看，通常都把丙酮酸进入 TCA 循环前的“入门反应”——脱羧作用所产生的 $NADH+H^+$ 也计入，这时，若每个丙酮酸分子经本循环彻底氧化并与呼吸链的氧化磷酸化相偶联，就可高效地产生 15 个 ATP 分子。

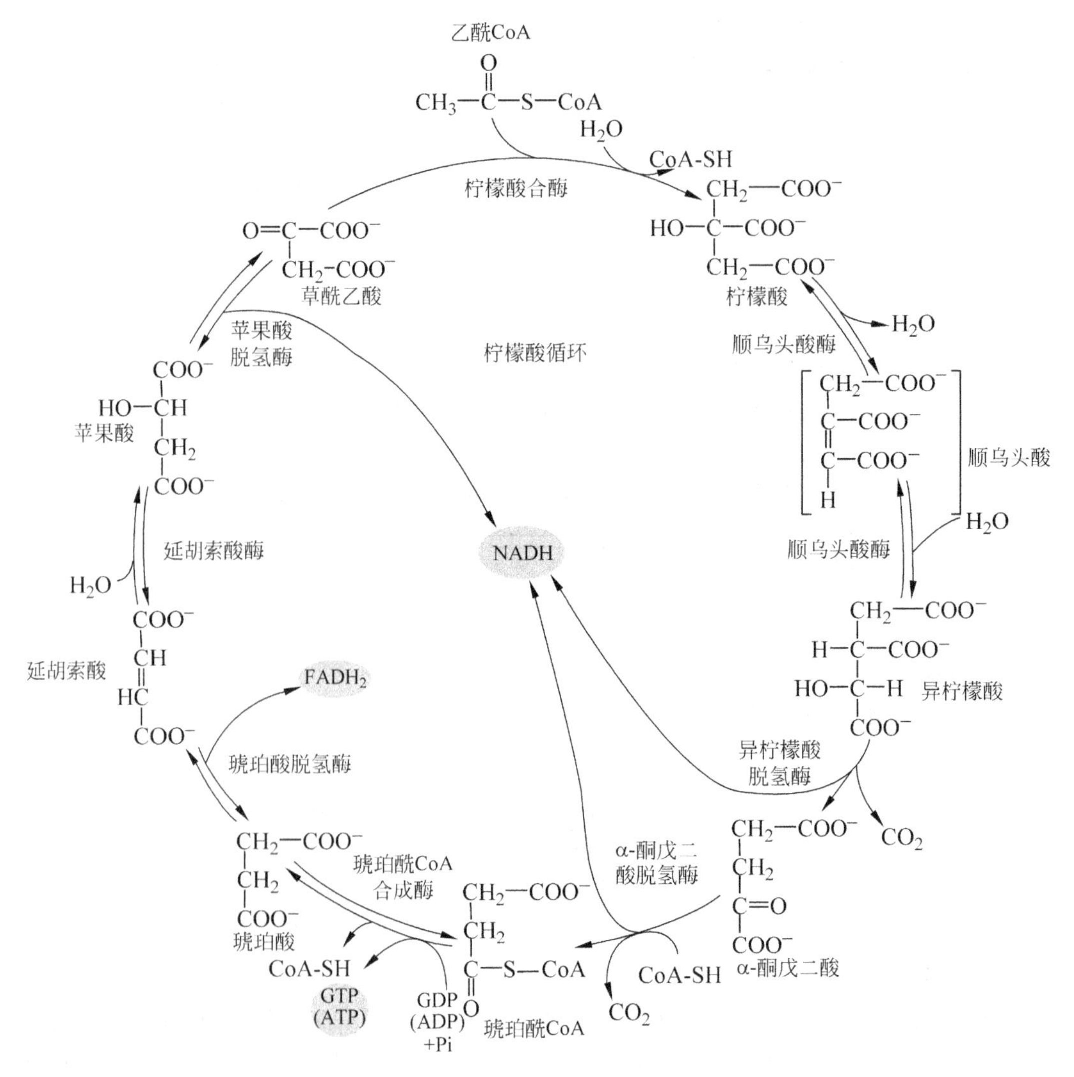

图 9-5　柠檬酸循环

整个 TCA 循环的总反应式为：

$$丙酮酸+4NAD^{+}+FAD+GDP+Pi+3H_2O \longrightarrow 3CO_2+4(NADH+H^{+})+FADH_2+GTP$$

若认为 TCA 循环起始于乙酰-CoA，则总反应式为：

$$乙酰\text{-}CoA+3NAD^{+}+FAD+GDP+Pi+2H_2O \longrightarrow$$

$$2CO_2+3(NADH+H^{+})+FADH_2+CoA+GTP$$

总反应结果表明柠檬酸循环是二碳单位的分解途径，并伴随有还原辅酶和 ATP 的生成，是一条氧化供能途径。

氧化磷酸化是与底物水平磷酸化不同的一种产能方式，是指有机基质在氧化中释放出电子，通过呼吸链（电子传递链）交给最终电子受体氧或其他无机物，并在传递电子过程中产生 ATP 的方式。呼吸链（respiratory chain）是由一系列的递氢反应（hydrogen transfer reactions）和递电子反应（eletron transfer reactions）按一定的顺序排列所组成的连续反应体系，它将代谢物脱下的成对氢原子交给氧生成水，同时有 ATP 生成。这个连续反应的体系有 NADH、脱氢酶、黄素蛋白、铁硫蛋白、细胞色素、醌及其衍生物。其功能：一是从电子供体接受电子并传递给电子受体，二是通过合成 ATP 将电子传递中释放的一部分能量储藏起来，如图 9-6。真核生物的呼吸链一般在线粒体上，原核生物的则位于细胞膜上。

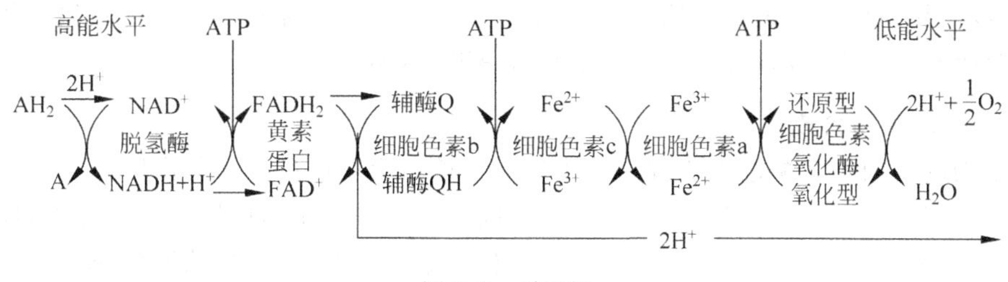

图 9-6　呼吸链

(2) 能量计算

在有氧条件下，1 分子葡萄糖经糖酵解和柠檬酸循环以及氧化磷酸化，总共可产生 30 分子或 32 分子 ATP，其中 20 分子 ATP 来自柠檬酸循环和氧化磷酸化。

(3) TCA 循环的特点

①氧虽不直接参与其中反应，但必须在有氧条件下运转(因 NAD^+ 和 FAD 再生时需氧)；②每分子丙酮酸可产 4 个 $NADH+H^+$、1 个 $FADH_2$ 和 1 个 GTP，总共相当于 15 个 ATP，因此产能效率极高；③TCA 位于一切分解代谢和合成代谢中的枢纽地位，不仅可为微生物的生物合成提供各种碳架原料，而且还与人类的发酵生产(如柠檬酸、苹果酸、谷氨酸、延胡索酸和琥珀酸等)紧密相关。

(4) 柠檬酸循环的意义

柠檬酸循环不仅是氧化产能的重要途径，而且也为生物大分子(如蛋白质、核酸等)的合成提供前体。所以，在有氧组织中，柠檬酸循环是一条两用代谢途径，服务于分解和合成代谢两个过程。如脂肪酸、氨基酸和一些碳水化合物等需进入柠檬酸循环彻底氧化分解；同时，途径又不断为许多生物合成输出原材料，琥珀酰 CoA 可转变为血红素参加血红蛋白的合成；草酰乙酸和 α-酮戊二酸可直接转变为天冬氨酸和谷氨酸参加蛋白质的合成；柠檬酸跨线粒体膜进入胞液，裂解生成乙酰 CoA 合成脂肪酸等。

9.2　微生物的合成代谢

微生物细胞物质的合成是一个耗能过程，需要产能代谢产生的 ATP 和还原力($NADPH+H^+$)。微生物细胞物质的合成还需要各种原料，即简单的无机物质(如 CO_2、NO_3^-、SO_4^{2-} 等)和有机物质，有机物质除个别直接来源于营养物质，绝大部分来自糖代谢的中间产物，如磷酸己糖、磷酸戊糖、丙酮酸、乙酰 CoA 和 α-酮戊二酸等。

在微生物细胞物质的合成过程中，首先是合成各种前体物质，如单糖、氨基酸、核苷酸、脂肪酸等，然后进一步合成大分子物质，如多糖、蛋白质、核酸等。合成物质的化学反应大多是由酶催化进行的，少数可以自发进行。

9.2.1 糖类的生物合成

1. 单糖的生物合成

异养微生物所需要的各种单糖及其衍生物通常是直接从其生活的环境中吸收并衍生而来，也可以利用简单的有机物合成。自养微生物所需要的单糖则需要通过同化 CO_2 合成。单糖的合成和互变都要消耗能量，能量都来自 ATP 水解。

2. 多糖的生物合成

微生物的多糖与多糖衍生物都是由单糖或单糖衍生物通过糖苷化作用合成的。微生物的多糖种类很多，包括同型多糖和异型多糖。同型多糖是由相同单糖分子聚合成的糖类，如糖原、纤维素等。异型多糖是由不同单糖分子相间聚合成的糖类，如肽聚糖、脂多糖、透明质酸等。它们种类繁多，结构复杂，分子大小、合成途径都各不相同。在此以细胞壁的组成成分肽聚糖的生物合成为例做说明。在金黄色葡萄球菌体内，肽聚糖的合成过程可分为三个阶段。

第一阶段是在细胞质中合成胞壁酸五肽。葡萄糖首先由 ATP 获得磷酸成为 6-磷酸葡萄糖，接着转变为 6-磷酸果糖，并获得 L-谷氨酸提供的氨基形成 6-磷酸葡萄糖胺，又经乙酰化形成 1-磷酸-*N*-乙酰葡萄糖胺，在尿苷二磷酸存在时，经焦磷酸化酶催化，形成 *N*-乙酰葡萄糖胺-UDP，再和磷酸烯醇式丙酮酸在 *N*-乙酰葡萄糖胺-UDP 丙酮酸转移酶催化下，合成 *N*-乙酰胞壁酸-UDP。再由 *N*-乙酰胞壁酸合成“Park”核苷酸，即 UDP-*N*-乙酰胞壁酸五肽。

第二阶段是在细胞膜上由“Park”核苷酸合成肽聚糖单体。这一阶段有一种称为细菌萜醇的脂质载体参与运送，这是一种有着 11 个异戊二烯单位组成的 C_{55} 类异戊二烯醇，它通过两个磷酸基与 *N*-乙酰胞壁酸分子相连，载着在细胞质中形成的胞壁酸五肽到细胞膜上，与 *N*-乙酰葡萄糖胺结合，并在 L-Lys 上接上五肽，形成双糖肽亚单位(肽聚糖单体)，并转移到膜外，同时释放焦磷酸类脂载体。类脂载体还可参与各类微生物多种胞外多糖和脂多糖的生物合成。

第三阶段是在细胞壁中由双糖肽单体合成肽聚糖。新合成的肽聚糖单体被运送到现有细胞壁生长点，细胞因分裂产生自溶素酶解开细胞壁上的肽聚糖网套，原有的肽聚糖分子成为新合成分子的引物，肽聚糖单体与引物间先发生转糖基作用，使多糖链横向延伸一个双糖单位。再通过转肽酶的转肽作用使前后两条多糖链的甲肽尾的第五甘氨酸肽的游离氨基与乙肽尾的第四个氨基酸的羧基结合形成一个肽键，使多糖链间发生交联(这一反应称转肽作用)，从而合成肽聚糖。

9.2.2 氨基酸的生物合成

绝大多数微生物能自行从头合成用于蛋白质合成的 21 种氨基酸，且微生物中 21 种氨基酸的合成途径已研究清楚。氨基酸的合成主要包含两个方面：各种氨基酸骨架的合成及氨基酸的结合。氨基酸碳架来自新陈代谢的中间化合物，如丙酮酸、α-酮戊二酸、草酰乙酸或延胡素酸、5-磷酸核糖等；而氨基则通过直接氨基化或转氨反应导入。无机氮只有通过氨才能参入有机化合物，分子氮通过固氮作用还原成氨。硝酸和亚硝酸则通过同化作用还原为氨，氨再参加有机化合物的合成。合成氨基酸的方式主要有三种。

(1) 氨基化作用

是指 α-酮酸与氨反应形成相应的氨基酸，叫初生氨基酸，是微生物同化氨的主要途径。例如，氨与 α-酮戊二酸在谷氨酸脱氢酶的作用下，以还原辅酶为供氢体通过氨基化反应合成谷氨酸。

(2) 转氨基作用

这是指在转氨酶催化下，使一种氨基酸的氨基转移给酮酸，形成新的氨基酸的过程。由初生氨基酸生成次生氨基酸。它普遍存在于各种微生物体内，可消耗一些过多的氨基酸，得到某些缺少的氨基酸。

(3) 前体转化

氨基酸还可通过糖代谢的中间产物，经一系列生化反应合成。例如，苯丙氨酸、酪氨酸和色氨酸等通过一个复杂的莽草酸途径合成；磷酸烯醇式丙酮酸和 4-磷酸赤藓糖经若干步合成莽草酸，莽草酸又经几步反应合成分枝酸，再分别合成苯丙氨酸、酪氨酸和色氨酸。在胱氨酸和半胱氨酸的合成中需要硫，硫酸盐是微生物硫的主要来源，硫酸盐被还原成 H_2S 后才能用于含硫氨基酸的生物合成。

9.2.3 核苷酸的生物合成

核苷酸主要用来合成核酸和参与某些酶的组成。它由碱基、戊糖和磷酸三部分组成。根据碱基成分可将核苷酸分为嘌呤核苷酸和嘧啶核苷酸。核苷酸在生物体内是由糖代谢过程中的中间体通过一系列反应逐步合成的。

1. 嘧啶核苷酸的生物合成

微生物合成嘧啶核苷酸有两种方式，一种是由小分子化合物全新地合成尿嘧啶核苷酸，其前体是天冬氨酸与氨甲酰磷酸，两者缩合生成氨甲酰天冬氨酸，再经乳清酸逐步合成尿嘧啶核苷酸与胞嘧啶核苷酸。然后再转化为其他嘧啶核苷酸。另一种方式是由完整的嘧啶或嘧啶核苷分子组成嘧啶核苷酸。

2. 嘌呤核苷酸的生物合成

与嘧啶核苷酸的生物合成途径相比，嘌呤核苷酸生物合成途径要复杂得多。嘌呤环几乎是一个原子接着一个原子地合成。它的碳和氮来自氨基酸、CO_2 和甲酸，它们逐步地添加到核糖磷酸这一起始物质上。微生物合成嘌呤核苷酸也有两种方式。一种是先由各种小分子化合物全新地合成次黄嘌呤核苷酸，再转化成其他嘌呤核苷酸。整个生物合成的过程可以分为三个阶段：第一个阶段是由 5-磷酸核糖与 ATP 反应到 5-氨基咪唑核苷酸合成；第二阶段是从 5-氨基咪唑核苷酸到次黄嘌呤核苷酸合成；第三阶段是由次黄嘌呤核苷酸到鸟嘌呤核苷酸与腺嘌呤核苷酸的合成。另一种方式是由自由碱基或核苷组成相应的嘌呤核苷酸。有的微生物没有全新合成嘌呤核苷酸的能力，就以这种方式合成嘌呤核苷酸。

脱氧核糖核酸是核糖核酸通过还原的方式合成的。在不同的微生物中，脱氧作用在不同水平上进行。在大肠杆菌里，这种还原反应在核苷二磷酸水平上进行。但在还原反应过程中需要一种硫氧蛋白参加，通过它的氧化与还原两个过程传递电子。

尿嘧啶脱氧核糖核苷酸不是 DNA 的组成部分，但它是合成胸腺嘧啶脱氧核糖核苷酸的前体。它经过脱磷酸与甲基化两步反应合成胸腺嘧啶脱氧核糖核苷酸。

9.2.4 微生物固氮

生物固氮是指大气中的分子氮通过微生物固氮酶的催化而还原成氨的过程，生物界中只有原核生物才具有固氮能力。生物固氮反应是一种极其温和及零污染排放的生化反应，它比由人类发明的化学固氮有着无比优越性，因后者需要消耗大量的石油原料和特殊催化剂，并须在高温、高压下进行。此外，若不合理地使用氮肥，还会降低农产品的质量，破坏土壤结构和降低肥力，以及造成环境污染（如湖泊的水华和海洋的赤潮）等恶果。我国在近半个世纪中，化肥产量猛增近 6000 倍，其有害影响已不断出现。因此，只有深入研究、开发和利用固氮微生物，才能更好地发展生态农业和达到土地可持续利用的战略目标。如果把光合作用看做是地球上最重要的生物化学反应，则生物固氮作用便是地球上仅次于光合作用的生物化学反应，因为它为整个生物圈中一切生物的生存和繁荣发展提供了不可或缺和可持续供应的还原态氮化物的源泉。

1. 固氮微生物

最早发现的固氮微生物是共生的 *Rhizobium*（根瘤菌属）和自生的 *Azotobacter*（固氮菌属），它们分别于 1886 年和 1901 年由荷兰著名学者、微生物学中 Delft 学派的奠基人 M. Beijerinck 所分离。目前知道的所有固氮微生物即固氮菌都属原核生物和古生菌类，在分类地位上主要隶属于 *Azotobacteraceae*（固氮菌科）、*Rhizobiaceae*（根瘤菌科）、*Rhodospirillales*（红螺菌目）、*Methylococcaceae*（甲基球菌科）、*Cyanobacteria*（蓝细菌）以及 *Bscillus*（芽孢杆菌属）和 *Clostridium*（梭菌属）中的部分菌种。自 1886 年首次分离共生固氮的根瘤菌起，至今已发现的固氮微生物已多达 200 余属（2006 年），其中尤以根瘤菌与豆科植物所形成共生体的固氮效率最高。据估计，全球每年的生物固氮量约为 2 亿吨，而上述共生体的固氮量就占其中的 65%～70%。豆科植物-根瘤菌所固定的氮可占其所需氮素的 50%～80%（有的甚至可达 100%）。据研究，每亩（1 亩 $=666.\dot{6}m^2$）豆科植物年固氮量为 6～16kg（大气氮），相当于施用 30～80kg 硫酸铵。有人认为，在农、牧业生产中，利用根瘤菌与豆科植物共生固氮，其投入与产生比高达 1∶15 以上。所以，这种共生体系可认为是一个没有污染、高效的“微型氮肥厂”。根据固氮微生物的生态类型可将它们分为三类——自生固氮菌、共生固氮菌和联合固氮菌。自生固氮菌指一类不依赖与他种生物共生而能独立进行固氮的微生物。共生固氮菌指必须与他种生物共生在一起时才能固氮的微生物。联合固氮菌指必须生活在植物根际、叶面或动物肠道等处才能进行固氮的微生物。

2. 固氮的生化机制

1）生物固氮反应的 6 要素

（1）ATP 的供应。由于 N_2 分子中存在 3 个共价键，故要把这种极端稳固的分子打开就得花费巨大能量。固氮过程中把 N_2 还原成 $2NH_3$ 时消耗的大量 ATP 是由呼吸、厌氧呼吸、发酵或光合磷酸化作用提供的。

（2）还原力[H]及其传递载体。固氮反应中所需大量还原力（N_2 与[H]的比例是 1∶8）必须以 $NAD(P)H+H^+$ 形式提供。[H]由低电势的电子载体铁氧还蛋白或黄素氧还蛋白传递至固氮酶上。

（3）固氮酶。固氮酶是一种复合蛋白，由固二氮酶和固二氮还原酶两种相互分离的蛋白构成，它们对氧都高度敏感。固二氮酶是一种含铁和钼的蛋白，铁和钼组成一个称为“FeMoCo”的辅因子，它是还原 N_2 的活性中心。而固二氮酶还原酶则是一种只含铁的蛋白。某些固氮菌处于不同生长条件下时，还可合成其他不含钼的固氮酶，称做“替补固氮酶”，具有适应在极度缺钼环境下还能正常进行生物固氮的功能。

(4) 还原底物——N_2。

(5) 镁离子。

(6) 严格的厌氧微环境。

2) 固氮的生化途径

目前所知道的生物固氮总反应是：

$$N_2 + 8[H] + 16 \sim 24ATP \longrightarrow 2NH_3 + H_2 + 16 \sim 24ADP + 16 \sim 24Pi$$

整个固氮过程主要经历以下几个环节：由 Fd 或 Fld 向氧化型固二氮酶还原酶的铁原子提供 1 个电子，使其还原；还原型的固二氮酶还原酶与 ATP-Mg 结合，改变了构象；固二氮酶在“FeMoCo”的 Mo 位点上与分子氮结合，并与固二氮酶还原酶-Mg-ATP 复合物反应，形成一个 1∶1 复合物，即完整的固氮酶；在固氮酶分子上，有 1 个电子从固二氮酶还原酶-Mg-ATP 复合物转移到固二氮酶的铁原子上，这时固二氮酶还原酶重新转变成氧化态，同时 ATP 也就水解成 ADP+Pi；通过上述过程连续 6 次的运转，才可使固二氮酶释放出 2 个 NH_3 分子；还原 1 个 N_2 分子，理论上仅需 6 个电子，而实际测定却需 8 个电子，其中 2 个消耗在产 H_2 上。

必须强调指出的是，上述一切生化反应都必须受活细胞中各种“氧障”的严密保护，以保证固氮酶免遭失活。

N_2 分子经固氮酶的催化而还原成 NH_3，就可与酮酸结合，以形成各种氨基酸，然后进一步合成蛋白质和其他有关成分。

3) 固氮酶的产氢反应

固氮酶除能催化 $N_2 \longrightarrow NH_3$ 外，还具有催化 $2H^+ + 2e^- \longrightarrow H_2$ 反应的氢化酶活性。当固氮菌在缺 N_2 环境下，其固氮酶可将 H^+ 全部还原为 H_2 释放；在有 N_2 环境下，也只是将 75%的还原力[H]去还原 N_2，而将另外 25%的[H]以产 H_2 方式浪费掉了。然而，大多数固氮菌种，还存在另一种经典的氢化酶，它能将被固氮酶浪费了的分子氢重新激活，以回收一部分还原力[H]和 ATP。

3. 好氧菌固氮酶避氧害(抗氧保护)机制

前已述及，固氮酶的两个蛋白组分对氧是极其敏感的，它们一旦遇氧就很快导致不可逆的失活，例如，固二氮酶还原酶一般在空气中暴露 45s 后即丧失一半活性；固二氮酶稍稳定些，但一般在空气中的活性半衰期也只有 10min。当然，来自不同微生物的固氮酶，其对氧的敏感性还是有较大差别的。

已知的大多数固氮微生物都是好氧菌，其生命活动包括生物固氮所需大量能量都是来自好氧呼吸和非循环光合磷酸化。因此，在它们身上都存在着好氧生化反应(呼吸)和厌氧生化反应(固氮)这两种表面上似乎水火不相容的矛盾过程。事实上，好氧性固氮菌在长期进化过程中，早已进化出适合在不同条件下保护固氮酶免受氧害的机制了。

1）好氧性自生固氮菌的抗氧保护机制

（1）呼吸保护。指 *Azotobacteraceae*（固氮菌科）的菌种能以极强的呼吸作用迅速将周围环境中的氧消耗掉，使细胞周围微环境处于低氧状态，借此保护固氮酶。

（2）构象保护。在高氧分压条件下，*Azotobacter vinelandii*（维涅兰德固氮菌）和 *A. chroococum*（褐球固氮菌）等的固氮酶能形成一个无固氮活性但能防止氧害的特殊构象，称为构象保护。目前知道，构象保护的原因是存在一种耐氧蛋白即铁硫蛋白Ⅱ，它在高氧条件下可与固氮酶的两个组分形成耐氧的复合物。

2）蓝细菌固氮酶的抗氧保护机制

蓝细菌是一类放氧性光合生物，在光照下，会因光合作用放出的氧而使细胞内氧浓度急剧增高，对此，它们进化出若干固氮酶的特殊保护系统，主要有以下两类。

（1）分化出特殊的还原性异形胞。在具有异形胞分化的蓝细菌如 *Anabaena* 和 *Nostoc* 等属中，固氮作用只局限在异形胞中进行。异形胞的体积较一般营养细胞大，细胞外有一层由糖脂组成的片层式的较厚外膜，它具有阻止氧气进入细胞的屏障作用；异形胞内缺乏产氧光合系统Ⅱ，加上脱氢酶和氢化酶的活性高，使异形胞能维持很强的还原态；其中超氧化物歧化酶的活性很高，有解除氧毒害的功能；此外，异形胞还有比邻近营养细胞高出 2 倍的呼吸强度，借此可消耗过多的氧并产生固氮必需的 ATP。

（2）非异形胞蓝细菌固氮酶的保护。它们一般缺乏独特保护机制，但却有相应的弥补方法，如 *Plectomena*（织线蓝细菌属）和 *Synechococcus*（聚球蓝细菌属）能通过将固氮作用与光合作用进行时间上的分隔（白天光照下进行光合作用，夜晚黑暗下固氮）来达到；*Trichodesmium*（束毛蓝细菌属）通过束状群体中央处于厌氧环境下的细胞失去能产氧的光合系统Ⅱ，以便于进行固氮反应；而 *Gloeocapsa*（黏球蓝细菌属）则通过提高过氧化物酶和 SOD 的活性来除去有毒过氧化合物，等等。

3）豆科植物根瘤菌固氮酶的抗氧保护机制

根瘤菌在纯培养情况下，一般不固氮，只有当严格控制在微好氧条件时，才能固氮。另外，当它们侵入根毛并形成侵入线再到达根部皮层后，会刺激内皮层细胞分裂繁殖，这时根瘤菌也在皮层细胞内迅速分裂增殖，随后分化为膨大而形状各异、不能繁殖、但有很强固氮活性的类菌体。许多类菌体被包在一层类菌体周膜中，维持着一个良好的氧、氮和营养环境。最重要的是此层膜的内外都存在着一种独特的豆血红蛋白。它是一种红色的含铁蛋白，在根瘤菌和豆科植物两者共生时，由双方诱导合成。血红蛋白和球蛋白两种成分由根瘤菌和植物分别合成。豆血红蛋白通过氧化态（Fe^{3+}）和还原态（Fe^{2+}）间的变化可发挥“缓冲剂”作用，借以使游离 O_2 维持在低而恒定的水平上，使根瘤中的豆血红蛋白结合 O_2 与游离氧的比率一般维持在 10000∶1 的水平上。

9.2.5 分解代谢和合成代谢的联系

分解代谢与合成代谢两者联系紧密，互不可分。连接分解代谢与合成代谢的中间代谢物有 12 种。如果生物体中只进行能量代谢，则有机能源的最终结局只是被彻底氧化成 H_2O、CO_2 和产生 ATP，在这种情况下就没有任何中间代谢物累积，因而合成代谢根本无从进行，微生物也无从生长和繁殖。反之，如果要保证正常合成代谢的进行，又须抽掉大量为分解代谢正常进行所必需的中间代谢物，其结果也势必影响以循环方式进行的分解代谢的正常运转。微生物和其他生物在它们的长期进化过程中，通过两用代谢途径和代谢回补顺序的方式，早已既巧妙又圆满地解决了这个矛盾。

1. 两用代谢途径

凡在分解代谢和合成代谢中均具有功能的代谢途径，称为两用代谢途径。TCA 循环就是重要的两用代谢途径。例如 TCA 循环不仅包含了丙酮酸和乙酰-CoA 的氧化，而且还包含了琥珀酰辅酶 A、草酰乙酸和 α-酮戊二酸等的产生，它们是合成氨基酸和卟啉等化合物的重要中间代谢物。必须指出：①在两用代谢途径中，合成途径并非分解途径的完全逆转，即某一反应的逆反应并不总是由同样的酶进行催化的；②在分解代谢与合成代谢途径的相应代谢步骤中，往往还包含了完全不同的中间代谢物；③在真核生物中，分解代谢和合成代谢一般在不同的分割区域内分别进行，即分解代谢一般在线粒体、微体或溶酶体中进行，而合成代谢一般在细胞质中进行，从而有利于两者可同时有条不紊地运转。原核生物因其细胞微小、结构的间隔程度低，故反应的控制大多在简单的酶分子水平上进行。

2. 代谢物回补顺序

微生物在正常情况下，为进行生长、繁殖的需要，必须从各分解代谢途径中抽取大量中间代谢物以满足其合成细胞基本物质——糖类、氨基酸、嘌呤、嘧啶、脂肪酸和维生素等的需要。这样一来，势必造成了分解代谢不能正常运转并进而影响产能功能的严重后果，例如，在 TCA 循环中，若因合成谷氨酸的需要而抽走了 α-酮戊二酸，就会使 TCA 循环中断。为解决这一矛盾，生物在其长期进化过程中发展了一套完善的中间代谢物的回补顺序。所谓代谢物回补顺序，又称代谢物补偿途径或添补途径，是指能补充两用代谢途径中因合成代谢而消耗的中间代谢物的那些反应。通过这种机制，一旦重要产能途径中的某种关键中间代谢物必须被大量用作生物合成原料而抽走时，仍可保证能量代谢的正常进行。在生物体中，这种情况是十分普遍的，例如，在 TCA 循环中，通常就约有一半的中间代谢物被抽作合成氨基酸和嘧啶的原料。

9.3 微生物的次生代谢

9.3.1 次生代谢

微生物吸收营养物质，通过代谢生成维持生命活动的物质和能量的过程称为初生代谢。次生代谢是指微生物在一定的生长时期以初生代谢产物为前体，通过支路代谢合成一些对微生物的生命活动无明确功能的物质过程。次生代谢途径即使被阻断也不会影响菌体生长繁殖。次生代谢与初生代谢关系密切，初生代谢的关键性中间产物往往是次生代谢的前体，如糖降解过程中的乙酰 CoA 是合成四环素、红霉素的前体；次生代谢一般在菌体对数生长后期或稳定期进行，会受到环境条件的影响。

9.3.2 次生代谢产物的合成

1. 次生代谢产物

微生物次生代谢产物约 5 万种(2008 年)，主要是抗生素(约 1.65 万种)和生理活性物质(约 0.6 万种)，与人类关系密切。它们既不参与细胞的组成，又不是酶的活性基，也不是细胞的储存物质，大多分泌于胞外。根据其作用，可分为维生素、抗生素、生长刺激素、毒素、色素、生物碱等。

（1）维生素

细菌、放线菌、霉菌、酵母菌的一些种，在特定条件下合成超过本身需要的维生素。机体含量过多时可分泌到细胞外。例如，丙酸杆菌产生维生素 B12；分枝杆菌利用碳氢化合物产生吡哆醇(B6)；酵母菌类细胞中除含有大量 B 族维生素，如硫胺素(B1)、核黄素(B2)外，还含有各种固醇，其中麦角固醇是维生素 D 的前体，经紫外光照射能变成维生素 D；乙酸细菌合成维生素 C。临床上应用的各种维生素，主要是利用各种微生物合成提取的。

（2）抗生素类

抗生素是生物在生命活动中产生的能特异抑制其他生物的次生代谢产物及其人工衍生物的总称。一定的微生物在一定条件下只能产生一定种类的抗生素。已发现的抗生素大多数是放线菌产生的，细菌、真菌也产生抗生素。

（3）生长刺激素

生长刺激素是由某些细菌、真菌、植物合成的，能刺激生物生长的一类生理活性物质。已知有 80 多种真菌能产生吲哚乙酸。真菌中的赤霉菌所产生的赤霉素是目前广泛应用的植物生长刺激素。

（4）毒素

微生物在代谢中产生一些对动植物有毒害的物质称为毒素。破伤风芽孢杆菌、白喉棒状杆菌、痢疾志贺氏菌、伤寒沙门氏菌等病原微生物都可以合成毒素。大多数细菌毒素是蛋白质，有外毒素和内毒素两类。影响人类健康的霉菌毒素已有百种以上，有的毒性很强，如黄曲霉产生的黄曲霉毒素。

（5）色素

许多微生物生长过程中能合成有不同颜色的代谢产物。微生物形成的色素有的留于细胞内，有的排到环境中，所以有细胞内色素和细胞外色素之分。许多细菌产生光合色素，有的产生水不溶性色素，使菌落呈各种颜色；有的产生水溶性色素，使培养基着色。色素的合成途径尚不清楚。真菌和放线菌产生的色素更多。微生物产生的色素是天然色素的重要来源。

微生物的代谢产物特别是次生代谢产物，大部分尚未很好地利用。微生物次生代谢的资源很丰富，潜力很大，有极其广阔的应用前景。

2. 次生代谢产物的合成

次生代谢产物的化学结构复杂，分属多种类型，如内酯、大环内酯、多烯类、多炔类、四环类、多肽类和氨基糖类等，其合成途径也十分复杂，但各种初生代谢途径，如糖代谢、TCA 循环、脂肪代谢、氨基酸代谢以及萜烯、甾体类化合物代谢等仍是次生代谢途径的基础。微生物次生代谢合成途径主要有 4 条。

（1）糖代谢延伸途径。由糖类转化，聚合产生多糖类、糖苷类和核酸类化合物进一步转化形成核苷类、糖苷类和糖衍生物类抗生素。

（2）莽草酸延伸途径。由莽草酸及其分支途径产生氯霉素等多种中药抗生素。

（3）氨基酸延伸途径。由各种氨基酸衍生、聚合形成多种含氨基酸的抗生素，如多肽类抗生素、β-内酰胺类抗生素、D-环丝氨酸和杀腺癌菌素等。

(4) 乙酸延伸途径。又可分两条支路，一条是乙酸经缩合后形成聚酮酐，进而合成大环内酯类、四环素类、灰黄霉素类抗生素和黄曲霉毒素；另一条是经甲羟戊酸而合成异戊二烯类，进一步合成重要的植物生长刺激素——赤霉素或真菌毒素等。

催化次生代谢产物合成的酶是诱导酶。只有在胞内某种初生代谢产物积累时才诱导合成次生代谢合成的酶，次生代谢产物合成的调节实际上也是酶的调节，只是次生代谢产物的合成更容易受外界条件的影响，比如温度、培养基的组成及 pH 等。

在抗生素的发酵中，发酵单位(发酵单位是衡量发酵液中目的产物含量高低的指标)达到一定范围后就很难再提高，这主要是由于末端产物反馈抑制的结果。同时，由于某种初生代谢产物的合成和某种次生代谢产物的合成之间有一条共同的合成途径，当初生代谢产物积累时，抑制了共同途径中某步反应的进行，最终抑制了次生代谢产物的合成。例如，在产黄青霉素的青霉素合成中，赖氨酸过量能够抑制青霉素的合成。

9.4　微生物代谢产物污染

进入环境后，每种物质都会受一种或多种微生物的作用，并产生多种多样的代谢产物。这些代谢产物一边产生，一边转化，一般处于动态平衡之中。但在特定条件下，有些代谢产物会出现积累，造成环境污染，对人类产生致癌、致畸、致突变作用。

9.4.1　生物毒素

自 1888 年发现白喉杆菌毒素以后，陆续发现了许多微生物毒素，如细菌毒素、真菌毒素、藻类毒素、放线菌毒素等。

1. 细菌毒素

细菌毒素(bacteriotoxin)是指细菌产生的能破坏或抑制其他生物的毒素。根据毒素的释放情况，可分为内毒素与外毒素。内毒素(endotoxins)是指存在于革兰氏阴性菌细胞内的拟脂聚糖类复合物。只有当细菌细胞溶解时，它才会被释放并产生毒害作用。外毒素(exotoxins)是指细菌生长过程中向细胞外释放的蛋白质或含蛋白质的毒素。外毒素的毒力一般强于内毒素，但其耐高温性不及内毒素，温度升至 60℃以上时，外毒素即被破坏。内毒素的环境风险较小，因为只有被释放至动物循环系统中它才会产生毒效。外毒素的环境风险较大，常见的外毒素有白喉毒素、破伤风毒素、炭疽毒素、霍乱肠毒素、肉毒毒素、葡萄球菌肠毒素等。

在我国，植物性食品(如臭豆腐、豆酱、豆豉等)已造成多起肉毒素中毒事件。肉毒梭菌(*Clostridium botulinum*)革兰氏阳性，产芽孢，能运动，专性厌氧，广泛存在于土壤、淤泥、粪便中，能产生并分泌肉毒素。根据菌体生化反应以及毒素血清学反应，可将肉毒梭菌分为 A、B、C、D、E、F 和 G 型。其中，A、B、E 和 F 型能引起人类中毒，C 和 D 型能引起动物中毒，G 型对人类和动物的致病性尚不清楚。肉毒梭菌可污染水果、蔬菜、鱼类、肉类、罐头、香肠等食品。一般中毒致死率为 20%～40%，最高可达 76.2%。

肉毒梭菌的生长条件与产毒条件一致：厌氧；pH 大于 4.5，最适 pH5.5～8.0；温度 5.0～42.5℃，因菌株而异；当环境含盐量高于 10%时，该菌停止生长。肉毒素是一种极强的神经毒素，主要作用于神经和肌肉连接处以及植物神经末梢，阻碍神经末梢乙酰胆碱释放,可导致肌肉收缩不全和肌肉麻醉。它是已知毒素中毒性最强的一种毒素。1μg A 型肉毒素即能使人致死,1mg A 型肉毒素能毒死 2000 万只小鼠。肉毒素对热敏感,在 80℃、30min 或 100℃、10～20min 的条件下,完全失效。

2. 真菌毒素

1) 真菌毒素及其致病特点

真菌毒素(mycotoxin)是由真菌产生的毒素。早在 15 世纪就有麦角中毒的记载。时至今日,人畜使用霉变谷物而中毒的事件也屡有发生。但直到 20 世纪 60 年代末至 70 年代初先后发现岛青霉毒素和黄曲霉毒素的致癌性后,真菌毒素才真正引起人们的重视。

至今发现的真菌毒素多达 300 种。其中,毒性较强的有:黄曲霉毒素、棕曲霉毒素、黄绿青霉毒素、红色青霉毒素 B 等。能使动物致癌的真菌毒素有:黄曲霉毒素 B1、黄曲霉毒素 G1、柄曲霉毒素、棒曲霉毒素、岛青霉毒素等。

真菌毒素致病具有下列特点:①中毒常与食物有关,在可疑食物或饲料中经常检出产毒真菌及其毒素;②发病有季节性或地区性;③真菌毒素是小分子有机物,而不是大分子蛋白质,它在机体中不产生抗体,也不能免疫;④患者无传染性;⑤人类、家畜、家禽一次性通过食物和饲料大量摄入真菌毒素,往往发生急性中毒,长期少量摄入真菌毒素则发生慢性中毒和致癌。

2) 黄曲霉与黄曲霉毒素

1960 年,在伦敦附近的某养鸡场,发生了 10 万只火鸡相继死亡的事故。追踪调查获知,作为饲料的花生粉被霉菌污染,其中含有黄曲霉毒素。

黄曲霉(*Aspergillus flavus*)是黄曲霉毒素的主要产生菌。在分离自花生和土壤的 1626 株黄曲霉中,90%菌株能产生黄曲霉毒素 B1。黄曲霉污染谷物、蔬菜、豆类、水果、乳品、肉类等,给食品安全带来了巨大风险。

黄曲霉毒素有 B1、B2、G1、G2、B2a、G2a、M1、M2、P1 等类型。有 17 种黄曲霉毒素的化学结构已经确定。黄曲霉毒素可发荧光。根据所发荧光的颜色,可将黄曲霉毒素分为 B 族和 G 族。B 族黄曲霉毒素的荧光呈蓝紫色;G 族黄曲霉毒素的荧光呈黄绿色。黄曲霉毒素 B1 不耐碱,在 pH9～10 的条件下迅速分解;一些化学物质(次氯酸钠、氯气、NH_3、H_2O_2、SO_2 等)也可使之失效。

按照毒理学标准,半致死剂量(LD_{50})低于 1mg/kg 的毒物归入特剧毒物质。在黄曲霉毒素中,以黄曲霉毒素 B1 的毒性最强,其半数致死剂量为 0.294mg/kg,大大低于特剧毒物质的临界值。黄曲霉毒素的毒性是氰化钾的 10 倍、砒霜的 68 倍。

动物实验证明,黄曲霉毒素是很强的致癌剂,其靶器官主要是肝脏,也可导致胃、肠、肾病变。流行病学调查获知,在食物常被黄曲霉污染且被人体摄入的地区,其肝癌发病率也显著提高。

1966 年世界卫生组织将食品中黄曲霉毒素的含量标准定为 30μg/kg,1970 年降至 20μg/kg,1975 年再降至 15μg/kg。我国食品中黄曲霉毒素的含量标准是:玉米、花生油、花生及其制品不得超过 20μg/kg;大米及食用油不得超过 10μg/kg;其他粮食、豆类、发酵食品不得超过 5μg/kg;婴儿代乳食品不得检出。

3. 藻类毒素

甲藻是赤潮中经常检出的藻种,甲藻毒素能在短时间(2～12h)内使人致死。盐类、醇类可削弱甲藻素的毒力，但至今没有找到有效的解毒药品。甲藻素可积累至贻贝及蛤体中，人食之即中毒。赤潮发生时，贻贝可吸收甲藻毒素并蓄积于内脏中；赤潮过后，两周内蓄积的甲藻素逐渐消失；蛤可吸收甲藻素并蓄积于呼吸管中，赤潮过后一年仍不消失。

有人从贻贝及蛤中提出了纯甲藻素，也有人从链状膝沟藻（*Gonyaulax catenella*）培养物中获得了甲藻素，说明贝类中的甲藻素来自甲藻。如果链状膝沟藻含量超过 200 个/mL，则使用该水体中收获的贻贝易引发中毒。甲藻素对小鼠的 LD_{50} 为 10μg/kg 体重（腹腔注射），人类口服 1mg 即致死。该毒素溶于水，对热稳定，罐头加工中可破坏 70%。由于这种毒素多蓄积于贝类内脏中，食用前从贝体中去除肝、胰腺等内脏，则可确保安全。

4. 放线菌毒素

某些放线菌的代谢产物可使人中毒，也可引发肿瘤或癌症。洋橄榄毒素是肝链霉菌（*Streptomyces hepaticus*）的代谢产物。急性毒性强，可诱发肝、肾、脑、胃、胸腺等产生肿瘤。

9.4.2 气味代谢产物

气味是影响环境质量的重要因子。在环境污染中，它有早期预警作用。闻到气味说明污染物可能已经达到有害浓度。供水系统的不良嗅味是生物学家、公共卫生学家以及水处理工程师共同关注的一个老问题。世界上有许多城镇以河流、湖泊、水渠、港口水体为饮用水源，水源周期性产生不良气味给生活带来了诸多不便。气味物质不仅污染大气和水体，造成感官不悦，而且还可被水生生物吸收并蓄积于体内，影响水产品（如淡水鱼）品质。

人们对生物来源的气味代谢产物的化学本质进行了深入研究，并取得了很大进展。已从放线菌产生的土腥味物质中分离到土腥素（土臭味素）。土腥素是一种透明的中性油，相对分子质量为 182，嗅阈值低于 0.2mg/L。在具有土腥味的鱼肉中科检出土腥素，鱼肉的味阈值为 0.6μg/100g 鱼肉。其他引起环境污染的微生物气味代谢产物还有氨、胺、硫化氢、硫醇、（甲基）吲哚、粪臭素、脂肪酸、醛、醇、脂等。

9.4.3 酸性矿水

黄铁矿、斑铜矿等含有硫化铁。矿山开采后，矿床暴露于空气中。由于化学氧化作用，矿水酸化，pH 降至 4.5～2.5，称之为酸性矿水（acid mine drainage）。在此酸性条件下，只有耐酸菌（如氧化硫硫杆菌和氧化硫亚铁杆菌）能够生存。氧化硫硫杆菌（*Thiobacillus thiooxidans*）可把硫氧化为硫酸，氧化亚铁铁杆菌（*Ferrobacillus ferroxidans*）则可把硫酸亚铁氧化为硫酸高铁。经过这些细菌作用，矿水酸化加剧，有时 pH 降到 0.5。这种酸性矿水随雨水径流，或渗漏至地下，或顺河道下流，可破坏生态系统，毒害鱼类，影响人类的生产和生活。

9.4.4 甲基化重金属

在自然条件下，汞、砷、硒、镉、铅等重金属离子，均可被甲基化而生成毒性很强的甲基化重金属。其中，甲基汞给世人留下了深刻的记忆。

1. 汞的甲基化

无机汞的甲基化可分为非酶促甲基化和酶促甲基化两种类型。

(1) 汞的非酶促甲基化

在中性水溶液中，以甲基钴胺素作为甲基供体，汞可被转化为甲基汞。这种转化是纯化学反应，能快速而定量地进行。在有氧和无氧条件下，汞的甲基化均能顺利完成。

(2) 汞的酶促甲基化

在自然界，绝大多数甲基汞都是在微生物作用下产生的。这种微生物作用可分为直接作用和间接作用。直接作用是指直接在微生物酶催化下发生的甲基化作用。例如，一些微生物借助其细胞内的甲基转移酶，将甲基钴胺素上的甲基转移给汞离子而形成甲基汞。间接作用则是指在微生物细胞外发生的甲基化作用。例如，微生物将环境中的钴胺素（维生素B12）转化成甲基钴胺素，然后通过化学反应转移甲基，形成甲基汞；或者微生物先将环境中的锡（或镉）转化成甲基锡（或甲基镉），然后通过化学反应将甲基转移给汞，形成甲基汞。排入环境的汞大多为无机汞（元素汞和汞离子），经过微生物作用，无机汞被转化成甲基汞。甲基汞的毒性要比无机汞高100倍。

2. 汞甲基化的影响因素

汞的酶促甲基化速率受pH影响。在中性和碱性条件下，微生物的转化产物主要是二甲基汞。这种化合物不溶于水，易挥发而逸入大气。在弱酸性条件下，微生物的转化产物主要是甲基汞；二甲基汞也易分解为甲基汞。甲基汞溶于水，可在水中长期滞留并被鱼、贝类等水生生物吸收。实验室研究与野外调查都证实，在酸性水域中捕获的鱼体内汞含量较高。

汞的酶促甲基化速率也受通气的影响。虽然在无氧及有氧条件下微生物均可进行甲基化作用，但无氧时水体会产生大量硫化氢，汞与硫离子结合生成难溶的硫化汞，使汞的甲基化反应难以进行。在自然水体中，微生物的甲基化作用限于底泥表层，这与通气有关。如果污泥中有动物搅动，污泥层的甲基化区域可向下深入。

汞的酶促甲基化速率还受微生物种类的影响。在含有10μg/mL氯化汞（相当于7μg/mL）的培养液中培养60h，匙形梭状芽孢杆菌（*Clostridium cochlearium*）可产生0.14μg/mL甲基汞（相当于汞0.13μg/mL），无机汞转化率约为2%。在另一种菌的培养液里，经过44h转化，2μg氯化汞只产生6ng甲基汞，无机汞转化率仅为0.3%。

复习思考题

9-1 什么是代谢？可以分为哪些类型？

9-2 简述分解代谢与合成代谢的关系。

9-3 简述糖酵解途径和三羧酸循环。

9-4 糖、蛋白质、核酸这三大生物分子是怎么合成的？

9-5 什么是微生物的次生代谢？次生代谢产物有哪些？

9-6 简述微生物代谢产物污染。

微生物的生长与繁殖

微生物的生长(microbial growth)是指微生物吸收营养经代谢转化为自身细胞成分,使细胞体积扩大或细胞质量增加的生物学过程。

微生物的繁殖(microbial reproduction)系指微生物长到一定阶段,由于细胞结构的复制与重建并通过特定方式产生新个体,也就是个体数目增加的生物学过程。主要体现为群体的生长。

由于微生物个体微小,尤其是单细胞微生物,细胞一经长大便随即发生分裂、繁殖,从而引起群体的生长,因此在研究微生物的生长时,不是单单研究一个细胞的增大,重点是在细胞群体水平的变化上。群体的生长可用其重量、体积、个体浓度或密度等作指标来测定。

10.1 测定微生物生长繁殖的方法

10.1.1 测生长量

1. 重量法

有粗放的测体积法(在刻度离心管中测沉降量)和精确的称干重法。微生物的干重一般为其湿重的10%～20%。据测定,每个*E. coli*细胞的干重为2.8×10^{-13}g,故1颗芝麻重的大肠杆菌团块,其中所含的细胞数目竟可达到100亿个！大肠杆菌在一般液体培养物中,细胞浓度通常为每毫升2×10^{9}个,用100mL培养物约可得10～90mg干重的细胞。

2. 比浊法

可用分光光度法对无色的微生物悬浮液进行测定,一般选用450～650nm波段。这是测定细胞数中使用较多的一种方法。悬液中细胞浓度与浊度成正比,与透光度成反比。因此,可用光电比色计测定菌悬液,以光密度值表示菌液的细胞浓度。此法简便快速,但被检样品中不能混有杂质,并且颜色不宜过深,否则影响结果。该方法适用于测定细胞数量较大的样品液。

3. 生理指标法

与微生物生长量相平行的生理指标很多,可以根据实验目的和条件适当选用。最重要的如测含氮量法,一般细菌的含氮量为其干重的12.5%,酵母菌为7.5%,霉菌为6.5%,含氮量乘6.25即为粗蛋白含量;另有测含碳量以及测磷、DNA、RNA、ATP等含量的;此外,产酸、产气、耗氧、黏度和产热等指标,有时也应用于生长量的测定。随着各种精确计数技术的发展,该法目前已经较少使用。

10.1.2 计繁殖数

与测生长量不同，对测定繁殖来说，一定要一一计算各个体的数目。所以，计繁殖数只适宜于测定处于单细胞状态的细菌和酵母菌，而对放线菌和霉菌等丝状生长的微生物而言，则只能计算其孢子数。

1. 显微计数法

指用计数板在光学显微镜下直接观察细胞并进行计数的方法(图 10-1)。此法十分常用，但得到的数目是包括死细胞在内的总菌数。为解决这一矛盾，已有用特殊染料作活菌染色后再用光学显微镜计数的方法，例如用美蓝液对酵母菌染色后，其活细胞为无色，而死细胞则为蓝色，故可作分别计数；又如，细菌经吖啶橙染色后，在紫外光显微镜下可观察到活细胞发出橙色荧光，而死细胞则发出绿色荧光，因而也可作活菌和总菌计数。

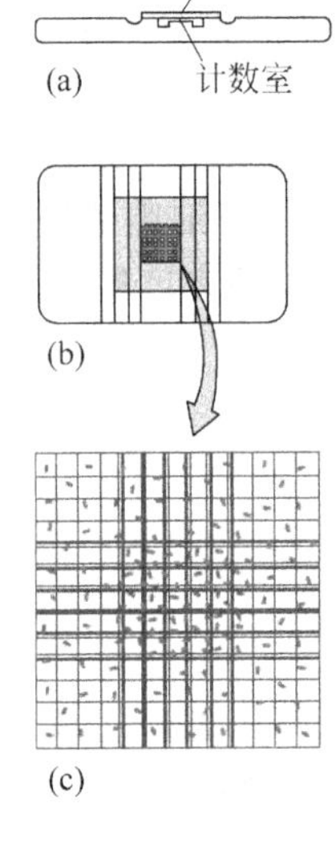

在显微镜下计数小方格中的细菌，根据平均值计算样品中的细菌浓度。$1mm^2$面积上的菌数为:(细菌数/小方格数)×25(小方格总数)=菌数/ mm^2。计数室内的细菌浓度为:(细菌数/小方格数)×25(小方格总数)÷0.02(计数室体积)=菌数/μL。样品中细菌的浓度为:(细菌数/小方格数)×25(小方格总数)÷0.02(计数室体积)×10^3($1mL=10^3\mu L$)=菌数/μL。若每个小方格中菌数平均值为28，则样品中的细菌浓度为$28\times25\div0.02\times10^3$个/mL=$3.5\times10^7$个/mL。

图 10-1 细菌计数板

(a) 计数室剖面图。盖玻片下方为计数室，用于细菌悬液样品计数。(b) 计数室俯视图。玻片中央有方块。(c) 方格放大图。大方格面积 $1mm^2$，深度 0.02mm，由 25 个小方格组成。

2. 平板菌落计数法

这是一种活菌计数法。依据活菌在固体培养基上(内)形成菌落的原理而设计的。方法很多，最常用的是利用固体培养基上(内)形成菌落的菌落计数法。可用浇注平板(pour plate method)、涂布平板(smearing culture)、滤膜法(membrane filter culture method)等方法进行。此法适用于各种好氧菌或厌氧菌。浇注平板法和涂布平板法的主要操作是把稀释后的一定量菌样通过浇注琼脂培养基或在琼脂平板上涂布的方法，让其内的微生物单细胞一一分散在琼脂平板上(内)，待培养后，每一活细胞就形成一个单菌落，此即“菌落形成单位”。然后根据每个平皿上形成的“菌落形成单位”数乘以稀释度就可推算出菌样的含菌数，见图 10-2。此法最为常用，但操作较烦琐且要求操作者技术熟练。为克服此缺点，国外已出现多种微型、快速、商品化的用于菌落计数的小型纸片或密封琼脂板。其主要原理是利用加在培养基中的活菌指示剂 TTC(2,3,5-氯化三苯基四氮唑)，它可使菌落在很微小时就染成易于辨认的玫瑰红色。

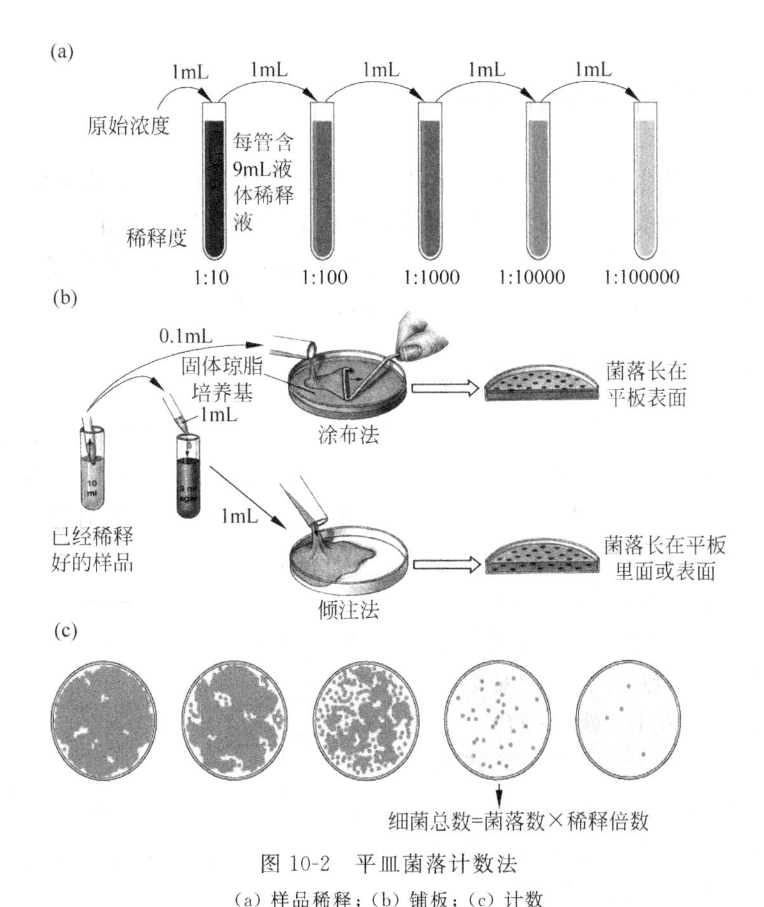

图 10-2 平皿菌落计数法

(a) 样品稀释；(b) 铺板；(c) 计数

引自：Joanne M W, et al. Prescott's Microbiology, 8th ed. McGraw-Hill, 2010.

3. 滤膜法

滤膜法与平皿法差不多，利用的也是微生物在琼脂平板上长出克隆来计算样品中微生物的数量。取孔径为 0.45μm 或 0.22μm 的滤膜过滤液体样品，使菌体截留在滤膜上，再将滤膜贴放在平板上培养，由长出的菌落数和过滤样品的毫升数计算样品的含菌量，如图 10-3。由于用滤膜收集细菌的过程中可以对样品进行浓缩，因而此法适用于样品中含菌量较少的液体样品。

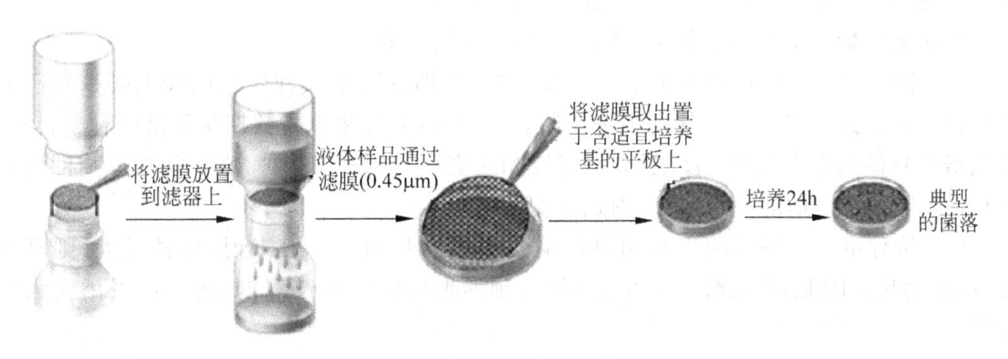

图 10-3 滤膜法计数的操作程序

引自：Joanne M W, et al. Prescott's Microbiology, 8th ed. McGraw-Hill, 2010.

10.2 微生物的群体生长规律

环境条件不同，微生物生长速率差异很大。在加富培养基上，细菌的倍增时间可短到10min；而在某些自然条件下，细菌的倍增时间可长至100a。迄今为止，大部分有关微生物生长的知识，都是通过纯培养试验获得的。根据培养基的投加方式，纯培养可分为分批培养和连续培养；按照供氧情况，又可分为有氧培养和无氧培养。

10.2.1 微生物分批培养的群体生长规律

把微生物接种于一定容积的培养基中，培养后一次收获菌体或产物，这种培养方法称为分批培养(batch culture)。当把少量纯种单细胞微生物接种到恒容积的液体培养基中进行批式培养后，在适宜的温度、通气等条件下，该群体就会由小到大，发生有规律的增长。微生物的群体生长(group growth of microorganisms)是指在一定时间内细胞数量的增加，这种定量描述定量液体培养基中微生物群体生长规律的曲线称为生长曲线。如以细胞数目的对数值作纵坐标，以培养时间作横坐标，就可画出一条由延滞期、指数期、稳定期和衰亡期4个阶段组成的曲线，这就是微生物的典型生长曲线(growth curve)，如图10-4。这条曲线代表了单细胞微生物生长至死亡的整个变化过程。

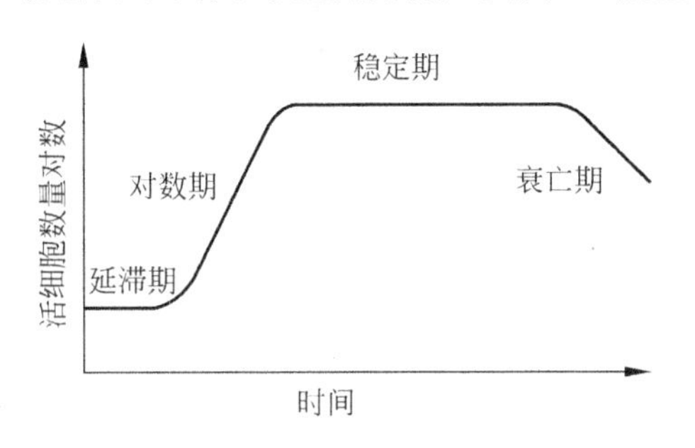

图10-4 细菌生长曲线

1. **延滞期**(lag phase)

延滞期又称停滞期、调整期或适应期。指少量单细胞微生物接种到新鲜培养液中后，在开始培养的一段时间内，因代谢系统适应新环境的需要，细胞数目没有增加的一段时期。该期的特点为：生长速率常数为零；细胞形态变大或增大，许多杆菌可长成丝状，如*Bacillus megaterium*(巨大芽孢杆菌)在接种时，细胞仅长3.4μm，而培养至3h时，其长尾9.1μm，至5.5h时，其长尾19.8μm；细胞内的RNA尤其是rRNA含量增高，原生质呈嗜碱性；合成代谢十分活跃，核糖体、酶类和ATP的合成加速，易产生各种诱导酶；对外界不良条件如NaCl溶液浓度、温度和抗生素等理化因素反应敏感。

影响延滞期长短的因素很多，除菌种外，主要有4种：

(1) 接种龄。指接种物或种子的生长年龄，亦即它是生长到生长曲线上哪一阶段时用来作种子的。这是指某一群体的生理年龄。实验证明，如果以指数期接种龄的种子接种，则子代培养物的延滞期就短；反之，如以延滞期或衰亡期的种子接种，则子代培养物的延滞期就长；如果以稳定期的种子接种，则延滞期居中。

(2) 接种量。接种量的大小明显影响延滞期的长短。一般来说，接种量大，则延滞期短，反之则长。因此，在发酵工业中，为缩短延滞期以缩短生产周期，通常都采用较大的接种量。

(3) 培养基成分。接种到营养丰富的天然培养基中的微生物，要比接种到营养单调的组合培养基中的延滞期短。所以，一般要求发酵培养基的成分与种子培养基的成分尽量接近，且应适当丰富些。

(4) 种子损伤度。若用于接种的细胞曾被加热、辐射或有毒物质损伤过，就会因修复损伤而延长延滞期。

出现延滞期的原因，是由于接种到新鲜培养液的种子细胞中，一时还缺乏分解或催化有关底物的酶或辅酶，或是缺乏充足的中间代谢物。为产生诱导酶或合成有关的中间代谢物，就需要有一段用于适应的时间，此即延滞期。

2. 对数期(log phase)

对数期又称指数期，指在生长曲线中，紧接着延滞期的一段细胞数以几何级数增长的时期。

对数期的特点：①生长速率常数 R 最大，因而细胞每分裂一次所需的时间——代时(又称世代时间或增代时间)或原生质增加 1 倍所需的倍增时间最短；②细胞进行平衡生长，故菌体各部分的成分十分均匀；③酶系活跃，代谢旺盛。

对数期尤其是处于指数期中期的微生物因其具有整个群体的生理特性较一致、细胞各成分平衡增长和生长速率恒定等优点，故是用作代谢、生理和酶学等研究的良好材料，是增殖噬菌体的最适宿主，也是发酵工业中用作种子的最佳材料。

3. 稳定期(stationary phase)

稳定期又称恒定期或最高生长期。其特点是生长速率常数 R 等于零，即处于新繁殖的细胞数与衰亡的细胞数相等，或正生长与负生长相等的动态平衡之中。这时的菌体产量达到了最高点，而且菌体产量与营养物质的消耗间呈现出有规律的比例关系。

进入稳定期时，细胞内开始积聚糖原、异染颗粒和脂肪等内含物；芽孢杆菌一般在这时开始形成芽孢；有的微生物在这时开始以初生代谢物作前体，通过复杂的次生代谢途径合成抗生素等对人类有用的各种次生代谢产物。所以，次生代谢产物又称稳定期产物。由此还可对生长期进行另一种分类，即以指数期为主的菌体生长期和以稳定期为主的代谢产物合成期。

稳定期到来的原因是：①营养物质尤其是生长限制因子耗尽；②营养物比例失调，例如 C/N 比不合适等；③酸、醇、毒素或 H_2O_2 等有害代谢产物累积；④pH、氧化还原电势等物理化学条件越来越不适宜；等等。

稳定期的生长规律对生产实践有着重要的指导意义，例如，对以生产菌体或与菌体生长相平行的代谢产物(SCP、乳酸等)为目的的某些发酵生产来说，稳定期是产物的最佳收获期；对维生素、碱基、氨基酸等物质进行生物测定来说，稳定期是最佳生产时期；此外，通过对稳定期到来原因的研究，还促进了连续培养原理的提出和工业、技术的创建。

4. 衰亡期(decline phase)

在衰亡期中，微生物的个体死亡速率超过新生速率，整个群体呈现负生长状态。这时，细胞形态发生多形化，例如会发生膨大或不规则的退化形态；有的微生物因蛋白水解酶活力的增强而发生自溶；有的微生物在这期会进一步合成或释放对人类有益的抗生素等次生代谢物；等等。

产生衰亡期的原因主要是外界环境对继续生长越来越不利，从而引起细胞内的分解代谢明显超过合成代谢，继而导致大量菌体死亡。

5. 微生物生长曲线在废水生物处理中的指导作用

在废水生物处理系统中，活性污泥与细菌有着极为相似的生长规律。以培养时间为横坐标，以活性污泥干重为纵坐标绘制的曲线为活性污泥生长曲线。一般分为三个阶段：生长率上升阶段（相当于迟缓期和对数期）、生长率下降阶段（相当于稳定期）和内源呼吸阶段（相当于衰亡期）。在生长率上升阶段，食料与微生物的比值是比较高的，随着二者比值的降低，转入生长率下降阶段，再降低便进入内源呼吸阶段。说明营养丰富时，代谢速率高，随着营养物浓度的下降，代谢速率逐渐降低，直至进行内源呼吸（自我消耗）。在废水生物处理过程中，将微生物维持在哪个阶段较为理想呢？一般来说，常规活性污泥法利用生长率下降阶段而不利用生长率上升阶段，因为生长率上升阶段的微生物繁殖很快，代谢活力很强，消耗大量的养料，这必然要求废水有机物浓度很高，虽然微生物对有机物的降解率较高，但出水残留的有机物也相应增加，难以达到出水要求。另外，这个阶段微生物生长繁殖很快，不易凝聚和沉降，也影响出水水质。生长率下降阶段的微生物代谢速率虽然较低，但仍有一定的代谢活性，既具有消除有机物的能力，又有利于荚膜等结构的形成，易于凝聚和沉降。

当废水有机物浓度低，不能满足微生物的营养需要时，可延长曝气时间，即采用延时曝气法。该方法利用微生物衰亡期进行废水处理，通过加大进水流量，提高有机物的含量。

以下讨论不同废水生物处理法生长曲线的特点及意义。

(1) 吸附生物降解法生长曲线的特点

吸附生物降解法属于超高负荷活性污泥法，分为 A、B 两段。A 段为高负荷阶段（有机污染物浓度高、污泥负荷高），污泥活性高，微生物吸附分解速率快，增长速度很高，故活性污泥中的微生物处于生长曲线的对数生长期。由于微生物的急速繁殖，难以絮凝，大量细胞游离，无法沉降，因此出水水质较差。经过 A 段的废水有机物浓度明显降低，因此微生物的生长速率开始下降，凝聚作用明显，污泥易沉降，此时，微生物处在生长曲线的稳定期，因而出水水质较高。综合 A、B 两段工艺的生物特点，A 段因负荷高、微生物活跃，呈对数生长，出水水质无法满足要求，而该阶段正是利用了微生物的对数生长使有机物的浓度下降，为后续 B 段的有效工作提供了保障。A、B 两段的巧妙配合（对数生长与平稳生长）对高浓度有机废水的处理在实践中取得了理想的结果。

(2) 推流式活性污泥法生长曲线的特点

曝气池中水流为推流式。在曝气池的进水端，污泥与刚进入的废水接触，对废水中的有机物进行吸附与分解。此时，此处的有机物浓度相对较高，微生物的增长速率较大，微生物主要处在生长曲线的对数生长期。随着活性污泥沿曝气池向前不断推进，有机污染物也不断被降解，其浓度不断下降，微生物由对数生长期转向稳定期。在这个过程中，活性污泥量也随之有所增加。当污泥进入二沉池停留一段时间后，泥水分离，出水中残余有机污染物极少，出水水质很高。

10.2.2 微生物连续培养的群体生长规律

连续培养（continous culture）是指向培养容器中连续流加新鲜培养液，使微生物的液体培养物长期维持稳定、高速生长状态的一种溢流培养技术，故它又称开放培养，是相对于上述绘制典型生长曲线时所采用的那种单批培养或密闭培养而言的。

连续培养是在研究典型生长曲线的基础上，通过深刻认识稳定期到来的原因，并采取相应的防止措施而实现的。具体来说，当微生物以单批培养的方式培养到指数期的后期时，一方面以一定速度连续流入新鲜培养基和通入无菌空气，并立即搅拌均匀；另一方面，利用溢流的方式，以同样的流速不断流出培养物。于是容器内的培养物就可达到动态平衡，其中的微生物可长期保持在指数期的平衡生长状态和恒定的生长速率上，于是形成了连续生长。

连续培养器的类型很多，按控制方式可分为控制菌体密度的恒浊器（内控制）和控制培养液流速及 R 的恒化器（外控制）；按培养器串联级数分单级连续培养器和多级连续培养器；按细胞状态分一半连续培养器和固定化细胞连续培养器；按用途分实验室科研用和发酵生产用。以下仅对控制方式和培养器级数不同的两种连续培养器的原理及应用范围作一简单介绍。

1. 按控制方式分

（1）恒浊器（turbidostat）

这是一种根据培养器内微生物的生长密度，并借光电控制系统来控制培养液流速，以取得菌体密度高、生长速率恒定的微生物细胞的连续培养器。以这种方式培养微生物的方法称为恒化连续培养（turbidostat culture）。在这一系统中，当培养基的流速低于微生物生长速率时，菌体密度增高，这时通过光电控制系统的调节，可促使培养液流速加快，反之亦然，并以此来达到恒密度的目的。因此，这类培养器的工作精度是由光电控制系统的灵敏度决定的。在恒浊器中的微生物始终能以最高生长速率进行生长，并可在允许范围内控制不同的菌体密度。在生产实践中，为了获得大量菌体或与菌体生长相平行的某些代谢产物（如乳酸、乙醇），都可以利用恒浊器类型的连续发酵器。

（2）恒化器（chemostat）

与恒浊器相反，恒化器是一种设法使培养液的流速保持不变，并使微生物始终在低于其最高生长速率的条件下进行生长繁殖的连续培养装置，如图 10-5。以这种方式培养微生物的方法称为恒化连续培养（chemostat culture）。这是一种通过控制某一营养物的浓度，使其始终成为生长限制因子的条件下达到的，因而可称为外控制式的连续培养装置。可以设想，在恒化器中，一方面菌体密度会随时间的增长而增高；另一方面，限制因子的浓度又会随时间的增长而降低，两者相互作用，出现微生物的生长速率正好与恒速流入的新鲜培养基流速相平衡。这样，既可获得一定生长速率的均一菌体，又可获得虽低于最高菌体产量，却能保持稳定菌体密度的菌体。

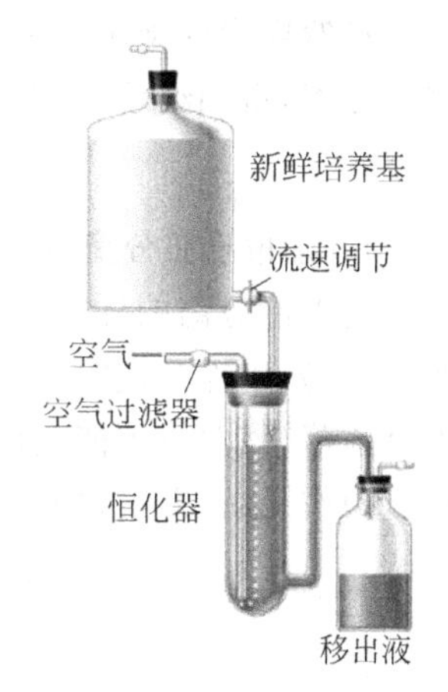

图 10-5　恒化连续培养装置
引自：Joanne M W, et al. Prescott's Microbiology, 8th ed. McGraw-Hill, 2010.

2. 按培养器级数分

按培养器级数分为单级连续培养器和多级连续培养器两类。如上所述，若某微生物代谢产物的产生速率与菌体生长速率相平行，就可采用单级恒浊式连续发酵器来进行研究或生产。相反，若要生产的产物恰与菌体生长不平行，例如生产丙酮、丁醇或某些次生代谢物时，就应根据两者的产生规律，设计与其相适应的多级连续培养装置。

以丙酮、丁醇发酵为例：*Clostridium acebutylicum*（丙酮丁醇梭菌）的生长可分两个阶段，前期较短，以生产菌体为主，生长温度以37℃为宜，是菌体生长期，后期较长，以产溶剂（丙酮、丁醇）为主，温度以33℃为宜，为产物合成期。根据这种特点，国外有人设计了一个两级连续发酵罐：第一级罐保持37℃，pH 4.3，培养液的稀释率D为0.125/h（即控制在8h可以对容器内培养液更换一次的流速），第二级罐为33℃，pH 4.3，培养液的稀释率D为0.04/h（即25h才更换培养液一次），并把第一、二级罐串联起来进行连续培养。这一装置不仅溶剂的产量高，效益好，而且可在一年多时间内连续运转。在我国上海，早在20世纪60年代就采用多级发酵技术大规模地生产丙酮、丁醇等溶剂了。

连续培养如用于生产实践，就称为连续发酵。连续发酵与单批发酵相比，有许多优点：高效，它简化了装料、灭菌、出料、清洗发酵罐等许多单元操作，从而减少了非生产实践并提高了设备的利用率；自控，即便于利用各种传感器和仪表进行自动控制；产品质量较稳定；节约了大量动力、人力、水和蒸汽，且使水、气、电的负荷均衡合理。

在生产实践中，连续培养技术已较广泛应用于酵母菌单细胞蛋白的生产，乙醇、乳酸、丙酮和丁醇的发酵，用*Candida lipolytica*（解脂假丝酵母）等进行石油脱蜡，以及用自然菌种或混合菌种进行污水处理等各领域中。国外还报道了把微生物连续培养的原理运用于提高浮游生物饵料产量的实践中，并收到了良好的效果。

10.2.3 微生物纯培养物的分离方法

自然界中的微生物都是混杂在一起生长的，要研究或利用某一微生物，就必须对微生物进行分离，得到纯培养物。在微生物学中，培养物指的是一个细胞经过繁殖所得到的后代群体。

1. 涂布平皿分离法

先将待分离的样品进行一系列的稀释，然后分别取不同稀释液少许，涂布于无菌琼脂平皿中，保温培养一定时间即可长出菌落，如图10-6。若稀释度合适，平皿上便可出现分散的单个菌落，该菌落可能是由一个细菌繁殖形成的纯种，也可能不太纯，为了保险起见，可如此重复操作几次，即可得到纯种。

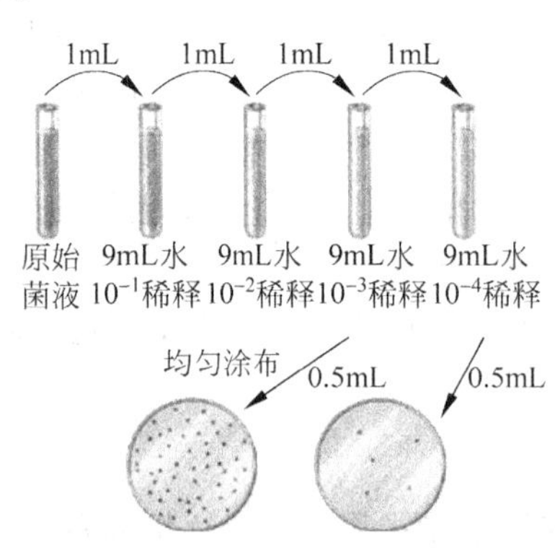

图 10-6 涂布平皿分离法

引自：Joanne M W，et al. Prescott's Microbiology，8th ed. McGraw-Hill，2010.

2. 划线分离

将已灭菌的培养基待溶化后倒入无菌平皿内，凝固后，用接种环沾取少许待分离的样品，在无菌条件下，于培养基表面进行扇形、方格等不同形式的划线，使微生物得以分散，经保温培养一定时间后，可出现单个菌落，如图 10-7。照此方法重复划线便可获得纯种。

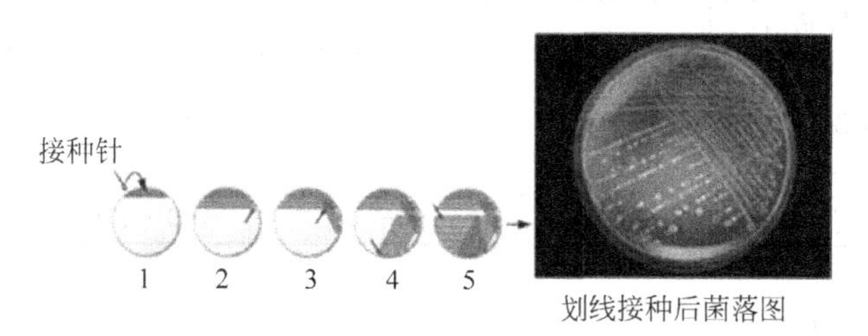

图 10-7 划线分离法

引自：Joanne M W，et al. Prescott's Microbiology，8th ed. McGraw-Hill，2010.

10.3 影响微生物生长的主要因素

影响微生物生长的外界因素很多，包括温度、pH 和氧气等。

10.3.1 温度

由于微生物的生命活动是由一系列生物化学反应组成的，而这些反应受温度影响又极其明显，同时，温度还会影响生物大分子的物理状态，例如，低温可导致细胞膜凝固，引起物质运送困难，而高温则可使蛋白质变性，故温度成了影响微生物生长繁殖的最重要因素之一。

与其他生物一样，任何微生物的生长温度尽管有宽有窄，但总有最低生长温度、最适生长温度和最高生长温度这 3 个重要指标，这就是生长温度三基点。对某一具体微生物而言，其生长温度范围有的很宽，有的则很窄，这与它们长期进化过程中所处的生存环境温度有关。

最适生长温度经常简称为“最适温度”，其含义为某菌分裂代时最短或生长速率最高时的培养温度。必须强调指出，对同一种微生物来说，最适生长温度并非是其一切生理过程的最适温度，也就是说，最适温度并不等于生长得率最高时的培养温度，也不等于发酵速率或累积代谢产物最高时的培养温度，更不等于累积某一代谢产物最高时的培养温度，例如，*Serratia marcescens*（黏质沙雷氏菌）的生长最适温度为 37℃，而其合成灵杆菌素的最适温度为 20～25℃；*Aspergillus niger*（黑曲霉）的生长最适温度为 28℃，而产糖化酶的最适温度则为 32～34℃。

1. 微生物的温度类型

每种微生物都有特定的最低生长温度、最适生长温度和最高生长温度。按照最适生长温度，微生物可分为低温微生物（嗜冷微生物）、中温微生物（嗜温微生物）和高温微生物（嗜热微生物）三类，见表 10-1 和图 10-8。

表 10-1 微生物的生长温度类型

微生物类型		生长温度范围/℃			主要分布
		最低	最适	最高	
低温	专性嗜冷	−12～0	5～15	15～20	地球两极
	兼性嗜冷	−5～0	15～30	30～40	海水及冷藏食品
中温	室温	10～20	25～40	40～50	温带和热带地区
	体温	10～20	35～40	40～45	温血动物
高温	嗜热	35～45	55～70	75～85	堆肥、温泉等
	超嗜热	60～70	80～100	100～110	火山泉

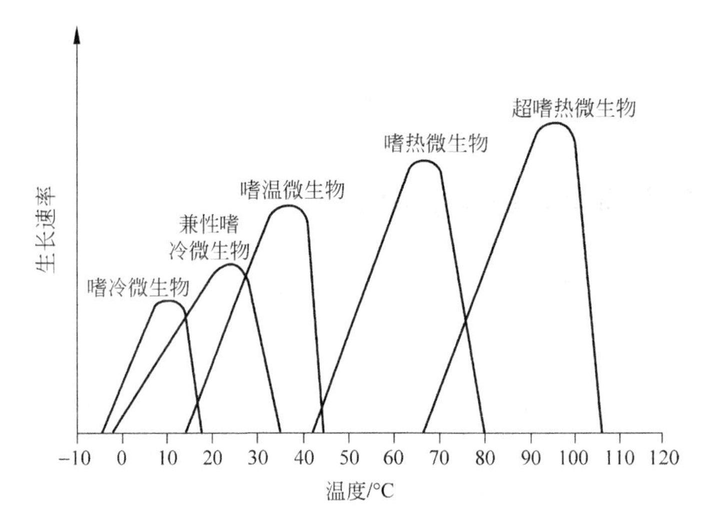

图 10-8 微生物生长温度范围和最适生长温度

引自：Joanne M W，et al. Prescott's Microbiology，8th ed. McGraw-Hill，2010.

1）低温微生物

低温微生物(psychrophiles)又称嗜冷菌，可区分为专性嗜冷和兼性嗜冷。专性嗜冷菌长期存在于寒冷的环境中，耐寒不耐热，短时升到室温即可致死。兼性嗜冷菌分布较广，生长温度范围较宽，既能在 0℃左右生长，也能在室温下生长。

低温能抑制微生物生长。在 0℃以下时，微生物体内水分冻结，生化反应难以持续。升至 0℃以上后，水分解冻，但在一定温度范围内，中温和高温菌的细胞膜仍处于“冻结”状态，养分无法正常进入细胞。微生物体内存在许多复合体(如核糖体、复合酶等)，它们由两个或两个以上高分子通过疏水键结合而成。低温可削弱疏水键，使复合体松散而丧失活性。一般低温使微生物停止生长，但并不致死。

嗜冷菌耐低温的机理尚未探明。一般认为：嗜冷菌的细胞膜含有大量不饱和脂肪酸，可在低温下保持半流动状态，从而正常行使功能；嗜冷菌的酶耐低温，可在低温下保持较高的催化活性。

2）中温微生物

中温微生物(mesophiles)又称嗜温菌，可区分为室温性和体温性微生物。室温性微生物，如土壤微生物和植物病原菌，适宜生长于 25～40℃。体温性微生物多为人和温血动物的病原菌，其最适生长温度与宿主体温相近。

嗜温菌不耐低温，通常在 10℃以下不能生长。对大肠杆菌所做的研究表明，当温度低于 10℃时，嗜温菌的蛋白质合成不能启动（一旦启动，则能完成）；许多酶对反馈抑制异常敏感，不能正常行使功能。

3）高温微生物

高温微生物（thermophiles）又称嗜热菌，可区分为嗜热和超嗜热菌（hyperthermophiles），前者的最适生长温度高于 55℃，后者高于 80℃。嗜热菌只分布于有限生境内，如温泉、堆肥、日光直射的土壤表面。超嗜热菌的分布范围更窄，仅发现于海底火山泉和地表火山泉中。一般而论，原核微生物的耐高温能力强于真核微生物；非光合微生物强于光合微生物；构造简单的微生物强于构造复杂的微生物。

嗜热菌耐高温的原因是：①细胞膜长饱和脂肪酸含量高，比不饱和脂肪酸形成更多的疏水键，不易"溶解"；②在古生菌中，独特的细胞膜组成可使细胞膜在更高的温度下保持稳定；③酶和其他蛋白耐高温；④合成蛋白质的机构——核糖体耐高温；⑤DNA 中 G+C 比例大，熔点高。

2. 温度对微生物的影响

就总体而言，微生物的生长温度范围很宽，介于－12～113℃之间。但就某种微生物而言，上限值和下限值之差一般不超过三四十摄氏度。

微生物能够耐受的温度范围与细胞膜的化学组成有关。嗜冷细菌的细胞膜含有较高比例的短链不饱和脂肪酸；嗜热细菌含有较高比例的长链饱和脂肪酸；极端嗜热古生菌则含有独特的类异戊二烯植烷甘油二醚和二植烷二甘油四醚。在低温下保持流动的细胞膜，易在高温下"冻结"。虽然环境温度变化时，微生物可调整细胞膜组成（例如，温度升高时，嗜温菌可增加细胞膜中长链饱和脂肪酸的比例），但调整幅度有限。因此，一种微生物难以在很宽的温度范围内生长。

对于温度的缓慢变化，微生物可进行相应调整，最终产生适应。但是，对于温度的快速波动，微生物的调整往往跟不上温度的升降，因而较难适应。温度的无规律变化对微生物产生的影响远远大于温度的规律变化。

由于每种生物都有特定的生长温度范围，升高温度可逐渐淘汰某些生物种群。例如，温度超过 60℃时，真核微生物（如原生动物、真菌和藻类）遭淘汰；超过 90℃时，光能营养型微生物（如蓝细菌和不产氧光合细菌）遭淘汰；超过 100℃后，极端嗜热菌也走向衰亡。

10.3.2　氧气

地球上的整个生物圈都被大气层牢牢包围着。以体积计，氧约占空气的 1/5，氮约占 4/5，因此，氧对微生物的生命活动有着极其重要的影响；同时，也应考虑到在地球上又有许多缺氧的环境，诸如水底污泥、沼泽地、水田、堆肥、污水处理池和动物肠道等处也同样存在着种类繁多、数量庞大、与人类关系密切的厌氧微生物，它们中绝大多数是细菌、放线菌等原核生物，只有极少数是真菌和原生动物等真核生物。

1. 氧气与微生物的关系

按照微生物与氧的关系可以分为专性好氧菌、兼性好氧菌、微好氧菌、耐氧菌和厌氧菌五大类，如表 10-2 和图 10-9。

表 10-2 微生物按与氧气的关系分类

微生物类型		与氧的关系	代谢类型	例子
好养	专性好养	需氧	呼吸	藤黄微球菌(*Micrococcus lutrus*)
	微好氧	需氧，但要求氧分压低于空气	呼吸	迂回螺菌(*Spirillum volutans*)
厌氧	耐氧	不需氧，有氧时长不好	发酵	酿脓链球菌(*Streptococcus pyogenes*)
	专性厌氧	氧对其有毒杀作用	发酵或厌氧呼吸	甲酸产甲烷杆菌(*Methanobacterium formicicum*)
兼性	兼性厌氧	不需氧，但有氧时长得更好	呼吸、无氧呼吸或发酵	大肠杆菌(*Escherichia coli*)

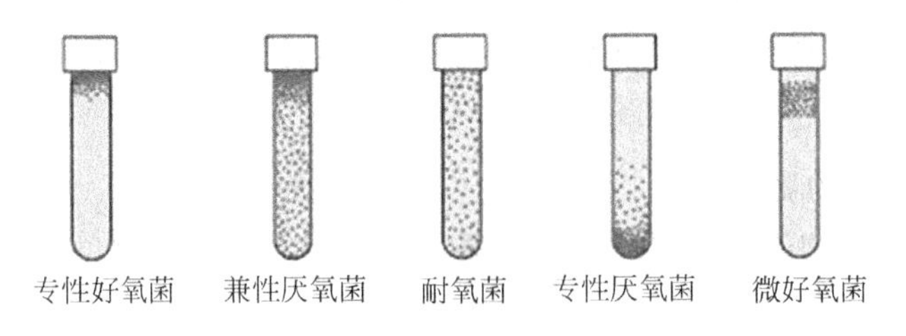

图 10-9 液体培养中各类细菌的生长特性

引自：Joanne M W, et al. Prescott's Microbiology, 8th ed. McGraw-Hill, 2010.

(1) 专性好氧菌(aerobes)

必须在较高浓度分子氧(约 20.2kPa)的条件下才能生长，它们有完整的呼吸链，以分子氧作为最终氢受体，具有超氧化物歧化酶和过氧化氢酶。绝大多数真菌和多数细菌、放线菌都是专性好氧菌，例如 *Acetobacter*(醋杆菌属)、*Azotobacter*(固氮菌属)、*Pseudomonas aeruginosa*(铜绿假单胞菌，俗称"绿脓杆菌")和 *Corynebacterium diphtheriae*(白喉棒杆菌)等。

(2) 兼性厌氧菌(facultative aerobes)

是以在有氧条件下的生长为主也可兼在厌氧条件下生长的微生物，有时也称"兼性好氧菌"。它们在有氧时靠呼吸产能，无氧时则借发酵或无氧呼吸产能；细胞含 SOD 和过氧化氢酶。许多酵母菌和不少细菌都是兼性厌氧菌，例如 *Saccharomyces cerevisiae*(酿酒酵母)、*Bacillus licheniformis*(地衣芽孢杆菌)、*Paracoccus denitrificans*(脱氮副球菌)以及肠杆菌科(Enterobacteriaceae)的各种常见细菌。

(3) 微好氧菌(microaerophiles)

只能在较低的氧分压(1.01～3.04kPa，正常大气中的氧分压为 20.2kPa)下才能正常生长的微生物。也是通过呼吸链并以氧为最终氢受体而产能，例如 *Vibrio cholera*(霍乱弧菌)、*Helicobacter*(螺杆菌属)、*Hydrogenomonas*(氢单胞菌属)、*Zymomonas*(发酵单胞菌属)和 *Campylobacter*(弯曲弧菌)等。

(4) 耐氧菌(aerotolerant anaerobe)

它们是耐氧性厌氧菌的简称，是一类可在分子氧存在下进行发酵性厌氧生活的厌氧菌。

它们的生长不需要任何氧，但分子氧对它们也无害。它们不具有呼吸链，仅依靠专性发酵和底物水平磷酸化而获得能量。耐氧的机制是细胞内存在 SOD 和过氧化物酶(但缺乏过氧化氢酶)。通常的乳酸菌多为耐氧菌，例如 *Lactobacillus lactis*(乳酸乳杆菌)、*Leuconostoc mesenteroides*(肠膜明串珠菌)、*Streptococcus lactis*(乳链球菌)、*S. pyogenes*(酿脓链球菌)和 *Enterococcus faecalis*(粪肠球菌)等；非乳酸菌类耐氧菌有如 *Butyribacterium rettgeri*(雷氏丁酸杆菌)等。

(5) 厌氧菌(anaerobe)

其特点是：分子氧对它们有毒，即使短期接触也会抑制甚至致死；在空气或含 10% CO_2 的空气中，它们在固体或半固体培养基表面不能生长，只有在深层无氧处或在低氧化还原电势的环境下才能生长；生命活动所需能量是通过发酵、无氧呼吸、循环光合磷酸化或甲烷发酵等提供；细胞内缺乏 SOD 和细胞色素氧化酶，大多数还缺乏过氧化氢酶。常见的厌氧菌有 *Clostridium*(梭菌属)、*Bacteroides*(拟杆菌属)、*Fusobacterium*(梭杆菌属)、*Bifidobacterium*(双歧杆菌属)以及各种光合细菌和产甲烷菌(*methanogens*)等。其中产甲烷菌属于古生菌类，它们都属于极端厌氧菌。

2. 氧对微生物的影响

1) 氧的毒害

氧是一种强氧化剂。在正常情况下，氧处于低能状态，反应活性不高，称之为三线态氧(triplet oxygen，外层两个不成对电子分处两个轨道平行自旋)。具有毒害作用的氧为单线态氧(single oxygen，外层两个不成对电子占据同一轨道或分处两个轨道逆向自旋)，处于高能状态，反应活性很高。在生物体内，单线态氧能自动进行许多不需要的氧化反应。常遇单线态氧的微生物(如空气微生物和光能营养型微生物)含有类胡萝卜素，能够把单线态氧转化为三线态氧。

氧的其他毒性形态是超氧化物、过氧化物和羟氧自由基。在呼吸过程中，氧气被用作电子受体而还原成水，即

$$O_2 + e^- \longrightarrow O_2^- \quad 超氧化物$$

$$O_2^- + e^- + 2H^+ \longrightarrow H_2O_2 \quad 过氧化物$$

$$H_2O_2 + e^- + H^+ \longrightarrow H_2O + HO\cdot \quad 氢氧自由基$$

$$HO\cdot + e^- + H^+ \longrightarrow H_2O \quad 水$$

$$O_2 + 4e^- + 4H^+ \longrightarrow H_2O \quad 水$$

超氧化物、过氧化物和氢氧自由基都是呼吸过程的副产物。超氧化物反应活泼，能氧化细胞内的任何有机成分。过氧化物(如过氧化氢)也能损坏细胞成分，但其破坏作用一般不如超氧化物和氢氧自由基。在所有氧的形态中，氢氧自由基的反应活性最高，能迅速氧化细胞内的各种有机物，因此它的破坏作用也最大。不过，氢氧自由基的寿命极短。

2) 氧毒的解除

针对毒性态氧，微生物可产生许多解除氧毒的酶，例如过氧化氢酶(catalase)、过氧化物酶(peroxidase)和超氧化物歧化酶(superoxide dismutase)。

过氧化氢酶可分解过氧化氢：

$$H_2O_2 + H_2O_2 \longrightarrow 2H_2O + O_2$$

过氧化物酶也可分解氧化氢，它与过氧化氢酶的差别在于需要还原剂($NADH_2$)：

$$H_2O_2 + NADH + H^+ \longrightarrow 2H_2O + NAD^+$$

超氧化物歧化酶可分解超氧化物：

$$O_2^- + O_2^- + 2H^+ \longrightarrow H_2O_2 + O_2$$

经过超氧化物歧化酶和过氧化氢酶的联合作用，超氧化物重新转化成氧气。好氧和兼性厌氧菌同时含有超氧化物歧化酶和过氧化氢酶。耐氧性厌氧菌含有数量较少的超氧化物歧化酶，但不含过氧化氢酶。厌氧菌则既不含超氧化物歧化酶，也不含过氧化氢酶。缺少这两种酶是厌氧菌对氧毒敏感的主要原因。

10.3.3 pH

pH 表示某水溶液中氢离子浓度的负对数指，它源于法文"puissance hudrogene"(氢的强度)。纯水呈中性，其氢离子浓度为 10^{-7}mol/L，因此定其 pH 为 7。凡 pH 小于 7 者，呈酸性，大于 7 者呈碱性，每差一级，其离子浓度就相差 10 倍。

绝大多数微生物的生长 pH 都在 5～9 之间，但有少数种类可以在 pH<2 或 pH>10 的环境中生长。根据微生物对 pH 的适应情况可以分为最低 pH、最适 pH 和最高 pH 三个数值。

除不同种类微生物有其最适生长 pH 外，即使同一种微生物在其不同的生长阶段和不同的生理、生化过程中，也有不同的最适 pH 要求。研究其中的规律，对发酵生产中 pH 的控制尤为重要。例如，*Aspergillus niger*(黑曲霉)的 pH 在 2.0～2.5 时，有利于合成柠檬酸；pH 在 2.5～6.5 范围内时，就以菌体生长为主；而 pH 在 7 左右时，则大量合成草酸。又如，*Clostridium acetobutylicum*(丙酮丁酸梭菌)的 pH 在 5.5～7.0 时，以菌体的生长繁殖为主；而 pH 在 4.3～5.3 范围内才进行丙酮、丁醇发酵。此外，许多抗生素的生产菌也有同样情况。

虽然微生物外环境的 pH 变化很大，但细胞内环境中的 pH 却相当稳定，一般都接近中性。这就免除了 DNA、ATP、菌绿素和叶绿素等重要成分被酸破坏，或 RNA、磷脂类等被碱破坏的可能性。与细胞内环境的中性 pH 相适应的是，胞内酶的最适 pH 一般也接近中性，而位于周质空间的酶和分泌到细胞外的胞外酶的最适 pH 则接近环境的 pH。pH 除了对细胞发生直接影响之外，还对细胞产生种种间接的影响。例如，可影响培养基中营养物质的离子化程度，从而影响微生物对营养物质的吸收，影响环境中有害物质对微生物的毒性，以及影响代谢反应中各种酶的活性等。微生物的生命活动过程也会能动地改变外界环境的 pH，这就是通常遇到的培养基的原始 pH 在培养微生物的过程中会时时发生改变的原因。变酸与变碱两种过程，在一般微生物的培养中往往以变酸占优势，因此，随着培养时间的延长，培养基的 pH 会逐渐下降。当然，pH 的变化还与培养基的组分尤其是碳氮比有很大的关系，碳氮比高的培养基，例如培养各种真菌的培养基，经培养后其 pH 常会显著下降；相反，碳氮比低的培养基，例如培养一般细菌的培养基，经培养后，其 pH 常会明显上升。

在微生物培养过程中 pH 的变化往往对该微生物本身及发酵生产均有不利的影响。因此，如何及时调整 pH 就成了微生物培养和发酵生产中的一项重要措施。可以通过加入酸碱进行调节或者根据培养基的情况加入碳、氮源或改变通气量来调节 pH。

10.4 微生物培养方法

本节介绍微生物实验室培养方法。

1. 固体培养法

1) 好氧菌的固体培养

主要用试管斜面、培养皿琼脂平板及较大型的克氏扁瓶、茄子瓶等进行平板培养。

2) 厌氧菌的固体培养

实验室中培养厌氧菌除了需要特殊的培养装置或器皿外，首先应配制特殊的培养基。在厌氧菌培养基中，除保证提供 6 种营养要素外，还得加入适当的还原剂，必要时，还要加入刃天青等氧化还原电势指示剂。具体培养方法有：

(1) 高层琼脂柱

把含有还原剂的固体或半固体培养基装入试管中，经灭菌后，除表层尚有一些溶解氧外，越是深层，其氧化还原电势越低，故有利于厌氧菌的生长。例如，韦荣氏管就是由一根长 25cm、内径 1cm，两端可用橡皮塞封闭的玻璃管，可作稀释、分离厌氧菌并对其进行菌落计数。

(2) 厌氧培养皿

用于培养厌氧菌的培养皿有几种，有的是利用特制皿盖去创造一个狭窄空间，再加上还原性培养基的配合使用而达到厌氧培养的目的，如 Brewer 皿；有的利用特制皿底——有两个相互隔开的空间，其一是放焦性没食子酸，另一则放 NaOH 溶液，待在皿盖的平板上接入待培养的厌氧菌后，立即密闭之，经摇动，上述两试剂因接触而发生反应，于是造成了无氧环境。

(3) 亨盖特滚管技术

一种集制备高纯氮、以氮驱氧和全过程实现无氧操作、无氧培养、无氧检测于一体，用于研究的严格厌氧菌的技术和装置。此法由著名美国微生物学家 H. E. Hungate 于 1950 年设计，故名。这是厌氧菌微生物发展历史中的一项具有划时代意义的创造，由此推动了严格厌氧菌(如瘤胃微生物区系和产甲烷菌)的分离和研究。其主要原理是：利用除氧铜柱(玻璃柱内装有密集铜丝，加温至 350℃时，可使通过柱体的不纯氮中的 O_2 与铜反应而被除去)来制备高纯氮，再用此高纯氮去驱除培养基配制、分装过程中各种容器和小环境中的空气，使培养基的配制、分装、灭菌和储存，以及菌种的接种、稀释、培养、观察、分离、移种和保藏等操作的全过程始终处于高度无氧条件下，从而保证了各类严格厌氧菌的存活。用严格厌氧方法配制、分装、灭菌后的厌氧菌培养基，称为预还原无氧灭菌培养基即“PRAS”。在进行产甲烷菌等严格厌氧菌的分离时，可先用 Hungate 的这种“无氧操作”把菌液稀释，并用注射器接种到装有融化后的 PRAS 琼脂培养基试管中，该试管用密封性极好的丁基橡胶塞严密塞住后平放，置冰浴中均匀滚动，使含菌培养基布满在试管内表面上(犹如将好氧菌浇注或涂布在培养皿平板上那样)，经培养后，会长出许多单菌落。滚管技术的优点是：试管内壁上的琼脂层有很大的表面积可供厌氧菌长出单菌落，但试管口的面积和试管腔体积都极小，因而特别有利于阻止氧与厌氧菌接触。

(4) 厌氧罐技术

这是一种经常使用的但不是很严格的厌氧菌培养技术，原因是它除能保证厌氧菌在培养过程中处于良好无氧环境外，无法使培养基配制、接种、观察、分离和保藏等操作也不接触氧气。厌氧罐的类型和大小不一，一般都有一个用聚碳酸酯制成的圆柱形透明罐体，内可放10个常规培养皿，其上有一个可用螺旋夹紧密夹牢的罐盖，盖内的中央有一个用不锈钢丝织成的催化剂室，内放钯催化剂，罐内还放一种含有美蓝溶液的氧化还原指示剂。使用时，先装入接种后的培养皿或试管菌样，然后封闭罐盖，接着可采用抽气换气法彻底驱走罐内原有空气，一般操作步骤为：抽真空→灌 N_2→抽真空→灌 N_2→抽真空→灌混合气体(N_2、CO_2、H_2 体积比=80∶10∶10)。最后，罐内少量剩余氧又在钯催化剂的催化下，与灌入混合气体中的 H_2 还原成 H_2O 而被除去，从而形成良好的无氧状态(这时美蓝指示剂从蓝色变为无色)。

国际上早已盛行方便的"GasPak"内源性产气袋商品来取代上述烦琐的抽气换气法。只要把这种产气袋剪去一角并注入适量水后投入厌氧罐，并立即封闭罐盖，它就会自动缓缓放出足够的 CO_2 和 H_2。

(5) 厌氧手套箱技术

这是20世纪50年代末问世的一种用于培养、研究严格厌氧菌用的箱形装置和相关的技术方法。厌氧手套箱是一种用于无氧操作和培养严格厌氧菌的箱形密闭装置。箱体结构严密、不透气，其内始终充满 N_2、CO_2、H_2 体积比=85∶5∶10的惰性气体，并有钯催化剂保证箱内处于高度无氧状态。通过两个塑料手套可对箱内进行种种操作，此外箱内还设有接种装置和恒温培养箱，以随时进行厌氧菌的接种和培养。外界物件进出箱体可通过有密闭和有抽气换气装置的由计算机自控的交换室进行。由于厌氧手套箱是一个密闭的箱体，前面有一个有机玻璃做的透明面板，板上装有两个手套，可通过手套在箱内进行操作，故名，见图10-10。

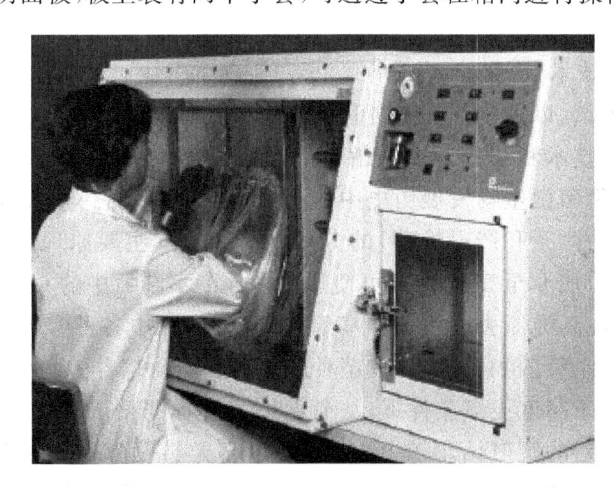

图10-10 厌氧手套箱

引自：Joanne M W, et al. Prescott's Microbiology, 8th ed. McGraw-Hill, 2010.

2. 液体培养法

1) 好氧菌的液体培养

由于大多数微生物都是好氧菌，且微生物一般只能利用溶于水中的氧，故如何保证培养液中始终有较高的溶解氧浓度就显得特别重要。在一般情况下,氧在水中的溶解度仅为6.2mL/L,这些氧仅能保证氧化8.3mg即0.046mmol的葡萄糖(相当于培养基中常用葡萄糖浓度的0.1%)。除葡萄糖外,培养基中的其他有机或无机养料一般都可保证微生物使用几小时至几天。因此,氧的供应始终是好氧菌生长、繁殖中的限制因子。实验室中常用的好氧菌培养法有以下几类:

(1) 试管液体培养。装液量可多可少。此法通气效果不够理想,仅适合培养兼性厌氧菌。

(2) 三角瓶浅层液体培养。在静止状态下,其通气量与装液量、通气塞的状态关系密切。此法一般适用于兼性厌氧菌的培养。

(3) 摇瓶培养。又称振荡培养。一般将三角瓶内培养液的瓶口用8层纱布包扎,以利通气和防止杂菌污染,同时减少瓶内装液量,把它放在往复式或旋转式摇床上作有节奏的振荡,以达到提高溶氧量的目的。是目前广泛用于菌种筛选以及生理、生化、发酵和生命科学多领域的研究工作中。

(4) 台式发酵罐。这是一种利用现代高科技制成的实验室研究用的发酵罐,体积一般为数升至数十升(1～150L),有良好的通气、搅拌及其他各种必要装置,并有多种传感器、自动记录和用计算机的调控装置。现成的商品种类很多,应用较为方便。

2) 厌氧菌的液体培养

在实验室中对厌氧菌进行液体培养时,若放入上述厌氧罐或厌氧手套箱中培养,就不必提供额外的培养措施;若单独放在有氧环境下培养,则在培养基中必须加入巯基乙酸、半胱氨酸、维生素C或庖肉(牛肉小颗粒)等有机还原剂,或加入铁丝等能显著降低氧化还原电势的无机还原剂,在此基础上,再用深层培养或同时在液面上封一层石蜡油或凡士林-石蜡油,则可保证培养基的氧化还原电势降至−150～−420mV,以适合严格厌氧菌的生长。

10.5 有害微生物的控制方法

在我们周围环境中,到处都有各种各样的微生物生存着,其中有一部分是对人类有害的微生物。它们通过气流、水流、接触和人工接种等方式,传播到合适的基质或生物对象上而造成种种危害,例如食品或工农业产品的霉腐变质,实验室中的微生物,动、植物组织或细胞纯培养物的污染,培养基、生化试剂、生物制品或药物的染菌、变质,发酵工业中的杂菌污染,以及人和动、植物受病原微生物的感染而患各种传染病,等等。对这些有害微生物必须采取有效的措施来防止、杀灭或抑制它们。常见用于控制微生物的方法如下。

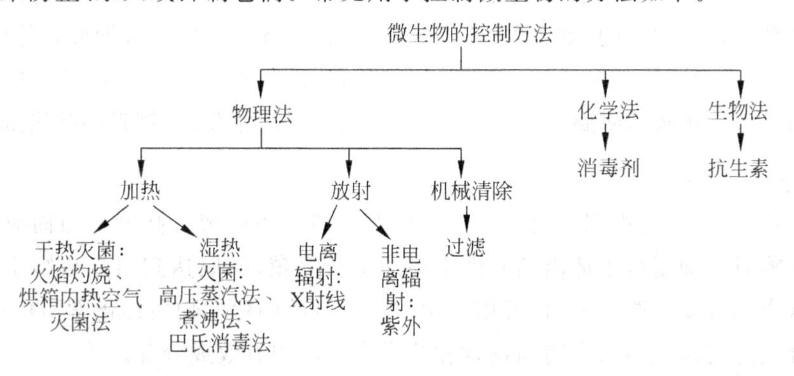

10.5.1 几个基本概念

1. 灭菌

采用强烈的理化因素使任何物体内外部的一切微生物永远丧失其生长繁殖能力的措施，称为灭菌，例如高温灭菌、辐射灭菌等。灭菌实质上还可分杀菌和溶菌两种，前者指菌体虽死，但形体尚存；后者则指菌体被杀死后，其细胞因发生自溶、裂解等而消失的现象。

2. 消毒

从字义上来看，消毒就是消除毒害，这里的"毒害"专指传染源或致病菌。消毒是一种采用较温和的理化因素，仅杀死物体表面或内部一部分对人体或动、植物有害的病原菌，而对被消毒的对象基本无害的措施。例如一些常用的对皮肤、水果、饮用水进行药剂消毒的方法，对啤酒、牛奶、果汁和酱油等进行消毒处理的巴氏消毒法等。

3. 防腐

防腐就是利用某种理化因素完全抑制霉腐微生物的生长繁殖。防腐的方法很多，原理各异，例如：

(1) 低温：利用4℃以下的各种低温(0，−20，−70，−196℃等)保藏食物、生化试剂、生物制品或菌种等。

(2) 缺氧：可采用抽真空、充氮或二氧化碳，加入除氧剂等方法来有效防止食品和粮食等的霉腐、变质而达到保鲜的目的，其中除氧剂的种类很多，是由主要原料铁粉再加上一定量的辅料和填充剂制成，对糕点等含水量较高的新鲜食品有良好的保鲜功能。

(3) 干燥：采用晒干、烘干或红外线干燥等方法对粮食、食品等进行干燥保藏，是最常见的防止它们霉腐的方法；此外，在密封条件下，用生石灰、无水氯化钙、五氧化二磷、氢氧化钾(或钠)或硅胶等作吸湿剂，也可很好地达到食品、药品和器材等长期防霉腐的目的。

(4) 高渗：通过盐腌和糖渍等高渗措施来保存食物，是在民间早就流传的有效防霉腐方法。

(5) 高酸度：在我国具有悠久历史的泡菜，就是利用乳酸菌的厌氧发酵使新鲜蔬菜产生大量乳酸，借这种高酸度而达到抑制杂菌和防霉腐的目的。

(6) 高醇度：用白酒或黄酒保存食品，在我国有悠久传统，如醉蟹、醉麸、醉笋和黄泥螺等产品，都是特色风味食品。

(7) 加防腐剂：在有些食品、调味品、饮料、果汁或工业器材中，可加入适量的防腐剂或防霉剂来达到防霉腐的目的，如用丙酸(0.32%)或乙二酸(0.32%)来做面包等的防霉剂，用苯甲酸(0.1%)来使酱油防腐，用对羟基苯甲酸甲酯作墨汁防腐剂，用山梨酸(0.2%)、脱氢醋酸(65×10^{-6})作化妆品防腐剂，以及用二甲基延胡索酸作食品、饲料的防腐剂等。

4. 化疗

化疗即化学治疗，是指利用具有高度选择毒力即对病原菌具高度毒力而对其宿主基本无毒的化学物质来抑制宿主体内病原微生物的生长繁殖，借以达到治疗该宿主传染病的一种措施。这类具有高度选择毒力、可用于化学治疗目的的化学物质称化学治疗剂，包括磺胺类等化学合成药物、抗生素、生物药物素和若干中草药中有效成分等。

10.5.2 物理灭菌因素的代表——高温

物理灭菌因素的种类很多，主要是高温、辐射、超声波、微波、激光和静高压等。另外，通过稀释、过滤等物理措施也能除菌。现以作用最大、最常用、最方便的高温作代表，介绍一些在实践中最常用的高温灭菌方法。

1. 高温灭菌的种类

具有杀菌效应的温度范围较广。高温的致死作用，主要是它可引起蛋白质、核酸和脂质等重要生物高分子发生降解或改变其空间结构等，从而变性或破坏。

1）干热灭菌法

把金属器械或洗净的玻璃器皿放入电热烘箱内，在 150～170℃下维持 1～2h 后，可达到彻底灭菌（包括细菌的芽孢）的目的。干热可使细胞膜破坏、蛋白质变性和原生质干燥，并可使各种细胞成分发生氧化变质。灼烧是一种最彻底的干热灭菌法，可是因其破坏力很强，故应用范围仅限于接种环、接种针或带病原体的材料、动物尸体的烧毁等。

2）湿热灭菌法

湿热灭菌法是一类利用高温的水或水蒸气进行灭菌的方法，通常多指用 100℃以上的加压蒸汽进行灭菌。在同样温度和相同作用时间下，湿热灭菌法比干热灭菌法更有效，原因是湿热蒸汽不但透射力强，而且还能破坏维持蛋白质空间结构和稳定性的氢键，从而加速这一重要生命大分子物质的变性。

在湿热温度下，多数细菌和真菌的营养细胞在 60℃左右处理 5～10min 后即被杀死；酵母菌细胞和真菌的孢子稍耐热些，要在 80℃下才被杀死；细菌的芽孢最耐热，一般要在 120℃下处理 12min 才被杀死。湿热灭菌法的种类很多，主要有以下几类。

（1）常压法

① 巴氏消毒法

因最早由法国微生物学家巴斯德用于果酒消毒，故名。这是一种专用于牛奶、啤酒、果酒或酱油等不宜进行高温灭菌的液态风味食品或调料的低温消毒方法。此法可杀灭物料中的无芽孢病原菌（如牛奶中的结核分枝杆菌或沙门氏菌），又不影响其原有风味。巴氏消毒法是一种低温湿热消毒法，处理温度变化很大，一般在 60～85℃下处理 30min 至 15s。具体方法可分为两类：第一类是经典的低温维持法，例如用于牛奶消毒只要在 63℃下维持 30min 即可；第二类是较现代的高温瞬时法，有时也称超高温瞬时消毒法，用此法作牛奶消毒时只要在 72～85℃下保持 15s 或 120～140℃下保持 2～4s 即可。

② 煮沸消毒法

采用在 100℃下煮沸数分钟的方法，一般用于日常的饮用水消毒。

③ 间歇灭菌法

又称分段灭菌法。适用于不耐热培养基的灭菌。方法是：将待灭菌的培养基放在 80～100℃下蒸煮 15～60min，以杀灭其中所有的微生物营养体，然后放至室温或 37℃下保温过夜，诱使其中残存的芽孢发芽，第二天再以同法蒸煮和保温过夜，如此连续重复 3 天即可在较低的灭菌温度下同样达到彻底灭菌的良好效果。例如培养硫细菌的含硫培养基就可采用此法灭菌，因其内所含元素硫在 99～100℃下可保持正常结晶形，若用 121℃加压法灭菌，就会引起硫的熔化。

(2) 加压法

① 常规加压蒸汽灭菌法

一般称做"高压蒸汽灭菌法",但因其压力范围甚低(仅在1个大气压左右),故改用"加压"两字更合适。这是一种利用高温(而非压力)进行湿热灭菌的方法,优点是操作简便、效果可靠,故被广泛使用。其原理是:将待灭菌的物件放置在盛有适量水的专用加压灭菌锅内,盖上锅盖,并打开排气阀,通过加热煮沸,让蒸汽驱尽锅内原有的空气,然后关闭锅盖上的阀门,在继续加热,使锅内蒸汽压力逐渐上升,随之温度也相应上升至100℃以上。为达到良好的灭菌效果,一般要求温度应达到121℃,压力为$1kg/cm^3$,时间维持15~20min。有时为防止培养基内葡萄糖等成分的破坏,也可采用在115℃,压力为$0.7kg/cm^3$下维持35min的方法。加压蒸汽灭菌法适合于一切微生物学实验室、医疗保健机构或发酵工厂中对培养基及多种器材或物料的灭菌。

② 连续加压蒸汽灭菌法

此法仅用于大型发酵厂的大批培养基灭菌。主要操作原理是让培养基在管道的流动过程中快速升温、维持和冷却,然后流进发酵罐。培养基一般加热至135~140℃下维持5~15s。优点:

- 采用高温瞬时灭菌,既彻底地灭了菌,又有效地减少营养成分的破坏,从而提高了原料的利用率和发酵产品的质量和产量。在抗生素发酵中,它可比常规的120℃、30min的灭菌方式提高产量5%~10%。
- 由于总的灭菌时间比分批灭菌法明显减少,故缩短了发酵罐的占用时间,提高了它的利用率。
- 由于蒸汽负荷均衡,故提高了锅炉的利用效率。
- 适宜于自动化操作,降低了操作人员的劳动强度。

2. 影响加压蒸汽灭菌效果的因素

(1) 被灭菌物体含菌量

含菌量越高,需要的灭菌时间越长。因此,用天然原料配制的培养基所需的灭菌时间要比组合培养基所需的长。

(2) 灭菌锅内空气排除程度

灭菌锅是靠蒸汽的温度而不是单纯靠压力来达到灭菌效果的。混有空气的蒸汽与纯蒸汽相比,其压力与温度的关系很不相同,因此,使用加压蒸汽灭菌时,必须先彻底排尽锅内的空气。

(3) 灭菌对象的pH

灭菌对象的pH<6.0时,微生物易死亡;pH在6.0~8.0时,不易死亡。

(4) 灭菌对象的体积

灭菌对象的体积大小影响热传导速率和热容量,故会明显影响灭菌效果。在实验室工作中,在对大容量培养基灭菌时,必须注意相应延长灭菌时间。

(5) 加热与散热速度

在加压灭菌时,一般只注意达到预定压力后的维持时间。事实上,由于季节的变化,或灭菌物件体积的大小,都会使"上磅"或"下磅"时间出现很大的差别,从而影响培养基成分的破坏程度,进一步还会影响研究工作的准确性和重现性,故应适当控制。

10.5.3　化学杀菌剂、消毒剂

1. 表面消毒剂

常用消毒剂的种类很多，它们的杀菌强度虽各不相同，即当其处于低浓度时，往往会对微生物的生命活动起刺激作用，随着浓度的递增，就相继出现抑制细菌和杀菌作用，因而形成一个连续作用谱。

表面消毒剂是指对一切活细胞、病毒粒和生物大分子都有毒性，不能用在活细胞或机体内治疗用的化学药剂。它适用于消除传播媒介物上的病原体，故在传染病预防中，可有效切断疾病传播途径，以达到控制传染病流行的目的。

2. 药物杀菌

(1) 抗代谢药物(antimetabolite)，又称代谢拮抗物或代谢类似物(metabolite analogue)，是指一类在化学结构上与细胞内必要代谢物结构相似，并可干扰正常代谢活动的化学物质，比如磺胺类药物。

(2) 抗生素(antibiotics)，是一类由微生物或其他生命活动过程中合成的次生代谢产物或其人工衍生物，它们在很低浓度时就能抑制或干扰他种生物(包括病原菌、病毒、癌细胞等)的生命活动。

10.5.4　过滤除菌

过滤除菌法(filtration)是用物理阻留的方法将液体或空气的细菌除去，以达到无菌目的。所用的器具是含有微小孔径的滤菌器(filter)。主要用于血清、毒素、抗生素等不耐热生物制品(见图 10-11)及无菌操作台空气的除菌(见图 10-12)。常用的滤菌器有薄膜滤菌器(0.45μm 和 0.22μm 孔径)、陶瓷滤菌器、石棉滤菌器、烧结玻璃滤菌器等。

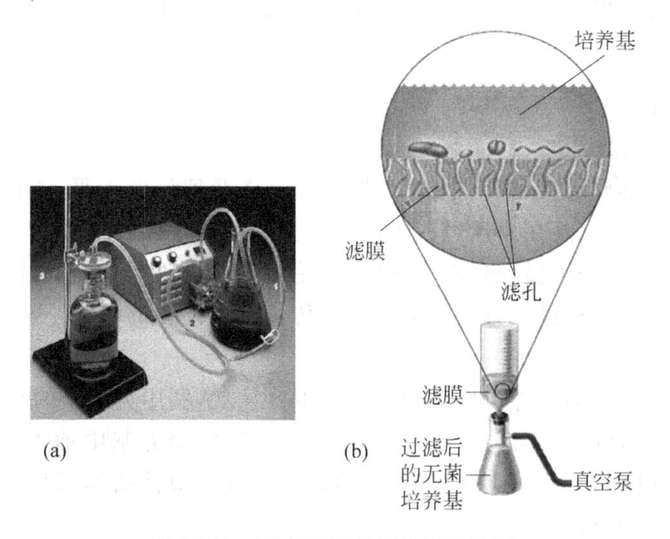

图 10-11　两套不同的液体过滤装置

引自：Joanne M W, et al. Prescott's Microbiology, 8th ed. McGraw-Hill, 2010.

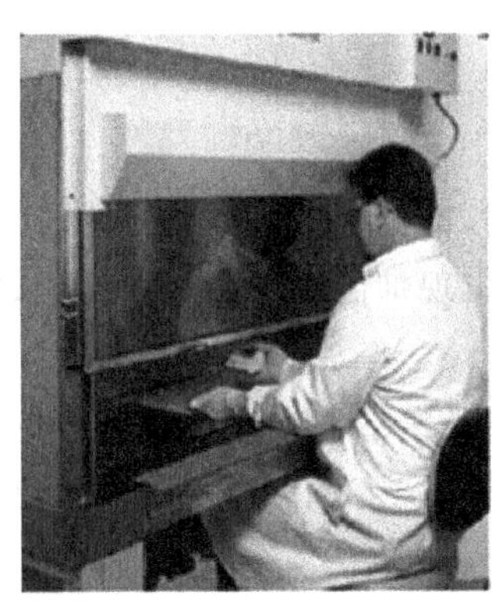

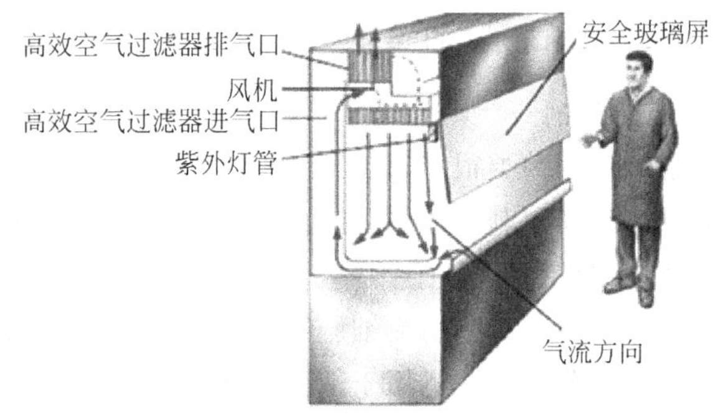

图 10-12　无菌操作台及其简易内部示意图

引自：Joanne M W, et al. Prescott's Microbiology, 8th ed. McGraw-Hill, 2010.

10.6　菌种的衰退、复壮与保藏

10.6.1　菌种的衰退与复壮

在微生物的长期传代培养过程中，会不断地发生变异，如不进行有意识的人工选择，则大量的自发突变菌株就会泛滥，从而使菌种本来具备的优良性状丧失或者降低，导致菌种衰退。所以菌种衰退(degeneration)是指群体中退化个体在数量上占一定比例后，首先表现出菌种生产性能下降或优良性状丧失的现象。

复壮(rejuvination)是指菌种发生衰退后通过纯种分离和性能测定等方法，从衰退的群体中找出尚未衰退的个体，从而恢复该菌种原有典型性状的一种措施，或者在菌种的生产性能衰退前就经常有意识地进行纯种分离和生产性能的测定工作，以期菌种的生产性能逐步有所提高。

1. 衰退的防止

(1) 控制传代次数

即尽量避免不必要的接种传代，把必要的传代降低到最低水平，以降低突变概率。因为，微生物的自发突变都是在繁殖过程中发生的。菌种传代次数越多，产生突变的概率就越高，因而菌种发生衰退的机会就越多。所以，不论在实验室还是在生产中，都必须严格控制移种的代数。良好的菌种保藏方法可减少移种传代次数。

(2) 创造良好的培养条件

创造适合原种生长的条件可以防止菌种衰退。例如，利用菟丝子的种子汁培养"鲁保一号"；在赤霉素生产菌藤仓赤霉(*Gibberella fujikuroi*)的培养基中加入糖蜜、天冬酰胺、谷氨酰胺、5-核苷酸或甘露醇等丰富的营养物质；用老苜蓿根汁培养基培养"5406"放线菌等都可以有效防止菌种退化。

(3) 利用不易衰退的细胞接种传代

放线菌和霉菌的菌丝细胞常含几个核甚至是异核体，因此用菌丝接种菌种就会出现不纯和衰退。而孢子一般是单核的，用孢子接种就没有这种现象。用灭菌棉团轻巧地对

"5406"放线菌进行斜面移种就可避免接入菌丝，可防止菌种衰退；构巢曲霉(*Aspergillus nidulans*)的分生孢子传代菌种易退化，而用其子囊孢子移种菌种则不易退化。

(4) 采用有效的菌种保藏方法

工业生产用菌种主要的性状都属于数量性状，这类性状恰是最易衰退的。即使是在较好的保藏条件下还是存在这种情况。如灰色链霉菌 πC-1 以冷冻干燥孢子经过 5 年的保藏，菌群中衰退的菌落有所增加，而在同样条件下，另一菌株 773 # 只经过 23 个月菌种就降低 23%的活性，即使在－20℃情况下进行冷冻保藏，经过 12～15 个月后，链霉素产生菌 773 # 和环丝氨酸产生菌 908 # 的效价水平还是明显降低。可见要防止菌种的衰退需要有效的保藏方法。

2. 菌种的复壮

(1) 纯种分离(pure culture isolation)

通过纯种分离可把退化菌种中仍保持原有典型性状的单细胞分离出来，经过扩大培养就可恢复原菌株的典型性状。常用的菌种分离和纯化的方法很多，大体上可归纳成两类：一类较粗放，只能达到"菌落纯"的水平，即从种的水平来说是纯的。例如，在琼脂平板上进行划线分离、表面涂布或与琼脂培养基混匀后倒平板以获得单菌落等方法。另一类方法是较精细的单细胞或单孢子分离方法。它可以达到"细胞纯"，即"菌株纯"的水平。后一类方法应用较广，种类很多，既有简单的利用培养皿或凹玻片等作分离室的方法，也有利用复杂的显微操纵器的纯种分离方法。对于不长孢子的丝状菌，则可用无菌小刀切取菌落边缘的菌丝尖端进行分离移植，也可用无菌毛细管截取菌丝尖端单细胞进行纯种分离。

(2) 通过寄主进行复壮

对于因长期在人工培养基上移种传代而衰退的病原菌，可接种到相应的昆虫或动、植物宿主体中，通过这种特殊的活的"选择性培养基"一至多次选择，就可从典型的病灶部分分离到恢复原始毒力的复壮菌株。

(3) 淘汰已衰退的个体

有人将"5406"分生孢子在低温(－10～－30℃)下处理 5～7d，使其死亡率达到 80%，结果发现在抗低温的存活个体中留下了未退化的健壮个体。

以上综合了实践中防止菌种衰退和实现菌种复壮的某些经验。但是，在使用这些方法之前，必须仔细分析和判断自己的菌种究竟是衰退、污染还是仅属于一般性的饰变。只有对症下药才能使复壮工作有效。

10.6.2 菌种的保藏

1. 菌种保藏的原因

菌种(culture，stock culture)是国家的重要自然资源，菌种保藏(culture preservation，conservation，maintenance)是指通过适当方法使微生物能长期存活，并保持原种的生物学性状稳定不变的一类措施，这是微生物学检验、教学、科研和有关生产单位的一项十分重要的基础工作。菌种保藏的目的在于：保藏期间保持菌种较高的存活率，降低菌种的变异幅度，防止杂菌污染，并在适宜的条件下，菌种可重新恢复原有的生物学活性，进行生长繁殖。

2. 菌种保藏的原理

通过分离纯化得到的纯种微生物是重要的生物资源，必须通过各种保藏技术使其不死亡、不变异、不被杂菌污染，并保持其优良性状，有利于生产和科研的应用。菌种保藏的方法很多，原理大同小异。其关键是降低菌种的变异率，以达到长期保持菌种原有性状的目的。而菌种的变异主要发生在微生物旺盛的代谢及繁殖过程中。因此，必须创造一种环境，使菌种的代谢水平降低，乃至完全停止，达到半休眠或完全休眠的状态。总结起来主要表现在两个方面：首先要选典型菌种或典型培养物(type culture)的优良纯种，最好采用其休眠体(孢子、芽孢等)；其次，要创造最有利于菌种休眠的环境条件，如干燥、低温、缺氧、避光、缺乏营养以及添加保护剂或酸度中和剂等。

3. 菌种保藏的常用方法

用于长期保藏的原始菌种称为保藏菌种或原种(stock culture)。良好的菌种保藏方法首先应保持原菌种优良性状长期稳定；其次要通用、简便、易于普及。常用的菌种保藏方法有低温保藏法、隔绝空气保藏法、干燥保藏法和寄主保藏法四大类。一般实验室都采用多种保藏法相结合，近期、中期、长期相配合的方法保藏菌种。

1) 低温保藏法

低温可以抑制微生物的代谢活动，是一种保藏菌种简单有效的方法。将菌种接种在斜面培养基上，再把培养好的新鲜菌种用牛皮纸将棉塞包好，移入4℃冰箱中保藏。每隔3～6个月，重新移种培养一次，继续保藏。此法的优点是方法简便，尤其适用于实验室经常要使用的微生物，对大多数微生物都适用。缺点是保藏期太短。如果将菌液加入甘油等保护剂后于－20℃或者－80℃冰箱中可以保存1年以上。近年来采用－196～－150℃的液氮超低温保藏菌种，能保存所有的微生物菌种，而且微生物的代谢水平处于最低状态，菌种发生变异的可能性极少。这是目前最理想的菌种保藏方法，几乎所有微生物都可采用液氮超低温保藏，只有少数对低温损伤敏感的微生物除外。而且液氮保藏可利用各种培养形式的微生物进行保藏，不论孢子或菌体、液体培养物或固体培养物都可。缺点是需要液氮罐等特殊设备，管理费用高，操作较复杂，发放不便。液氮超低温保藏过程是将菌种悬液封存于圆底安瓿管或塑料的液氮保藏管(材料应能耐受较大温差剧烈变化)内，放到－150～－196℃的液氮罐内保藏。

低温保藏法，尤其是－80℃或者液氮保藏法操作过程中一大原则是“慢冻快融”。因为低温会使细胞内的水分形成冰晶，引起细胞膜等细胞结构的损失。当细胞冷冻时细胞内外均会形成冰晶，其冻结的情况因冷冻的速度而异：冷冻速度缓慢时只有细胞外形成冰晶，细胞内部结冰，此现象称为细胞外冻结；当冷冻速度较快时，细胞内外均形成冰晶，称为细胞内冻结。细胞冷冻缓慢时，主要发生细胞脱水现象，细胞大量脱水后电解质浓度升高，渗透压发生变化而导致细胞质壁分离。轻度质壁分离损伤是可逆的，当脱水严重时，细胞内有的蛋白质、核酸等细胞成分的结合水也被排出，发生永久性损伤，导致死亡。细胞内结冰，特别是大冰晶，会造成细胞膜损伤而使细胞死亡。

对于抗冻性强的微生物，冻结几乎不会使细胞受损伤，而对于多数细胞来说，不论细胞外或是细胞内冻结均易受到损伤。为了减轻冷冻损伤程度，可采用保护剂。液氮保藏一般选用渗透强的保护剂，如甘油和二甲亚砜，它们能迅速透过细胞膜，吸住水分子，保护细胞不致大量失水，延迟或逆转细胞成分的变性并使冰点下降。通常将菌种悬浮在10%(体积分数)甘油-蒸馏水或10%(体积分数)二甲亚砜-蒸馏水保护剂中。孢子或菌体悬液的浓度大

于 10^8 个/mL。事先，保护剂甘油应在 121℃，蒸汽灭菌 15min。甘油应高压灭菌，二甲亚砜应过滤除菌。

细胞的冻伤程度随细胞的表面积大小、细胞壁厚薄和细胞浓度而异，因而要根据所保藏的微生物种类来设计降温曲线。一般可由室温开始以每分钟下降 1～7℃ 的速度降至 −40℃，然后再快速降温至 −150℃ 或 −196℃。分两个或三个阶段降温可减轻细胞的冻伤程度。对一些壁厚的微生物细胞，即使每分钟下降 100℃ 也不会引起细胞的内冻结；而对于一些细胞壁薄的微生物，特别是无细胞壁的原生质体，降温速度影响很大。有人报道用液氮保藏青霉素生产菌的原生质体时，采用 1℃/min 降温速度慢速冷冻，原生质体存活率可达 53.7%～78.5%，而快速冷冻则造成原生质体破裂死亡。

微生物细胞的浓度对冷冻损伤程度也有影响，如去甲古霉素生产菌用液氮保藏时，孢子浓度大于 10^7 个/mL 的存活率比 10^5 个/mL 孢子浓度时高 15 倍以上。

菌体的生长阶段对液氮保藏的效果也有影响，不同生理状态的微生物对冷冻损伤程度的抗性不同。一般来说，对数生长期菌体对冷冻损伤的抗性低于稳定期的菌体，对数生长末期菌体的存活率最低。

细胞解冻的速度对冷冻损伤的影响也很大。因为缓慢解冻会使细胞内再生冰晶或冰晶的形态发生变化而损伤细胞，所以一般采取快速解冻法。在恢复培养时，将保藏管从液氮中取出后，立即放到 38～40℃ 的水浴中振荡至菌液完全融化，此步骤应在 1min 内完成。

适当采用速冻的方法可使产生的冰晶小从而减少对细胞的损伤。低温下移出并开始升温时，冰晶又会长大，故快速升温也可减少对细胞的损伤。不同微生物的最适冷冻速度和升温速度也不同，如酵母菌的冷冻速度以每分钟 10℃ 为宜。冷冻时的介质对细胞损伤与否也有显著影响。糊精、血清白蛋白、脱脂牛奶等大分子物质可通过与细胞表面结合防止细胞膜冻伤。为防止菌种死亡，一般冷冻保藏的菌种只使用一次，切勿反复冻融。

2) 隔绝空气保藏法

该法保藏的原理主要是通过限制氧的供应削弱微生物的代谢作用，故不适用于厌氧菌。

(1) 石蜡油保藏法

在无菌的条件下，将无菌、无水的液体石蜡加入培养好的菌种的试管内，使液体石蜡面高出琼脂斜面 1cm，将试管直立。放入 4℃ 冰箱中保存。此法简便易行；保藏期可达一至数年；对大多数微生物使用，可分解烃类的微生物不宜采用此法保藏。

(2) 橡皮塞密封保藏法

当斜面菌种生长最好时，无菌条件下用灭菌橡皮塞代替原有的棉塞，塞紧管口，用石蜡封严，于室温下暗处或 4℃ 冰箱中保藏。

(3) 琼脂柱穿刺封口保藏法

在无菌条件下，用接种针挑取培养物穿刺接种至试管琼脂柱底部，培养后保藏，此部位相对缺氧。如果结合石蜡油或橡皮塞隔绝空气法，则效果更好。

3) 干燥保藏法

断绝对微生物的水分供应，能使微生物的代谢活动强度明显减弱。

(1) 砂土管保藏法

此法适用于产生孢子的放线菌、霉菌和产生芽孢的细菌。将培养好的菌种斜面，用无菌水洗下孢子制成孢子悬液，再将孢子悬液接入无菌的砂土管中，用接种针拌匀。也可以用接种环直接从斜面上将孢子接入砂土管。干燥后置于4℃冰箱中，可保藏数年。

(2) 真空冷冻干燥法

这是目前最有效的保藏微生物菌种的方法。此法的优点是具备低温、真空和干燥三个保藏菌种的条件。广泛适用于各种细菌、酵母菌、霉菌、放线菌和病毒的保存。其保存时间可达1～20年，并且存活率高，变异率低。但手续比较麻烦，需一定的设备条件。其大体过程是：将需保存的菌种或其孢子悬液装在安瓿瓶里，在低温下快速冷冻，并在低温下立即抽真空，使其中的水分升华脱去，形成完全干燥的固体菌块，再在真空条件下融封。

制备过程是在较低的温度下使菌液呈冻结状态，并减压、抽气使之干燥，微生物在此条件下容易死亡，需加入保护剂。常用的保护剂有脱脂牛奶、血清、淀粉、葡聚糖等高分子物质。

干燥保藏法有海鸥麸皮保藏法和碳酸钙保藏法等。前者特别适合真菌的保藏。

4) 寄主保藏法

此法适用于专性活细胞寄生微生物(病毒、立克次氏体等)。它们只能寄生在活着的动植物或其他微生物体内，故可针对寄主细胞的特性进行保存。例如，植物病毒科用植物幼叶的汁液与病毒混合，冷冻或干燥保存。噬菌体可经细菌培养扩大后，与培养基混合直接保存。动物病毒可直接用病毒感染适宜的脏器或体液，然后分装于试管中密封，低温保藏。

4. 国内外菌种保藏机构

微生物菌种对微生物学研究和微生物资源开发与利用具有非常重要的价值，因此菌种保藏是一项重要的微生物学基础工作，其基本任务是对已经获得的纯种微生物菌种进行收集、整理、鉴定、评价、保存和供应等工作。随着科技的进步和经济的发展，对微生物菌种资源的利用正在不断地扩大，菌种保藏工作便显得更加重要，因此，世界上多数国家都设立了专门的菌种保藏机构。菌种保藏机构的任务是在广泛收集生产和科研菌种、菌株的基础上，把它们妥善保藏，使之达到不死、不衰、不乱和便于交换使用的目的。国际上很多国家都设立了菌种保藏机构，例如中国微生物菌种保藏管理委员会(CCCMS)、美国标准菌种保藏中心(ATCC)、美国的北部地区研究实验室(NRRL)、英国的国家标准菌种保藏所(NCTC)、日本的大阪发酵研究所(IFO)、东京大学应用微生物研究所(IAM)、荷兰的真菌中心收藏所(CBS)、法国的里昂巴斯德研究所(IPL)、德国的科赫研究所(RKI)和德国菌株保藏中心。

中国微生物菌种保藏管理委员会成立于1979年，它的任务是促进我国微生物菌种保藏的合作、协调与发展，以便更好地利用微生物资源，为我国的经济建设、科学研究和教育事业服务。该委员会下设六个菌种保藏管理中心，其负责单位、代号和保藏菌种的性质如下。

(1) 普通微生物菌种保藏管理中心(CCGMC)：

中科院微生物所，北京(AS)，真菌、细菌；

中科院武汉病毒研究所，武汉(AS-IV)，病毒。

(2) 农业微生物菌种保藏管理中心(ACCC)：

中国农业科学院土壤肥料研究所，北京(ISF)。

(3) 工业微生物菌种保藏管理中心(CICC)：

轻工业部食品发酵工业科学研究所，北京(IFIF)。

(4) 医学微生物菌种保藏管理中心(CMCC)：

中国医学科学院皮肤病研究所，南京(ID)，真菌；

卫生部药品生物制品检定所，北京（NICPBP），细菌；

中国医学科学院病毒研究所，北京（IV），病毒。

（5）抗生素菌种保藏管理中心（CACC）：

中国医学科学院抗生素研究所，北京（IA）；

四川抗生素工业研究所，成都（SIA）；

华北制药厂抗生素研究所，石家庄（IANP）。

（6）兽医微生物菌种保藏管理中心（CVCC）：

农业部兽医药品检察所，北京（CIVBP）。

目前，多数国际知名的菌种保藏机构都建立了自己的网站，建立起保藏菌种的目录数据库，这些数据库对保藏菌株有详细的描述，如菌株的来源、保存人、拉丁别名、培养基组成、保藏条件和用途等。

复习思考题

10-1　微生物的常用测定方法有哪些？

10-2　何谓细菌生长曲线？可分为哪几个阶段？各有何特点？

10-3　在废水处理中，是如何应用生长曲线的各个不同时期的？

10-4　何谓恒浊连续培养和恒化连续培养？

10-5　影响微生物生长的因素有哪些？高温和低温对微生物的影响有何不同？

10-6　请总结一下在微生物实验工作中使用的灭菌和消毒的方法及其原理。

10-7　常用的菌种保藏方法有哪些？

第11章 微生物的生态

生态学是一门研究生态系统的结构及其与环境系统间相互作用规律的科学。微生物生态学是生态学的一个分支，它的研究对象是微生物生态系统的结构及其与周围和非生物环境系统间相互作用的规律。

在生命科学研究领域中，从宏观到微观一般可分10个层次：生物圈、生态系统、群落、种群、个体、器官、组织、细胞、细胞器和分子，其中前4个客观层次都是生态学的研究范围。本章通过微生物与生物环境、微生物与非生物环境之间的相互关系来介绍微生物的生态。

11.1 微生物的生态系统

1. 生态系统中的种群与群落

微生物极少单独生存。即使将它们分开，每个个体也会增殖而形成群体。这种由一个（或一种）微生物增殖产生的群体，称为种群(population)。一般来说，自然种群具有三个特征：①空间特征，即种群具有一定的分布区域和分布形式；②数量特征，每单位面积（或空间）上的个体数量（即密度）将随时间而发生变动；③遗传特征，种群具有一定的基因组成，即系一个基因库，以区别于其他物种，但基因组成同样是处于变动之中的。

在自然界，多个种群往往共同生活。这些共同生活于特定空间内的微生物种群的集合，称为群落(community)。群落的分类主要是根据群落内的优势种来进行的，如在植物群落中，分为红松林群落、云杉林群落等；也可以根据群落所占的自然生境分类，如山泉急流群落、砂质海滩群落、岩岸潮间带群落等。生物群落如同生物个体一样，有其发生、发展、成熟直至衰老消亡的生命过程，在每一个群落消亡的过程中，即孕育着一个更适合当时当地环境条件的新群落的诞生，这就是群落演替。群落演替的研究无论在理论上或是实践上，在生态学中都具有极其重要的意义。

微生物不仅相互依赖，也依赖环境。微生物群落加环境就构成了生态系统(ecosystem)。

2. 微生物生态系统的组成

生态系统是生态学的重要概念，也是自然界的重要功能单位。如前所述，“生态系统＝生物群落＋环境”。如果暂且不考虑环境，生物群落可区分为生产者、消费者和分解者。换言之，完整的生态系统应包括这三个微生物功能群。生产者(producer)也叫初级生产者，包括所有绿色植物、光能营养型微生物和化能无机营养型微生物。绿色植物和光能营养型微生物利用光能，将二氧化碳和水转变成碳水化合物(即通过光合作用把一些能量以化学键的形式储存起来)。无机营养型微生物则利用化学能将二氧化碳和水转变成碳水化合物。生产者(主要是植物)的合成产物是消费者与分解者的主要能量来源。消费者(consumer)由动物(包括原生动物和后生动物)组成。动物自身不能生产食物，只能以其他生物为食，直接或间接地从生产者获取能量。分解者(decomposer)是分解死亡的动植物残体的异养生物，主要是微生物。分解者将有机物转化为无机物，再供生产者利用。大约 90%的初级生产量经过分解者作用归还环境。

3. 生态系统的结构

生态系统的结构包括形态结构和营养结构。形态结构(morphological structure)是指生态系统中的生物种类、种群大小和物种空间配置(水平和垂直分布)。营养结构(trophic structure)是指生态系统中的食物链和食物网。所谓食物链(food chain)，是指养分通过取食和被取食关系而构成的链条式传递关系。"大鱼吃小鱼，小鱼吃虾米"是食物链的生动写照。一个生态系统通常存在许多食物链，这些食物链纵横交织成网状，即为食物网(food wet)。

在食物链(网)中，物种之间的营养关系错综复杂。为了简化这种复杂的营养关系，生态学家导入营养级的概念。营养级(trophic level)是指处于食物链(网)某一环节上的所有生物的集合。因此，营养级之间的关系不是一种生物与另一种生物的关系，而是某一层面上的生物与另一层面上的生物之间的关系。

4. 生态系统的功能

(1) 生物生产

生物生产是生态系统的基本功能之一，当有太阳辐射存在时，植物、藻类以及光合细菌等自养型生物，能通过光合作用将水和二氧化碳合成有机物，包括糖类、蛋白质和脂肪等，构成生物体的物质来源，这是生态系统的初级生产(由生产者进行)。另外，生态系统中的其他生物也在进行生产，表现为动物和微生物等的生长、繁殖和营养物的储藏，这种生产直接或间接依赖于初级生产，称为次级生产。

(2) 能量流动与物质循环

生态系统中的能量都是直接或间接来自太阳辐射。植物、藻类和光合细菌等通过光合作用将光能转化为化合物中的化学能，储存在生物体内；再经过食物链关系，能量从一种生物转移到另一种生物体内。而生物所需要的各种营养物质在各个组成成分间传递，形成不断循环的物质流。物质和能量是维持生命的两大要素，驱使物质循环和能量流动是生态系统最为重要的功能。在生态系统中，物质和能量都是通过食物链(网)传递的。食物链(网)是生态系统中物流(物质代谢的集合)与能流(能量代谢的集合)的大动脉。在完整的微生物生态系统中，来自环境的养分，经生产者的作用进入食物链(网)，尔后经消费者与分解者的作用，返回环境。这些被释放的养分，又可再一次被生产者带入食物链而循环利用。能量则不然。在能量从一种形式转变为另一种形式的过程中，总会有一部分能量转变成不能利用的热能。因此，能量在食物链(网)的传递中是逐渐减少的。食物链越长，散失的能量越多，最后全部散尽。由于物流可以循环，而能流不能循环(单方向，不可逆)，因此能量对生态系统更具特殊意义。

(3) 信息传递

生态系统中的生物不是孤立的,生物与生物之间、生物与环境之间存在各种联系。通过各种各样的信息传递,系统进行调节,并把各组成联为一个整体。信息有营养信息、物理信息、化学信息及行为信息等,构成一个整体的信息网。如物理信息有声、光、颜色等,化学信息有酶、抗生素、生长素等,在有的生物中,行为也是一种重要的信息,如蜜蜂的飞行姿态可以告诉同伴采蜜点的位置。

5. 生态平衡

生态系统是一个开放系统,与外界不断地进行着物质、能量的交换。当外界的输入大于输出时,系统内的生物量增加,系统处于发展的过程中;反之,生物量将减少,系统逐渐走向衰亡。如果输入和输出在较长时间内趋于大致相等,则生态系统的组成、结构和功能将能长期处于稳定状态。虽然系统内的各种生物群落有各自的生长、发育、繁殖及死亡过程,但其种类组成、数量等均保持相对恒定,生态系统内各成分相互联系、相互制约,在一定的条件下,保持着自然的、暂时的、相对的平衡关系。此时的生态系统具有一定的自我调节能力,能抵抗一定的外来干扰。

生态平衡就是生态系统在一定的时间和空间内保持相对稳定的状态,并能对外来干扰进行自我调节。

生态系统的自我调节能力是有限度的,这个限度称为生态阈值。干扰超过生态阈值,系统则不再具有恢复能力,导致一系列的连锁反应:原有的平衡被打破,各生物群落的种类、数量等关系将发生很大变化,能量流动和物质循环发生障碍,整个生态系统平衡失调。

生态系统在自然界中并非静止不变的,而是不断运动变化着的。生态系统的平衡只是暂时的、相对的动态平衡。任何自然因素和人为因素都有可能破坏这个平衡,甚至发生一系列的连锁反应,整个生态系统平衡失调,直到建立新的平衡。例如:池塘内流入大量有机营养物质,使各种生物的新陈代谢加快,由于注入营养物质过多,池内藻类等大量繁殖,有机物质与藻类以及其他水生生物大量消耗水中的氧气,鱼类因没有足够的溶解氧而大量死亡,直到注入的营养物质分解殆尽,溶解氧恢复,塘内生态系统又重新建立新的平衡。

生态系统平衡的破坏和建立,是自然界发展的普遍规律。气候、日照、季节变化或由于人为原因,都可能造成旧平衡的破坏和新平衡的建立。生态系统总是在不平衡—平衡—不平衡的发展过程中进行着物质和能量的交换,推动着自身的变化和发展。

11.2 微生物与生物环境之间的关系

11.2.1 种群内微生物的相互作用

1. 种群密度

种群是一定时间和空间内同种微生物个体的集合,具有一定的密度。种群密度(population density)是指在单位体积(或面积)中生物个体的数量和生物总体的质量(即生物量)。种群具有自我调节能力,当种群密度超过某一水平时,种群密度降低;当种群密度低于这一水平时,种群密度提高。经过自我调节,种群密度会长期保持在某一水平,这种状态称为种群平衡(population balance)。处于平衡状态的种群密度称为平衡种群密度

(balanced population)。由于平衡种群密度一般是环境所能容纳的最高种群密度,因此又称为环境种群容量(environmental population capacity)。种群密度较低时,微生物相互协作,共同促进种群生长,这种作为称为协同作用(positive interaction)。相反,种群密度较高时,微生物相互影响,限制种群生长,这种作用称为拮抗作用(negative interaction)。随着种群密度的提高,协同作用减弱,拮抗作用加强。对应于最大生长速率的种群密度,称为最佳密度(optimum density)。

2. 协同作用

(1) 联合组织细胞物质外泄露

在实验室的菌体培养中,接种量过少会导致微生物滞留适应期延长,甚至不生长。对于生长条件要求苛刻的微生物,这种效应更为明显。究其原因,主要是细胞物质外泄。微生物细胞膜不尽完善,总会将一些生长必需的小分子物质(如代谢中间产物)泄露到细胞外面。在接种量不大(种群密度低)的情况下,泄露物质常因扩散而消失于培养基中,很难重新返回细胞内。接种量加大(种群密度高)后,泄露物质扩散受阻而积累于细胞表面,既减少了细胞物质的继续泄露,也增大了泄露物质重返胞内的机会。

(2) 共同利用不溶性基质

在种群利用木质素或纤维素之类不溶性基质时,某个成员产生胞外酶,将原先不能利用的基质转化为可利用的基质,供自身和大家分享;在单个菌体利用同类基质时,产生的胞外酶及其水解产物会扩散至周围环境中,难以发挥应有的效益。例如,黄色黏球菌(*Myxococcus xanthus*)能分泌保外酪蛋白酶,以不溶的酪蛋白为食,但把该菌培养在不溶的酪蛋白上时,其生长却取决于种群密度。菌数少于 10^3 个/mL 时,不能生长;只有达到 10^3 个/mL 后,才开始生长。

(3) 共同抵御非生物因素的影响

一种相同浓度的抑制剂对不同密度的种群具有显著不同的效益。其对低密度悬浮种群的抑制远远大于高密度悬浮种群。紫外线对微生物具有很强的杀伤力,在高密度种群中,生长于表面的菌体可以屏蔽或削弱紫外线,从而减轻它对生长于内部的菌体的损害。高密度种群能够有效降低水的冰点,使微生物适应更低的生长温度。

(4) 促进基因交换

微生物对抗生素和重金属的抗性基因以及对一些特殊有机物的降解基因,通常分布在质粒上。这些基因可通过转化、转导和接合等途径在个体间水平转移。保持较高的种群密度可促进个体间的基因交换。例如,当菌数大于 10^5 个/mL 时,某些细菌能有效接合;种群密度较低时,其接合效果很差。

3. 拮抗作用

(1) 种群内竞争

由于种群由众多个体组成,且每个个体所利用的资源相同,如果一个成员利用某个分子,其他成员就不能利用。为了获取有限的共同资源,种群内的微生物发生竞争。资源越稀少,种群密度越高,竞争也越激烈。

(2) 产物抑制

在高密度种群中,菌体"泄漏"的中间产物和排出的最终产物可积累于周围环境中,抑制菌群生长。例如，在发酵中，乳酸细菌可将葡萄糖转化为乳酸，当乳酸积累至一定浓度时就会抑制整个种群的生长。同理，硫化氢能反馈抑制硫酸盐还原菌生长，酒精能反馈抑制酵母菌的生长。

（3）菌体自毁

某些微生物含有自杀基因，一旦表达，所合成的多肽或蛋白具有致死作用。例如，大肠杆菌有一个 *hok*(host-killing)基因，编码 Hok 多肽，后者可瓦解细胞膜电位，使细胞致死；该菌液有一个 *sok*(suppression of killing)基因，编码反义 mRNA，能阻止 *sok* 基因表达，使细胞存活。只要持留 *sok* 基因，大肠杆菌就能存活，反之则将毁灭。高种群密度易导致大肠杆菌自毁。

11.2.2 种群间微生物的相互作用

种群间微生物的相互作用主要有中立、协作、共生、寄生、拮抗。

1. 中立(neutralism)

中立是指两个或两个以上的微生物种群同处某一生境时不发生相互影响的现象。空间上的分离(低种群密度)或时间上的间隔(不同时进行代谢活动)都能促进或保持两个种群的中立。例如，在海洋中，微生物的种群密度很低，一个种群根本“觉察”不到另一个种群的存在，彼此“井水不犯河水”。又如，在不利生境中，两个芽孢细菌种群均形成芽孢而处于休眠状态，双方也不会相互影响。

2. 协作(synergism)

协作是指一种微生物的生活(主要是代谢产物)创造或改善了另一种微生物的生活条件的现象。这种协作的获益者可以是单方的，即栖生；也可以是双方的，即互生。

1）栖生(commensalism)

栖生也称单利共生，是指两个微生物种群共同生长时，一方受益，另一方不受影响的现象。“commensalism”来源于拉丁词“mensa”(餐桌)，原始含义是指一种微生物以另一种微生物的“残羹剩饭”为食。微生物种群之间发生栖生关系的重要纽带有如下几种：

（1）甲方为乙方提供养分。例如，一些真菌种群可产生并分泌胞外酶，将复杂的多聚物(如纤维素)转化成单体(如葡萄糖)，供原来不能利用该多聚物的其他种群利用。又如，短黄杆菌(*Flavobacter brevis*)可产生并分泌半胱氨酸，嗜肺军团菌(*Legionella pneumophila*)将其用作生长因子。

（2）甲方为乙方创造适宜生境。例如，在许多生境中，兼性厌氧菌的生长和代谢，可消耗氧气使之适合于专性厌氧菌的生长。专性厌氧菌从兼性厌氧菌的代谢活动中受益，兼性厌氧菌不受影响。又如，贝氏硫菌(*Beggiatoa*)能氧化硫化氢，从而消除其毒害作用，使对硫化氢敏感的微生物种群得以生长。

（3）共降解。在共降解中，一个种群以某种特定的基质生长，可同时降解另一种不能用作能源和养分的基质。虽然这个种群不能利用自身的降解产物，但可供其他种群利用。例如，当母牛分枝杆菌(*Mycobacterium vaccae*)以丙烷为基质生长时，可同时将环己烷氧化成环己醇，后者可被其他种群利用。

2）互生（syntrophism）

互生又称互惠共生（mutualism），是指两个微生物种群共同生活时双方受益的现象。具有互生关系的两个种群可以独立生活，但共同生活时生长更好。有时难以确定是否双方都从互生中获益，因而很难判断它们是互生还是栖生关系。相反，有时难以确定双方的关系是否专一，也很难判断它们是互生还是共生关系。

两个种群互生可使其完成独自不能完成的代谢。经典例子是粪链球菌（*Streptococcus faeecalis*）与大肠杆菌之间的互养。粪链球菌可把精氨酸转化成鸟氨酸，接着大肠杆菌可把鸟氨酸转化成腐胺，然后大肠杆菌和粪链球菌共同将腐胺降解为终产物。但是两个种群都不能独自把精氨酸转化成腐胺。通过双方协同代谢，可把精氨酸转化成腐胺，后者可被两个种群共享。

两个种群互惠共生也可使其获得独自难以获得的生长因子。例如，在基本培养基上，阿拉伯糖乳酸杆菌（*Lactobacillus arabinosus*）与粪链球菌只能共同生长，但不能独自生长。究其原因是，粪链球菌需要叶酸，需由阿拉伯糖乳酸杆菌提供；相反，阿拉伯糖乳酸杆菌需要苯丙氨酸，需由粪链球菌提供。只有双方共同生活，才能各得其所。

3）共生（symbiosis）

共生是互生的发展。它是指两种微生物专一地共同生活，在形态上形成了特殊的共生体，在生理上产生了一定的分工，相互依存，彼此获益的现象。在共生关系中，一种生物已难以离开另一种生物而独立生存。蓝细菌或藻类与真菌共生而形成地衣（lichens）是微生物种群之间共生关系的范例。地衣由共生藻和共生菌构成。共生菌为共生藻提供水分和无机盐，有时也提供生长因子。共生藻则为共生菌提供氨氮和有机物。蓝细菌和藻类与真菌之间存在一定的专一性，但这种专一性并非绝对。一种藻可分别与多种真菌共生而形成地衣（一藻一菌），反之亦然。在某些地衣中，则同时出现多种藻类或多种真菌（一藻多菌，多藻一菌，多藻多菌）。

4）寄生（parasitism）

寄生是指一种微生物（寄生物，parasites）生活于另一种微生物（宿主，host）体内或表面，从中取得养分进行生长，同时使后者遭受损害甚至死亡的现象。若寄生物进入宿主体内，称为内寄生（endoparasite）；若寄生物不进入宿主体内，称为外寄生（ectoparasite）。寄生关系有多种类型，如噬菌体寄生于细菌，真菌寄生于真菌，细菌或真菌寄生于原生动物。细菌寄生于细菌体内的情况很少发生，其范例是食菌蛭弧菌（*Bdellovirio bacteriovorus*）寄生于大肠杆菌体内。

5）拮抗（antagonism）

拮抗是指一种微生物的生命活动，产生某种代谢产物、改变环境条件或以其他微生物为食，从而抑制或杀死其他微生物的现象，可分为偏生、竞争和捕食。

（1）偏生（amensalism）

偏生是指两个微生物种群共同生活时，甲方产生抑制条件（如产生抑制物质或改变生存环境），限制乙方生长的现象。由于抑制条件对甲方自身没有影响或影响较小，在双方竞争中，甲方可获得对生境的优先占领权。不仅如此，甲方占据特定生境后，还能有效排除异己。

在制作酸菜和泡菜过程中，乳酸细菌旺盛生长，产生大量乳酸而酸化环境，无选择地阻抑其他种群生长，这种作用称为非特异性拮抗（non-specific antagonism）。有的微生物产生抗生素，在很低浓度下有选择地抑制或杀死其他种群，这种作用称为特异性拮抗（specific antagonism）。非特异性拮抗与特异性拮抗均有助于特定种群取得竞争优势。

（2）竞争（competition）

竞争是指两个或两个以上微生物个体（同种或异种）利用同一种有限资源而产生的相互抑制作用。种群内竞争属于"分摊性"竞争，由于竞争者的能力相同，每个个体获得的资源均等。当摊得的资源不足以维持生存时，种群死亡率急剧从 0 上升至 100%（有福共享，有难同当）。种群间竞争比较复杂，既可因共同资源短缺而直接争夺资源（即资源竞争）；也可为争夺资源（资源不一定短缺）而在获取资源的过程中损害对方（即干扰竞争）。

从生态学理论上看，竞争都是针对生态位的，服从竞争排斥原理。生态位（niche）是用来描述物种资源空间特征的一个概念，以表明该物种在生物群落中的位置和作用。生态位不仅包括生物占有的物理空间，还包括它在生物群落中的功能地位以及它在温度、pH 和其他生存条件的环境梯度中的位置。当两个种群被迫竞争某种共同且有限的资源时，总有一个种群被排挤出局；除非双方的生态位明显有别，这就是竞争排斥原理（competition exclusion principle）。种群间生态位越近，彼此竞争越激烈。1934 年，高斯以两种亲缘关系很近的原生动物大草履虫（*Paramecium caudatum*）和双小核草履虫（*Paramecium aurelia*）为材料，做了竞争试验。结果显示，在两个种群单独培养过程中，只要细菌（猎物）供给充足，两种草履虫都能生长并维持在一定水平。但将两个种群共同培养后，经过 16 天竞争，只有双小核草履虫幸存，大草履虫被淘汰。相反，将大草履虫和囊状草履虫（*Paramecium bursaria*）放在一起培养时，双方可以共同生长并达成平衡。尽管两者竞争同一食物，但它们分布在培养瓶不同部位。生态位的分离保证了双方的长期共存。

（3）捕食（predation）

捕食是指一种较大的微生物直接捕捉、吞食另一种较小的微生物的现象。前者称为猎食者（predator），后者称为猎物（prey）。例如，原生动物能吞食细菌和藻类。捕食关系在污水净化中具有重要意义。

11.2.3 固定区域微生物群落的形成与发展

1. 群落的形成与演替

在没有生物定居史的生境中，先锋种群的侵入可建立初级群落。例如，新生儿降生时，肠道内是无菌的，出生 1～2 小时后便有微生物侵入，开始数量很少，以后逐渐增多，并形成初级群落。在建立初级群落的过程中，先锋种群会改变生境条件，使之有利于自身发展，逐渐扩大自身优势。但随着时间推移，生境条件发生变化，当有更合适的种群侵入时，一些先锋种群逐渐遭到淘汰。这种发生于特定生境中一类群落取代另一类型群落的过程，称为演替（succession）。若这个过程发生在没有生物定居史的生境中，称为初级演替（primary succcession）。若这个过程发生于有生物定居史或有生物群落的生境中，则称为次级演替（secondary succession）。经典生态学认为，在群落演替中，可出现顶级群落（climax communities），它代表着群落内部各个种群之间以及群落与环境之间的动态平衡。现代生态学则认为，顶级群落极少出现，外来干扰可随时打破演替平衡。但不可否认，在许多生物反应器中确实存在相对稳定的微生物群落，它是生物反应器稳定运行的重要保证。

2. 群落的结构与稳定性

生物群落有两种典型结构：一种结构是种类相对较少、但每个种群的个体数相对较多；另一种结构是种类相对较多、但每个种群的个体数相对较少。群落的生物多样性越高，由其构成的食物链(网)越复杂，物流和能流的通道越多。一条通道出现堵塞，可以由其他通道分流。因此，结构复杂的生物群落具有较强的抗干扰能力。这一规律叫做“多样性导致稳定性规律”。

在生态系统的结构和功能之间，可能存在 3 种关系：①功能变化与结构变化一一对应。群落结构与群落功能密切相关，一方变化必然引起另一方变化。②功能变化先于结构变化。群落功能对胁迫的敏感性高于群落结构，胁迫已影响个体(或种群)的生理功能，但还没有使其淘汰而影响群落结构。③功能变化后于结构变化。群落功能对胁迫的敏感性低于群落结构。胁迫已使个体(或种群)淘汰而改变群落结构，但群落中存在相同的生理群，它们分担了被淘汰菌群的生理功能。

当受到外来因素干扰时，群落能通过自我调节恢复初始状态，即群落具有一定的稳定性。例如，反应器内积累硫化氢，可抑制硫化氢产生菌代谢，促进硫化氢利用菌生长；硫化氢利用菌增加后，可有效地降低硫化氢浓度，解除对硫化氢产生菌的抑制，同时也会限制硫化氢利用菌自身的生长；最终反应器恢复初始状态。当然，群落稳定是有条件的。当外来干扰超过一定强度时，群落丧失自我调节能力，遭受损害甚至崩溃。例如，有毒污染物大量进入水体，可彻底摧毁水体中现存的群落。

11.3　微生物与非生物环境之间的关系

自然界蕴藏着极其丰富的元素储备。原始地球上所含的主要元素有 O、Si、Mg、S、Na、Ca、Fe、Al、P、H、C、Cl、F 和 N 等，大自然对于生物世界来说，可比喻为一个庞大无比的“元素银行”。随着地球上生命起源和不断繁荣发展，“元素银行”中为构建生物体所必需的 20 种左右常用元素就会逐步被“借用”直至“借空”，从而使它无法继续运转，因而生物界亦将不再有任何生机。因此，自然法则要求任何生物个体在其短暂的一生中，只能充当一个向“元素银行”暂借所需元素的临时“客户”，而绝不允许它永久霸占。在大自然这一铁的法则中，微生物实际上扮演了一个不可或缺的“比债者”(即分解者或还原者)的作用。任何地方，一旦阻碍了微生物的生命活动，那里就会失去生态平衡。可以认为，整个生物圈要获得繁荣昌盛和发展，其能量来源是太阳，而其元素来源则主要依赖于由微生物所推动的生物地球化学循环。

生物地球化学循环(biogeochemical cycle)是各种营养元素在有机态与无机态之间循环转化的集合。自地球形成至今，微生物在其中起着极其重要的作用，甚至会影响到今后地球的发展。

11.3.1　碳素循环

1. 自然界碳元素存在形式

碳元素是组成生物体各种有机物中最主要的组分，它约占有机物干重的 50%。自然界中碳元素以多种形式存在着，包括周转极快的大气中的 CO_2、溶于水中的 CO_2（H_2CO_3、HCO_3^- 和 CO_3^{2-}）和有机物（死或活的生物）中的碳，此外，还有储量极大、很少参与周转的岩石（石灰石、大理石）和化石燃料（煤、石油、天然气等）中的碳。

2. 碳元素循环

碳素循环见图 11-1。碳循环是以 CO_2 和有机碳化合物之间的转化为中心的。绿色植物和微生物（藻类、光合细菌、蓝细菌等）通过光合作用固定 CO_2，合成有机碳化合物（淀粉、纤维素、蛋白质、脂肪、糖、有机酸等），同时把光能转化成化学能，进而组成生物体本身，植物和微生物通过呼吸作用获得能量，同时释放出 CO_2。当生物死亡后，其所含有机碳化合物被微生物分解，产生大量 CO_2，回到大气或水中。于是便完成碳元素的循环过程。

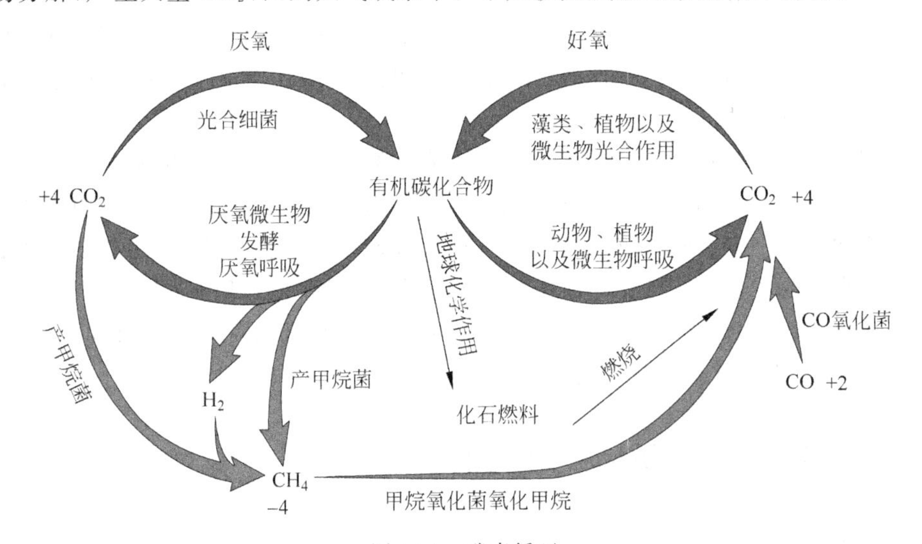

图 11-1 碳素循环

引自：Joanne M W，et al. Prescott's Microbiology，8th ed. McGraw-Hill，2010.

3. 微生物在碳循环中的作用

微生物在碳循环中发挥着最大的作用，主要表现为两个方面，一是通过光合作用固定 CO_2，二是通过分解作用再生 CO_2。

（1）光合作用

藻类、蓝细菌及光合细菌，通过光合作用将大气中的 CO_2 转化成有机碳化合物。其中藻类、蓝细菌进行的是放氧性的光合作用，起主要作用，但在某些情况下，光合细菌进行的不放氧的光合作用也是不可忽视的。另外，有少量化能自养微生物通过非光合作用形式也能固定 CO_2。

（2）分解作用

自然界含碳有机物的分解，主要是依靠微生物的作用。在有氧条件下，有机物被好氧或兼性厌氧的异养微生物分解，最终产物为 CO_2，剩下不可降解或难降解的含碳有机物组成腐殖质。而在厌氧条件下，有机物被厌氧菌或兼性厌氧菌作用，发生发酵或无氧作用，产物主要是有机酸、醇、CO_2、氢等。由于含碳有机物的种类极其多样，不同有机物被不同的微生物分解。在自然界中参与有机物分解的主要是细菌、真菌和放线菌。

4. 当代碳循环面临的问题

当今全球范围的碳素循环问题，已从生态学领域的学术问题迅速提升到全人类都高度关注的重大社会问题。它的确关系到人类能否制止正在发展的全球气候变暖、生态恶化以及如何保证全人类和谐相处和经济、社会持续发展等许多根本问题。自从18世纪中叶英国开展产业革命以来，随着煤炭、石油和天然气类化石燃料的大量消耗，大气中 CO_2 体积分数已从原初的0.028%上升至目前的0.038%的高水平，由此引起的温室效应导致了全球变暖和生态恶化等一系列威胁人类正常生存的严重问题。

从2003年英国发布能源问题白皮书《我们能源的未来：创建低碳经济》以后，低碳能源、低碳经济等一系列冠以"低碳"的新名词不断涌现，如低碳产业、低碳技术、低碳发展、低碳社会、低碳城市和低碳生活等，其总目标是要求全人类都应尽快从传统的"高碳"生产和生活方式转变为理性的"低碳"生产和生活方式，努力达到低耗能、低排放、低污染和可循环的要求，尽快改变人类长期以来对碳基能源的过度依赖，积极降低人类社会对温室气体（CO_2、CH_4 等）的排放，以使人类社会和经济的运转始终处在可持续发展的良性状态下。

11.3.2 氮素循环

由于氮元素在整个生物界中的重要性，故自然界中氮素循环极其重要。从图11-2可以看出，在氮素循环的8个环节中，有6个只有通过微生物才能进行，特别是为整个生物圈开辟氮素营养源的生物固氮作用，更属原核生物的"专利"，因此，可以认为微生物是自然界氮素循环中的核心生物。

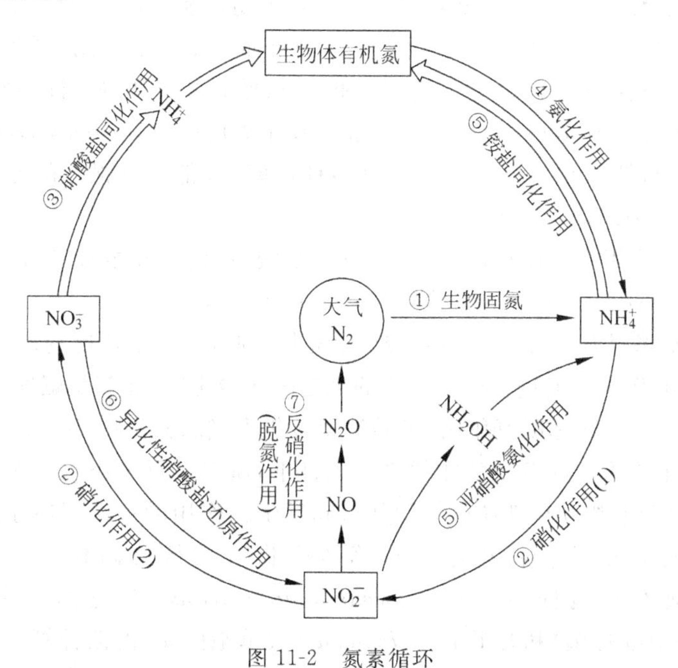

图 11-2 氮素循环

1. 自然界氮元素存在形式

氮元素及其化合物的种类和化合价为：$R\text{-}NH_2$（-3）、NH_3（-3）、N_2（0）、N_2O（$+1$）、

$NO(+2)$、$NO_2^-(+3)$、$NO_2(+4)$和$NO_3^-(+5)$，主要形式有氨和铵盐、亚硝酸盐、有机含氮物和气态氮5类。其中前3类呈高度水溶性，是植物和大部分微生物的良好氮素营养，但自然界存量过少；第4类是各种活的或死的含氮有机物，在自然界含量也很少，必须通过微生物的分解才能重新被绿色植物等所利用；第5类即气态氮是自然界最为丰富的氮元素库，全球蕴藏量达10^{13} t，可是，只有极少数的原核固氮生物才能利用它。

2. 氮元素循环

(1) 生物固氮　生物固氮为地球上整个生物圈中一切生物提供了最重要的氮素营养源。据估计，全球年固氮量约为2.4×10^8 t，其中约85%是生物固氮。在生物固氮中，60%由陆生固氮生物完成，各种豆科植物尤为重要，40%由海洋固氮生物完成。

(2) 硝化作用　铵态氮经硝化细菌的氧化，转变为硝酸态氮的过程，称硝化作用。此反应必须在通气良好、pH接近中性的土壤或水体中才能进行。硝化作用分两阶段：氨氧化为亚硝酸，由一群化能自养菌亚硝化细菌引起，如*Nitrosomonas*(亚硝化单胞菌属)等；亚硝酸氧化为硝酸，由一群化能自养菌硝酸化细菌引起，例如*Nitrobacter*(硝化杆菌属)等。硝化作用在自然界氮素循环中是不可缺少的一环，但对农业生产并无多大利益，主要是硝酸盐比铵盐水溶性强，极易随雨水流入江、河、湖、海中，它不仅大大降低肥料的利用率(硝酸盐氮肥一般利用率仅40%)，而且会引起水体的富营养化，进而导致"水华"或"赤潮"等严重污染事件的发生。土壤中硝化作用可用化学药剂硝吡啉去抑制。

(3) 同化性硝酸盐还原作用　指硝酸盐被生物体还原成铵盐并进一步合成各种含氮有机物的过程。所有绿色植物、多数真菌和部分原核生物都能进行此反应。

(4) 氨化作用　指含氮有机物经微生物的分解而产生氨的作用，可在通气或不通气条件下进行。含氮有机物主要是蛋白质、尿素、尿酸、核酸和几丁质等。许多好氧菌如*Bacillus* spp.(多种芽孢杆菌)、*Proteus vulgaris*(普通变形杆菌)、*Pseudomonas fluorescens*(荧光假单胞菌)和一些厌氧菌如*Clostridium* spp.(多种梭菌)等都具有强烈的氨化作用能力。氨化作用对提供农作物氮素营养十分重要。

(5) 铵盐同化作用　以铵盐作营养，合成氨基酸、蛋白质和核酸等有机含氮物的作用，称铵盐同化作用，一切绿色植物和许多微生物都有此能力。

(6) 异化性硝酸盐还原作用　指硝酸离子充作呼吸链(电子传递链)末端的电子受体而被还原为亚硝酸的作用。能进行这种反应的都是一些微生物，尤其是碱性厌氧菌。

(7) 反硝化作用　又称脱氮作用，指硝酸盐转化为气态氮化物(N_2和N_2O)的作用。由于它一般发生在pH为中性至微碱性的厌氧条件下，所以多见于淹水土壤或死水塘中。在无氧条件下，催化硝酸盐异化性还原作用并引起反硝化作用的一系列还原酶都呈现去阻碍作用。一些化能异养微生物和化能自养微生物可进行反硝化作用，例如*Bacilllus licheniformis*(地衣芽孢杆菌)、*Paracoccus denitrificans*(脱氮副球菌)、*Thiobacillus denitrificans*(脱氮硫杆菌)和若干*Pseudomonas*(假单胞菌属)的菌种等。反硝化作用会引起土壤中氮肥严重损失(可占施入化肥量的3/4左右)，因此对农业生产十分不利。

(8) 亚硝酸氨化作用　指亚硝酸通过异化性还原经羟胺转变成氨的作用。*Aeromonas* spp.(一些气单胞菌)、*Bacillus* spp.(一些芽孢杆菌)和*Enterobacter* spp.(一些肠杆菌)等可进行此类反应。

11.3.3 硫素循环与细菌沥滤

1. 硫素循环(图 11-3)

硫是构成生命物质所必需的元素。在生物体内,一般 C、N、S 质量比约为 100∶10∶1。自然界中蕴藏着丰富的硫,其中硫素循环方式与氮素相似,每个环节都有相应的微生物群参与。

(1) 同化性硫酸盐还原作用 指硫酸盐经还原后,最终以巯基形式固定在蛋白质等成分中。可由植物和微生物引起。

(2) 脱硫作用 指在无氧条件下,通过一些腐败微生物的作用,把生物体中蛋白质等含硫有机物中的硫分解成 H_2S 等含硫气体的作用。

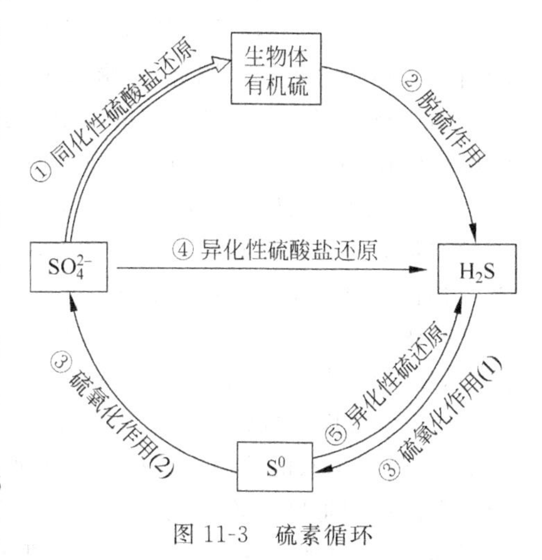

图 11-3 硫素循环

(3) 硫化作用 即硫的氧化作用。指 H_2S 或 S^0 被微生物氧化成硫或硫酸的作用,如好氧菌 *Beggiatoa*(贝日阿托氏菌属)和 *Thiobacillus*(硫杆菌属),以及光合厌氧菌 *Chlorobium*(绿菌属)和 *Chromatium*(着色菌属)等进行此反应。

(4) 异化性硫酸盐还原作用 指硫酸作为厌氧菌呼吸链(电子传递链)的末端电子受体而被还原为亚硫酸或 H_2S 的作用,*Desulfovibrio*(脱硫弧菌属)等和 *Desulfobacter*(脱硫菌属)能进行此反应。

(5) 异化性硫还原作用 指硫还原成 H_2S 的作用,可由 *Desulfuromonas*(脱硫但胞菌属)和一些超嗜热古生菌等引起。

微生物不仅在自然界硫元素的循环中发挥了巨大作用,而且还与硫矿的形成,地下金属管道、船舰和建筑物基础的腐蚀,铜、铀等金属的细菌沥滤,以及农业生产等都有密切的关系。在农业生产中,微生物硫化作用产生的硫酸,不仅是植物的硫素营养源,而且还有助于磷、钾等营养元素的溶出和利用。当然,在通气不良的土壤中发生硫酸盐还原时,产生的 H_2S 会引起水稻烂根等毒害,应予以防止。

2. 细菌沥滤

细菌沥滤又称细菌浸矿或细菌冶金。在我国宋朝,江西等地已有自发地应用细菌沥滤技术生产过铜的记载。现代细菌沥滤技术是在 1947 年后才发展起来的。其原理是利用化能自养细菌对金属矿物中的硫或硫化物进行氧化,使它不断生产和再生酸性浸矿剂,并让低品位矿石中的铜等金属以硫酸铜等形式不断溶解出来,然后再采用电动序较低的铁等金属粉末进行置换,以此获取铜等有色金属或稀有金属。

细菌沥滤特别适合于次生硫化矿和氧化矿的浸取,其浸取率可达 70%~80%,也适合于锰、镍、锌、钴和钼等硫化矿物或铀和金等若干稀有元素的提取。其优点是投资少、成本低、操作简便、污染少以及规模可大可小,尤其适合于贫矿、废矿、尾矿或火冶矿渣重金属的浸出;缺点是周期长、矿种有限以及不适合高寒地带使用等。

11.3.4 磷素循环

磷在一切生物遗传信息载体、生物膜以及生物能量转换和储存物质的组成中不可缺少，所以，它是一切生命物质中的核心元素。然而，在生物圈中，以磷酸形式存在的生物可利用的磷元素却十分稀缺。因此，掌握磷元素的转化规律，对知道农业生产有很大的意义。

由于磷元素及其化合物没有气态形式，且磷无价态的变化，故称磷素循环。磷素循环是磷的化学循环，较其他元素简单，属于一种典型的沉积循环。它的3个主要转化环节为：

(1) 不溶性无机磷的可溶性。土壤或岩石中的不溶性磷化物主要是磷酸钙和磷灰石；由微生物对有机磷化物分解后产生的磷酸，在土壤中也极易形成难溶性的钙、镁或铝盐。在微生物代谢过程中产生的各种酸，包括多种细菌和真菌产生的有机酸，以及一些化能自养细菌如硫化细菌和硝化细菌产生的硫酸和硝酸，都可促使无机磷化物的溶解。因此，在农业生产中，还可利用上述菌种与磷矿粉的混合物制成细菌磷肥。

(2) 可溶性无机磷的有机化。此即各类生物对无机磷的同化作用。在施用过量磷肥的土壤中，会因雨水的冲刷而使磷元素随水流至江、河、湖、海中；城镇居民大量使用含磷洗涤剂也会使周边地区水体磷元素超标。当水体中可溶性磷酸盐的浓度过高时，会造成水体的富营养化，这时如氮素营养适宜，就促使蓝细菌、绿藻和原生动物等大量繁殖，并由此引起湖水中的“水华”或海水中的“赤潮”等大面积的环境污染事故。含磷洗涤剂中的三聚磷酸钠对水体有效磷的贡献率高达50%以上，它可被藻类等水生生物很快吸收利用，故是水体富营养化的主要原因。

(3) 有机磷的矿化。生物体中的有机磷化物进入土壤后，通过微生物的转化、合成，最后主要以植酸盐、核酸及其衍生物和磷脂3种形式存在。它们经各种腐生微生物分解后，形成植物可利用的可溶性无机磷化物。此外，近年来还发现海洋底部蕴藏着地球上最丰富的有机磷(主要是DNA)储藏库，经微生物分解后，可为海洋浮游植物提供其所需磷的47%之巨。这类微生物包括 *Bacillus* spp.(一些芽孢杆菌)、*Streptomyces* spp.(一些链霉菌)、*Aspergillus* spp.(一些曲霉)和 *Penicillium* spp.(一些青霉)等。有一株 *Bac. megaterium var. phosphaticum*(解磷巨大芽孢杆菌)，因能有效分解核酸和卵磷脂等有机磷化物，故早已被制成磷细菌肥料应用于农业的增产上了。

复习思考题

11-1 生物在个体、种群、群落和生态系统各个不同层次上有什么特点？

11-2 什么是生态平衡？生态平衡具有什么特征？

11-3 何谓生物地球化学循环？

11-4 简述微生物在碳素循环中的作用。

11-5 氮素循环包括哪几个环节？

11-6 何谓生物固氮？有哪几种类型？

11-7 简述硝化和反硝化的生化过程。

11-8 为什么大多数微生物利用硫酸盐而不利用硫化氢作为碳源？

11-9 硫磺细菌与硫化细菌有何差别？

11-10 微生物促进磷酸钙或磷灰石溶解的机理有哪些？

第12章

微生物在自然环境中的分布及检测方法

12.1 微生物在水体环境中的分布及检测

12.1.1 不同水体中微生物的种类及分布

水环境是海洋、湖泊、河流、沼泽、冰川、极地水、温泉、水库、地下水等的总称。在各种水体中都能找到微生物的分布，水体是微生物活动的第二场所。淡水中的微生物主要来自土壤、空气、动植物尸体及分泌排泄物、工业废水、生活污水等。因此，土壤中大部分细菌、放线菌和真菌在水体中几乎都能找到。但多数进入水域的土壤微生物由于不适应水体环境而逐渐死亡，仅有部分能在水体中居留下来成为水体微生物。因水体中所含有机物、无机物、氧、毒物以及光照、酸碱度、温度、水压、流速、渗透压和生物群体等的明显差别，可把水体分成许多类型，各种水体又有其相应的微生物区系。

1. 淡水型水体的微生物

地球表面约有 2/3 面积被水体覆盖，水的总储量约有 13.6 亿 km^3，但淡水量只占其中的 2.7%。约 90%的淡水都以雪山、冰源或深层地下水等人类难以利用的形式存在。在江、河、湖和水库等的淡水中，若按其中有机物含量的多寡及其与微生物的关系，还可分为两类，即：①清水型水生微生物——存在于有机物含量低的水体中，以化能自养微生物和光能自养微生物为主，如硫细菌、铁细菌、衣细菌、蓝细菌和光合细菌等。少量异养微生物也可生长，但都属于只在低浓度的有机质的培养基上就可正常生长的贫营养细菌，例如，*Agromonas oligotrophica*（寡养土壤单胞菌）就可在<1mg C/L 的培养基上正常生长。②腐败型水生微生物——在含有大量外来有机物的水体中生长，例如流经城镇的河水、下水道污水、富营养化的湖水等。由于在流入大量有机物的同时还夹带入大量腐生细菌，所以引起腐败型水生细菌和原生动物大量繁殖，每毫升含菌量可达到 $10^7 \sim 10^8$ 个，它们中主要是各种肠道杆菌、芽孢杆菌、弧菌和螺菌等。

在较深的湖泊或水库等淡水生境中，因光线、溶解氧和温度等的差异，微生物呈明显的垂直分布带：①沿岸区或浅水区，此处因阳光充足和溶氧量大，故适宜蓝细菌、光合藻类和好氧性微生物，如 *Pseudomonas*、*Cytophaga*（噬纤维菌属）、*Caulobacter*（柄杆菌属）和 *Hyphomicrobium*（生丝微菌属）的生长；②深水区，此区因光线微弱、溶氧量少和硫化氢含量较高等原因，故只有一些厌氧光合细菌（紫色和绿色硫细菌）和若干兼性厌氧菌可以生长；③湖底区，这里由严重缺氧的污泥组成，只有一些厌氧菌才能生长，例如 *Desulfovibrio*（脱硫弧菌属）、*Methanogens*（产甲烷菌类）和 *Clostridium*（梭菌）等。

2. 海水型水体微生物

海洋是地球上最大的水体,咸水占地球总水量的97.5%。一般海水的含盐量为3%左右,所以海洋中土著微生物必须生活在含盐量为2%～4%的环境中,尤以3.3%～3.5%为最适盐度。海水中的土著微生物种类主要是一些藻类以及细菌中的*Bacillus*(芽孢杆菌属)、*Pseudomonas*(假单胞菌属)、*Vibrio*(弧菌属)和一些发光细菌等。此外,海洋中还存在数量约为细菌10倍的病毒(主要是噬菌体)。从海洋表面至11034m深海沟以及海底软泥层中都有微生物生活着,估计微生物有500万～1000万种。

海洋微生物的垂直分布带更为明显,原因是海洋的平均深度即达4km,最深处为11km。从海平面到海底一次可分4区:①透光区,此处光线充足,水温高,适合多种海洋微生物生长;②无光区,在海平面25m以下直至200m间,有一些微生物活动着;③深海区,位于200～6000m深处,特点是黑暗、寒冷和高压,只有少量微生物存在;④超深渊海区,特点是黑暗、寒冷和超高压,只有极少数耐压菌才能生长。

12.1.2 水体微生物污染

致病菌进入水体或某些藻类大量繁殖,致使水质恶化,直接或间接危害人类或生态健康的现象,称为水体微生物污染(water microbial pollution)。

1. 常见的水传染性病原菌

常见的水传性人类和动物疾病有霍乱、伤寒、痢疾、肝炎等。其致病菌主要有病毒、细菌、真菌、原生动物等。各种病原菌的致病性强弱不一,与病原菌、感染对象以及环境条件有关。

1) 细菌

(1) 霍乱弧菌

自1817年以来,全球发生过7次霍乱大流行。有人认为,现在仍处于第8次大流行的高危险期。霍乱是令世人胆寒的以腹泻为主要症状的烈性传染病,传播快,发病急,在我国被列为甲类传染病。

霍乱弧菌(*vibrio cholerae*)是霍乱病原菌。在1883年第5次大流行中,Koch从埃及患者粪便中首次发现了霍乱弧菌。霍乱弧菌产生肠毒素,可引起呕吐和腹泻,并在短期内使人体脱水,造成急性肾衰竭。在胃中,大约10^8～10^9个病原菌可导致发病;若饮用苏打水中和胃酸,10^4个病原菌即可导致发病。

(2) 沙门氏菌

沙门氏菌(*Salmonella*)是造成水传性疾病暴发以及食物中毒的重要原因之一。在1860—1865年美国南北战争期间,士兵把生活废弃物丢至河流上游,却在河流下游取水引用,致使伤寒大规模暴发。1890年美国每10万人中有30人死于伤寒。1907年,美国开始在各大城市普及水过滤技术。1914年开始采用氯化消毒技术。至1928年,美国每10万中死于伤寒的人数降至5人。

沙门氏菌是引起伤寒的病原菌,包括6个亚属,2200多个血清型。人类感染沙门氏菌,轻者引发自愈性胃肠炎,重者引发致死性伤寒。

沙门氏菌经常存在于屠宰场污水、畜禽放养塘污水、医院污水、伤寒患者以及带菌者粪便中。可在 25℃污泥中存活 8～12 周,可在 30℃医院污水中存活 279d 以上。

(3) 大肠杆菌

大肠杆菌是造成婴儿腹泻的主要病原菌之一,也可引起成人和畜禽感染。人类的致病性大肠杆菌有五大群,即肠道致病性大肠杆菌、肠道侵袭性大肠杆菌、肠道产毒素性大肠杆菌、肠道出血性大肠杆菌以及肠道黏附性大肠杆菌。

致病性大肠杆菌的致病力很强,只需 100 个细菌即可致病,潜伏期为 1～7d。1996 年,日本发生肠道出血性大肠杆菌感染事件,9000 多名儿童被该菌感染,流行病学调查发现,该事件的起因是致病性大肠杆菌通过污水污染萝卜苗,患者生吃了被大肠杆菌污染的萝卜苗。

(4) 军团病

1976 年夏天,美国军团集会,期间暴发肺炎,因此将这种疾病称为军团菌病。据报道,美国每年有 1.3 万例军团菌病,病死率较高。军团菌病的潜伏期为 2～10d。

嗜肺军团菌(*Legionella pneumophila*)是军团菌病的病原菌,存在于人工喷泉、热水龙头、淋浴器、空调器、冷却塔等装置内。已确认的军团菌有 41 个种,共 63 个血清型。军团菌感染人类的主要途径是呼吸道。该属细菌个体微小,在人类正常呼吸时,会将含有军团菌的气溶胶吸入呼吸道,致使军团菌感染肺泡组织和巨噬细胞,引发炎症,导致军团菌病。

2) 病毒

甲型肝炎病毒(hepatitis A virus,HAV)和戊型肝炎病毒(hepatitis E virus,HEV)可通过粪便污染水体。HAV 属于新肠道病毒,可在污水和甲肝患者粪便中存活较长时间,并通过水体传播。甲型肝炎是常见的消化道传染病,曾在我国沿海地区散发流行,也曾多次暴发流行。1971—1978 年,美国水源性疾病暴发流行 224 起,其中 12 起由 HAV 所致。

戊型肝炎也是一种水源性暴发流行的疾病。在潜伏期和急性期,戊型肝炎患者和实验动物粪便中含有大量病毒,易成为传染源,通过饮水和接触感染敏感人群。常见的传播途径是粪-口途径。1991 年印度 Kanpur 地区水源被粪便污染,造成了戊型肝炎大流行。

3) 原虫

隐孢子虫(*Cryptosporidium*)属于球虫目原虫,广泛寄生于哺乳类、鱼类、鸟类和爬行类的家养和野生脊椎动物内。它是一类引起哺乳动物腹泻的肠道原虫。迄今已在 68 个国家发现隐孢子虫病。隐孢子虫的卵囊可通过人类和动物排泄物进入环境。卵囊对氯气消毒的抵抗力很强,能够在经过氯气消毒处理的饮用水中存活;对人类有超常的感染力,只要饮用水或食物中存在少数卵囊,即可危害人类健康。1993 年 4 月,美国 40 万人因饮用消毒不彻底的供水而被隐孢子虫感染,死亡人数超过 100 人。

阿米巴(amoeba)可通过粪便直接污染水体,也可以通过土壤间接污染水体。1965 年,美国佛罗里达州出现一种未知疾病。夏天十几岁的青少年在湖泊或河流中游泳后,几天内即患这种疾病。其症状先是剧烈头痛,后是昏迷,死亡率很高。后来确诊,这是阿米巴感染所致的脑膜炎。由于施用粪肥,阿米巴以休眠孢囊的形式存在于土壤中。当大量细菌聚集在这类孢囊周围时,细菌分泌物会激活阿米巴,使其恢复感染性。湖泊和河流被有机物污染后,水体中存在大量细菌,一旦阿米巴随土壤进入水体,这些细菌就会使阿米巴从休眠状态转变为活性状态,并在水体中繁殖和聚集。阿米巴通过鼻子侵入脑膜而使游泳者致病。

2. 水体病原菌的来源与传染

1) 水体病原菌的来源

清洁水体中的微生物含量不高，通常 1mL 水中含有几十至几百个细菌，并以自养型细菌为主，对人类和生态系统无害。

清洁水体经常接受来自空气、土壤、污水、垃圾、粪便、动植物残体的各种微生物，其中不乏病原菌。病原菌污染水体的主要途径是：①随气溶胶和空气降尘进入水体；②随土壤和地表径流进入水体；③随垃圾和人畜粪便进入水体；④随医院污水、养殖污水、生活污水以及制革、洗毛、屠宰等工业废水进入水体。一旦病原菌进入水体，即能以水体作为生存和传播的媒介。

2) 水体病原菌的传染

水体病原菌的传染方式主要有：

(1)"接触-皮肤感染"途径。当皮肤、黏膜接触带有病原菌的污水时，病原菌感染人体接触部位。例如，接触带有葡萄球菌(*Staphylococcus*)的水体，可造成损伤皮肤化脓。

(2)"饮水-肠道感染"途径。通过饮水，水中病原菌经口进入肠道，致使肠道感染。1991 年 1 月秘鲁发生霍乱暴发流行，并传播蔓延至中美洲和南美洲各国。共出现 104 万个病例，致死 9642 人。事后流行病学调查发现，这次霍乱暴发流行的病因是饮用水消毒不彻底，其中含有霍乱弧菌。

(3)"水产品-肠道感染"途径。进入水体的病原菌可感染水产品，如鱼、虾等，当人们食用这些带菌食品时，便会被病原菌感染。1988 年上海甲肝暴发流行，临床患者累计 31 万人。

12.1.3 水体微生物的检测

1. 水质的细菌总数检测

细菌总数是指 1mL 水样中所含菌落(colony formation unit，简称为 CFU，菌落形成单位)的总数。所用的方法是稀释平板计数法，即将原样或稀释后的水样置于营养琼脂培养基上，37℃培养 24h 后，计算平皿内菌落数目乘以稀释倍数，即得 1mL 水样中所含的细菌菌落总数，它反映的是检样中活菌的数量。由于细菌常以块状、链状、片状聚在一起，因而一个菌落通常不是一个细菌细胞增生的，所以此法测定获得的水中菌数较实际要低。

水中大多数细菌并不致病，但水中细菌总数越少越好。菌数越高，表示水体受有机物或粪便污染越高，被病原菌污染的可能性亦越大，但不能说明污染物的来源，也不能判断病原微生物的存在与否。细菌总数指标仅仅具有相对的卫生学意义。

细菌总数是一个相对指标。每种细菌都有独特的营养要求和生理特性，一种培养基和一种培养条件很难满足所有细菌的需要。但在实际工作中，细菌总数却是采用一种培养基和一种培养条件测定的。这样测得的细菌总数并不是水样中的实际细菌总数。在测定条件下不能生长或生长缓慢的细菌均可能被遗漏。另外，人工培养基与培养条件不同于自然水体，即使水样中的所有细菌都能生长，测定值也有别于实际细菌总数。

根据水样中的细菌总数，可将天然水体分为几类：①细菌总数 10～100CFU/mL，极清洁水体；②100～1000CFU/mL，清洁水体；③$10^3$～10^4CFU/mL，不太清洁水体；④$10^4$～

10^5CFU/mL,不清洁水体；⑤大于 10^5CFU/mL,极不清洁水体。我国《生活饮用水卫生标准》(GB 5749—2006)规定,生活饮用水中的细菌总数不得大于 10^2CFU/mL。

2. 水质粪便污染指示菌及其检测

人畜粪便中携带着多种微生物,其中一些是肠道内的正常菌群,对人类健康无害；一些是病原菌,对人类健康有害。如果将带有致病菌的粪水排入水体,就会污染水源,引发多种肠道疾病,甚至导致水传性疾病暴发流行。因此,检测水体粪便污染情况很有必要。

1) 粪便污染指示菌

受污染水体中的病原菌数量很少,直接检测不仅操作繁琐、检测困难,而且结果阴性也不能保证水样中不含致病菌。在水质卫生学检查中,通常采用易检出的肠道细菌作为指示菌,取代对致病菌的直接检测。若水样中检出指示菌,即认为水体曾受粪便污染,可能存在致病菌。

作为粪便污染指示菌,应当满足如下条件：①该菌大量存在于人畜粪便中,数量多于病原菌；②该菌不存在于未被人畜粪便污染的水体中,但易从人畜粪便污染的水体中检出；③该菌在水体中不会自行繁殖；④该菌在水体中的存活时间长于致病菌,对氯和臭氧等消毒剂以及其他不利因素的抵抗力强于致病菌；⑤该菌检测简捷；⑥该菌适用于淡水、海水等各种水体。令人遗憾的是,迄今仅发现满足部分条件,但不完全满足所有条件的粪污指示菌。目前主要选用大肠菌群(coliform group,简称 coliform)、粪链球菌(*Streptococcus faecalis*)、产气荚膜梭菌(*Clostridium perfringens*)用作粪污指示菌。

2) 大肠菌群

大肠菌群是人肠道中正常的寄生菌,是一群需氧和兼性厌氧的,能在 37℃、24h 内使乳糖发酵产酸产气的革兰氏阴性无芽孢杆菌,包括埃希菌属(*Escherichia*)、柠檬酸杆菌属(*Citrobacter*)、肠杆菌属(*Enterobacter*)、克雷伯菌属(*Klebsiella*)等。它们和肠道病原微生物一起随粪便进入水体,随水流传播,可引起肠道病暴发流行。在水质检测中通常用“大肠菌群指数”和“大肠菌群值”表示。

大肠菌群指数是指每 100mL 水中所含的大肠菌群细菌的个数。大肠菌群值则是指检出一个大肠菌群细菌的最少水样量(毫升数)。两者间的关系可表示为：

$$大肠菌群值 = 100 \div 大肠菌群指数$$

为了排除自然环境中原有大肠菌群的干扰,在检测中可将培养温度提高至 44℃。能在 44℃生长并发酵乳糖产酸产气的大肠菌群主要来自粪便,称为“粪大肠菌群”。能在 37℃生长并发酵乳糖产酸产气的大肠菌群,称为总大肠菌群(total coliform)。据调查,在人粪中,粪大肠菌群占总大肠菌群数的比例为 96.4%。

我国《生活饮用水卫生标准》(GB 5749—2006)规定：生活饮用水中,总大肠菌群、耐热大肠菌群和大肠埃希氏菌都不得检出,即 0CFU/mL。

(1) 大肠菌群检测的目的和原理

肠道中病原菌数量少,培养条件苛刻,分离和鉴别都很困难,即使样品病原菌检测为阴性,也不能保证无病原微生物存在。而大肠菌群在人肠道和粪便中数量最多,成人每人每日由粪便排出的大肠菌群细菌多达 $(5\sim100)\times10^{10}$ 个,而且,大肠菌群细菌在水中存活的时间、对消毒剂和水体中不良因素的抵抗力等都与病原菌相似；再者,检测大肠菌群方法比较简单易行,所以通常把大肠菌群作为水源被人畜排泄物污染的指示微生物,一定程度上指示水体中病原菌存在的可能性。目前,国际上已公认大肠菌群的存在是粪便污染的指标。

(2) 大肠菌群的检测方法

常用大肠菌群的检测方法有多管发酵法和滤膜法。

① 多管发酵法(即最大可能数法,Most Probable Numble,MPN)

该法是以无菌操作术向一系列乳糖蛋白胨培养液发酵管中接种一定量的水样,根据乳糖发酵产酸产气的阳性管数,测定水样中所含大肠菌群数。

a. 总大肠菌群。根据水源受污染的情况对接种的水样量要进行系列稀释或浓缩,同时设平行管,37℃培养 24 h,发现有发酵乳糖产酸产气现象,则初发酵为阳性反应;再经伊红美蓝平板分离,观察菌落特征,取紫色带金属光泽的典型菌落培养物涂片,革兰氏染色,镜检为革兰氏阴性无芽孢杆菌者再于 37℃培养 24 h 复发酵,若仍为阳性,则证明有总大肠菌群存在。根据阳性管数,查大肠菌群检索表求出大肠菌群的最大可能数。

b. 粪大肠菌群。粪大肠菌群是总大肠菌群的一部分,主要来自粪便,在 44.5℃下仍能发酵乳糖产酸产气,粪大肠菌群能更准确地反映水体受粪便污染的情况。通过提高温度,造成不利于自然环境中大肠菌群的生长条件,从而培养出主要来自粪便的大肠菌群,根据阳性管数,查表求出粪大肠菌群的最大可能数。粪大肠菌群代表水体最近被粪便污染的情况,在卫生学上具有更重要的意义。

② 滤膜法

滤膜法使用的滤膜是孔径为 0.45～0.65μm 的微孔滤膜,将水样注入已灭菌的放有滤膜的滤器,在负压下抽滤水样,水样中细菌被截留在膜上,将该膜转移至伊红美蓝平板上,滤膜与培养基完全贴紧,倒置于 37℃恒温箱中培养 24h。记下典型菌落数,并分别取典型菌落培养物镜检,凡镜检为革兰氏阴性无芽孢杆菌的,取菌落培养物接种于乳糖蛋白胨发酵管,37℃培养 24h,产酸产气者证明有大肠菌群存在。根据滤膜上的大肠菌群细菌菌落数和接种水样量,按下面的公式计算每升水样中大肠菌群细菌的菌落数:

每升水样中总大肠菌群细菌数＝滤膜上生长的总大肠菌群菌落数×(1000÷抽滤水样毫升数)

12.1.4 水体微生物污染的防控

水微生物污染物是指水体中含有有害微生物。生活污水、制革废水、医院废水中都含有相当数量的有害微生物,如病原菌、寄生性虫卵等。某些病原微生物污染水体后会引起传染病暴发流行,影响人类健康和正常的生命活动,严重时会造成死亡。特别是在当今地球生态环境恶变的条件下,有害微生物也有了适宜的生存环境,助长了它们的蔓延。

控制水体微生物的污染首先必须从源头做起,即控制排放废水,尤其是医院废水等微生物的含量,避免大量有害微生物进入水体;其次,消除微生物孳生的环境,净化水体,对地表水、游泳池水要进行定期检测,必要时加入消毒剂以杀灭微生物。

具体防治水体微生物污染的主要措施有:

(1) 加强污水处理。主要是加强医院污水、畜牧场污水、屠宰场污水、禽蛋厂污水、制革厂污水的处理,必须达标排放。

(2) 加强饮用水处理。保证生活饮用水符合水质标准,对农村分散式给水,应通过煮沸或加漂白粉等方式杀灭水中可能存在的病原菌。

12.2 微生物在土壤中的分布及检测

12.2.1 土壤和地层中微生物的种类及分布

1. 土壤中微生物的数量和种类

由于土壤具备了各种微生物生长发育所需要的营养、水分、空气、酸碱度、渗透压和温度等条件，所以成了微生物生活的良好环境。可以说，土壤是微生物的“天然培养基”，也是它们的“大本营”，对人类来说，则是最丰富的菌种资源库。

尽管土壤的类型众多，其中各种微生物的含量变化很大，但一般来说，在每克耕作层土壤中，各种微生物含量大体有一个 10 倍系统的递减规律：细菌(10^8)＞放线菌(10^7，孢子)＞霉菌(10^6，孢子)＞酵母菌(10^5)＞藻类(10^4)＞原生动物(10^3)。由此可知，土壤中所含的微生物数量很大。据统计，在每亩耕作层土壤中，约有霉菌 150kg，细菌 75kg，原生动物 15kg，藻类 7.5kg，酵母菌 7.5kg。通过这些微生物旺盛的代谢活动，可明显改善土壤的物理结构和提高它的肥力。

土壤中细菌种类繁多，大多属异养菌，如固氮菌、纤维分解菌等；亦有自养型，如硝化细菌、硫细菌等。有好氧、微好氧、兼性厌氧和专性厌氧等多种类型，专性厌氧菌中以梭状芽孢杆菌属(*Clostridium*)为主。与水体相比，土壤中革兰氏阴性菌占绝对数量，但革兰氏阳性菌比水体多。土壤中常见的细菌属有假单胞菌属(*Pseudomonas*)、黄单胞菌属(*Xanthemonas*)、根瘤菌属(*Rhixobium*)、土壤杆菌属(*Agrobacterium*)、柄杆菌属(*Caulobacter*)、固氮菌属(*Azotobacter*)、蛭弧菌属(*Bdellovibrio*)、噬纤维菌属(*Cytophage*)、芽孢杆菌属(*Bacillus*)、梭菌属(*Clostridium*)、链球菌属(*Streptococcus*)、微球菌属(*Micrococcus*)、八叠球菌属(*Sarcina*)、棒状杆菌属(*Corynebacterium*)、节杆菌属(*Arthrobacter*)、分枝杆菌属(*Mycobacterium*)等。

土壤中放线菌种类最多的是链霉菌属(*Streptomyces*)，其次是诺卡菌属(*Nocardia*)，此外还有少量小球菌属(*Micrmonospora*)。放线菌在有机质丰富的土壤中数量和种类最多，中性或微碱性条件有利于放线菌的生长，pH 值在 6.5～8 时，种类最丰富。放线菌较耐干旱，在潮湿土壤中比在干旱土壤中少，在渍水条件下，如土壤持水量为 85%～100%，放线菌很少出现。大部分放线菌是中温性种类，最适温度范围为 28～30℃。放线菌在土壤中参与各种有机化合物分解，能将有机质分解形成土壤长最稳定有机化合物——腐殖质。

土壤中存在着大多数类型的真菌。如毛霉目的毛霉(*Mucor*)、根霉(*Rhizopus*)和被孢霉(*Mortierilla*)、半知菌类的青霉(*Penicillium*)、曲霉(*Aspergillus*)、枝孢霉(*Cladosporium*)、镰刀霉(*Fusarium*)、交链孢霉(*Alternaria*)、葡萄孢霉(*Botrytis*)等。真菌是严格好氧类群，在通气良好的耕作土壤中广泛分布，一般在土壤深度 10cm 左右，以真菌数量为多；深度超过 30cm，真菌数量明显下降。在渍水的土壤中，真菌的数量和种类都减少。真菌中酵母菌的最适 pH 值范围为 3.0～6.0，霉菌最适 pH 值范围为 3.8～6.0。所以，在偏酸性土壤中真菌数量较多。真菌是参与土壤中有机质分解过程的主要成员之一，它们具有能使土壤中植物残体的主要成分——纤维素、木质素和果胶分解的作用，同时也能分解含氮的蛋白质类化合物而释放出氨，真菌还能参与土壤有机质分解与腐殖质合成，直接影响到土壤肥力。霉菌的菌丝体积累在土壤中起改良土壤团粒结构的作用。

土壤中藻类数量较少，不及土壤微生物总数的1%。以单细胞绿藻和硅藻为多见，多生长在潮湿的土壤至层下数厘米处。土壤中蓝细菌常见的有鱼腥藻、念珠藻、颤藻等属中的某些种，在偏碱条件下易出现。

原生动物在不同土壤中数量变化很大。在富含有机质的土壤中含量较多，可有鞭毛虫、纤毛虫和肉足虫等类，以吞食土壤中细菌、藻类等微生物及有机小颗粒为生。

2. 土壤中微生物的分布

土壤微生物具有明显的水平分布和垂直分布特征，同时还有季节性分布特性。

土壤微生物的水平分布也即地理分布。在不同自然地理条件下，由于土壤类型、所处的气候因子及覆盖的植被类型各不相同，导致微生物数量和区系组成具有很大差异。中国主要土壤类型中，有机质含量丰富的东北黑土中，微生物数量最多；西北干旱地区的黄绵土中，微生物数量较少；有机质含量低的南方酸性红壤和砖红壤中，微生物数量最少。同一类型的土壤，林地中微生物数量明显高于草地中微生物数量。中国从北方到南方，土壤由碱性到酸性，呈现出北方土壤中细菌和放线菌数量多于南方，南方土壤中真菌数量则略多于北方的特点。

土壤从表层向下，其中的水分、各种养料、通气条件、温度等环境因子均有很大差异，因此，土壤中微生物从数量到种类呈垂直分布特性。土壤表面，由于缺水、干旱、紫外线照射强烈，微生物数量少；在5～20cm土壤层中微生物数量较多，植物根系附近微生物数量更多；自20cm以下，微生物数量随土层深度增加而减少，至1m处减少20倍，至20m深处，由于缺乏营养和氧气，每克土中仅有几个。

土壤中微生物数量亦随季节而呈季节性变化特征。冬季气温低，一些地区土壤封冻，微生物数量明显减少；春季到来，气温逐渐回升，大地复苏，微生物数量迅速增加；夏季炎热干旱，微生物数量会随之减少；秋季雨水充足，大量植物残体进入土壤，微生物数量又急剧上升。这样，在春秋两季土壤中微生物会各出现一个高峰。

12.2.2 土壤微生物污染

一个或几个有害的微生物种群，从外界环境侵入土壤，对人类或生态健康产生不良影响的现象，称为土壤微生物污染(soil microbial pollution)。

1. 土壤病原菌来源及其存活影响因素

自然土壤中存在病原菌。土壤是微生物的良好生境，也是微生物的最大储库。土壤微生物种类众多，数量巨大，具有相对稳定的生物群落。这些微生物通过代谢活动，合成土壤腐殖质，固定大气氮素，活化土壤矿质养分，对土壤肥力具有重大贡献。但是，土壤中也存在一定种类和数量的病原菌，对人类和生态系统具有潜在危害。

在受污土壤中，病原菌增多。若不经处理而直接将人畜粪便、生活垃圾、城市污水、饲养场和屠宰场污染物施入土壤，则会带入有害微生物，造成土壤微生物污染。传染性病原菌污染土壤，不仅会危害人类，影响人类健康，而且还会危害植物，造成农业减产。未经消毒处理的传染病医院的污水和污物进入土壤，甚至会造成灾难性后果。

在土壤中，外来病原菌的存活时间受病原菌种类、土壤性质(如有机质和黏土含量)以及环境条件(如 pH、温度、日照等)的影响。一般而言,无芽孢细菌的存活时间为几小时至数月。芽孢细菌的存活时间显著长于无芽孢细菌,炭疽杆菌的存活期可达 15～60a。病毒易被吸附于土壤颗粒内而延长存活期,冬季脊髓灰质炎病毒科存活 96d,夏季可存活 11d。土壤黏土含量越高,对病毒的吸附能力越大,存活期越长。低 pH 有利于病毒吸附,存活期也较长。

2. 土壤病原菌的传染

土壤病原菌危害人类的传染方式主要有：

(1)"人—土壤—人"途径。人体排出的病原菌直接污染土壤,或经施肥和灌溉间接污染土壤,人体接触污染土壤或生吃从这些土壤上收获的蔬菜瓜果,均可被感染致病。

(2)"动物—土壤—人"途径。患病动物排出病原菌污染土壤,使人体感染致病。炭疽病是人畜共患病,炭疽芽孢的芽孢可在土壤中存活 60a 以上,若将病畜尸体丢至土壤,会使人体被炭疽芽孢杆菌感染。

(3)"土壤—人"途径。自然土壤中存在致病菌,人体接触土壤,会感染得病。土壤中存在破伤风梭菌,其芽孢长期存活于土壤中,当人体表皮受损并接触带菌土壤时,该菌会通过伤口侵入人体而导致破伤风。

12.2.3 土壤微生物的检测

目前土壤微生物的检测多以细菌为检测对象,检查的项目主要是细菌菌落总数和大肠菌群数。检测方法参考水体中微生物的检测,以下简单介绍土壤中微生物的富集或者提取方法。

1. 样品采集

根据检测目的选择有代表性的采样地点,按五点法取样。先用已灭菌的刀或铲去除 1cm 左右的表层土壤,再用灭菌的勺或铲取土样约 200～300g,装入灭菌容器内,将五点样品混合作为一个土样。混合后,标明采样地点、深度、日期和时间。由于样品采出后改变了原来的自然条件,可能引起样品中某些微生物的消长,故应尽快送检。

2. 样品的稀释

将土样置灭菌乳钵中研磨均匀,无菌称取 50g,加入盛有 450mL 灭菌自来水的广口瓶中,充分振摇混匀,静置 5～10min,取出上清液作为原液,该原液 1mL 含土样 0.1g。取原液 10mL,加入盛有 90mL 灭菌水中,混匀成 1/10 稀释液,然后进一步做 10 倍递增稀释。根据污染情况,采用适当几个稀释度进行检验。

12.2.4 土壤微生物污染的防治

要防治土壤微生物污染,必须控制污染源,对施入土壤的人畜粪便、污水污泥、城市垃圾等进行无害化处理。

常用的无害化处理方法有：药物灭菌法、高温堆肥法、沼气发酵法等。高温堆肥可使堆料的温度高于 55℃并持续 5d 以上,使蛔虫卵死亡率达 95%以上,粪大肠菌群值大于 10^{-2},并能有效控制苍蝇孳生。沼气发酵使物料保持密封 30d 以上,可使寄生虫卵沉降率高于 95%,粪大肠菌群值大于 10^{-4},也能有效控制苍蝇孳生。

12.3 微生物在大气中的分布及检测

12.3.1 空气中微生物的种类和数量

空气中并不含微生物生长繁殖所必需的营养物、充足的水分和其他条件，相反，日光中的紫外线还有强烈的杀菌作用，因此，不宜于微生物的生存。然而，空气中还是含有一定数量来自土壤、生物和水体等的微生物，它们是以尘埃、微粒等方式由气流带来的。空气中微生物主要为真菌和细菌，大部分为腐生菌，还有人和动植物的病原菌。最常见的细菌有八叠球菌、枯草杆菌、微球菌等。

空气中的污染菌具有抗逆性。因为空气不是微生物生活的自然环境，但许多微生物可以通过特殊机制来抵抗恶劣条件，如细菌形成芽孢，霉菌形成孢子，原生动物形成孢囊，从而在空气中长时间存活。室内空气污染菌相对较多。室内空气中的细菌种类和数量远远多于室外空气。在室内空气中，特别是通风不良、人员拥挤的环境中，不仅微生物数量多，而且不乏病原菌，如结核杆菌（*Mycobecterium tuberculosis*）、脑膜炎球菌（*Meningococcus*）、感冒病毒（common cold virus）等。

空气中微生物的种类和数量与所在地区的人口密度、动植物数量、土壤和地面状况、湿度、温度、日照、气流等因素有关。一般越靠近地面，空气微生物污染越严重；随着高度上升，空气中的微生物种类和数量减少，大气上层几乎不存在微生物。其主要影响因素有：

（1）湿度　空气湿度对空气微生物的存活影响很大。大多数革兰氏阴性细菌在湿度较低的条件下更易存活；革兰氏阳性菌则相反，在湿度较高的条件下更易存活。病毒存活也受湿度影响。相对湿度低于50%时，有包膜的病毒（如流感病毒）存活时间较长；而相对湿度高于50%时，则裸露的病毒（如肠道病毒）较为稳定。

（2）温度　空气温度也是影响微生物存活的重要因素。高温会加速微生物失活，低温则能延缓微生物失活。但温度接近冰点时，一些细菌会因表面形成冰晶而失活。

（3）射线　紫外线（UV）和电离辐射（如X射线）可导致病毒、细菌、真菌和原生动物损伤。UV可诱发DNA形成胸腺嘧啶二聚体，电离辐射则可造成DNA单链断裂、双链断裂以及核酸碱基结构改变。耐放射异常球菌（*Deinococcus radiodurans*）是至今所知的抗辐射能力最强的微生物，该菌对辐射损伤的染色体DNA具有很高的酶促修复活性。

（4）其他　氧气、室外空气因子（OAF，open air factor）和多种离子是空气的组成成分。在闪电和UV作用下，氧气可从惰性形态转变成氢氧自由基、过氧化氢、过氧化物、超氧化物等活泼形态，造成细胞损伤。OAF用于描述实验室条件下不能复制的环境因素，它们对微生物存活的影响机理有待深入研究。试验证明，空气中的正离子可引起微生物活性物理衰减（如细胞表面蛋白质失活）；而负离子则可同时产生物理和生物影响（如DNA内部损伤）。

12.3.2　空气中微生物的传播与分布

1. 空气微生物的传播

空气微生物的传播过程包括发射、传播和沉降等环节。

发射(launching)是指微粒悬浮于空气中的过程。含菌微粒被发射到空气中，是产生空气微生物污染的重要原因。主要发射机制有：①土壤微生物附着在尘埃上，漂浮至空中；②吹过污水表面的自然风力将含菌泡沫送入空气；③寄生于人体和动物体内的病原菌，从呼吸道直接进入空气，或随排泄物(如痰液、浓汁或粪便等)排至地面，再随灰尘飞扬，间接污染空气；④成熟的病原真菌将孢子直接释放至空气中。

传播(transport)是指流动空气将动能传给含菌微粒，使其从一个地方迁移到另一个地方的过程。传播能力决定了空气微生物的污染范围。根据持续时间和迁移距离，传播可分为亚小范围传播(持续时间短于 10min，迁移距离小于 100m)、小范围传播(持续时间短于 10～60min，迁移距离 100～1000m)、中等范围传播(持续时间数天，迁移距离 100km)、大范围传播(持续时间更长，迁移距离更远)。由于大多数悬浮于大气中的微生物存活能力有限，常见的传播是亚小范围和小范围传播。一些病毒、孢子和芽孢细菌能进行中等范围甚至大范围传播。流行性感冒曾从地球东部传播到地球西部，遍及全球。

沉降(settlement)是指含菌微粒离开空气，通过一种或多种机制沉积于物体表面的过程。沉降地点决定了空气微生物的污染对象。

2. 空气微生物的分布

空气中微生物的分布与气流速度、微生物附着粒子的大小、大气温度、光照强度和微生物本身的特性等多种因素有关，其中气流是主要决定因素。静止的气流中微生物随尘埃受重力作用而下落，所以离地面越近空气中含菌量越高；缓慢流动的气流可使吸附着微生物的尘埃粒子长期悬浮于空气中而不下沉。气流使微生物在空气中横向传布的距离几乎是无限的。因而微生物的许多种的分布具有世界性。气流还可以将微生物送到大气圈很高的高度，随着航空技术的发展，微生物在高空中的分布纪录一次次被刷新。如在 20 世纪 30 年代，人们首次用飞机证实在 20km 的高空存在着微生物；70 年代末，人们用地球物理火箭，在 84km 的高空找到了微生物；目前又发现太空中也有微生物的存在。

室内空气中的微生物数量和种类与人员密度和活动情况、空气流通程度及卫生状况有密切的关系；室外空气微生物数量与环境卫生状况、环境绿化程度等有关。一般室内空气中的微生物数量比室外高很多。空气是传播疾病的媒介，空气中微生物的数量直接关系到人的身体健康。因此，一般以室内 $1m^3$ 空气中的细菌总数为 500～1000 个以上作为空气污染的指标。

空气中微生物通常以气溶胶的形式存在，它是动、植物病害的传播，发酵工业中的污染以及工农业产品的霉腐等的重要根源。含有微生物细胞、孢子或病毒粒的气溶胶称为生物气溶胶，它不但与传染病的传染相关，而且还与生物恐怖和生物战相关。很多时候需要通过减少菌源、尘埃源以及采用空气过滤、灭菌等措施来降低空气中微生物的数量。

12.3.3 空气微生物的检测

空气中的微生物主要来自人类的生活和生产过程。它们附着于尘埃或液滴上，随载体悬浮于空气中。在湿度大、灰尘多、通气不良、日光不足的情况下，空气中的微生物不仅数量较多，而且存活时间也较长。微生物污染空气，可使空气成为传播呼吸道传染病的媒介。直接检测空气中的病原菌，目前尚有困难。在空气质量评价上常以细菌总数作为指标。有结果表明，人群在室内聚集 20min，室内空气中的细菌总数可达 4×10^3 CFU/m^3 或 33CFU/皿，二氧化碳体积分数可达 0.08%。此时，24.1%的室内人员会产生异臭感和不舒适感。当细菌总数达到 6×10^3 CFU/m^3 或 75CFU/皿，二氧化碳体积分数达到 1.5%时，55%的室内人员会产生异臭感和不舒适感。

前苏联室内空气细菌总数指标为：清洁空气，冬季细菌总数少于 4.5×10^3 CFU/m^3，夏季细菌总数少于 1.5×10^3 CFU/m^3；污染空气，冬季细菌总数大于7×10^3 CFU/m^3，夏季细菌总数大于 2.5×10^3 CFU/m^3。日本细菌总数指标：清洁空气，细菌总数少于 30CFU/皿；普通空气，细菌总数少于 75CFU/皿。我国《室内空气质量标准》(GB/T 18883—2002)规定，室内空气细菌总数应少于 2.5×10^3 CFU/m^3。

1. 自然沉降法

自然沉降法是利用空气微生物粒子的重力作用，在一定时间内将生物粒子收集到带有培养介质的平皿内，对在适宜温度下(37℃，24h)培养生长的菌落进行生物学观察和研究，用奥梅梁斯基公式计算出空气微生物的粒子浓度，然后对空气微生物分离和纯化，进行检验和鉴定。奥梅梁斯基公式为 $C=50000N/At$，其中 C 为每立方米空气中细菌数(CFU/m^3)；A 为所用平皿的面积(cm^2)；N 为培养后平皿上的菌落数；t 为平皿暴露空气的时间(min)。该法的原理是利用地球的万有引力作用使空气中的微生物气溶胶自由降落，但会受到风力、电力、磁力、热力、阻力、浮力和扩散力等各种力的作用，是各种作用在微生物气溶胶上合力的结果。

自然沉降法测定空气微生物气溶胶是最简单、最经济的方法，结果可以大致反映环境空气中微生物群落结构和数量状况。但是这种方法稳定性差，准确度不够，会造成很大的系统误差，不适用于研究机构进行空气微生物气溶胶的研究工作。自然沉降法所采集的只是空气中因重力作用而沉降下来的一部分较大的微生物粒子，因为不同环境中空气微生物的粒子大小分布是不同的，大小粒子的沉降速度是不一样的，直径 1～5μm 的粒子在 5～15min 内沉降距离有限，致使小粒子的采集率较低，采样速率不均等，难以测定空气中含菌量极少的菌类，因此，会造成粒子浓度和组分分析的误差。此外，由于自然沉降法是被动取样，采样条件难以控制，微生物粒子的飘移、扩散和沉降受气体动力学的干扰，也会造成很大的误差。自然沉降法可粗略地估计空气污染程度以及一定区域内尘埃传播的微生物种类。

2. 惯性撞击式采样法

惯性撞击式采样法是利用抽气装置在单位时间将一定容量的含有微生物粒子的空气，通过某些装置形成直线或曲线运动的高速气流，使气流中微生物粒子也随之高速运动，当气流改变方向时，运动着的粒子因惯性继续照直前进撞击并黏集于采集面上。这类采样法按气流的运动形式不同可分为直线气流惯性撞击法和曲线气流惯性撞击法。

1）直线气流惯性撞击法

（1）全玻璃体撞击式采样器

原理是使气流以足够的线速度冲击并被捕获在采样器液体中，菌团粒子在冲击中可被打碎成单个菌体，测定的细菌数量较准确，其结果能反映出空气中的含活菌粒子数。此类采样器多为全玻璃制品，成本低。缺点是在气温 5℃以下时喷嘴易冻结，由于采样液量较多而接种量较少，常需滤膜进一步浓缩，不适宜多点多次采样，因为每采一次需要实现在无菌条件下准备好加采样液的采样器，携带不便，在空气微生物学研究的实验室中应用较多，现场应用较少。在实验室试验时，气雾柜内用采样量较少的液体撞击式采样器采样，采样器应置于柜内中央处。

（2）固体撞击式采样器

用抽气装置，使空气通过狭小的喷嘴，形成高速气流，在离开喷嘴时气流射向采集面，气体沿采集面拐弯而去，而颗粒则按惯性继续直线前进，撞击并黏附于采集面上，从而被捕获。固体撞击式采样器具有使用较方便、采样效率高、可做定量测定等优点，因此是空气微生物采样中应用最广泛的一类采样器。按其气流撞击方式不同，可分为筛孔式和狭缝式两类。前者气流通过大量微细孔眼而撞击采集面，微生物粒子能均匀分布于整个采集面上；后者通过狭缝撞击在采集面相对应的一条线上，为避免粒子重叠，采样平皿需旋转。

固体撞击式采样器有单级和多级两种。单级撞击型将空气中不同大小的含菌颗粒撞击于一个采集面上，JWL 型采样器是我国研制的狭缝式喷嘴，其下放置盛有采样介质并能高速转动的塑料平皿。优点是能测定空气量和自动控制采样时间，使用方便，采样效率高，采样使用的塑料平皿能高温灭菌，密封性能好，培养基用量少。但菌落有时会相互融合，另外采样时会产生静电，影响捕获效率。

多级撞击型采样器则是将空气中不同大小的含菌颗粒采集于不同采集面上，可测定空气微生物的浓度，也可了解粒子大小分布情况，但结构比较复杂，采样耗费较大。

2）曲线气流惯性撞击采样法

根据离心撞击的原理设计的 LWC-1 型离心式空气微生物采样器是手持式采样器，此种采样器体积小，外形如大手电筒。当开动时蜗壳内叶轮高速旋转，因有角度使气压产生压差，把至少 40cm 内的空气吸进采样器内，空气中带菌粒子在离心力作用下，撞击到周围特制的琼脂培养基条上。之后，空气呈螺旋状离开蜗壳流往外部。空气经定时定量地采集后，取出特制的“培养基条”，经过恒温定时培养，形成菌落。离心式采样器使用简便，噪声小，对自然空气中微生物粒子捕获率较高，能定量地收集空气中的微生物，还能采到物体表面上的微生物，但对 5μm 以下的粒子捕获量较低。该方法是代替平皿沉降法的理想仪器。

3. 过滤阻留式采样器

此种采样器利用抽气装置，使空气通过滤材，微生物粒子被阻留在滤材上，供进一步分析。此类采样器的特点是能在低温条件下采样，采集效率高。但过滤式采样器会使耐干燥能力低的微生物被气流吹干致死，其滤膜孔径易堵塞，难以保持稳定的采气量。

根据过滤所用材料不同，有深层过滤和模式过滤两种采样器。前者是指由纤维型或颗粒型介质制成的,采样效率高,但滤材不能直接培养,影响准确性。后者有不溶性滤膜和可溶性滤膜,不溶性滤膜有硝酸纤维素酯或乙酸纤维素酯及其混合物,可直接贴在培养基表面培养,而可溶性滤膜有味精滤膜、明胶滤膜等,采样后溶入水中即可分析。

4. 静电沉着类采样器

利用高压静电场,使空气中的微生物粒子带上一定量的电荷后被带相反电荷的采集面所吸附,使空气微生物采集下来。其基本结构包括高压电源、放电电极、采集电极(即采集面)和抽气装置。具代表性的有 LVS/10K 大容量静电沉降采样器和小型圆管式静电沉着采样器。这种采样器对气流的阻力很小,能允许较大的采气量,可将大量空气中采集的微生物浓集于少量的采样液中,有利于对空气中含量很少的微生物的检测。其缺点是在电晕放电过程中会产生紫外线、臭氧和氧化氮,这对微生物的存活不利;其次,空气的相对湿度≥85%时易漏电,采样效率低;另外设备大、结构复杂,使用维护和消毒均不方便。

进行空气微生物研究时,选用采样方法应考虑的因素:①采样器的灵敏度;②采样效率;③重复性;④微生物存活率;⑤使用方便;⑥易于分析;⑦易于操作;⑧可区分粒子大小;⑨价格便宜。一般情况下可选单级固体撞击采样器,离心式采样器使用较方便也可采用。多级固体撞击式采样器较准确,但采样复杂,琼脂消耗较多,只在做空气微生物颗粒大小测定时应用。在空气微生物学实验室研究中可选用液体撞击式采样器。平皿沉降法可适用于要求不高的场合。

12.3.4 空气微生物的危害与防治

1. 空气微生物污染的危害

许多空气微生物是动植物的病原菌,它们通过空气传播,可对人类生产和生活造成巨大危害:①感染农作物,导致种植业减产;②感染家畜,导致养殖业损失;③感染敏感人群,导致人类患病;④污染食品,导致食物腐败变质;等等。

小麦是重要的粮食作物,关系到人类的粮食安全。小麦锈病真菌(wheat rust fungi)是小麦的主要病原菌。1993 年,这种病原菌在美国造成了 4000 多万美元小麦的损失。一株得病小麦能产生成千上万个真菌孢子,在小麦收获过程中,受空气或机械扰动,这些真菌孢子进入空气,可在大气中传播几百至数千千米以外。仅在美国,每年小麦锈病真菌所致的农业损失达数十亿美元。

2. 空气微生物污染的防治

控制空气微生物污染,必须减少空气中微生物的来源,特别是微生物污染严重的医院、肉类加工等行业废水废物的处理消毒工作;搞好室内外环境卫生,减少微生物滋生;绿化造林也是净化空气、除尘、杀菌和吸收有害气体的重要途径;另外空气消毒和空气净化器对局部空间内空气的净化也起重要的作用。由于室内空气中微生物含量远远高于室外空气,防治室内空气微生物污染通常是人们关注的重点,主要措施有:

(1) 室内通风。利用室外空气微生物含量低于室内空气的特点,通过空气对流来稀释室内空气,减少室内空气中的微生物数量。影剧院、礼堂、会议室等人员拥挤的场所应该采用这一措施。

(2) 空气过滤。对空气清洁程度要求较高的场所(如手术室、无菌实验室),可采用空气过滤器，除去含有微生物的尘埃，以减少室内空气中的微生物数量。

(3) 空气消毒。采用物理法和化学法消毒，杀灭空气中的微生物，以减少室内空气中的微生物数量。物理消毒法主要是紫外线照射，利用紫外线杀灭空气中的微生物。化学消毒法主要是采用各种化学药品喷洒或熏蒸。常用的药品有甲醛、漂白粉、次亚氯酸钠等。

12.4　极端环境下的微生物的种类及分布

在自然界中，存在着一些绝大多数生物都无法生存的极端环境，诸如高温、低温、高酸、高盐、高碱、高毒、高渗、高压、干旱或高辐射强度等环境。凡依赖于这些极端环境才能正常生长繁殖的微生物，称为嗜极菌或极端微生物(extreme microorganism)。嗜热菌的研究始于 1967 年美国学者 T. D. Brock 从沸热泉中首次分离到超嗜热菌。至 2008 年，全球已分离到 80 多种超嗜热菌和 200 多种嗜极菌。由于它们在细胞构造、生命活动和种系进化上的突出特性，不仅在生命起源、生命极限和生命本质等基础理论研究上有着重要的意义，而且在新型生物质能源和资源等生物产业的实际应用上有着巨大的潜力。

12.4.1　嗜热微生物的种类及分布

嗜热微生物(thermophilic microorganism)是指能在较高温度下生长的一类微生物，其中耐高温的细菌称嗜热细菌，简称嗜热菌，它们广泛分布在草堆、厩肥、煤堆、温泉、家用热水器及工业冷却水、火山地、地热区土壤中以及海底火山口附近。

从 20 世纪 60 年代以来，截止到 1997 年已分离到 20 多属共 50 余种嗜热菌。其中最著名的是 20 世纪 60 年代末从美国怀俄明州黄石国家公园的温泉中分离到的 *Thermus aquaticus*(水生栖热菌“Taq”，能在 80℃下生长)，以及其他在深海火山口附近分离到的 *Pyrolobous fumarii*(烟孔火叶菌，最适温度为 105℃，最高为 113℃，低于 90℃即停止生长)和 *Pyrococcus furiosus*(激烈火球菌“Pfu”，最适生长温度为 100℃)。近年来，由“Pfu”产生的 DNA 聚合酶已取代了曾名噪一时的“Taq”酶，并使分子生物学中广泛用于 DNA 分子体外扩增的 PCR 技术又向前迈进了一大步。2003 年，美国学者又报道了一种最高生长温度达到 121℃的极端嗜热菌。

嗜热菌的嗜热机制与其生物大分子蛋白质、核酸、脂类的热稳定结构以及存在的热稳定因子有关。新的研究表明，专性嗜热菌株的质粒携带有与热抗性相关的遗传信息。由于嗜热菌具有生长速率高、代谢活动强、产物/细胞的质量比高和培养时不怕杂菌污染等优点，使其在生产实践和科学研究中有着广阔的应用前景，特别是由其产生的嗜极酶，具有作用温度高、热稳定好、对化学变性剂的抗性强、高底物浓度、低黏稠度、低污染率以及在中温受体生物中表达的产物易于纯化等突出优点，已在 PCR 等科研和其他应用领域中发挥着越来越重要的作用。

12.4.2　嗜冷微生物的种类及分布

在地球的南北极地区、冰窖、终年积雪的高山、深海和冻土地区以及保藏食品的低温环境中生活着一些嗜冷微生物(psychrophilic microorganism)，其中嗜冷的细菌又称嗜冷菌，指一类最适生长温度低于 15℃、最高生长温度低于 20℃和最低生长温度在 0℃以下的细菌，如 *Bacillus psychrophilus*（嗜冷芽孢杆菌）。部分嗜冷微生物虽能在0℃下生长，但其最适生长温度为20～40℃的微生物，则只能称耐冷微生物，如 *Pseudomonas fluorescens*（荧光假单胞菌）和 *Listeria monocytogenes*（单核细胞增生李斯特氏菌）等。嗜冷微生物主要分布在极地、深海、高山、冰窖和冷藏库等处。海洋深度在100m以下，终年温度恒定在2～3℃的区域，生活着典型的嗜冷菌（兼嗜压菌）。由于嗜冷菌因遇20℃以上的温度即死亡，故从采样、分离直到整个研究过程必须在低温下进行，因此，深入研究较少。其嗜冷机制主要是细胞膜含有大量不饱和脂肪酸，以保证在低温下膜的流动性和通透性。嗜冷菌是低温保藏食品发生腐败的主要原因。因嗜冷菌的酶在低温下具有较高活性，故可开发低温下作用的酶制剂，如洗涤剂用的蛋白酶等。

12.4.3 嗜酸微生物的种类及分布

在酸性矿水、酸性热泉、火山湖、地热泉等极端酸性环境（pH值在4以下）中生长着一些在中性环境条件下不能生长的微生物，称为嗜酸微生物（acidophilic microorganism）。而与之相对比，将那些能在高酸条件下生长，但最适pH值接近中性的微生物称为耐酸微生物（acidotolerant microorganism）。专性嗜酸微生物是一些真细菌和古生菌，前者如 *Thiobacillus*（硫杆菌属），后者如 *Sulfolobus*（硫化叶菌属）、*Thermoplasma*（热原体属）和 *Ferroplasma oxidophilus*（嗜酸铁原体，生活在黄铁矿排出的pH接近0的废水中）等。*Thermoplasma acidophilum*（嗜酸热原体）能生长在pH0.5的酸性条件下，它的基因组的全序列已正式于2000年9月公布（1.7Mb）。另一种嗜酸菌 *Picrophilus oshimae* 也能生长在pH 0.5的条件下。

嗜酸微生物的细胞内pH仍接近中性，各种酶的最适pH也在中性附近。它的嗜酸机制可能是细胞壁和细胞膜具有排阻外来 H^+ 和从细胞中排出 H^+ 的能力，且它们的细胞壁和细胞膜还需高 H^+ 浓度才能维持其正常结构。

多年来，一些嗜酸菌被广泛用于铜、锌、铀、黄铁矿等金属的细菌浸出和煤的脱硫。另外，人们也在尝试利用硫杆菌分解磷矿粉，通过提高其溶解度来增加磷矿粉的肥效。利用硫杆菌属嗜酸菌脱除城市污泥中重金属的研究也越来越深入。

12.4.4 嗜碱微生物的种类及分布

地球上有许多碱性环境，如自然的碳酸盐湖及碳酸盐荒漠，极端碱性湖（如埃及的Wady Natrun湖等）的pH值可达10.5～11.0，人为的碱性环境如石灰水和众多的碱性污水。中国的青海湖也是典型的碱性环境。一般把最适生长pH值在9以上的微生物称为嗜碱微生物（alkaliphilic microorganism）。在pH值为11～12的条件下生长，但在中性pH值条件下不能生长的微生物称为专性嗜碱微生物；最适生长pH值大于10，而在中性pH值条件下亦能生长的称为兼性嗜碱微生物；还有一些微生物最适生长pH值大于9，而在中性甚至酸性条件下都能生长，则称为耐碱微生物。

多数嗜碱菌为 *Bacillus*（芽孢杆菌属），有些极端嗜碱菌同时也是嗜盐菌，它们属于古生菌类。常见的嗜碱菌为 *Bacillus alkalophilus*（嗜碱芽孢杆菌）、*Bac. firmus*（坚强芽孢杆菌）、*Clostridium pasteurii*（巴斯德梭菌）、*Exiguobacterium aurantiacum*（金橙黄微小杆菌）、*Natronobacterium*（嗜盐碱杆菌）、*Thermomicrobium roseum*（玫瑰色热微菌）和

Ectothiorhodospira abdelmalekii（阿氏外硫红螺菌）等。在石灰湖出现富营养化的水体中，许多蓝细菌也是嗜碱微生物，它们最适的生长 pH 值在 9～10 之间。我国科研工作者还从青海、新疆盐碱土样和青海湖泥样中分离到在 pH 值 7～12 条件下生长的嗜碱放线菌，分属于链霉菌属（*Streptomyces*）和诺卡菌属（*Nocardiopsis*）。有一种藻类甚至能在 pH 值 13 的强碱条件下生长，这是迄今发现的抗碱值最高的微生物。有些嗜碱微生物同时也是嗜盐微生物，其生长需要碱性和高盐度（达 33% NaCl）条件，代表种属有甲烷嗜盐菌、无硫红螺菌、嗜盐碱杆菌、嗜盐碱球菌等。

嗜碱微生物生长最适 pH 值在 9 以上，但胞内 pH 值都接近中性。细胞外被是细胞内中性环境和细胞外碱性环境的分隔，是嗜碱微生物嗜碱性的重要基础。

嗜碱菌在发酵工业中，可作为许多酶制剂的生产菌。例如嗜碱芽孢杆菌产生的弹性蛋白酶适宜用作弹性蛋白，而且在高 pH 值条件下裂解该种蛋白质的活性可以大大提高。由嗜碱细菌产生的蛋白酶具有碱性条件下催化活力高、热稳定性好的优点，常作为洗涤剂的添加剂。由嗜碱芽孢杆菌产生的木聚糖酶能够水解木聚糖产生木糖和寡聚糖，因此可用来处理人造纤维废物，而碱性 β-甘露聚糖酶降解甘露聚糖产生的寡糖可作为保健品的添加剂。利用嗜碱菌处理碱性废液不仅经济、简便，且可变废为宝。日本已有利用嗜碱细菌将碱性纸浆液转化成单细胞蛋白的报道。此外，嗜碱细菌还有望用于化工和纺织工业中某些废液的处理。

12.4.5 嗜盐微生物的种类及分布

必须在高盐浓度下才能生长的微生物，称为嗜盐微生物（halophilic microorganism），包括许多细菌和少数藻类，因细菌尤其是古生菌为嗜盐微生物的主体，故又称嗜盐菌。一般性的海洋微生物长期栖居在 3%左右（0.2～0.5mol/L）NaCl 的海洋环境中，仅属于低度嗜盐菌；中度嗜盐菌可生活在 0.5～2.5mol/L NaCl 中；而必须生活在 12%～30%（2.5～5.2mol/L）NaCl 中的嗜盐菌，就称极端嗜盐菌，例如 *Halobacterium*（盐杆菌属）的有些种甚至能生长在饱和 NaCl 溶液（32%或 5.5mol/L）中；而既能在高盐度环境下生活，又能在低盐度环境下正常生活的微生物，只能称为耐盐微生物。嗜盐微生物通常分布于盐湖（如死海）、晒盐场和腌制海产品等处。我国是一个多盐湖的国家，有 1000 多个盐湖，总面积达 4.1 万 km^2。嗜盐微生物除嗜盐细菌外，还有光合细菌 *Ectothiorhodospira*（外硫红螺菌属）和真核藻 *Dunaliella*（杜氏藻属）等。至今已记载的极端嗜盐古生菌有 6 属，即 *Halobacterium*、*Halococcus*（盐球菌属）、*Haloferax*（富盐菌属）、*Haloarcula*（盐盒菌属）、*Natronobacterium*（嗜盐碱杆菌属）和 *Natronococcus*（嗜盐碱球菌属）。

嗜盐微生物的嗜盐机制与其细胞膜的结构和功能、酶对盐的适应性以及胞内溶质对盐浓度的调节有关，这方面的研究还在不断深入。盐杆菌和盐球菌具有排出 Na^+ 和吸收浓缩 K^+ 的能力，K^+ 作为一种相溶性溶质，可以调节渗透压达到胞内外平衡，其浓度高达 7mol/L，以此维持胞内外同样的水活度。

一些嗜盐菌的细胞中存在有紫膜，膜中含有一种蛋白质，叫细菌视紫红质，能吸收太阳光的能量，吸收的光能以质子梯度的形式部分储存起来，并用于合成 ATP。此外紫膜除了视紫红质蛋白外还具有脂类，具有独特的性能，许多科学家对其进行研究，探索其作为电子器件和生物芯片的可能性。嗜盐菌能引起食品腐败和食物中毒，副溶血弧菌（*Vibrio parahaemolyticus*)是分布极广的海洋细菌，也是引起食物中毒的主要细菌之一，通过污染海产品、咸菜、烤鹅等致病。嗜盐菌可用于生产胞外多糖、聚羟基丁酸(PHB)、食用蛋白、调味剂、保健品强化剂、酶保护剂、计算机存储器等，还可用于海水淡化、盐碱地改造以及能源开发等。

12.4.6 嗜压微生物的种类及分布

在海洋深处以及深油井中，还分布着一些微生物，它们生存的环境中压力达1000多个大气压，在常压下却不能生存。因此，将这些必须生长在高静水压环境中的微生物称嗜压微生物(barophilic microorganism)。嗜压微生物可细分为3类，包括耐压微生物、嗜压微生物和极端嗜压微生物。那些最适生长压力为正常压力，同时也能耐受高压的微生物称为耐压微生物(barotolerant microorganism)。有人曾经自太平洋靠近菲律宾的10897m深的海底分离到嗜冷嗜压细菌(*Psudomonas bathycetes*)，将其在3℃下培养，经潜伏期4个月后开始繁殖，33天后菌量倍增，一年后达到静止期。从深3500m，压强约为4.05×10^7Pa，温度为60～105℃的油井中分离到一种嗜压并嗜热的硫酸盐还原菌。已知嗜压的细菌还有微球菌属、芽孢杆菌属、弧菌属、螺菌属等的成员，还发现了嗜压的酵母菌。耐高温和厌氧生长的嗜压微生物有望用于油井下产气增压和降低原油黏度，借以提高采收率。

12.4.7 耐辐射微生物的种类及分布

人们从放射线照射过的食品、医疗器械或饲料，以及在高放射性地区发现了一类对放射线具有强抗性的细菌，称为抗辐射微生物。1956年，由Anderson从射线照射的牛肉中分离到了耐辐射微球菌(*Micrococcus radiodurans*)，这是第一株报道的抗辐射微生物。在真空实验条件下用不同波长和强度的紫外线对一种名为“耐辐射球菌”的微生物连续辐射16个小时，相当于微生物在太空旅行100万年所受到的辐射量，因而它有可能在类似太空的恶劣环境中存活下来。与上述6类嗜极菌不同的是，耐辐射微生物对辐射这一不良环境因素仅有抗性或耐受性，而不能有“嗜好”。微生物的抗辐射能力明显高于动、植物。以抗X射线为例，病毒高于细菌，细菌高于藻类，但原生动物往往有较高的抗性。1956年首次从经高剂量辐射灭菌后发生腐败的肉罐头中分离到*Deinococcus radiodurans*(耐辐射异常球菌)，是至今所知道的抗辐射能力最强的生物。该菌呈粉红色，革兰氏阳性，无芽孢、不运动，细胞球状，直径1.5～3.5μm，它的最大特点是具有高度抗辐射能力，例如其R1菌株的抗γ射线能力是*E.coli* B/r菌株的200倍(6000Gy：30Gy)，而其抗UV的能力则是B/r菌株的20倍($600J/m^2$: $30J/m^2$)。据知，R1菌株的抗γ射线能力最高可达18000Gy，此乃人耐辐射能力的3000余倍，甚至更高，而5000Gy剂量则对其无甚影响。

抗辐射微生物的抗性机制主要来自耐辐射微球菌，目前主要认为：

(1) 其细胞内存在有保护DNA的色素、强活性的过氧化物酶；

(2) 耐辐射微球菌具有完善的DNA修复系统，当受照射后，DNA损伤都可准确无误地被修复，使细胞几乎不发生突变；

(3) 实验表明，当耐辐射微球菌DNA受照射发生损伤后，其DNA代谢调节系统发挥作用，使DNA的合成和分解停止，不至于发生有损伤的异常DNA复制，以使DNA链的修复能准确有效地进行。

对耐辐射球菌极端抗性的研究有利于发现一批与其 DNA 修复和抗逆性有关的新的关键基因，了解它们的作用机制。这些独特的抗辐射性、抗逆性基因及其机制有望用于消除环境中的重金属和毒物污染，通过基因工程改善农作物，将在医学、农业、环境以及军事科学的发展上发挥作用。

复习思考题

12-1 简述水质细菌总数和腐生细菌数检测的意义。

12-2 我国《生活饮用水卫生标准》(GB 5749—2006)规定，生活饮用水的细菌总数是多少?

12-3 作为粪便指示菌的理想条件有哪些?

12-4 总大肠菌群与粪大肠菌群有何差异?

12-5 简述水样中大肠菌群的检测方法与大肠菌群指标。

12-6 简述空气中细菌的检测方法与我国的空气细菌总数指标。

参 考 文 献

[1] 郑继平. 基因表达调控[M]. 合肥：中国科学技术大学出版社，2012.
[2] Raina M. Maier，Ian L. Peppper，Charles P. Gerba. Environmental Microbiology[M]. 2nd ed. 北京：科学出版社，2010.
[3] Jocelyn E. Krebs，Elliott S. Goldstein，Stephen T. Kilpatrick. Lewin 基因 X[M]. 江松敏，译. 北京：科学出版社，2013.
[4] 周群英，王士芬. 环境工程微生物学[M]. 3 版. 北京：高等教育出版社，2008.
[5] 蔡信之，黄君红. 微生物学[M]. 3 版. 北京：科学出版社，2011.
[6] Robert Edward Lee. 藻类学[M]. 4 版. 段德麟，胡自民，胡征宇，等，译. 北京：科学出版社，2012.
[7] 张胜华. 水处理微生物学[M]. 北京：化学工业出版社，2012.
[8] 郑国香，刘瑞娜，李永峰. 能源微生物学[M]. 哈尔滨：哈尔滨工业大学出版社，2013.
[9] 王国惠. 环境工程微生物学——原理与应用[M]. 3 版. 北京：化学工业出版社，2015.
[10] Jeremy M. Berg，John L. Tymoczko，Lubert Stryter. Biochemistry[M]. 6th ed. W. H. Freeman & Co Ltd，2006.
[11] 张兰英，刘娜，王显胜. 现代环境微生物技术[M]. 北京：清华大学出版社，2007.
[12] 袁林江. 环境工程微生物学[M]. 北京：化学工业出版社，2012.
[13] 丰慧根. 应用微生物学[M]. 北京：科学出版社，2013.
[14] 刘永军. 水处理微生物学基础与技术应用[M]. 北京：中国建筑工业出版社，2010.
[15] 邢来君，李明春，魏东盛. 普通真菌学[M]. 北京：高等教育出版社，2010.
[16] 林海. 环境工程微生物学[M]. 北京：冶金工业出版社，2014.
[17] 乐毅全，王士芬. 环境微生物学[M]. 北京：化学工业出版社，2011.
[18] 郑子新，喻字牛. 微生物基因组学及合成生物学进展[M]. 北京：科学出版社，2014.
[19] Joanne M W，et al. Prescott's Microbiology[M]. 8th ed. McGraw Hill，2010.
[20] Joanne M W，et al. Prescott's Microbiology[M]. 7th ed. McGraw Hill，2007.
[21] 陆承平. 兽医微生物学[M]. 4 版. 北京：中国农业出版社，2007.
[22] 沈韫芬. 原生动物学[M]. 北京：科学出版社，1999.
[23] 马放，杨基先，魏利，等. 环境微生物图谱[M]. 北京：中国环境出版社，2010.
[24] 王兰. 现代环境微生物学[M]. 北京：化学工业出版社，2006.
[25] 周德庆. 微生物学教程[M]. 3 版. 北京：高等教育出版社，2013.
[26] 盛祖嘉. 微生物遗传学[M]. 3 版. 北京：科学出版社，2007.
[27] 陈代杰. 微生物药物学[M]. 北京：化学工业出版社，2007.
[28] 郑平. 环境微生物学[M]. 3 版. 杭州：浙江大学出版社，2012.